"双一流"建设精品出版工程
"十三五"国家重点出版物出版规划项目
现代土木工程精品系列图书

# 路面材料力学与数值仿真方法

## MECHANICS AND NUMERICAL SIMULATION METHODS OF PAVEMENT MATERIALS

王大为　邢　超　周长红　Markus Oeser　主编

哈尔滨工业大学出版社
HARBIN INSTITUTE OF TECHNOLOGY PRESS

## 内 容 简 介

本书共分为10章，概括介绍了路面材料的分类和性能；详细介绍了路面材料研究的基础力学知识，包括弹性力学和流变力学基本理论；结合目前常用的多尺度测试表征手段，介绍了工业CT扫描和数字散斑等路面材料研究方法的基本原理和应用；根据目前常用的数值模拟方法——有限元模拟、离散元数值仿真、分子动力学模拟等，分别介绍其基本原理、关键问题和实际应用；最后，针对多尺度问题和多场耦合问题介绍了路面材料数值模拟方法的应用实例。

本书内容丰富、系统，结合实际应用，反映了道路工程学者多年的教学和科研成果，可作为道路与铁道工程专业本科及研究生相关课程的教材，也可供相关科研人员参考。

**图书在版编目(CIP)数据**

路面材料力学与数值仿真方法/工大为等主编.—哈尔滨：哈尔滨工业大学出版社，2022.4

（现代土木工程精品系列图书）

ISBN 978－7－5603－9181－6

Ⅰ.①路… Ⅱ.①王… Ⅲ.①路面材料－材料力学－计算机仿真－研究 Ⅳ.①U414－39

中国版本图书馆CIP数据核字(2020)第225380号

策划编辑 王桂芝
责任编辑 王 娇 谢晓彤
出版发行 哈尔滨工业大学出版社
社 址 哈尔滨市南岗区复华四道街10号 邮编 150006
传 真 0451－86414749
网 址 http://hitpress.hit.edu.cn
印 刷 哈尔滨市工大节能印刷厂
开 本 787 mm×1 092 mm 1/16 印张 18.75 字数 445 千字
版 次 2022年4月第1版 2022年4月第1次印刷
书 号 ISBN 978－7－5603－9181－6
定 价 58.00元

# 前　　言

随着我国社会、经济的不断发展，交通基础设施越来越完善，截至 2020 年底，我国公路总里程达 519.81 万 km，其中高速公路总里程超过 16.1 万 km，居世界第一。2019 年 9 月，中共中央、国务院印发了《交通强国建设纲要》，并发出通知，要求各地区各部门结合实际认真贯彻落实。建设交通强国，不仅需要交通基础设施的量变，同时需要质变，这就需要利用先进的研究方法指导科研及工程应用。

众所周知，沥青、水泥等路面工程材料是世界各国广泛使用的民用基础设施材料，基于路面工程材料建设的各类基础设施，在日常使用、服役中直接承受来自内部/外部结构自重的荷载、反复的车辆荷载、行人荷载、风雨雪等环境因素和其他各类荷载，其性质对工程基础结构的使用寿命和服役性能至关重要，事关社会经济发展和人民生命财产安全。当前，随着我国新建的大量基础设施陆续投入使用，以及大量服役多年的社会基础设施日益老化，合理、高效、精确地对路面工程材料的各类性质进行评估和分析，并及时修复、加固、维护相应的基础设施结构，成为土木工作者迫在眉睫的一项重要任务。

近年来，随着数值计算方法和计算机技术的飞速发展，有限元法、离散元法和边界元法等在道路工程材料的细观结构表征、力学性能分析和材料组成优化等方面展现出了广阔的应用价值。其中，有限元法作为目前最为常用的一种对道路工程材料进行数值模拟计算的分析方法，以足够的精度为研究路面工程材料的力学性质带来了极大的便利，并取得了一定的成果。但是，对沥青混合料和水泥混凝土这类以粗细集料为主体构成的典型多相复合材料而言，材料组成的多样性和空间分布的随机性导致道路材料内部产生复杂的细观结构。荷载作用下的材料内部局部化变形和细观结构时域演变导致材料宏观破坏的产生，表现为沥青路面和水泥路面服役过程中出现车辙、裂缝、拱起、疲劳等“病害”。基于数值计算的宏观尺度研究通常将沥青混合料和水泥混凝土视为均质体，通过定义级配范围经验性地评价材料性能，忽略了细观结构的复杂性。对于不同组成材料在沥青混合料和水泥混凝土内部的分布状况、内部结构受荷演变等问题，宏观尺度研究方法却无法给予解释，导致难以从机理上阐明道路材料复杂的破坏行为，限制了基于性能的道路建筑材料组成优化。当涉及宏观本构现象之外的问题时，这些宏观模型和相应的宏观尺度测试方法具有显著的局限性。因此，突破宏观尺度研究方法的局限性，基于先进的细观试验手段与模拟分析方法，开展力学仿真试验与数值模拟计算，已成为研究道路材料力学性能与进行道路材料组成优化的关键。

当前主要用于沥青混合料和水泥混凝土细观结构特征与演化规律研究的手段包括 CT 扫描、数字散斑方法等。其中，CT 扫描为描述集料几何特征、空隙的分布规律等沥青混合料和水泥混凝土细观结构特征提供了手段，但由于缺乏细观结构信息的数学表征方法，目前尚未建立与材料组成相对应的细观典型结构。另外，道路材料内部集料运动、接触关系变化、裂纹的扩展等细观结构演化导致宏观材料破坏，传统的应变片和 LVDT 等方法由于测试范围和精度的限制，难以获取复杂的细观结构演化过程。基于图像的数字散斑方法是一种全程监控、全场测量的方法，可以获取道路材料破坏全过程细观结构变化，但通常用于经验性地评价材料变形性能，缺乏对细观结构演化过程的准确表征。材料组成的复杂性和研究方法的局限性导致目前材料组成—细观结构—力学特性的关系尚不明确，将宏观尺度仿真工具和微细观结构表征方法结合起来构建多尺度方法，以同时获取两者的优点，从而研究路面工程材料的根本性质，成为一项现实而合理的选择。

编者基于多年在功能性路面材料、绿色路面材料、道路材料多尺度分析、胎/路耦合行车安全系统等方面的研究，以弹性力学和流动力学为理论基础，从微观—细观—宏观的多尺度和多角度系统地论述了路面材料的数值仿真方法，包括有限元模拟、离散元仿真和分子动力学模拟。

本书涵盖了路面工程材料多尺度力学领域的最新科研成果，将极大地促进路面材料多尺度力学仿真模拟领域的发展，有助于道路工作者更好、更精确地判断基础设施的服役寿命和性能，是国家"十四五"规划中关于公路网络建设的重要技术保障，是对国家"交通强国"发展战略中关于交通科技创新指示的积极响应。

道路工程材料的力学仿真与模拟计算，能够帮助广大道路工程的科研工作者和同行业工作人员从细观层面出发，基于道路工程的材料属性和结构特性，洞悉路面材料的服役状态，使其能够充分地掌握道路微观和宏观结构特性，充分地分析道路特性演变规律。此外，本书对减少道路"病害"的发生、提升道路整体服务水平、改善路面使用性能、提高道路结构耐久性、保障交通参与者的出行安全，具有十分重要的意义，并且有助于进一步推动人工智能同交通运输深度融合，帮助构建安全、可靠且智能化的智慧交通体系，助力交通强国建设。

本书共 10 章，由哈尔滨工业大学王大为和邢超、桂林电子科技大学周长红、德国亚琛工业大学 Markus Oeser 主持编写，其中下列章节得到了"路面材料力学与数值仿真联盟"专家的大力支持：第 1 章主要由长沙理工大学吕松涛参与编写，第 2 章主要由清华大学邢沁妍参与编写，第 4 章主要由华南理工大学李智和吴文亮参与编写，第 5 章主要由东南大学廖公云、同济大学朱兴一和德国亚琛工业大学刘鹏飞参与编写，第 6 章主要由长安大学刘玉参与编写，第 7 章主要由北京工业大学侯越、姚辉和长安大学屈鑫参与编写。全书的研究和总结工作得到了香港理工大学陆国阳，以及哈尔滨工业大学洪斌、杨琪琳和林娇的支持与帮助，在此深表感谢。

由于编者水平有限，书中难免存在不足之处，恳请广大读者批评指正。

**编　者**

**2022 年 1 月**

# 目　录

# 第1章 路面材料概述

## 1.1 路面材料的分类

路面按材料的不同可分为三大类:沥青路面、水泥混凝土路面和其他路面。

沥青路面是指在柔性基层、半刚性基层上,铺筑一定厚度的沥青混合料面层的路面结构。沥青面层分为沥青混凝土、沥青混合料(包括沥青混凝土混合料及沥青碎石混合料)、乳化沥青碎石、沥青贯入式、沥青表面处治等类型。

水泥混凝土路面是指以水泥混凝土面板和基(垫)层组成的路面,又称为刚性路面。路面种类有:普通混凝土路面、钢筋混凝土路面、碾压式混凝土路面、钢(化学)纤维混凝土路面、连续配筋混凝土路面等。

其他路面主要是指在柔性基层上用有一定塑性的细粒土稳定各种骨料的中低级路面。路面种类有:普通水泥混凝土预制块路面、联锁型路面砖路面、石料砌块路面、级配碎石路面等。

路面材料可分为矿料和结合料两大类。矿料分为骨料和填充料两类:骨料是指碎石、卵砾石,有时为片石、料石;填充料是指土、砂、石粉和矿渣等。结合料分为有机结合料(沥青)和无机结合料(石灰、水泥、粉煤灰、黏土等)。

### 1.1.1 矿料

根据不同的方式可将集料划分成不同的类型。

(1) 按岩石种类可分为火成岩、沉积岩和变质岩。

火成岩是由岩浆或者熔岩冷却而形成的岩石,最常见的三种火成岩为花岗岩、玄武岩和安山岩。花岗岩是一种由火山爆发的熔岩在熔融状态下受到一定压力隆起至地壳表层,岩浆不喷出地面,而在地底下缓慢冷却,凝固后形成的构造岩,属于一种酸性火成岩。很多公路路基就是用花岗岩铺垫的,很多街道的地砖也是花岗岩。玄武岩是一种细腻致密的黑色岩石,很坚硬,具有很好的抗压抗折性能,且耐磨性好、吸水率低,是道路材料中一种性能很好的矿料。安山岩由火山口喷发快速冷却而成,是山峰中最为普通的岩石。

沉积岩又称水成岩,是岩石颗粒经过各种作用,逐步积累而形成的岩石。常见的沉积岩主要是石灰岩、砂岩。湖海中所沉积的碳酸钙在失去水分以后,紧压胶结起来而形成的岩石,称为石灰岩。石灰岩的矿物成分主要是方解石(占50%以上),还有一些黏土、粉砂等杂质,由于其良好的物理化学性能而大量用于道路建筑中。砂岩是一种沉积岩,主要由砂粒胶结而成,其中砂粒含量(如无特殊说明,本书含量均指质量分数)大于50%。绝大部分砂岩是由石英或长石组成的,石英和长石是组成地壳最常见的成分,由很多细小的岩石胶结而成。有的砂岩可以抵御风化,但又容易切割,所以经常被用作建筑材料和铺路材料。

变质岩由火成岩和沉积岩在高温高压下挤压胶合而成。石英岩就是一种常见的变质岩。

(2) 根据集料形成的过程可分为经自然风化和地质作用形成的卵石(砾石)、天然砂和人工机械加工而成的碎石、机制砂。

卵石是河道冲刷自然沉积下来的石子,呈圆形或椭圆形,用于混凝土中可提高混凝土的流动性、和易性。碎石是由山上的岩石被炮炸开再经破碎机破碎而成,或由卵石经破碎而成。碎石相对于卵石表面更粗糙,虽然它在混凝土中的流动性、和易性不如卵石,但它与水泥的握裹力更强,经常用于道路混凝土,以提高抗折强度。

天然砂是岩石经过大自然的风化崩解,水流的冲刷、碰撞、搬运、聚集形成,剩下的不易风化且强度最高的部分。含泥较多的天然砂经过水洗分筛之后依然是天然砂。机制砂是由大块岩石直接破碎到 5 mm 以下的颗粒,其粒型虽没有天然砂好,会影响其压碎值的指标,但是只要在规定范围内就可以使用,并且机制砂新鲜的破碎面也有利于增强混凝土中胶结料的黏合力。

(3) 按照矿料的粒径可分为粗集料、细集料和填料。

在沥青混合料中,粗集料是指粒径大于 2.36 mm 的天然砂、人工砂(包括机制砂) 及石屑;细集料是指粒径小于 2.36 mm 的天然砂、人工砂(包括机制砂) 及石屑。

在水泥混凝土中,粗集料是指粒径大于 4.75 mm 的天然砂、人工砂;细集料是指粒径小于 4.75 mm 的天然砂、人工砂。

填料是在沥青混合料中起填充作用的粒径小于 0.075 mm 的矿物质粉末。通常是由石灰岩等碱性石料加工磨细得到的矿粉,水泥、消石灰、粉煤灰等矿物质有时也作为填料使用。

(4) 根据化学成分分为酸性集料和碱性集料。

酸碱集料的区别主要在于 $SiO_2$ 的含量,当集料的 $SiO_2$ 含量大于 65% 时为酸性集料(如花岗岩、石英等);当集料的 $SiO_2$ 含量小于 65% 时为碱性集料(如石灰岩、白云石等)。

### 1.1.2 结合料

结合料按化学成分可分为有机结合料和无机结合料。

**1. 有机结合料**

有机结合料指具有良好胶结性能的有机化合物。在公路工程中主要是指沥青材料。沥青呈暗褐色或黑色,是可溶于苯或二硫化碳等溶剂的固体或半固体有机质,是自然界中天然存在的或是从原油中经蒸馏等工艺得到的残渣。

(1) 沥青按来源可分为石油沥青、天然沥青、煤沥青等。

石油沥青是原油经减压蒸馏、溶剂脱沥青工艺或氧化等过程得到的暗褐色或黑色的半固体或固体物质,主要由烃类及其衍生物组成。石油沥青在常温下呈液体、半固体或固体,其色黑而有光泽,具有较高的感温性。

天然沥青是石油渗出地表经长期暴露和蒸发后的残留物,储藏在地下,有的形成矿层或在地壳表面堆积。天然沥青大都经过天然蒸发、氧化，一般已不含有任何毒素。按形成的环境可分为湖沥青、岩沥青、海底沥青等。

煤沥青是煤经过干馏得到煤焦油再经蒸馏制成的沥青，煤沥青对各种碎石料具有非常好的浸润、润湿性能和黏附能力，且抗油侵蚀，路面摩擦系数较大，成本低廉。

(2) 沥青按生产加工方法可分为直馏沥青、氧化沥青、泡沫沥青、乳化沥青、改性沥青等。

① 直馏沥青是指原油用常压蒸馏方法直接得到的产品，在常温下是黏稠液体或半固体；由上述方法得到的沥青再加入溶剂稀释，或用水和乳化剂进行乳化，或加入改性剂进行改性。

② 氧化沥青是指渣油(或直馏沥青)在较低温度、较小风量和适当延长氧化时间的条件下，得到的轻度氧化沥青。氧化工艺条件的改变可使沥青在氧化过程中、化学组分转化时，形成的树脂相对增加较多，而沥青质相对增加较少。因此，它比相同针入度(或软化点)的氧化沥青具有较好的延伸性和低温抗裂性。

③ 泡沫沥青是在高温沥青中加水滴形成蒸汽泡，产生连锁反应，显著提高胶合性能的新材料，泡沫沥青黏聚性强且稳定，混合料可以长时间储存，可以冷碾压。泡沫沥青冷再生技术运用了泡沫沥青的良好性能。

④ 乳化沥青是沥青和乳化剂在一定工艺作用下，生成水包油或油包水(具体要看乳化剂的种类)的液态沥青。乳化沥青是将通常高温使用的道路沥青，经过机械搅拌和化学稳定的方法(乳化)，扩散到水中而液化成常温下黏度很低、流动性很好的一种道路建筑材料。它可以常温使用，也可以和冷、潮湿的石料一起使用。根据所用乳化剂电性的不同，分为阳离子乳化沥青、阴离子乳化沥青、非离子乳化沥青等。

⑤ 改性沥青是掺加橡胶、树脂、高分子聚合物、磨细的橡胶粉或其他填料等外掺剂(改性剂)，或采取对沥青轻度氧化加工等措施，使沥青或沥青混合料的性能得以改善而制成的沥青结合料，改性沥青的分类及其特点见表1.1。

**表1.1　改性沥青的分类及其特点**

| 改性沥青种类 | 代表性改性剂 | 特点 |
|---|---|---|
| 天然胶乳改性沥青 | 天然胶乳 | 提高混合料黏附性，降低感温性 |
| 合成胶乳改性沥青 | 氯丁橡胶、丁苯橡胶 | 增加沥青的弹性，改善柔性及黏附性 |
| 嵌段共聚物改性沥青 | 苯乙烯－丁二烯－苯乙烯(SBS)、苯乙烯－异戊二烯－苯乙烯(SIS)、苯乙烯－聚乙烯丁基－聚乙烯(SE/BS) | 有效提高沥青的柔性和黏附性，降低感温性 |
| 废胶粉改性沥青 | 废胶粉 | 提高稳定性和抗压强度，有效防止反射裂缝 |

续表1.1

| 改性沥青种类 | 代表性改性剂 | 特点 |
|---|---|---|
| 树脂类改性沥青 | 聚乙烯(PE)、聚丙烯(PP)、乙烯－醋酸乙烯(EVA)、乙丙橡胶(EPOM)、环氧树脂和聚氨酯 | 提高稳定度和模量，改善感温性、水损害和老化速率 |
| 纤维改性沥青 | 石棉、聚酯、钢纤维、玄武岩纤维、玻璃纤维、木质素纤维 | 提高强度和耐久性，增强韧性、吸油等 |
| 矿物填料类改性沥青 | 炭黑、硫黄、石灰、水泥 | 增强界面，提高水稳定性 |
| 调和沥青 | 湖沥青、岩石沥青、海底沥青、生物油 | 可再生，环保 |

**2. 无机结合料**

无机结合料主要包括石灰、水泥、粉煤灰、黏土等。在公路工程中采用最多的无机结合料是石灰和水泥，用它们制成的无机结合料稳定类混合料，通常用于高等级道路路面基层结构或低等级道路路面基层结构。水泥是配置水泥混凝土和预应力混凝土结构的主要材料，广泛应用于土木工程建设中。水泥砂浆是各种桥梁圬工结构物的砌筑材料。

(1) 石灰。

石灰是碳酸盐类岩石经过高温煅烧得到的一种气硬性胶凝材料，其主要成分为氧化钙(CaO) 和氧化镁。石灰根据化学成分的不同分为生石灰和熟石灰。

用于煅烧石灰的原料，主要以富含氧化钙的岩石为主，也可用含有氧化钙和部分氧化镁的岩石。将生产石灰的原料高温煅烧(加热至 900 ℃ 以上)，逸出 $CO_2$ 气体，得到的白色或灰白色的块状材料即为生石灰，其化学反应可表示如下：

$$CaCO_3 \xrightarrow{>900\ ℃} CaO + CO_2 \uparrow \quad \Delta H = +178\ kJ/mol$$

(2) 水泥。

水泥是一种粉状水硬性无机胶凝材料。水泥加水搅拌后呈浆体，能在空气中硬化或者在水中硬化，并能把砂、石等材料牢固地胶结在一起。早期石灰与火山灰的混合物与现代的石灰火山灰水泥相似，用它胶结碎石制成的混凝土，硬化后不但强度较高，还能抵抗淡水或盐水的侵蚀。长期以来，水泥作为一种重要的胶凝材料，广泛应用于土木建筑、水利、国防等工程。

水泥按用途及性能分为通用水泥、专用水泥和特性水泥。

① 通用水泥：一般土木建筑工程通常采用的水泥。通用水泥主要是指按国家标准 GB 175—2007《通用硅酸盐水泥》规定的六大类水泥，即硅酸盐水泥、普通硅酸盐水泥、矿渣硅酸盐水泥、火山灰质硅酸盐水泥、粉煤灰硅酸盐水泥和复合硅酸盐水泥。

② 专用水泥：专门用途的水泥。如：G 级油井水泥、道路硅酸盐水泥。

③ 特性水泥：某种性能比较突出的水泥。如：快硬硅酸盐水泥、低热矿渣硅酸盐水泥、膨胀硫铝酸盐水泥、磷铝酸盐水泥和磷酸盐水泥。

水泥的生产一般可分为生料制备、熟料煅烧和水泥制成三个工序，整个生产过程可概括为“两磨一烧”。其中，硅酸盐类水泥的生产工艺在水泥生产中具有代表性，是以石灰石和黏土为主要原料，经破碎、配料、磨细制成生料，然后喂入水泥窑中煅烧成熟料，再将熟料加适量石膏(有时还掺加混合材料或外加剂)磨细而成。

硅酸盐水泥在国际上统称波特兰水泥。1824 年，英国建筑工人阿斯普丁(Aspdin)申请了生产波特兰水泥的专利，因其凝结后的外观颜色与英国波特兰(Portland)所产的一种常用于建筑的石灰石颜色相似而命名。以后的研究确认其主要成分是硅酸盐类物质，故也称硅酸盐水泥。

硅酸盐水泥的化学成分主要有石灰石原料分解出的氧化钙、黏土原料分解出的氧化硅和氧化铝，以及铁矿粉提供的氧化铁。其主要的矿物包括硅酸三钙($3CaO \cdot SiO_2$，简式 $C_3S$)、硅酸二钙($2CaO \cdot SiO_2$，简式 $C_2S$)、铝酸三钙($3CaO \cdot Al_2O_3$，简式 $C_3A$)、铁铝酸四钙($4CaO \cdot Al_2O_3 \cdot Fe_2O_3$，简式 $C_4AF$)。

(3) 粉煤灰。

粉煤灰是一种人工火山灰质混合材料，是从煤燃烧后的烟气中收集下来的细灰，它本身略有或没有水硬胶凝性能，但当以粉状及有液态水存在时，能在常温，特别是在水热处理(蒸汽养护)条件下，与氢氧化钙或其他碱土金属氢氧化物发生化学反应，生成具有水硬胶凝性能的化合物，成为一种增加强度和耐久性的材料。

粉煤灰是燃煤电厂排出的主要固体废物。我国火电厂粉煤灰的主要氧化物组成为：$SiO_2$、$Al_2O_3$、FeO、$Fe_2O_3$、CaO、$TiO_2$ 等。由于煤粉各颗粒间的化学成分并不完全一致，因此燃烧过程中形成的粉煤灰在排出的冷却过程中，形成了不同的物相，如氧化硅及氧化铝含量较高的玻璃珠。另外，粉煤灰中晶体矿物的含量与粉煤灰冷却速度有关：一般来说，冷却速度较快时，玻璃体含量较多；反之，玻璃体容易析晶。可见，从物相上讲，粉煤灰是晶体矿物和非晶体矿物的混合物，其矿物组成的波动范围较大。一般晶体矿物为石英、莫来石、氧化铁、氧化镁、生石灰及无水石膏等，非晶体矿物为玻璃体、无定形碳和次生褐铁矿，其中玻璃体含量占 50% 以上。随着电力工业的发展，燃煤电厂的粉煤灰排放量逐年增加，成为我国当前排放量较大的工业废渣之一。

在混凝土中掺加粉煤灰节约了大量的水泥和细骨料；减少了用水量；改善了混凝土拌和物的和易性；增强了混凝土的可泵性；减少了混凝土的徐变；减少了水化热、热能膨胀性；提高了混凝土的抗渗能力；增加了混凝土的修饰性。

粉煤灰在水泥工业和混凝土工程中的应用：粉煤灰代替黏土原料生产水泥，水泥工业采用粉煤灰配料可利用其中的未燃尽炭；粉煤灰作水泥混合材；粉煤灰生产低温合成水泥，生产原理是将配合料先蒸汽养护生成水化物，然后经脱水和低温固相反应形成水泥矿物；粉煤灰制作无熟料水泥，包括石灰粉煤灰水泥和纯粉煤灰水泥，石灰粉煤灰水泥是将干燥的粉煤灰掺入 10% ~ 30%(质量分数)的生石灰或消石灰和少量石膏混合粉磨，或分别磨细后再混合均匀制成的水硬性胶凝材料；粉煤灰作砂浆或混凝土的掺合料，在混凝土中掺加粉煤灰代替部分水泥或细骨料，不仅能降低成本，而且能提高混凝土的和易性、不透水 / 气性、抗硫酸盐性能和耐化学侵蚀性能，降低水化热，改善混凝土的耐高温性能，减轻颗粒分离和析水现象，减少混凝土的收缩和开裂以及抑制杂散电流对混凝土中钢筋的腐蚀。

(4) 黏土。

黏土是土壤的一种，主要由极细的结晶颗粒组成。这些结晶颗粒又由另一种或数种属于黏土矿物的成分组成。黏土矿物主要是硅酸铝，有的黏土含镁和铁，并有碱金属或碱土金属作为主要成分。有些黏土则由单纯的黏土矿物组成，但大多数是黏土矿物的混合物，有的还含有不定量的非黏土矿物（如石英、方解石、长石、黄铁矿等）。许多黏土还含有有机物和水溶盐。土壤中含黏粒占 70% 以上者即称为黏土类。黏土的透水、透气性能都较差。

黏土主要由直径小于 0.003 9 mm（重结晶后小于 0.01 mm）的黏土矿物组成，是一种土状沉积物。它与水拌和后具有黏性，干燥后能保持原来的形状，焙烧后具有岩石般的坚硬性。某些黏土还具有高耐火度、强塑性、良好的吸水性、膨胀性和吸附性。除黏土矿物外，黏土中也含石英、长石、云母等碎屑矿物及菱铁矿、石膏等自生非黏土矿物。黏土按可塑性可分为软质黏土（可塑性黏土）、半软质黏土和硬质黏土；按耐火度可分为耐火黏土（耐火度在 1 580 ℃ 以上）、易熔黏土（耐火度小于 1 350 ℃）和难熔黏土（耐火度为 1 350 ～1 580 ℃）；按成因可分为残余黏土（原生黏土）和次生黏土；按矿物成分可分为高岭石黏土、蒙脱石黏土、水云母黏土等；按用途和某些特征可分为耐火黏土、陶瓷黏土、砖瓦黏土、膨润土、活性黏土及漂白土等。黏土是外生沉积作用或铝硅酸盐类岩石长期风化而成，有些是低温热液对围岩蚀变的产物。它是陶瓷、水泥、耐火材料、化工等方面的重要原料。

黏土矿广泛分布于世界各地的岩石和土壤中。世界膨润土矿资源为 1.3 Gt 以上，主要分布于美国和加拿大。高岭土矿储量约 1.6 Gt，主要分布于中国、美国、俄罗斯、墨西哥、西班牙等国。我国是高岭土资源十分丰富的国家，矿质优良、成因类型齐全，主要产地有江苏苏州、湖北均县、四川叙永县等地。活性白土主要产于美国和加拿大。

## 1.2 路面材料的性能

路面是指用各种筑路材料铺筑在道路路基上直接承受车辆荷载的层状构造物，由面层、基层、底基层和必要的功能层组合构成。面层直接同大气和行车接触，承受行车荷载、降水侵蚀、气温变化带来的影响。基层主要承受由面层传来的车辆荷载并将其传至下层结构，同时承受拉应力并维持良好的耐久性。功能层的主要作用是隔温、隔水、防污等。由此可见，路面材料针对层位的不同应具有不同的特性，主要包括强度、模量、疲劳等力学性能，高温、低温、水损等路用性能，透水、降噪、融冰除雪等其他性能。

### 1.2.1 力学性能

路面所用的材料按其不同的形态及成理性质大致可分为三类：沥青结合料类、无机结合料类和松散颗粒型材料及块料。这些材料按不同的成型方式（密实型、嵌挤型和稳定型）形成各种结构层。路面材料力学性能主要划分为强度、模量和疲劳。强度体现了路面材料抵抗破坏的能力，模量表征了路面材料抵抗变形的能力，而疲劳作为路面材料设计的核心反映了路面的耐久性。由于材料的基本性质和成型方式不同，各种路面结构层材料具有不同的力学特性。

**1. 沥青结合料类**

沥青混合料的强度有单轴压缩强度、直接拉伸强度、劈裂强度、四点弯曲强度等，不同的强度测试方法可以得到不同的劲度模量。沥青混合料模量有动态和静态之分，JTG D50—2017《公路沥青路面设计规范》采用单轴压缩动态模量作为设计参数。沥青混合料的疲劳破坏是指在重复应力的作用下，在低于静载一次作用下的极限应力时发生的破坏。沥青路面在使用过程中，受到车辆荷载的反复作用，或者受到环境温度交替变化所产生的温度应力作用。

沥青路面疲劳特性的研究方法基本上可以分为两类：一类为现象学法，即传统的疲劳理论方法，它采用疲劳曲线表征材料的疲劳性质；另一类为力学近似法，即应用断裂力学原理分析疲劳裂缝扩展规律以确定材料疲劳寿命的一种方法。

(1) 现象学法。

现象学法是传统的疲劳试验方法。现象学法认为，沥青混合料的疲劳是材料在荷载重复作用下产生不可恢复强度衰减累积引起的现象。显然荷载的重复作用次数越多，强度的损伤也就越剧烈，它所能承受的应力或应变值就越小，反之亦然。沥青层底水平拉应变与路面出现裂缝时所承受的重复荷载作用次数有关，可通过疲劳试验建立沥青层应力(应变)与疲劳寿命的关系。

(2) 力学近似法。

力学近似法认为，疲劳是材料初始微裂缝在荷载作用下扩展直至破坏的过程。在一定裂缝张口宽度和长度的情况下，可应用断裂力学原理计算裂缝尖端应力强度因子，它决定了疲劳试验中裂缝的扩展，一般认为Paris方程较好地描述了裂缝扩展与应力强度因子的关系。力学近似法只能考虑稳态裂缝扩展，并且由于沥青混合料具有黏性、弹性、塑性的特点，其应力强度因子 $K_{\mathrm{I}}$ 在高温时并非常数，从而使其应用受到局限。

**2. 无机结合料类**

无机结合料稳定材料是在粉碎的或原状松散的土中掺入一定量的水泥或石灰或工业废渣等无机结合料及水，拌和得到混合料经压实和养生后，其抗压强度符合规定要求的材料。由于无机结合料稳定材料的刚度处于柔性材料(如沥青混合料)和刚性材料(如水泥混凝土)之间，所以也称为半刚性材料，由其铺筑的结构层称为半刚性层。以此修筑的基层或底基层称为半刚性基层或半刚性底基层。无机结合料稳定材料的力学特征包括应力－应变关系、疲劳特性和收缩(干缩和温缩)特性。

(1) 应力－应变特性。

无机结合料稳定材料的强度和模量随龄期的增长而变化，并逐渐具有刚性性质，因此往往早期强度低，后期强度高。不同无机结合料稳定材料的强度和模量随龄期增长的速度不同，因此，在路面结构设计时的参数设计龄期，对于水泥稳定类材料的劈裂及模量的龄期为 90 天，石灰或石灰粉煤灰(又称二灰)稳定类材料的设计龄期为 180 天，水泥粉煤灰稳定类的龄期为 120 天。在一定龄期(28 天)条件下的试验资料表明，在较宽的范围内，半刚性材料的应力－应变关系基本呈线性关系。一般用抗压强度与抗压回弹模量、劈裂强度与劈裂回弹模量、抗弯拉强度与抗弯拉弹性模量、干缩与温缩等来衡量材料的性能。

抗压强度主要反映材料抵抗垂直荷载作用的能力。一般在室内根据稳定材料的最大粒径制备试件，圆柱试件的直径($d$)×高($h$)分别为 50 mm×50 mm、100 mm×100 mm 或 150 mm×150 mm，经 7 天养护，并在试验前饱水浸泡 1 天后，在路面强度试验仪上进行抗压试验。

抗压回弹模量是路面结构厚度设计的重要参数之一，室内试验可采用承载板法和顶面法。承载板法采用尺寸($d\times h$)为 150 mm×150 mm 的圆柱形试件，承载板直径为 37.4 mm，采用分级加载、卸载的试验方法，分别记录各级荷载作用下的回弹变形，计算半刚性材料的回弹模量，即

$$E=\frac{\pi pD}{4l}(1-\mu^2) \tag{1.1}$$

式中，$E$ 为回弹模量；$p$ 为加载压强；$D$ 为承载板直径；$l$ 为回弹弯沉；$\mu$ 为泊松比。

顶面法利用量测变形的装置在路面强度试验仪上进行，试件采用尺寸($d\times h$)为 100 mm×100 mm 或 150 mm×150 mm 的圆柱体，同样采用分级加载、卸载的试验方法，并分别记录每级荷载加载时的变形量及卸载后的变形量，计算材料的抗压回弹模量，即

$$E=\frac{pH}{l} \tag{1.2}$$

式中，$H$ 为试件高度；$l$ 为回弹弯沉。

抗弯拉强度是指结构层底部受弯时，抵抗其所产生弯拉应力的能力，当采用梁式试件时，弯拉强度为

$$S=\frac{P_{\max}l}{bh^2} \tag{1.3}$$

式中，$S$ 为弯拉强度；$P_{\max}$ 为加载力；$b$ 为试件跨中的高度。

抗弯拉回弹模量反映了材料的抗弯刚度，即

$$E_s=\frac{\sigma_s}{\varepsilon_s} \tag{1.4}$$

式中，$E_s$ 为抗弯拉回弹模量；$\sigma_s$ 为弯拉应力；$\varepsilon_s$ 为弯拉应变。

劈裂强度主要反映材料抵抗由温度作用而产生胀缩应力的能力和抗剪切能力。由于半刚性基层材料的抗拉强度(劈裂强度)远小于其抗压强度，因此抗拉强度是路面结构设计的主要指标，抗压强度是材料组成设计的主要指标。半刚性材料多用于道路基层，气温下降时，材料产生的收缩受到基层摩擦阻力的约束而在材料内部产生拉应力，若该拉应力大于材料的轴向抗拉强度，材料层即会被拉裂而出现裂缝。由于温度变化而造成的干缩与膨胀，同样可引起结构层开裂。

(2) 疲劳特性。

受到重复荷载作用时，材料的强度将低于材料在承受静荷载作用时的极限强度，这种材料强度降低的现象，称为疲劳。一般采用劈裂疲劳试验或小梁疲劳试验检测材料的疲劳特性。半刚性材料的疲劳性能通常可用应力水平与荷载作用的关系曲线来表示，该关系曲线在半对数坐标上呈最优拟合直线，表示该直线关系的方程称为疲劳方程。

疲劳的出现是因为材料内部存在缺陷，或有局部不均质现象，在荷载的作用下该处产生应力集中而出现微裂缝，应力的反复作用使微裂缝逐步扩展，从而不断减少有效受力面积，最终导致破坏。这种破坏现象称为疲劳破坏，破坏时重复应力的大小称为疲劳强度，而此时的应力作用次数即为疲劳寿命。

半刚性材料的疲劳寿命主要取决于其应力水平，即重复应力与极限应力之比的大小，当材料所受到的重复应力为极限应力的 50% 时，半刚性材料可经受 $10^6$ 次以上的重复荷载而不产生疲劳破坏。另外，在一定的应力条件下，材料的疲劳寿命还取决于其强度和刚度，强度越高，疲劳寿命越长；而刚度越大，则疲劳寿命越短。

(3) 干缩与温缩特性。

无机结合料稳定材料拌和压实后，由于水分挥发及其内部的水化作用引起干燥收缩，以及混合料受降温影响引起的温度收缩等导致其体积收缩变化，表现出结构的收缩应力及开裂破坏。一般衡量材料的体积变化相对较难，因此，实际中往往采取一维单向变化测定来反映材料的收缩性能，通过收缩应变及收缩系数来表征材料的收缩性能大小。

半刚性材料是由固体、液体及气体组成的三相体。其中，固体部分（原材料的颗粒）和其间的胶体结构组成了半刚性材料的空间骨架，液相部分是存在于固相表面与空隙中的水和水溶液，而气相则是存在于空隙中的气体。所以半刚性材料的胀缩性能是三相不同的温度收缩性能综合反映的结果。一般情况下，气相大部分与大气贯通，在综合效应中影响较小，可以忽略。而原材料中较大颗粒（砂粒以上）的温度收缩系数较小，较小颗粒（粉粒以下）的温度收缩系数较大，它们之间的差别反映了材料的胀缩性能。半刚性材料温度收缩的大小与结合料的类别、剂量及稳定材料的类别、粒料含量、龄期等有关。

**3. 粒料类**

级配碎石是指由各种大小不同的粒级集料组成的混合料，其级配符合技术规范。由于级配中没有水泥、石灰或沥青等胶结料，常称为无结合料（非胶结料）粒料。级配碎石的强度形成和抗变形能力主要与集料颗粒间的摩擦作用、嵌挤作用和黏结作用有关。摩擦作用本身与集料结构层中所产生的内应力以及颗粒接触面上能达到的摩擦阻力有关，即颗粒接触面能达到的摩擦力与颗粒的强度和颗粒的表面特性有关。

级配碎石具有良好的隔温、排水作用，并能有效防止反射裂缝的发生。决定级配碎石层力学性质的主要参数是弹性模量、抗剪强度、抗永久变形能力。这些参数主要与集料的摩擦作用、嵌挤作用和密实效果有关。影响级配碎石层力学性质的其他因素包括集料的含水量、表面解理、摊铺集料的均匀性和碾压密实度以及下承载能力等。同时，级配碎石也有自身的问题，例如，在抗剪、抗弯拉以及抗疲劳等方面存在不足。粒料类材料的力学性能研究一般采用弹塑性理论及其模型。

弹性非线性理论模型：粒料类材料会在荷载作用下产生变形，粒料类材料单元体在道路中受到其应力历史、目前的应力水平以及湿润程度等影响，材料本身不是弹性体，在每次荷载作用下会出现不可恢复的变形。在瞬时荷载的作用下，不可恢复变形与回弹变形很小，粒料层的回弹特性可以用回弹模量表征。粒料类材料的应力应变最显著的特征是非线性关系，即其回弹模量是变化的，受竖向和侧向应力大小的影响。这种道路材料单元体的应力也和车轮荷载的远近关系有关，并且在不同深度范围内，单元体的受力状态也不相同。

回弹模量是道路设计中最基本的参数之一，对粒料类材料来说，国内外研究人员提出了非线性应力依赖型的回弹模量模型，其中包括：Dunlap 模型、$k-\theta$ 模型和 Uzan 模型。

横观各向同性理论：目前国际上，碎石材料还主要被认为以各向同性特性为主，但许多试验证明，碎石材料具有极其明显的横观各向同性。国际上的一些研究建议采用具有方向依赖性或横观各向同性的弹性模型来预测碎石类基层底部拉应力，效果较好。

塑性理论及塑性模型：

(1)Mohr－Coulomb 塑性模型。

根据 Mohr－Coulomb 屈服准则，作用在某一点的剪应力等于这点的抗剪强度时，该点发生破坏，剪切强度与作用在该面的正应力呈线性关系，该塑性模型是基于材料破坏时应力状态的摩尔圆提出的，破坏线是与这些摩尔圆相切的直线，其强度准则为

$$\tau = c + \sigma \tan \varphi \tag{1.5}$$

式中，$\tau$ 为剪切强度；$c$ 为材料的黏聚力；$\varphi$ 为材料的内摩擦角。

(2)Drucker－Prager 模型。

由于 Mohr－Coulomb 屈服面在偏平面上为角准面，角点导致塑性应变流动方向的不唯一。后来的本构模型对其进行了修正，Drucker－Prager 模型就是其中的一种近似，该屈服准则的控制方程为

$$F = \alpha I_1 + \sqrt{J_2} - k = 0 \tag{1.6}$$

式中，$F$ 为强度；$I_1$ 为第一应力不变量；$J_2$ 为第二偏应力不变量；$\alpha$、$k$ 为屈服准则控制方程参数。

(3) 永久变形模型。

在路面工程中，有些研究人员对级配碎石材料的永久变形特性进行分析研究并得到了一些简单的模型来模拟它们，其中包括：双曲线模型、指数 /log $N$ 模型、车辙评估模型和安定模型。

**4. 水泥混凝土**

水泥混凝土是最为常见的路面材料，用于路面基层和面层。用作基层时，在其上铺筑沥青混合料组成复合式路面；作为面层时，简称混凝土路面，也称刚性路面，俗称白色路面，它是一种高级路面。水泥混凝土路面有素混凝土、钢筋混凝土、连续配筋混凝土、预应力混凝土等各种路面。

水泥混凝土的力学性能特征表现为强度高、刚度大、耐久性好。水泥混凝土力学性能测试一般包括抗压强度、劈裂抗拉强度、抗折强度。但在水泥混凝土路面中，主要考虑其抗折强度，因为在车辆荷载的作用下，水泥混凝土结构层处于板体工作状态，竖向弯沉较小，路面结构主要靠水泥混凝土板的抗弯拉强度承受车辆荷载，通过板体的扩散分布作用，传递给路基上的单位压力较柔性路面小得多。

水泥混凝土路面结构设计应以面层板在设计基准期内，在行车荷载和温度梯度综合作用下，不产生疲劳断裂作为设计标准；并以在最重轴载和最大温度梯度的综合作用下，不产生极限断裂作为验算标准。其极限状态设计表达式可分别采用式(1.1) 和式(1.2)。在水泥混凝土路面设计中通常用到弹性地基板理论，简化模型求出其应力、位移，并反算其强度是否满足要求。建立水泥混凝土路面结构在荷载和环境因素作用下，力学响应的

定量模型是路面结构设计理论的基本依据。弹性地基板理论采用板体理论的简化模型解算路面的应力、位移并验算其路面结构的强度，已广泛应用到各国路面结构设计中。弹性力学和数值计算方面的发展，使弹性多层体系、层状体系地基上板的解算已逐步完善，混凝土的强度理论也进一步发展。利用计算机模拟路面对静动态荷载的响应，并用优化算法对路面的结构可靠度和经济性进行分析，是各国路面设计的主要方法。

**5. 路面材料力学性能研究前沿**

我国沥青路面设计方法指导了 14 万 km 高速公路和数百万千米普通公路的建设，为公路交通发展做出了重要贡献，但也毋庸置疑，仍存在诸多不适应与不合理的问题，具体表现在：路面结构荷载响应分析未考虑筑路材料的拉、压模量差异性；简单应力状态下的破坏准则不符合路面结构的三维实际应力状态；室内路面材料疲劳试验结果难以科学评价路面结构的疲劳抗力。为解决上述问题，长沙理工大学郑健龙院士团队开展了深入系统的研究，通过自主创新与集成创新，在路面双模量荷载响应计算模型、强度准则、疲劳性能表征等方面取得了重大突破与实质性创新。

(1) 针对现阶段我国沥青路面结构设计采用单一抗压回弹模量作为设计参数，所得的荷载响应计算值与实测值之间存在较大偏差的问题，考虑路面材料拉压模量的差异性，建立了以双模量理论为基础的路面结构荷载响应分析方法，提出了基于四点弯曲、劈裂试验的路面材料拉、压模量同步测试方法。

三维应力状态下主应力坐标系中的本构方程为

$$\begin{Bmatrix}\varepsilon_\alpha\\ \varepsilon_\beta\\ \varepsilon_\gamma\end{Bmatrix}=\begin{bmatrix}\dfrac{1}{E^\alpha} & -\dfrac{\mu^\beta}{E^\beta} & -\dfrac{\mu^\gamma}{E^\gamma}\\ -\dfrac{\mu^\alpha}{E^\alpha} & \dfrac{1}{E^\beta} & -\dfrac{\mu^\gamma}{E^\gamma}\\ -\dfrac{\mu^\alpha}{E^\alpha} & -\dfrac{\mu^\beta}{E^\beta} & \dfrac{1}{E^\gamma}\end{bmatrix}\begin{Bmatrix}\sigma_\alpha\\ \sigma_\beta\\ \sigma_\gamma\end{Bmatrix} \tag{1.7}$$

式中，$\varepsilon_\alpha$、$\varepsilon_\beta$、$\varepsilon_\gamma$ 为主应变；$\sigma_\alpha$、$\sigma_\beta$、$\sigma_\gamma$ 为主应力。$E^\alpha$、$E^\beta$、$E^\gamma$ 按照主应力的正负号分别取 $E^+$ 或 $E^-$。在双模量理论中，三个主应力符号相同的点称为第一类区域，其中一个主应力与另外两个主应力符号不同的点称为第二类区域。第一类区域中，若主应力均为正，则所有弹性参数均取 $E^+$ 和 $\mu^+$，反之取 $E^-$ 和 $\mu^-$；第二类区域中，若某个主应力为正，则与之相乘的柔度系数中弹性参数均取 $E^+$ 和 $\mu^+$，反之取 $E^-$ 和 $\mu^-$。

双模量问题有限元计算流程图如图 1.1 所示。

在传统弯拉模量计算理论的基础上，由平面假设和平衡条件，利用试件顶部压应变和底部拉应变，分别得到四点弯曲试验条件下梁式试件的抗压模量与抗拉模量，形成了一种基于四点弯曲试验的沥青混合料拉、压、弯模量同步测试方法。四点弯曲梁试件跨中截面受力示意图和四点弯曲法模量同步测试原理图分别如图 1.2 和图 1.3 所示。

四点弯曲拉压模量同步测试计算公式为

$$\begin{cases}E_{\mathrm{t}}=\dfrac{PL(\varepsilon_{\mathrm{t}}+\varepsilon_{\mathrm{p}})}{2b\varepsilon_{\mathrm{t}}^2h^2}\\ E_{\mathrm{p}}=\dfrac{PL(\varepsilon_{\mathrm{t}}+\varepsilon_{\mathrm{p}})}{2b\varepsilon_{\mathrm{p}}^2h^2}\end{cases} \tag{1.8}$$

式中，$E_t$ 为拉伸模量；$E_p$ 为压缩模量；$P$ 为荷载；$L$ 为跨距；$\varepsilon_t$ 为跨中下表面拉应变；$\varepsilon_p$ 为跨中上表面压应变；$b$ 为跨中截面宽度；$h$ 为跨中截面高度。

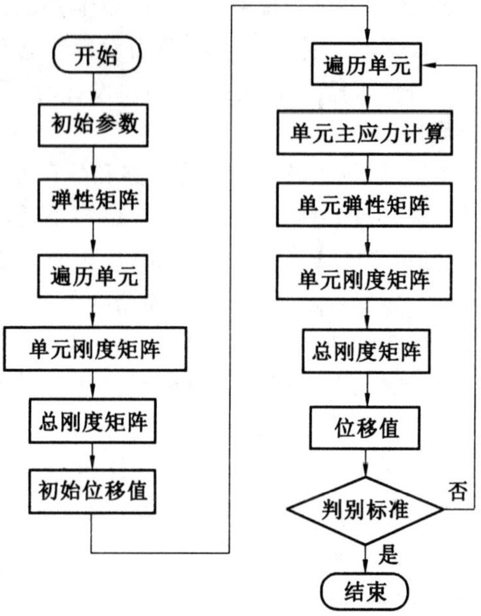


图 1.1　双模量问题有限元计算流程图

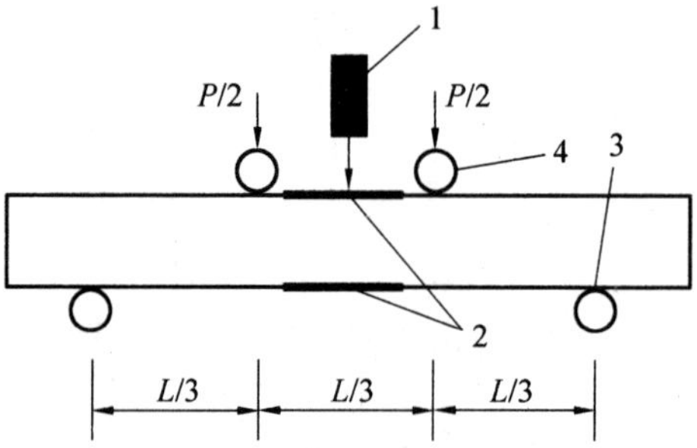


图 1.2　四点弯曲梁试件跨中截面受力示意图

1—LVDT 位移计；2— 应变片；3— 圆柱形支座；4— 加载头

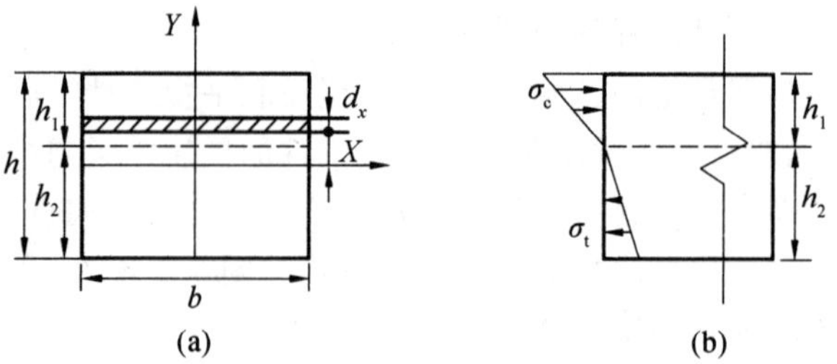


图 1.3　四点弯曲法模量同步测试原理图

基于二维应力状态下的胡克定律，利用微积分原理，通过对试样中心水平径向和竖直径向应变函数进行积分，推导了劈裂试验中拉伸模量和压缩模量的计算公式，提出了基于劈裂试验的沥青混合料拉、压、劈裂模量同步测试方法。劈裂试验加载与受力示意图如图 1.4 所示。

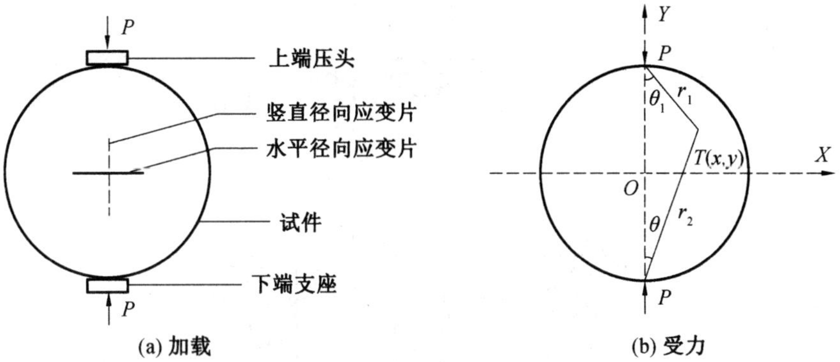


图 1.4　劈裂试验加载与受力示意图

劈裂试验中拉伸模量和压缩模量的计算公式为

$$\begin{cases} E_t = \dfrac{4P}{\pi L} \times \dfrac{\left(\dfrac{Dl}{D^2+l^2} - \arctan\dfrac{l}{D} + \dfrac{l}{2D}\right) \times \left(\dfrac{l}{2D} - \ln\dfrac{D-l}{D+l}\right) + \dfrac{l}{2D} \times \left(\dfrac{Dl}{D^2+l^2} + \arctan\dfrac{l}{D} - \dfrac{l}{2D}\right) \times \mu^2}{\left(\dfrac{l}{2D} - \ln\dfrac{D-l}{D+l}\right) \times \varepsilon_h - \left(\dfrac{Dl}{D^2+l^2} + \arctan\dfrac{l}{D} - \dfrac{l}{2D}\right) \times \varepsilon_v l} \\ E_p = \dfrac{4P}{\pi L} \times \dfrac{\left(\dfrac{Dl}{D^2+l^2} - \arctan\dfrac{l}{D} + \dfrac{l}{2D}\right) \times \left(\dfrac{l}{2D} - \ln\dfrac{D-l}{D+l}\right) + \dfrac{l}{2D} \times \left(\dfrac{Dl}{D^2+l^2} + \arctan\dfrac{l}{D} - \dfrac{l}{2D}\right) \times \mu^2}{\mu \times \dfrac{l}{2D} \times \varepsilon_h l - \left(\dfrac{Dl}{D^2+l^2} - \arctan\dfrac{l}{D} + \dfrac{l}{2D}\right) \times \varepsilon_v l} \end{cases} \tag{1.9}$$

式中，$E_t$ 为拉伸模量；$E_p$ 为压缩模量；$P$ 为荷载；$L$ 为劈裂试件厚度；$D$ 为劈裂试件直径；$l$ 为应变片长度；$\mu$ 为泊松比；$\varepsilon_h$ 为竖直径向平均拉伸回弹应变；$\varepsilon_v$ 为水平径向平均压缩回弹应变。

(2) 针对传统的一维强度设计准则无法模拟路面结构三维真实应力状态的问题，自主研发了路面材料三轴试验系统(图 1.5)，提出了一种获得三维应力状态下路面材料强度特性的方法，建立了便于工程应用的三维强度线性化模型，据此提出了沥青路面结构的三维强度设计方法。

以拉、压子午线和等倾面上强度包络线表征的三维破坏准则分别如下：

拉子午线

$$\frac{\tau_{oct}^{t}}{\sigma_c} = a - b\frac{\sigma_{oct}}{\sigma_c} - c\left(\frac{\sigma_{oct}}{\sigma_c}\right)^2 \tag{1.10}$$

压子午线

$$\frac{\tau_{oct}^{c}}{\sigma_c} = m\left[a - b\frac{\sigma_{oct}}{\sigma_c} - c\left(\frac{\sigma_{oct}}{\sigma_c}\right)^2\right] \tag{1.11}$$

强度包络线

$$\tau_{oct}\,\theta = \tau_{oct}^{t} - (\tau_{oct}^{t} - \tau_{oct}^{c})\sin^n(3\theta/2) \tag{1.12}$$

式中，$\tau_{oct}$ 为八面体剪应力；$\sigma_{oct}$ 为八面体正应力；$\theta$ 为应力角。

强度准则的工程模型如图 1.6 ～ 1.8 所示。

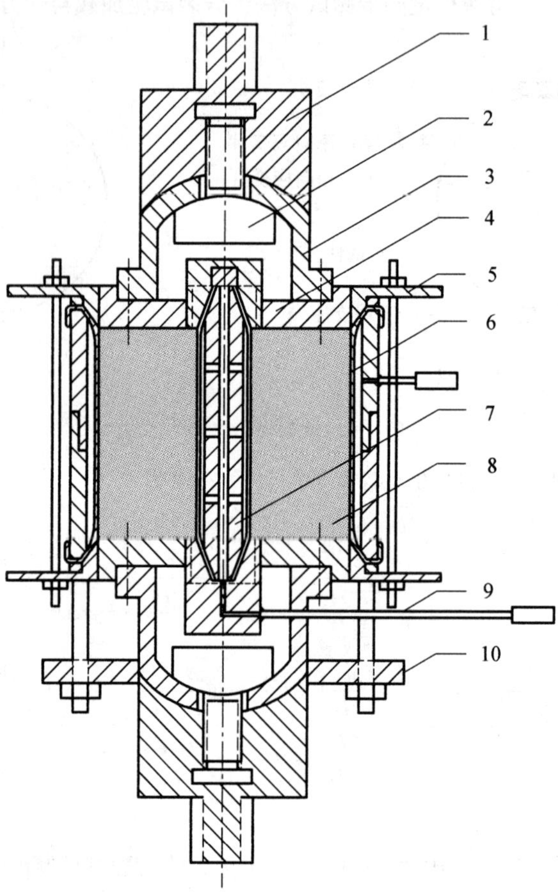


图 1.5　沥青混合料三轴试验系统

1— 加载杆；2— 销钉；3— 半球形压(拉)头；4— 压(拉)板；5— 外气囊压板；6— 外气囊；7— 内气囊；8— 试件；9— 气管；10— 外气囊托盘

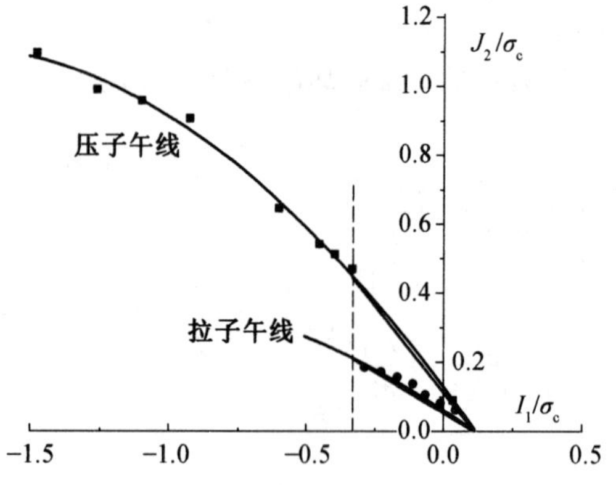


图 1.6　拉压子午线试验值与理论值比较

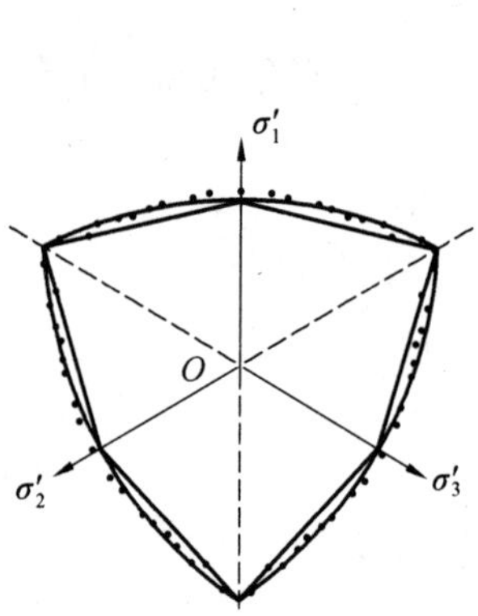


图 1.7　$\pi$ 平面强度包络线

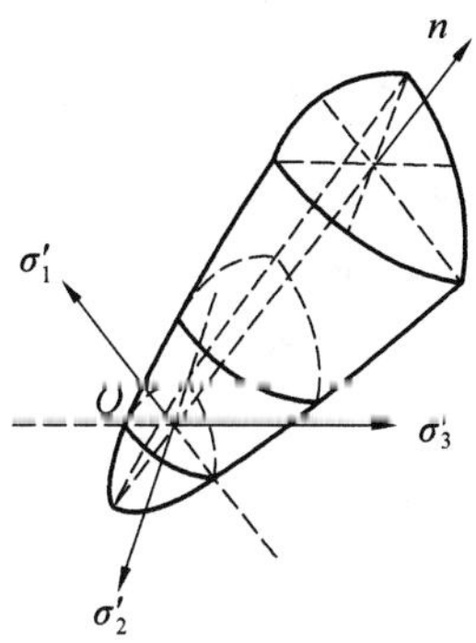


图 1.8　线性化的拉压子午线

(3) 针对拉、压、弯、间接拉伸等疲劳试验结果呈现较大差异性问题，提出了速度相关应力比的新概念，建立了不同加载速度下的路面材料三维强度屈服面，构建了基于屈服准则的不同应力状态下路面材料疲劳性能表征的归一化模型，据此提出了沥青路面疲劳强度设计参数确定新方法。

在 Desai 强度屈服面模型的基础上建立不同加载速率下的强度屈服面简化模型，即

$$J_2=\gamma\,(I_1-R)^2\Rightarrow\sqrt{J_2}=\sqrt{\gamma}\,|I_1-R| \tag{1.13}$$

根据不同加载速率下的路面材料强度屈服面简化模型(图 1.9)，结合疲劳试验确定了不同应力状态下路面材料疲劳起始点和疲劳应力路径，如图 1.10 所示。

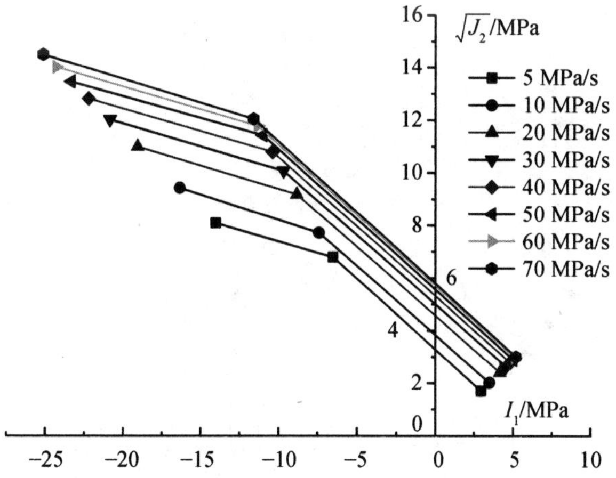


(a) 沥青混合料

图 1.9　不同加载速率下的路面材料强度屈服面简化模型

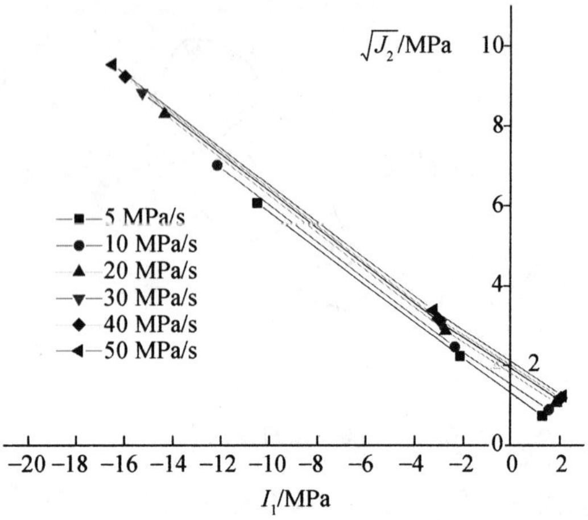


（b）**水泥稳定碎石**

续图 1.9

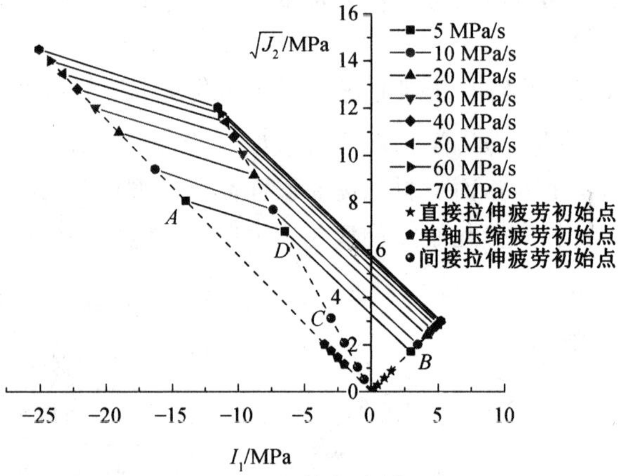


（a）**沥青混合料**

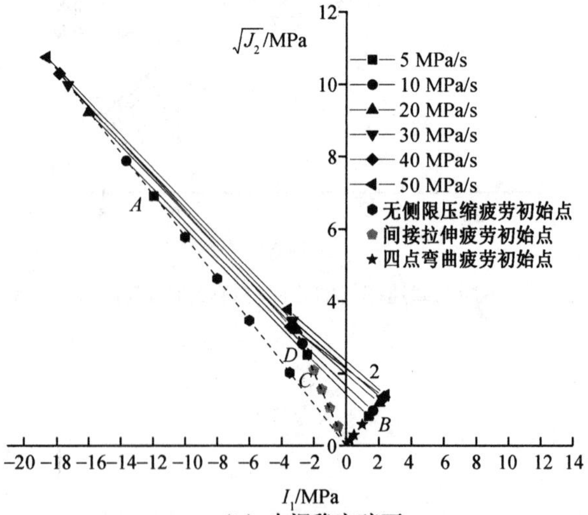


（b）**水泥稳定碎石**

图 1.10　不同应力状态下路面材料疲劳起始点和疲劳应力路径

基于屈服准则思想，路面材料的抗疲劳破坏能力可以计算为

$$\Delta = \Delta_1 = \Delta_2 = \frac{D_{OC}}{D_{OD}} = \frac{\sqrt{J_2}}{\sqrt{J_{2N_f}}} \tag{1.14}$$

式中，$D_{OC}$ 为原点到初始状态点 $C$ 的距离；$D_{OD}$ 为原点到破坏点 $D$ 的距离。

不同应力状态下路面材料的疲劳方程为

$$N_f = r_1 (\Delta)^{-r_2} \tag{1.15}$$

式中，$r_1$、$r_2$ 为疲劳方程拟合参数。

当疲劳初始剪应力强度等于破坏点剪应力强度，疲劳试验时试件将一次性破坏；疲劳方程满足 $\Delta = 1$，$N_f = 1$，从而得到路面材料的疲劳方程。

上述这种疲劳特性分析新方法能够消除应力状态、试件尺寸及成型方式对疲劳试验的影响，从而实现了不同应力状态下疲劳特性的归一化，进而为实现从路面材料疲劳到结构疲劳的科学转化提供了理论、方法与技术依据。基于此疲劳归一化模型，提出了计算各路面结构层的疲劳强度折减系数，即

$$K_s = 1/\Delta = (N_f)^{\frac{1}{r_2}} \tag{1.16}$$

在上述研究的基础上，提出了沥青路面的疲劳强度设计方法。

(1) 基于双模量理论，计算交通荷载作用下路面结构的应力应变响应(即荷载响应)，从而得到路面结构任一点的八面体正应力($\sigma_{oct}$)、八面体剪应力($\tau_{oct}$)和应力角($\theta$)。

(2) 通过三维应力状态下的强度准则确定各结构层路面材料的强度模型，即八面体上的抗剪强度：

$$\tau_{oct}\,\theta = \tau_{oct}^{t} - (\tau_{oct}^{t} - \tau_{oct}^{c}) \times 3\theta/\pi \tag{1.17}$$

(3) 通过三维应力状态下归一化疲劳方程确定疲劳强度折减系数：

$$K_s = 1/\Delta = (N_f)^{\frac{1}{r_2}} \tag{1.18}$$

(4) 按照 $\tau_{oct}\theta[\tau_{oct}^{t} - (\tau_{oct}^{t} - \tau_{oct}^{c}) \times 3\theta/\pi]/K_s$ 对整个路面结构应力场进行强度校核和路面结构设计。

### 1.2.2　路用性能

#### 1. 高温稳定性

(1) 概述。

车辙是沥青路面在汽车荷载反复作用下产生竖直方向永久变形的累积。车辙一般发生在高温季节，尤其是渠化交通以后，在行车荷载的作用下，沥青面层进一步被压密、挤压使轮迹带下沉，其内部材料也可能在剪应力的作用下横向流动，在两侧隆起，形成波峰和波谷状。沥青路面的车辙或永久变形就是沥青与沥青混合料黏弹特性的直接反映。沥青混合料作为一种性质较为复杂的黏弹性材料，在外力长时间的作用下，作为响应的变形或应变会随时间的增加而不断增大，在取消外力后变形随时间的延长而逐渐恢复，且一部分变形会永久保持。通过小应变水平下的单点动态测试可以得到不同温度下沥青的线黏弹性力学参数。其中，动态剪切模量 $G^*$ 和相位角 $\theta$ 是两个基本的材料参数。将 $G^*/\sin\theta$ 的值作为车辙因子指标来评价和控制沥青的高温抗车辙性能。$G^*/\sin\theta$ 是黏弹性范围

内的材料参数，反映的是材料在无损伤状态下的力学特征。

(2) 评价方法。

沥青混合料高温稳定性的评价试验方法较多，如圆柱体试件的单轴静载、动载、反复荷载试验；三轴静载、动载、反复荷载试验；简单剪切的静载、动载、反复荷载试验等。此外还有马歇尔稳定度、维姆稳定度和哈费氏稳定度工程试验，以及反复碾压模拟试验如车辙试验等。目前，我国 JTG D50—2017《公路沥青路面设计规范》规定，沥青混合料的高温稳定性以车辙试验的动稳定度指标来评价。

① 马歇尔试验。马歇尔试验用于测定沥青混合料试件的破坏荷载和抗变形能力，试验设备为马歇尔试验仪(图 1.11)。将沥青混合料制备成规定尺寸的圆柱体试件，试验时将试件横向布置于两个半圆形压模中，使试件受到一定的侧向限制。在规定的温度和加载速度下，对试件施加压力，记录试件所受压力－变形曲线。试验结果的主要力学指标为马歇尔稳定度和流值。马歇尔试验曲线如图 1.12 所示。稳定度是指试件受压至破坏时承受的最大荷载，以 kN 计；流值是达到最大破坏荷载时试件的垂直变形，以 0.1 mm 计。

在我国沥青路面工程中，马歇尔稳定度和流值既是沥青混合料配合比设计的主要指标，也是沥青路面施工质量控制的重要试验项目。然而各国的试验和实践已证明，用马歇尔试验指标预估沥青混合料性能是不够的，它是一种经验性指标，具有一定的局限性，不能确切反映产生沥青混合料永久变形的机理，与沥青路面的抗车辙能力相关性较差。多年实践和研究表明，对于某些沥青混合料，即使马歇尔稳定度和流值都满足技术要求，也无法避免沥青路面出现车辙。因此，用马歇尔稳定度来衡量沥青混合料的高温稳定性存在局限性。

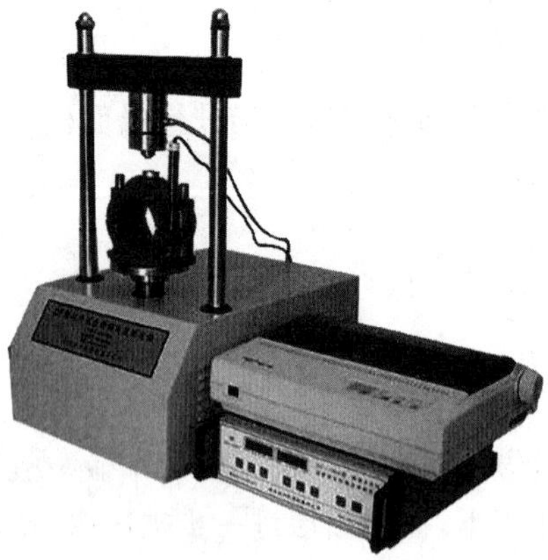

图 1.11　马歇尔试验仪

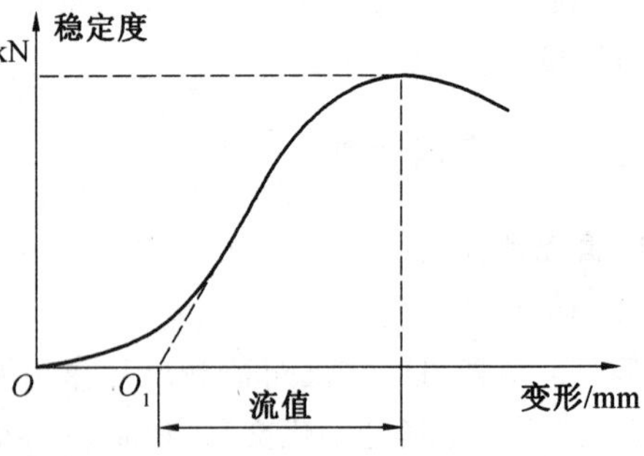


图 1.12　马歇尔试验曲线

② 车辙试验。车辙试验是一种模拟车辆轮胎在路面上滚动形成车辙的工程试验法，试验结果较为直观，且与沥青路面车辙深度之间有着较好的相关性。我国 JTG D50—2017《公路沥青路面设计规范》中规定，对用于高速公路、一级公路和城市快速路、主干路沥青路面的上面层和中面层的沥青混合料，在用马歇尔试验进行配合比设计时，必须采用车辙试验对沥青混合料的抗车辙能力进行检验，不满足要求时应对矿料级配或沥

青用量进行调整，重新进行配合比设计。目前，我国的车辙试验是采用标准方法成型沥青混合板块状试件，固定在车辙试验仪中（图 1.13），在规定的温度条件下以（42±1）次 /min 的频率沿着试件表面在同一轨迹上反复行走，测试试件表面在试验轮反复作用下所形成的车辙深度。车辙试验自动记录的变形曲线如图 1.14 所示。以产生 1 mm 车辙变形量所需要的行走次数（即动稳定度指标）来评价沥青混合料的抗车辙能力，动稳定度为

$$DS=\frac{N(t_2-t_1)}{d_2-d_1}\times C_1\times C_2 \tag{1.19}$$

式中，DS 为沥青混合料的动稳定度，次 /min；$N$ 为试验轮碾速度，通常为 42 次 /min；$t_1$、$t_2$ 为试验时间，通常为 45 min 和60 min；$d_1$、$d_2$ 分别为与试验时间 $t_1$ 和 $t_2$ 对应的试件表面的变形量，mm；$C_1$、$C_2$ 分别为试验机类型系数和试样修正系数。

图 1.13　车辙试验仪

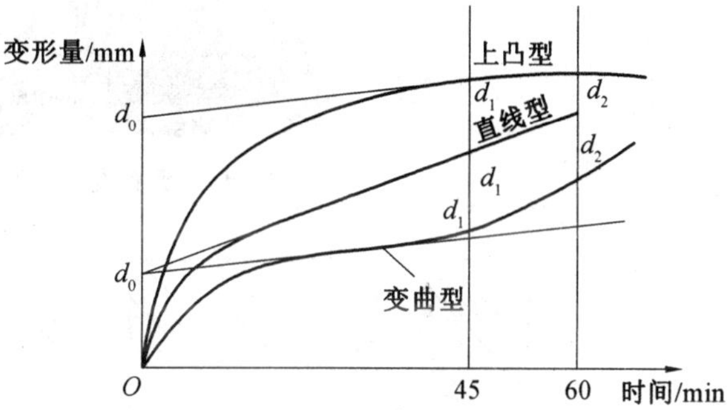


图 1.14　车辙试验自动记录的变形曲线

**2. 低温抗裂性**

（1）概述。

低温裂缝是沥青路面的主要病害之一，在寒冷地区更成为制约路面使用性能的瓶颈问题，严重影响着沥青路面的驾驶舒适性和服务水平。温度的降低会在材料内部产生温度应力，当由于温度梯度而积累的温度应力超过某一极限水平时，便会在沥青路面上形成与行车方向垂直的横向低温裂缝。与疲劳裂缝不同，低温裂缝的形成和发展与行车荷载无关，完全取决于沥青材料自身的低温性能和当地的温度梯度状况。

一般认为沥青路面的低温开裂有三种形式：① 面层低温开裂，是由气温骤降造成面层温度收缩，在有约束的沥青层内产生的温度应力超过沥青混凝土的抗拉强度时造成的开裂；② 温度疲劳裂缝，是指沥青混凝土经过长时间的温度循环，使沥青混凝土的极限拉伸应变变小，应力松弛性能降低，将在温度应力小于其抗拉强度时开裂的裂缝；③ 反射裂缝，是指低温状态下基层产生横向开裂，在荷载和温度的共同作用下，裂缝逐渐向沥青面层的横向开裂。沥青路面裂缝会导致路面承载力下降，影响行车舒适性，并缩短路面的使用寿命。

（2）评价方法。

目前用于研究和评价沥青低温抗裂性的方法可以分为三类：预估沥青混合料的开裂温度；评价沥青混合料的低温变形能力或应力松弛能力；评价沥青混合料断裂能力。相关

的试验主要包括间接拉伸试验、低温弯曲试验和低温蠕变试验等。

① 间接拉伸试验(低温劈裂试验)。间接拉伸试验即低温劈裂试验，劈裂试验机如图 1.15 所示。试验时，对直径为 101.6 m、高为 63.5 m 的沥青混凝土试件进行加载，从而通过传感器和 LVDT 来获得沥青混合料的劈裂强度及垂直、水平变形。压条形状如图 1.16 所示。

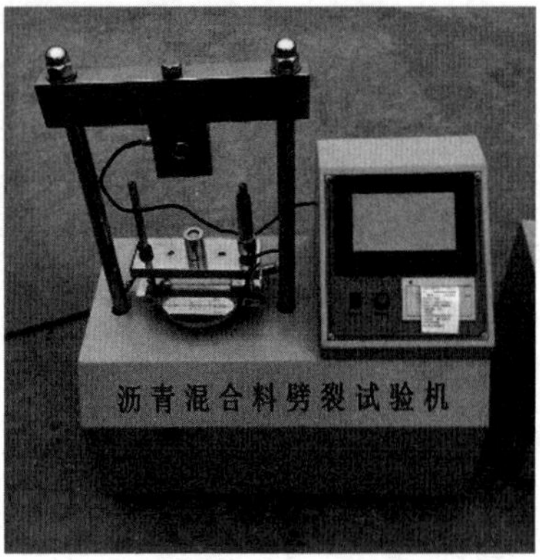


图 1.15　沥青混合料劈裂试验机

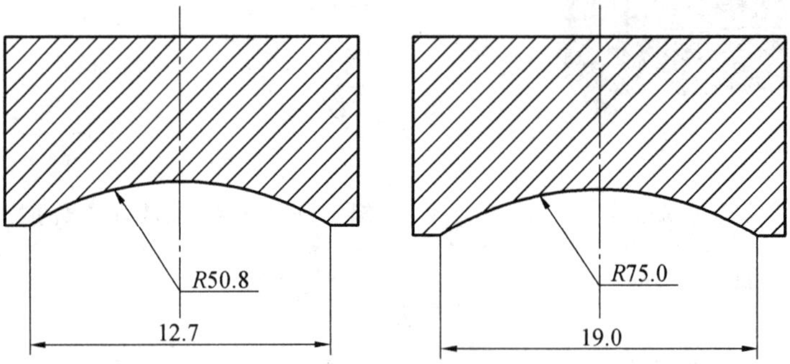


图 1.16　压条形状(单位为 mm，后同)

试验条件规定如下：对于 15 ℃、25 ℃，采用 50 m/min 的速率加载，对 0 ℃ 或更低温度建议采用 1 m/min 作为加载速率。其评价指标有劈裂强度、破坏变形及劲度模量等。当试件直径为(100 ± 2.0) mm、劈裂试验压条宽度为 12.7 mm 和试件直径为(150 ± 2.5) mm、压条宽度为 19.0 mm 时，劈裂抗拉强度、泊松比、破坏拉伸应变及破坏劲度模量分别为

$$R_T = 0.006\ 287 P_T / h \tag{1.20}$$

$$R_T = 0.004\ 25 P_T / h \tag{1.21}$$

$$\mu = (0.135A - 1.794)/(-0.5A - 0.031\ 4) \tag{1.22}$$

$$\varepsilon_T = X_T \times (0.030\ 7 + 0.093\ 6\mu)/(1.35 + 5\mu) \tag{1.23}$$

$$S_T = P_T \times (0.27 + 1.0\mu)/(h \times X_T) \tag{1.24}$$

$$X_T = Y_T \times (0.135 + 0.5\mu)/(1.794 - 0.031\ 4\mu) \tag{1.25}$$

式中，$R_T$ 为劈裂抗拉强度，MPa；$P_T$ 为试验荷载的最大值，N；$h$ 为试件高度，mm；$\mu$ 为泊松比；$A$ 为试件竖直变形与水平变形的比值，$A = Y_T / X_T$；$\varepsilon_T$ 为破坏劲度模量，MPa；$X_T$ 为

试件相应于最大破坏荷载时的水平方向总变形，mm；$Y_T$ 为试件相应于最大破坏荷载时的竖直方向总变形，mm。

② 低温弯曲试验。低温弯曲试验也是评价沥青混合料低温变形能力的常用方法之一。试验仪器采用万能材料试验机。低温弯曲试验加载图如图 1.17 所示。在试验温度达到(−10±0.5) ℃ 的条件下，以 50 mm/min 的加载速率，对尺寸为 $\phi$35 mm × 30 mm ×250 mm、跨径为200 mm 的沥青混合料小梁试件跨中施加集中荷载至断裂破坏，记录低温弯曲试验跨中挠度(应变)－荷载曲线，如图 1.18 所示。

图 1.17　低温弯曲试验加载图

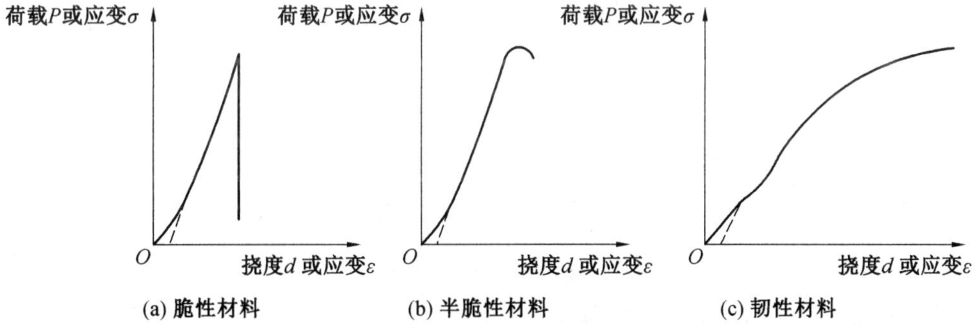


图 1.18　低温弯曲试验跨中挠度(应变)－荷载曲线

根据破坏时的跨中挠度，分别计算抗弯拉强度、弯拉应变及劲度模量：

$$R_B = \frac{3LP_B}{2bh^2} \tag{1.26}$$

$$\varepsilon_B = \frac{6hd}{L^2} \tag{1.27}$$

$$S_B = \frac{R_B}{\varepsilon_B} \tag{1.28}$$

式中，$R_B$ 为试件破坏时的抗弯拉强度，MPa；$L$ 为试件的跨径，mm；$P_B$ 为试件破坏时的最大荷载，N；$b$ 为跨中断面试件的宽度，mm；$h$ 为跨中断面试件的高度，mm；$\varepsilon_B$ 为试件破坏时的最大弯拉应变；$d$ 为试件破坏时的跨中挠度，mm；$S_B$ 为试件破坏时的弯曲劲度模量，MPa。

沥青混合料在低温下的极限变形能力反映了黏弹性材料的低温黏性和塑性性质，极限应变越大，低温柔韧性越好，抗裂性越好。因此，可以用低温的极限弯拉应变作为评价沥青混合料低温性能的指标。我国 JTG D50—2017《公路沥青路面设计规范》中规定，采用低温弯曲试验的破坏应变指标评价改性沥青混合料的低温抗裂性能。

③ 低温蠕变试验。低温蠕变试验用于评价沥青混合料低温下的变形能力与松弛能力。低温蠕变试验仪器采用能施加恒定荷载的电液伺服万能材料试验机。试件采用尺寸为 $\phi$30 mm×35 mm×250 mm 的棱柱体，试验温度为 0 ℃，荷载水平为破坏荷载的 10%，对于密实型沥青混凝土采用 1 MPa。

蠕变试验一般可分为 3 个阶段：第 1 阶段为变迁移阶段，第 2 阶段为蠕变稳定阶段，第 3 阶段为蠕变破坏阶段。低温弯曲蠕变试验时间－跨中挠度曲线如图 1.19 所示。

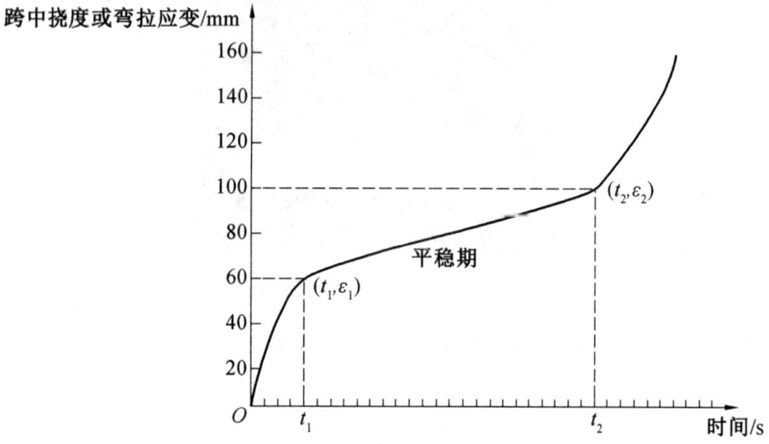


图 1.19　低温弯曲蠕变试验时间－跨中挠度曲线

以蠕变稳定阶段的蠕变速率评价沥青混合料的低温变形能力，蠕变速率为

$$\varepsilon_s = \frac{\varepsilon_2 - \varepsilon_1}{(t_2 - t_1)\sigma_0} \tag{1.29}$$

式中，$\varepsilon_s$ 为沥青混合料的低温蠕变速率，MPa/s；$\sigma_0$ 为沥青混合料小梁试件跨中梁底的蠕变弯拉应力，MPa；$t_1$、$t_2$ 分别为蠕变稳定期的初始时间和终止时间，s；$\varepsilon_1$、$\varepsilon_2$ 分别为与时间 $t_1$ 和 $t_2$ 对应的跨中梁底应变。蠕变速率越大，沥青混合料在低温下的变形能力越大，松弛能力越强，低温抗裂性能越好。

**3. 水稳定性**

(1) 概述。

当沥青混合料处于水环境时，水进入沥青膜和集料之间，阻断沥青与集料的相互黏结，因集料表面对水比沥青有更强的吸附力，使沥青与集料表面接触角减小，再加上荷载和温度胀缩的反复作用，导致沥青从集料表面剥落。影响沥青混合料水稳定性的因素有很多，包括集料的表面构造、孔隙率、矿物成分、表面潮湿、矿物填充、沥青的黏性、沥青的化学性质、沥青膜厚、级配、沥青含量，以及一些其他外界因素（如气候条件、交通荷载等）。

(2) 评价方法。

目前，国内外用于评价沥青混合料水稳定性的方法主要有浸水马歇尔试验、冻融劈裂试验、浸水车辙试验、浸水劈裂试验、浸水抗压强度试验等。虽然应用不同的试验方法得到的试验结果存在着一定的相关性，但在某些情况下也存在较大差别。因此，应尽可能使用一种以上试验来评价混合料的水稳定性。

① 浸水马歇尔试验。浸水马歇尔试验是将马歇尔试件分为两组，一组在 60 ℃ 的水浴中保养 0.5 h 后测其马歇尔稳定度 $S_1$；另一组在 60 ℃ 水浴中恒温保养 48 h 后测其马歇尔稳定度 $S_2$；计算两者的比值，即残留稳定度 $S_0$：

$$S_0 = \frac{S_2}{S_1} \times 100\% \tag{1.30}$$

对同一种试件而言，残留稳定度越大，则试件的高温水稳定性越好。虽然残留稳定度指标 $S_0$ 比较稳定，但是对沥青石料特性不敏感。另外，由于马歇尔试验加载和受力模式的物理意义不明确，所以残留稳定度仅仅是一个经验性指标。

② 冻融劈裂试验。试件成型有两种方法：双面各击实 50 次和双面各击实 75 次（也有控制成型试件空隙率为（7% ± 1%）的）。而后将试件平均分为两组，并使其平均空隙率相同。一组试件在 25 ℃ 水浴中浸泡 2 h 后测定其劈裂强度 $R_1$；另一组先在 25 ℃ 水中浸泡2 h，然后在 0.09 MPa气压下浸水抽真空 15 min，再在 −18 ℃ 冰箱中置放 16 h，而后放到60 ℃ 水浴中恒温 24 h，再放到25 ℃ 水中浸泡 2 h后测试其劈裂强度 $R_2$；计算两者的比值，即残留强度比 TSR：

$$R_1 = 0.006\ 287 P_1 / h_1 \tag{1.31}$$

$$R_2 = 0.006\ 287 P_2 / h_2 \tag{1.32}$$

$$\mathrm{TSR} = \frac{R_2}{R_1} \times 100\% \tag{1.33}$$

式中，$R_1$、$R_2$ 分别为未进过冻融循环和进过冻融循环的第一组和第二组试件的劈裂抗拉强度，MPa；$P_1$、$P_2$ 分别为第一组、第二组试件的试验荷载值，N；$h_1$、$h_2$ 分别为第一组和第二组试件的高度，mm。

对同一种试件而言，残留强度比越大，试件的耐冻融破坏性越好。

改善水稳定性的方法有很多，如掺加消石灰粉，选择合理的级配，减小路面的采用空隙率，在集料选择上应用与沥青黏附性好的集料，选择适当的粉胶比和确保集料洁净。

**4. 抗老化性**

通常情况下，把沥青混凝土路面在正常车辆荷载及其他因素（如降水、温度变化、太阳照射、气候等）的综合作用下，沥青混合料仍然保持稳定的性能，满足正常使用的要求，或是发生了非常小的质量变化的能力，称为沥青混合料的抗老化性。从以上对沥青混合料抗老化性的定义可以看出，影响其抗老化性的主要因素是空气（氧气）、阳光（紫外线）和温度。

沥青混合料的老化过程分为短期老化和长期老化两个阶段。沥青混合料短期老化的评价方法应体现松散的混合料在拌和、运输和铺筑中受热而挥发和氧化的效应，从而模拟混合料施工阶段的老化效应，故仅采用室内试验评价新拌沥青混合料的短期老化是不够的。美国公路战略研究计划（SHRP）经过对已有沥青混合料短期老化方法试验结果的研究提出了烘箱加热法、延时拌和法和微波加热法三种加速新拌沥青混合料老化的方法。

沥青结合料自身的抗老化性是影响沥青混合料使用质量和寿命的主要因素。用沥青混合料铺筑路面时受加热作用，路面建成后受自然因素及行车荷载的作用，沥青结合料技术性能下降，致使其发生老化。受此影响，沥青混合料路面的物理力学性能随着时间的推移而逐年降低，直至无法满足交通荷载的要求。此外，沥青混合料空隙率也是主要影响因素。

**5. 抗疲劳性**

(1) 概述。

沥青混合料疲劳寿命的测定受试验条件、材料性质和环境状况这三个因素的影响。其中，试验条件包括荷载条件、加载速率、施加应力或应变波谱的形式、荷载间歇时间；材料性质包括混合料劲度、沥青用量、沥青的种类和稠度、混合料级配、混合料的空隙率、集料表面性状、外加剂种类；环境状况包括温度、湿度。当前国内外学者多采用消耗能原理、断裂力学方法、诺谟图法等来预测沥青混合料的疲劳寿命，但由于室内沥青混合料疲劳特性试验条件与实际道路上的情况有较大差别，因此，由室内疲劳试验所获得的疲劳方程并不能直接用于实际道路的疲劳寿命预测，必须进行修正和调整。

有研究表明，如果沥青混凝土面层结构大于 15 cm，则可选择控制应力的加载模式，原材料选择较硬的道路石油沥青和粗糙有棱角的集料，这对路面的抗疲劳性有利；当使用较薄的沥青面层结构，即小于 5 cm 时，采用控制应变的加载模式较好，并且原材料使用软的道路石油沥青和圆形光滑纹理及含细料较少的集料组成的沥青混合料，将对路面的抗疲劳性有利，并且应该提高这种混合料的沥青含量，再降低其空隙率。

(2) 评价方法。

目前室内小型疲劳试验方法众多，主要分为拉伸试验和弯拉试验两类。拉伸试验包括直接拉伸试验(DT)、间接拉伸试验(IT)。弯拉试验包括三点弯曲试验(3PB)、四点弯曲试验(4PB) 和半圆弯曲试验(SCB)。其中，四点弯曲疲劳寿命试验应用最广，四点弯曲疲劳试验加载模具如图 1.20 所示。

图 1.20　四点弯曲疲劳试验加载模具

四点弯曲疲劳寿命试验用于测定压实沥青混合料承受重复弯曲荷载的疲劳寿命。四点弯曲试验试件采用尺寸为 380 mm × 50 mm × 65 mm 的标准四点弯曲棱柱体梁，在试验温度条件下养生 4 h 以上，将试件放入四点弯曲疲劳试验加载模具内，在目标试验应变水平下预加载 50 个循环，确定初始劲度模量。当试件劲度模量衰减到该试件初始劲度模量的 50% 时，自动停止加载，并且将此时的疲劳加载次数作为其疲劳寿命。四点弯曲疲劳试验数据包括：初始劲度模量 $S$、滞后角 $\varphi$ 、耗散能 $E_D$ 和累积耗散能 $E_{CD}$ 等，分别为

$$\sigma_t = \frac{L \times P}{w \times h^2} \tag{1.34}$$

$$\varepsilon_t = \frac{12 \times \delta \times h}{3 \times L^2 - 4 \times a^2} \tag{1.35}$$

$$S = \frac{\sigma_t}{\varepsilon_t} \tag{1.36}$$

$$\varphi = 360 \times f \times t \tag{1.37}$$

$$E_D = \pi \times \sigma_t \times \varepsilon_t \times \sin \varphi \tag{1.38}$$

$$E_{CD} = \sum_{i=1}^{n} E_{Di} \tag{1.39}$$

式中，$\sigma_t$ 为最大拉应力，Pa；$L$ 为梁跨距，$L = 0.357$ m；$P$ 为峰值荷载，N；$\varepsilon_t$ 为最大拉应变；$\delta$ 为梁中心最大应变；$h$ 为梁高，m；$a$ 为相邻夹头中心间距，$a = \frac{L}{3}$；$S$ 为弯曲劲度，Pa；$\varphi$ 为滞后角，(°)；$f$ 为加载频率，Hz；$w$ 为梁宽，m；$t$ 为应变峰滞后于应力峰的时间，s；$E_{CD}$ 为疲劳试验过程中累积耗散能，J/m$^3$；$E_{Di}$ 为单个循环耗散能，J/m$^3$。

在试验机每一次加载卸载的过程中，都有能量的损失，损失的能量就是耗散能，累积损失的能量则为累积耗散能。累积耗散能不断地对疲劳试件做功，转化为疲劳试件疲劳破坏所需的能量，当能量积累到一定程度时，试件发生疲劳破坏。相同加载条件下，疲劳加载作用次数越多，滞后角越小，耗散能和累积耗散能越小，则试件的抗疲劳性越好。

### 1.2.3　其他性能

**1. 抗滑性**

(1) 概述。

路面的抗滑性决定了汽车行驶过程中的安全性。除人为因素外，汽车安全性一方面来自其有效的制动系统，另一方面来自轮胎与路面之间良好的摩擦。影响轮胎与路面间摩擦的因素有很多，包括路面、轮胎，以及轮胎与路面间的介质。影响轮胎与路面摩擦的因素有：轮胎的种类、胎面花纹、充气压力、胎面磨损情况等。而路面抗滑性主要与路表的构造状况有关。路面抗滑性主要取决于路面表层的微观构造和宏观构造。

(2) 评价方法。

沥青混合料的抗滑性主要通过其表面构造状况来评价。常见的评价方法有表面构造深度和摩擦系数。

① 表面构造深度。路表面的宏观构造为路表面的凹凸程度(肉眼可见的凸起，0.5 mm 以上)，常用粗糙或光滑来描述宏观构造。宏观构造的测定方法主要有排水测定法、激光构造仪法和铺砂法(或称砂补法)，其中铺砂法最常用。

铺砂法是将已知体积的砂摊铺在路面上，然后用底面贴有橡胶片的板子推平。用板子仔细地将砂摊平成圆形，量取其直径，如图 1.21 所示。砂的体积与砂摊铺的平均面积

的比值即为路面宏观构造深度，也称路面纹理深度。铺砂法不能在潮湿天气下测试，且重现性差、速度较慢。

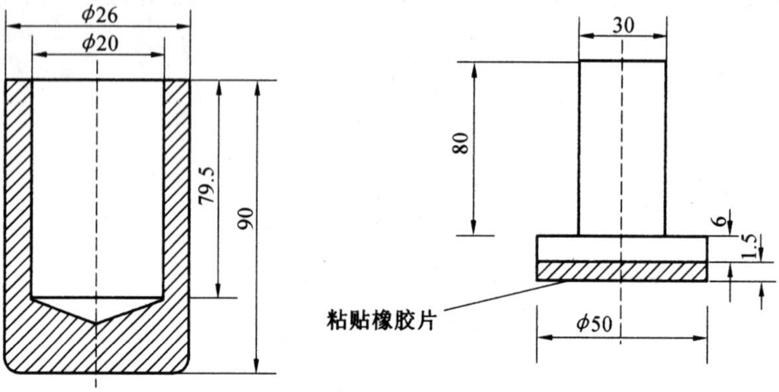


图 1.21 量砂筒与推平板

沥青混合料表面构造深度测定结果计算如下，准确至 0.01 mm：

$$TD=\frac{100\times V}{\pi\times D^{2}/4}=\frac{31\ 831}{D^{2}} \tag{1.40}$$

式中，TD 为沥青混合料表面构造深度，mm；$V$ 为砂的体积，$V=25\ cm^3$；$D$ 为摊平砂的平均直径，mm。

TD 越大，表明路表面的宏观构造越粗糙，抗滑性越好。

② 摩擦系数。摩擦系数的测定一般采用以下几个方法：制动距离法、减速度法、拖车法和摆式仪测定法，路面检测常用的是摆式仪测定法。摆式仪如图 1.22 所示。

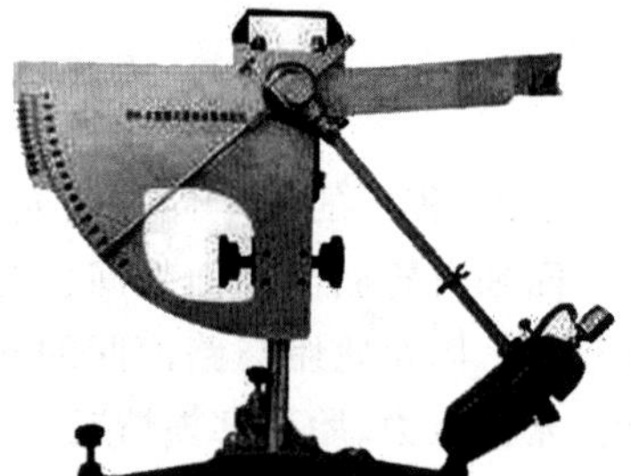

图 1.22 摆式仪

摆式仪主要用于野外量测局部路面范围的抗滑性。摆式仪的摆锤底面装有一橡胶滑块，当摆锤从一定高度自由下摆时，滑动面同路表面接触。由于两者间的摩擦损耗部分能量，使摆锤只能回摆到一定高度。表面摩擦阻力越大，回摆高度越低。通过量测回摆高度，可以评定表面的摩擦阻力。回摆高度直接从仪器上读得，以抗滑值 SRV 表示。抗滑值 SRV 越大，说明路面抗滑性越好。

**2. 平整度**

路面平整度指的是路表面纵向的凹凸量的偏差值。路面平整度是评定路面质量的主要技术指标之一，它关系到行车的安全、舒适，以及路面所受冲击力的大小和使用寿命，不平整的路表面会增大行车阻力，并使车辆产生附加的振动作用。这种振动作用会造成行车颠簸，影响行车的速度和安全，影响驾驶的平稳和乘客的舒适。同时，振动作用还会对路面施加冲击力，从而加剧路面、汽车机件的损坏和轮胎的磨损，并增大油料的消耗。而且，对于水网地区，不平整的路面还会积滞雨水，加速路面的水损坏。因此，为了减少振动冲击力，提高行车速度和增进行车舒适性、安全性，路面应保持一定的平整度。

**3. 透水**

排水性沥青混合料起源于欧洲。1960 年，德国首次建设此种材料的路面，称为 Porous Asphalt，即大空隙或排水型路面；在英国称为 Pervious Macadam，即大空隙沥青碎石。在美国，开级配抗滑磨耗层（OGFC）是指用大空隙的沥青混合料铺筑，能迅速从其内部排走路表雨水，具有抗滑、抗车辙及降噪等优良品性。设计空隙率大于 18%，具有较强的结构排水能力，适用于多雨地区修筑沥青路面的表层或磨耗层。OGFC 集料通常使用高黏度沥青或者通过拌和时外加高黏度改性剂获得高黏度。它是一种间断级配的混合料，属于开级配沥青碎石混合料范畴，设计空隙率比较大。其主要功能是提高路面的抗滑能力，同时具有良好的排水性能和降低行车噪声的功能，也称排水路面或低噪声路面。由于其良好的排水功能，还能减轻雨天行车水漂、水溅、水雾、眩光等。

**4. 降噪**

多孔弹性路面采用聚氨酯黏合剂来代替沥青，再加入橡胶颗粒和一些辅助材料，例如不同种类的集料和砂。多孔弹性路面的空隙率和橡胶颗粒的质量分数均不小于 20%，表面存在大量的连通空隙。因此，相互连接的空隙可以平稳通过气流，并且橡胶颗粒的高弹性能可减震降噪，降噪水平为 10 ～ 13 dB。多孔弹性路面在 20 世纪 70 年代之前就已经出现，并在 20 世纪 70 年代末期由尼尔森正式引入和研究。

**5. 环保**

因目前广泛使用的路面材料有着自身的性能问题和不可再生性，故提出了以橡胶材料作为路面基本材料的新型橡胶基路面，一方面可以利用废旧轮胎中的橡胶减少其环境污染，另一方面橡胶材料的高弹性可以提高路面结构的路用性能，因此开发新型橡胶基路面以替代传统路面材料具有非常好的发展前景。美国多个城市铺设了橡胶人行道，与传统的混凝土板相比，橡胶板的质量远远小于混凝土板，并且橡胶人行道的预计寿命可达七年之久，而混凝土人行道每三年就要进行翻修或重新铺设。从环保的角度来讲，铺设橡胶人行道可以使美国每年约 2.9 亿只废旧轮胎得到再利用。

**6. 融冰除雪**

道路的积雪结冰问题在世界范围内都是一个非常普遍并亟待解决的问题，不仅在北美地区、北欧地区、俄罗斯比较严重，在我国北方尤其是东北地区也非常严重。因此，使路面具有一定的融冰除雪功能变得尤为重要。常见的融冰除雪路面有聚氨酯橡胶颗粒混合料路面，这种路面在外力的作用下具有较高的弹性形变，在行车荷载的反复作用下，路面呈现一种振动趋势，使雪不能在路面上附着，再加上摩擦生热效应，可以有效起到除雪和抑制积雪的作用。雪的熔点比较低，对环境的温度变化比较敏感，随着温度的升高，雪逐渐融化，且其自身的黏聚力增加，在行车荷载的作用下，雪会分层分布，这对行车安全性影响极大。橡胶颗粒作为有机高分子材料，由于外部荷载的反复作用，其内部热量会随之增加。但是橡胶颗粒的热导系数比较低，属于不良热导体材料，内部产生的热量由于不能传递，所以橡胶颗粒的温度会随着热量的增加随之上升。正是橡胶颗粒温度的增加会慢慢融化与路面接触的雪层，使之变成液体状的水，雪在水和温度的连锁作用下从路面脱落去除。

**7. 阻燃**

隧道处于半封闭环境，为防止隧道沥青路面施工及通车运营时发生火灾，开发了阻燃沥青路面技术。将复合型的阻燃剂以一定的工艺添加到沥青中，从而使沥青性能有所改变，使该种沥青具有了在空气中阻燃的特性。添加了阻燃剂之后的阻燃沥青，除了基本上保持原来基质沥青性能之外，还具有阻燃的性能。

## 本章小结

本章总结了路面材料的分类，包括矿料、有机结合料、无机结合料的分类和基本性质，并对路面材料的力学性能、路用性能和其他性能进行了总结归纳，为之后开展材料表征和性能评价提供基础。

# 第 2 章　弹性力学计算基础

## 2.1　基本假设

所有结构材料都具有一定的弹性，即当作用于结构、使结构产生变形的外荷载不超过一定界限时，如果移除外荷载，则变形也消失。弹性理论以材料的宏观结构为对象，假设材料具有以下属性：

(1) 连续性。连续性是指材料连续分布于物体全部体积内，表征其力学性态的位移、应力、应变都是空间坐标的连续函数。

(2) 均匀性。均匀性是指物体内的材料均匀分布。

(3) 各向同性。各向同性是指物体内各个方向的弹性性质相同，弹性模量相同。

(4) 完全弹性。完全弹性是指使物体产生变形的外荷载移除后，物体能够完全恢复至原来的形状。

实际上结构材料通常不满足上述四个属性。例如，钢这种材料如果用显微镜观察，可以看到其组成的多种晶体是以各种排列方式存在的，材料并非均匀、各向同性，然而各个晶体的尺寸非常微小，当研究的物体尺寸远远大于单个晶体尺寸时，便可以采用连续、均匀、各向同性的假设，以大块材料的弹性力学性质代表晶体组成的平均性质。实践证明，以这种假设研究钢结构弹性阶段的性质，其结果精度高，而且大大地简化了分析求解的复杂性。

除了材料属性满足上述假定外，弹性理论还假设研究的是小变形问题，即与物体尺寸相比，物体所产生的变形很小。

## 2.2　应力与应变

### 2.2.1　应力

图 2.1 所示的弹性体受外荷载作用，处于平衡状态。过其中任一点 $Q$ 的一个截面 $a$—$a$ 把弹性体分成两部分，则这两部分之间具有相互作用力，这种相互作用力即为内力。截面 $a$—$a$ 上 $Q$ 点附近一个微小的面积 $\Delta A$ 上作用的总的内力记为 $\Delta F$，平均内力为

$$\bar{p} = \frac{\Delta F}{\Delta A} \tag{2.1}$$

而当面积 $\Delta A$ 趋向于无穷小时，定义 $p$ 为应力——作用在点 $Q$ 处截面 $a$—$a$ 上的应力，即

$$p = \lim_{\Delta A \to 0} \frac{\Delta F}{\Delta A} \tag{2.2}$$

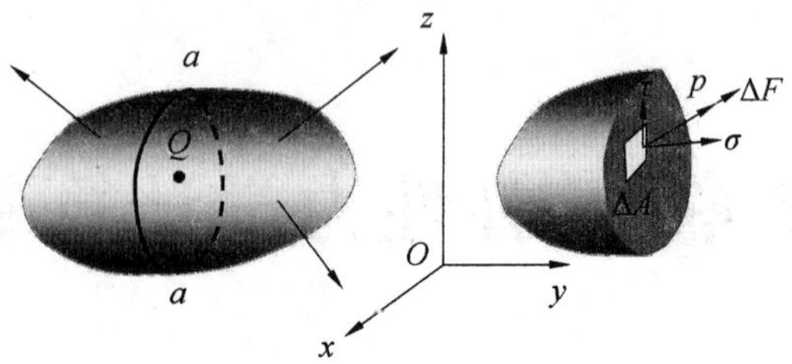


图 2.1　弹性体的应力

应力 $p$ 沿着垂直于截面 $a—a$ 的方向分解，其分量 $\sigma$ 称为正应力；应力 $p$ 沿着平行于截面 $a—a$ 的方向分解，其分量 $\tau$ 称为切应力或剪应力。

在笛卡儿坐标系中，用六个平行于坐标面的截面(简称正截面) 在一点 $P$ 的邻域内取出一个正六面体微元，弹性力学空间问题的微元体应力如图 2.2 所示。

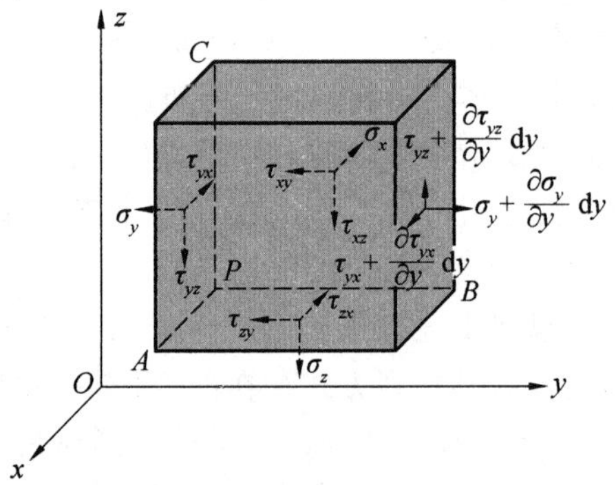

图 2.2　弹性力学空间问题的微元体应力

其中，外法线与坐标轴同向的三个面元称为正面，外法线与坐标轴反向的三个面元称为负面，每个面上的应力矢量再沿三个坐标轴正向分解，得到九个应力分量，不用指标表示时可写成矩阵形式，即

$$\boldsymbol{\sigma} = \begin{bmatrix} \sigma_x & \tau_{xy} & \tau_{xz} \\ \tau_{yx} & \sigma_y & \tau_{yz} \\ \tau_{zx} & \tau_{zy} & \sigma_z \end{bmatrix} \tag{2.3}$$

采用指标表示时，将三个坐标轴 $x$、$y$、$z$ 依次记为 1、2、3，则上述九个应力分量可以表示为

$$\boldsymbol{\sigma}_{ij} = \begin{bmatrix} \sigma_{11} & \sigma_{12} & \sigma_{13} \\ \sigma_{21} & \sigma_{22} & \sigma_{23} \\ \sigma_{31} & \sigma_{32} & \sigma_{33} \end{bmatrix} \tag{2.4}$$

其中，第一指标 $i$ 表示面元的法线方向，称面元指标；第二指标 $j$ 表示应力的分解方向，称方向指标。于是，三个正面上的应力矢量可以表示为

$$\boldsymbol{\sigma}(i) = \boldsymbol{\sigma}_{ij}\boldsymbol{e}_i \tag{2.5}$$

式中，$\boldsymbol{e}_i$ 是沿坐标轴的单位矢量，即笛卡儿坐标系的基矢量。

本书中指标表示和工程表示均有涉及。

### 2.2.2　应变

图 2.3 所示为弹性体的位移。物体在外力的作用下，内部质点 $P$ 发生位置改变，移动至 $P'$ 点。$P$ 点到 $P'$ 点的矢量为

$$\boldsymbol{PP'} = \boldsymbol{u}_i \boldsymbol{e}_i \tag{2.6}$$

位移沿三个坐标轴投影的位移分量分别记作 $\boldsymbol{u}$、$\boldsymbol{v}$、$\boldsymbol{w}$，或如式(2.6)中用指标表示为 $\boldsymbol{u}_i$。

弹性体的变形性质往往用应变表征，线应变指的是沿坐标轴方向的微线段变形后单位长度的改变量，如图 2.4 所示，计算式为

$$\varepsilon_x = \frac{|\boldsymbol{P'A'}| - |\boldsymbol{PA}|}{|\boldsymbol{PA}|} \tag{2.7}$$

切应变(又称剪应变)是指两个沿坐标轴方向的微线段，变形前其夹角是直角，变形后其夹角的改变即直角改变量。图 2.4 所示为弹性体的变形示意图，切应变计算式为

$$\gamma_{xy} = \alpha + \beta \tag{2.8}$$

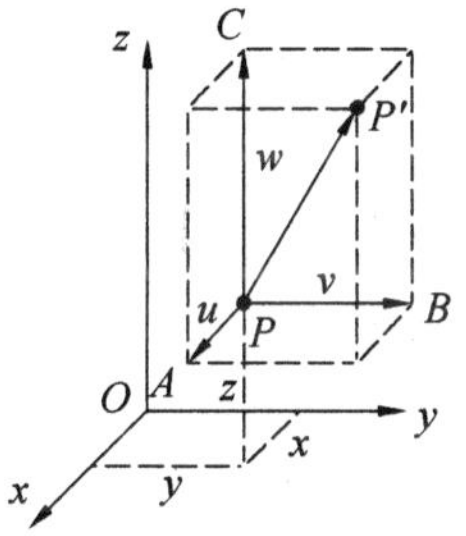


图 2.3　弹性体的位移

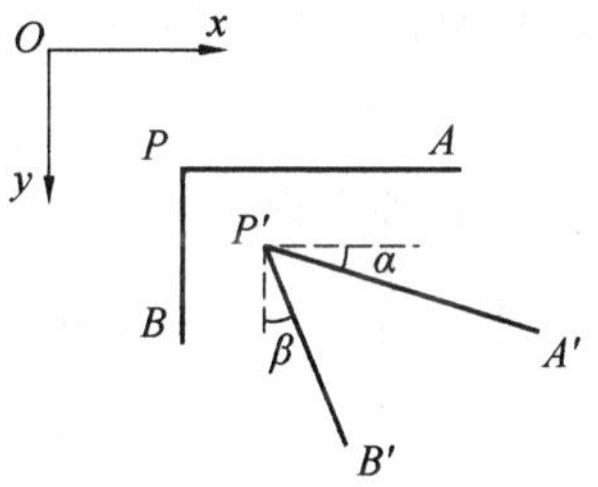


图 2.4　弹性体的变形示意图

式(2.7)和式(2.8)所表示的应变被称为工程应变。它们与小应变张量 $\varepsilon_{ij}$(也称为柯西应变张量)之间的关系为

$$\varepsilon_x = \varepsilon_{11};\quad \varepsilon_y = \varepsilon_{22};\quad \varepsilon_z = \varepsilon_{33};\quad \gamma_{xy} = 2\varepsilon_{12};\quad \gamma_{yz} = 2\varepsilon_{23};\quad \gamma_{zx} = 2\varepsilon_{31} \tag{2.9}$$

再次强调，根据弹性理论假设，这里研究的是小位移、小应变的问题。

## 2.3　弹性力学平面问题的基本理论

### 2.3.1　平衡方程

弹性理论中的平衡方程讨论的是应力分量和体力分量之间的平衡关系。下面以弹性力学平面问题为例，通过取微元体的方法推导其平衡方程。

图 2.5 所示为弹性体微元体应力，以弹性体内一点 $C$ 为中心，取单位厚度的一个微元体进行分析。该微元体内受到沿坐标轴方向均匀分布的体力 $X$、$Y$，假设微元体周边四个面上的应力均匀分布，且略掉二阶及以上的高阶微量，下面对其进行平衡分析。

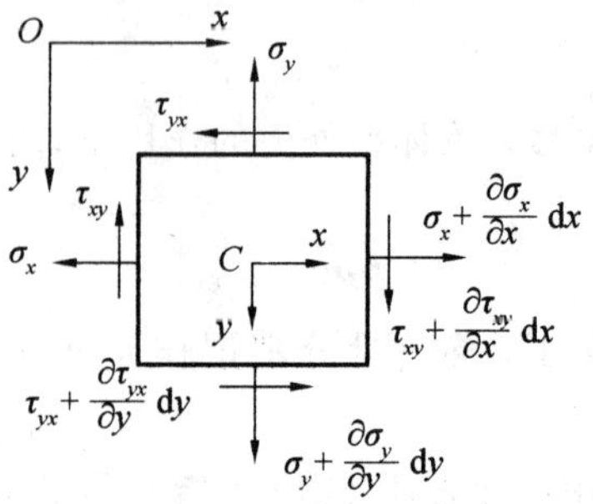


图 2.5　弹性体微元体应力

首先以 $C$ 点为中心对其取矩，列力矩平衡关系可得

$$\tau_{xy}\mathrm{d}y\times1\times\frac{\mathrm{d}x}{2}+\left(\tau_{xy}+\frac{\partial\tau_{xy}}{\partial x}\mathrm{d}x\right)\mathrm{d}y\times1\times\frac{\mathrm{d}x}{2}-$$

$$\tau_{yx}\mathrm{d}x\times1\times\frac{\mathrm{d}y}{2}-\left(\tau_{yx}+\frac{\partial\tau_{yx}}{\partial y}\mathrm{d}y\right)\mathrm{d}x\times1\times\frac{\mathrm{d}y}{2}=0 \tag{2.10}$$

略去二阶及以上的高阶微量，整理得

$$\tau_{xy}=\tau_{yx} \tag{2.11}$$

式(2.11)即切应力互等定理。

然后对微元体列出沿 $x$ 轴方向的力的平衡关系，即 $\sum F_x=0$，得

$$\begin{cases}\dfrac{\partial\sigma_x}{\partial x}+\dfrac{\partial\tau_{yx}}{\partial y}+X=0\\ \dfrac{\partial\sigma_y}{\partial y}+\dfrac{\partial\tau_{xy}}{\partial x}+Y=0\end{cases} \tag{2.12}$$

式(2.12)即弹性力学平面问题的平衡微分方程，它表征了弹性体每点应力分量和体力分量之间的平衡关系。由于对平衡没有影响，它同时适用于平面应力和平面应变两类问题。

以上是直角坐标系下弹性力学平面问题的平衡分析。图 2.6 所示为极坐标系下平面问题的微元体应力。如果建立如图 2.6 所示的极坐标系，以描述圆、弧等曲线形状的弹性体问题，则可以用类似的方法推得式(2.13)所示平衡微分方程，即

$$\begin{cases}\dfrac{\partial\sigma_\rho}{\partial\rho}+\dfrac{1}{\rho}\dfrac{\partial\tau_{\varphi\rho}}{\partial\varphi}+\dfrac{\sigma_\rho-\sigma_\varphi}{\rho}+K_\rho=0\\ \dfrac{1}{\rho}\dfrac{\partial\sigma_\varphi}{\partial\varphi}+\dfrac{\partial\tau_{\rho\varphi}}{\partial\rho}+\dfrac{2\tau_{\rho\varphi}}{\rho}+K_\varphi=0\end{cases} \tag{2.13}$$

式中，$\rho$、$\varphi$ 分别为径向坐标和环向坐标；$K_\rho$、$K_\varphi$ 分别为沿径向和环向的体力。

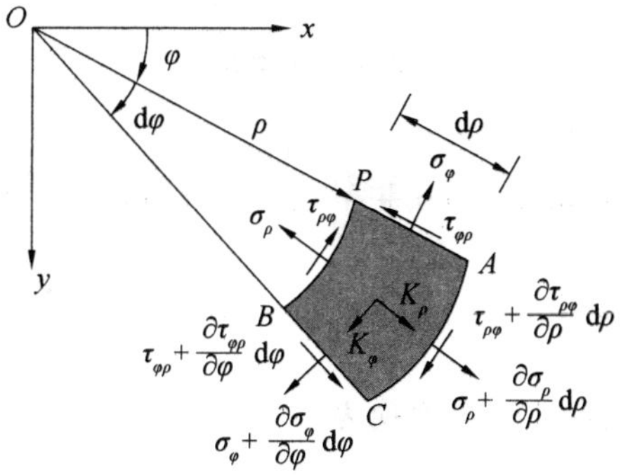


图 2.6　极坐标系下平面问题的微元体应力

## 2.3.2　几何方程

仍以平面问题为例，下面分析其变形情况，研究位移与应变之间的关系，即弹性理论中的几何方程。

图 2.7 所示为弹性力学平面问题的微元体变形。建立如图 2.7 所示极坐标系，以描述弹性力学平面问题。

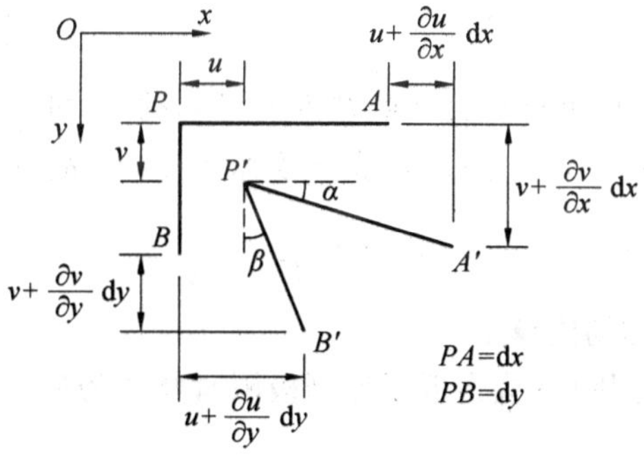


图 2.7　弹性力学平面问题的微元体变形

根据定义，平面问题正应变为

$$\varepsilon_x = \frac{|\boldsymbol{P'A'}| - |\boldsymbol{PA}|}{|\boldsymbol{PA}|} \tag{2.14}$$

变形前的线元长度为 $PA = \mathrm{d}x$，且由于小变形有 $\alpha \ll 1$，故变形后的线元长度为 $P'A' \approx \mathrm{d}x + u + \frac{\partial u}{\partial x}\mathrm{d}x - u = \left(1 + \frac{\partial u}{\partial x}\right)\mathrm{d}x$。将 $PA$ 和 $P'A'$ 的长度表达式代入式(2.14)，得

$$\varepsilon_x = \frac{\left(1 + \frac{\partial u}{\partial x}\right)\mathrm{d}x - \mathrm{d}x}{\mathrm{d}x} = \frac{\partial u}{\partial x} \tag{2.15}$$

同理可得

$$\varepsilon_y = \frac{\partial v}{\partial y}$$

切应变的表达式为

$$\gamma_{xy}=\alpha+\beta \tag{2.16}$$

其中，根据微分几何关系可得

$$\begin{cases}\alpha\approx\sin\alpha=\left(v+\dfrac{\partial v}{\partial x}\mathrm{d}x-v\right)\Big/\left(1+\dfrac{\partial u}{\partial x}\right)\mathrm{d}x\\[2ex]\beta\approx\sin\beta=\left(u+\dfrac{\partial u}{\partial y}\mathrm{d}y-u\right)\Big/\left(1+\dfrac{\partial u}{\partial y}\right)\mathrm{d}y\end{cases} \tag{2.17}$$

由于$\dfrac{\partial u}{\partial x}\ll 1$，$\dfrac{\partial v}{\partial y}\ll 1$，则式(2.17)可变换为

$$\alpha\approx\frac{\partial v}{\partial x},\quad \beta\approx\frac{\partial u}{\partial y} \tag{2.18}$$

将式(2.18)代入式(2.16)，得

$$\gamma_{xy}=\alpha+\beta=\frac{\partial v}{\partial x}+\frac{\partial u}{\partial y} \tag{2.19}$$

由此得弹性力学平面问题的几何方程为

$$\varepsilon_x=\frac{\partial u}{\partial x},\quad \varepsilon_y=\frac{\partial v}{\partial y} \tag{2.20}$$

### 2.3.3 本构方程

在 2.1 节给出的弹性理论材料属性的基本假设基础上，进一步地假定所研究物体的应力和应变之间的关系满足胡克定律，即完全线弹性关系。胡克定律表示的弹性关系为

$$\varepsilon=\frac{\sigma}{E} \tag{2.21}$$

式中，$E$ 为弹性模量，也称杨氏模量。

即在材料的线弹性范围内(应力低于比例极限)，物体的单向拉伸变形与所受的外力成正比。

此后法国科学家泊松提出了泊松比的概念：各向同性弹性杆在受到纵向拉伸时，横向收缩应变与纵向伸长应变之比是一常数，此常数即为泊松比 $\mu$，一般 $0<\mu<0.5$。

由此，对于弹性力学平面应力问题($\mu_z=0$)，可给出的本构关系为

$$\varepsilon_x=\frac{1}{E}(\sigma_x-\mu\sigma_y),\quad \varepsilon_y=\frac{1}{E}(\sigma_y-\mu\sigma_x),\quad \varepsilon_z=\frac{\mu}{E}(\sigma_x-\sigma_y),\quad \gamma_{xy}=\frac{1}{G}\tau_{xy} \tag{2.22}$$

式中，$G$ 为剪切弹性模量，$G=\dfrac{E}{2(1+\mu)}$。

对于弹性力学平面应变问题($\varepsilon_z=0$)，可以得到 $\sigma_z=\mu(\sigma_x+\sigma_y)$，其本构方程可归纳为

$$\begin{cases}\varepsilon_x=\dfrac{1-\mu^2}{E}\left(\sigma_x-\dfrac{\mu}{1-\mu}\sigma_y\right)\\[2ex]\varepsilon_y=\dfrac{1-\mu^2}{E}\left(\sigma_y-\dfrac{\mu}{1-\mu}\sigma_x\right),\quad \gamma_{xy}=\dfrac{2(1+\mu)}{E}\tau_{xy}\end{cases} \tag{2.23}$$

# 2.4　弹性力学空间问题的基本理论

## 2.4.1　平衡方程

考虑具有一般性的弹性力学空间问题，弹性体内一点 $P$，在其附近截取微小的六面体，其六个面上的应力分量如图 2.2 所示，则由 $x$、$y$、$z$ 三个坐标轴方向的力的平衡关系可以导出的弹性力学空间问题平衡微分方程为

$$\begin{cases} \dfrac{\partial \sigma_x}{\partial x}+\dfrac{\partial \tau_{yx}}{\partial y}+\dfrac{\partial \tau_{zx}}{\partial z}+X=0 \\ \dfrac{\partial \sigma_y}{\partial y}+\dfrac{\partial \tau_{zy}}{\partial z}+\dfrac{\partial \tau_{xy}}{\partial x}+Y=0 \\ \dfrac{\partial \sigma_z}{\partial z}+\dfrac{\partial \tau_{xz}}{\partial x}+\dfrac{\partial \tau_{yz}}{\partial y}+Z=0 \end{cases} \tag{2.24}$$

用指标符号，式(2.24) 可以缩写为

$$\sigma_{ji,j}+f_i=0 \tag{2.25}$$

式中，$f_i$ 为微元体的体力，$i=1,2,3$。

对弹性动力学问题，由达朗贝尔(d'Alembert) 原理，考虑任一时刻惯性力参与下处于平衡状态，可导出的运动微分方程为

$$\sigma_{ji,j}+f_i=\rho\frac{\partial^2 u_i}{\partial t^2} \tag{2.26}$$

式中，$\rho$ 为材料密度；$u_i$ 为位移分量；$t$ 为时间。

## 2.4.2　几何方程

本节讨论平面问题的几何方程拓展为空间问题以工程应变表示的几何方程，即

$$\begin{cases} \varepsilon_x=\dfrac{\partial u}{\partial x},\quad \gamma_{yz}=\dfrac{\partial w}{\partial y}+\dfrac{\partial v}{\partial z} \\ \varepsilon_y=\dfrac{\partial v}{\partial y},\quad \gamma_{zx}=\dfrac{\partial u}{\partial z}+\dfrac{\partial w}{\partial x} \\ \varepsilon_z=\dfrac{\partial w}{\partial z},\quad \gamma_{xy}=\dfrac{\partial v}{\partial x}+\dfrac{\partial u}{\partial y} \end{cases} \tag{2.27}$$

相应地，以小应变张量表示的几何方程为

$$\varepsilon_{ij}=\frac{1}{2}(u_{i,j}+u_{j,i})=\frac{1}{2}\left(\frac{\partial u_i}{\partial x_j}+\frac{\partial u_j}{\partial x_i}\right) \tag{2.28}$$

## 2.4.3　本构方程

空间问题的广义胡克定律(完全弹性各向同性体) 为

$$
\begin{cases}
\varepsilon_x = \dfrac{1}{E}[\sigma_x - \mu(\sigma_y + \sigma_z)] \\
\varepsilon_y = \dfrac{1}{E}[\sigma_y - \mu(\sigma_z + \sigma_x)] \\
\varepsilon_z = \dfrac{1}{E}[\sigma_z - \mu(\sigma_x + \sigma_y)] \\
\gamma_{yz} = \dfrac{1}{G}\tau_{yz}, \quad \gamma_{zx} = \dfrac{1}{G}\tau_{zx}, \quad \gamma_{xy} = \dfrac{1}{G}\tau_{xy}
\end{cases}
\tag{2.29}
$$

在空间问题中，引入一个新的参量，即体积应变，记作 $e$。图 2.8 所示为长方体微元，立方体微元变形前的体积为 $\Delta x \Delta y \Delta z$，变形后的体积为 $\Delta x \Delta y \Delta z(1+\varepsilon_x)(1+\varepsilon_y)(1+\varepsilon_z)$。

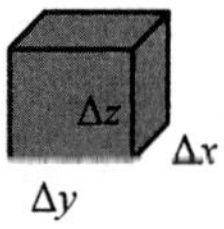


图 2.8　长方体微元

体积应变 $e$ 的物理意义表述为

$$
e = \frac{\Delta x \Delta y \Delta z(1+\varepsilon_x)(1+\varepsilon_y)(1+\varepsilon_z) - \Delta x \Delta y \Delta z}{\Delta x \Delta y \Delta z} = (1+\varepsilon_x)(1+\varepsilon_y)(1+\varepsilon_z) - 1
\tag{2.30}
$$

由于研究的是小应变问题，略去高阶微量以后，体积应变可表示为

$$
e = \varepsilon_x + \varepsilon_y + \varepsilon_z \tag{2.31}
$$

进一步地，令 $\sigma_x + \sigma_y + \sigma_z = \Theta$，将 $\Theta$ 称为体积应力。则由本构方程式(2.29)相加可得体积应力和体积应变的关系为

$$
e = \frac{1}{\dfrac{E}{1-2\mu}}\Theta \tag{2.32}
$$

式中，$\dfrac{E}{1-2\mu}$ 为体积弹性模量。

由此可推出本构方程的另一种表达式(用应变表示应力)，即

$$
\begin{cases}
\sigma_x = \dfrac{E}{1+\mu}\left(\dfrac{\mu}{1-2\mu}e + \varepsilon_x\right), \quad \tau_{yz} = \dfrac{E}{2(1+\mu)}\gamma_{yz} \\
\sigma_y = \dfrac{E}{1+\mu}\left(\dfrac{\mu}{1-2\mu}e + \varepsilon_y\right), \quad \tau_{zx} = \dfrac{E}{2(1+\mu)}\gamma_{zx} \\
\sigma_z = \dfrac{E}{1+\mu}\left(\dfrac{\mu}{1-2\mu}e + \varepsilon_z\right), \quad \tau_{xy} = \dfrac{E}{2(1+\mu)}\gamma_{xy}
\end{cases}
\tag{2.33}
$$

采用指标符号，式(2.29) 可缩写为

$$
\varepsilon_{ij} = \frac{1+u}{E}\sigma_{ij} - \frac{u}{E}\sigma_{kk}\delta_{ij} \tag{2.34}
$$

式中，$\delta_{ij}$ 为 Kronecker－delta 函数。

式(2.33) 可缩写为

$$\sigma_{ij} = 2G\varepsilon_{ij} + \lambda\varepsilon_{kk}\delta_{ij} \tag{2.35}$$

其中，弹性常数为

$$\lambda = \frac{uE}{(1+u)(1-2u)} \tag{2.36}$$

# 2.5　弹性层状体系的基本理论

## 2.5.1　力学模型

沥青路面结构通常是由多种材料分层铺筑而成的层状结构物，在进行力学分析时，最常用的模型是弹性层状体系模型。对于作用在道路结构的汽车静力垂直荷载，由于汽车的轮印一般为带有轮胎花纹的近似椭圆形，为简化起见，荷载作用范围用等面积圆代替。图 2.9 所示为路面结构轴对称弹性层状模型。如果将路面简化成圆柱体，整个问题就是弹性力学空间轴对称问题。

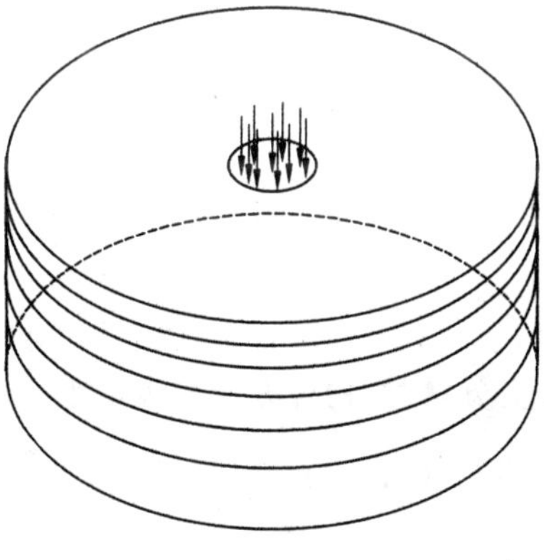

图 2.9　路面弹性层状结构荷载示意图

截取对称面后得到图 2.10 所示路面结构轴对称弹性层状模型。本节考虑作用路面的荷载是随时间变化的动荷载，进而给出更广泛意义上的弹性层状体系基本方程。

图 2.10 中，$l$ 为荷载作用半径，$P(r,t)$ 为随时间变化的轴对称荷载，沥青路面共有 $n$ 层，$h_i$ 为各结构层层厚，$E_i$、$\mu_i$、$\rho_i$ 分别代表第 $i$ 层材料的弹性模量、泊松比和密度。除了路面结构每一层材料均满足 2.2 节所述的基本假定且仍然只考虑小变形问题之外，弹性层状体系理论中对模型还采用了以下假定：

(1) 路面结构 $1 \sim n-1$ 层中，各层为等厚体，且在水平方向为无限远。

(2) 土基为半无限体。

(3) 关于 $z$ 轴对称，即在方位角 $\theta$ 方向上没有变化。

(4) 不计体力。

(5) 自然应力等于零，即初应力等于零。

（6）无穷远处力学量为零。

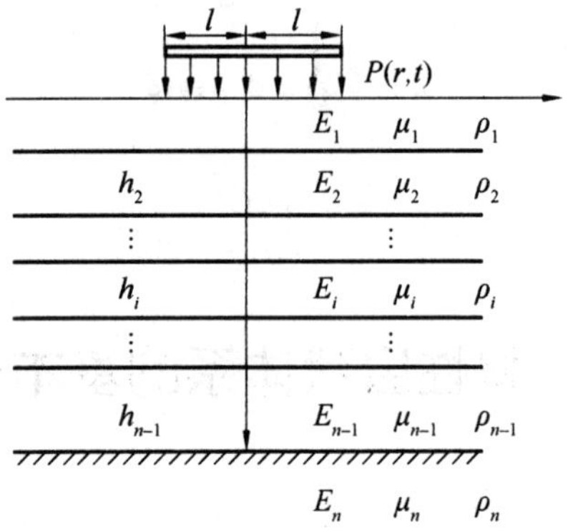


图 2.10　路面结构轴对称弹性层状模型

## 2.5.2　基本方程

### 1.平衡方程

柱坐标下轴对称问题的动力平衡方程为

$$\begin{cases}\dfrac{\partial\sigma_r(r,z,t)}{\partial r}+\dfrac{\partial\tau_{zr}(r,z,t)}{\partial z}+\dfrac{\sigma_r(r,z,t)-\sigma_\theta(r,z,t)}{r}=\rho\,\dfrac{\partial^2u(r,z,t)}{\partial t^2}\\ \dfrac{\partial\sigma_z(r,z,t)}{\partial z}+\dfrac{\partial\tau_{rz}(r,z,t)}{\partial r}+\dfrac{\tau_{rz}(r,z,t)}{r}=\rho\,\dfrac{\partial^2w(r,z,t)}{\partial t^2}\end{cases}\tag{2.37}$$

式中，$r$、$\theta$、$z$ 分别为径向、环向和轴向坐标；$u(r,z,t)$、$w(r,z,t)$ 分别为径向位移、轴向位移；$\rho$ 为材料密度。

### 2.物理方程

当采用应力分量表示应变分量时，物理方程可表示为

$$\begin{cases}\varepsilon_r(r,z,t)=\dfrac{1}{E}\{\sigma_r(r,z,t)-\mu[\sigma_\theta(r,z,t)+\sigma_z(r,z,t)]\}\\ \varepsilon_\theta(r,z,t)=\dfrac{1}{E}\{\sigma_\theta(r,z,t)-\mu[\sigma_r(r,z,t)+\sigma_z(r,z,t)]\}\\ \varepsilon_z(r,z,t)=\dfrac{1}{E}\{\sigma_z(r,z,t)-\mu[\sigma_r(r,z,t)+\sigma_\theta(r,z,t)]\}\\ \gamma_{zr}(r,z,t)=\dfrac{\tau_{zr}(r,z,t)}{G}\end{cases}\tag{2.38}$$

当采用应变分量表示应力分量时，物理方程式可表示为

$$\begin{cases}\sigma_r(r,z,t)=2G\varepsilon_r(r,z,t)+\lambda e(r,z,t)\\ \sigma_\theta(r,z,t)=2G\varepsilon_\theta(r,z,t)+\lambda e(r,z,t)\\ \sigma_z(r,z,t)=2G\varepsilon_z(r,z,t)+\lambda e(r,z,t)\\ \tau_{zr}(r,z,t)=G\gamma_{zr}(r,z,t)\end{cases}\tag{2.39}$$

其中，体积应变表示为

$$e(r,z,t)=\varepsilon_r(r,z,t)+\varepsilon_\theta(r,z,t)+\varepsilon_z(r,z,t)\tag{2.40}$$

材料参数为

$$\lambda=\frac{2\mu G}{1-2\mu},\quad G=\frac{E}{2(1+\mu)} \tag{2.41}$$

**3.几何方程**

几何方程可表示为

$$\begin{cases}\varepsilon_r(r,z,t)=\dfrac{\partial u(r,z,t)}{\partial r}\\ \varepsilon_\theta(r,z,t)=\dfrac{u(r,z,t)}{r}\\ \varepsilon_z(r,z,t)=\dfrac{\partial w(r,z,t)}{\partial z}\\ \gamma_{zr}(r,z,t)=\dfrac{\partial u(r,z,t)}{\partial z}+\dfrac{\partial w(r,z,t)}{\partial r}\\ \omega_\theta(r,z,t)=\dfrac{\partial u(r,z,t)}{\partial z}-\dfrac{\partial w(r,z,t)}{\partial r}\end{cases} \tag{2.42}$$

式中，$\omega_\theta(r,z,t)$ 为切向转动分量。

**4.拉梅方程**

拉梅方程表征了各个应变分量内在的协调关系，由几何方程、本构方程和平衡方程联合导出，这类方程又被称为协调方程。轴对称条件下的拉梅方程可表示为

$$G\left[\nabla^2 u(r,z,t)-\frac{u(r,z,t)}{r^2}\right]+(\lambda+G)\frac{\partial e(r,z,t)}{\partial r}=\rho\frac{\partial^2 u(r,z,t)}{\partial t^2} \tag{2.43}$$

$$G\nabla^2 w(r,z,t)+(\lambda+G)\frac{\partial e(r,z,t)}{\partial z}=\rho\frac{\partial^2 w(r,z,t)}{\partial t^2} \tag{2.44}$$

其中，轴对称问题的拉普拉斯算子的计算式为

$$\nabla^2=\frac{\partial^2}{\partial r^2}+\frac{1}{r}\times\frac{\partial}{\partial r}+\frac{\partial^2}{\partial z^2} \tag{2.45}$$

# 本章小结

本章介绍了弹性力学基础理论和弹性层状体系基本理论，目的是为后续沥青路面黏弹性力学理论计算和数值仿真计算提供理论基础。

# 第 3 章　沥青流变特性

## 3.1　概　述

沥青材料流变学是研究沥青流动和变形的科学，其研究内容主要包括沥青的弹性、黏性和流动变形行为。大量研究成果表明，沥青流变特性是研究沥青材料力学性能及其路用表现最为恰当的方法和手段。本章主要介绍沥青流变特性的测试方法及其基础理论。

## 3.2　沥青流变特性的测试

研究材料在周期性变化的应力或应变作用下的响应的试验称为动态力学试验。沥青在实际应用中经常受到周期性的荷载作用，通过动态力学试验可以进一步分析沥青的流变性能，测试方法也比较简易，所以它是很重要的一种研究黏弹性材料力学性能的方法。

### 3.2.1　沥青流变特性测试设备

动态剪切振荡试验作为一种非常重要且常用的流变学测试方法，被广泛应用于研究各种复杂流体和软固体的流变学性质。通过对样品施加标准正弦周期函数的剪切应变或剪切应力，可测量试样的剪切应力或剪切应变响应。

材料流变特性的测试通常采用动态剪切流变仪(Dynamic Shear Rheometer，DSR)，美国战略公路研究计划(Strategic Highway Research Program，SHRP)在沥青路用性能规范中首次采用DSR测试沥青结合料的高温性能和中低温疲劳性能，DSR及其相关的研究方法在沥青性能研究中得到了广泛应用。

沥青的流变性质取决于温度和时间。SHRP常用的DSR测试，通过测定沥青材料的复数模量 $G^*$ 和相位角 $\delta$ 来表征沥青材料的黏性和弹性性质。

如图3.1所示，动态剪切流变仪的工作原理并不复杂，它先将沥青夹在一个固定板和一个能左右振荡的板之间。振荡板从 $A$ 点移动到 $B$ 点，又从 $B$ 点返回，经过 $A$ 点到 $C$ 点，然后再从 $C$ 点回到 $A$ 点，这样形成一个循环周期。

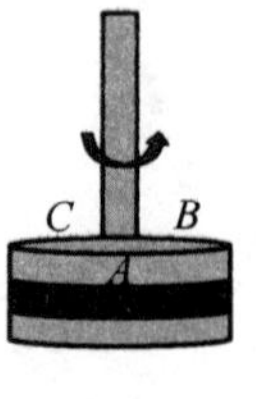


图 3.1　动态剪切试验基本原理

振荡频率是一个时间周期的倒数。频率的另一种表示方法是单位时间内振荡板走过圆周的距离，用弧度表示。SHRP 规定沥青动态剪切流变仪的试验频率为 10 rad/s，约1.59 Hz。

根据试验时温度的不同，振荡板的直径有两种尺寸。当试验温度高于 52 ℃ 时，采用直径为 25 mm 的振荡板，其沥青膜厚度为 1 mm；当试验温度为 7 ～ 34 ℃ 时，采用直径为 8 mm 的振荡板，其沥青膜厚度为 2 mm。

### 3.2.2　沥青流变特性测试方法

**1.蠕变试验**

图 3.2 所示为蠕变试验。在不同的材料上瞬时地加上一个应力，然后保持恒定，如图 3.2(a) 所示，即

$$\begin{cases}\sigma(t)=0 & (t\leqslant 0)\\ \sigma(t)=\sigma_0 & (t>0)\end{cases} \tag{3.1}$$

则各种材料有不同的响应。

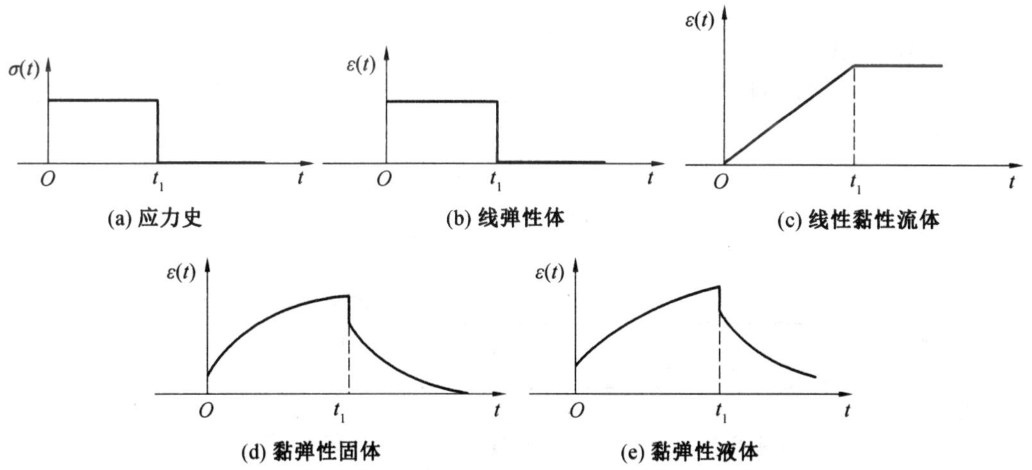


图 3.2　蠕变试验

对线弹性体，弹性应变是瞬时发生的，不随时间而变，如图 3.2(b) 所示，即

$$\begin{cases}\varepsilon(t)=0 & (t\leqslant 0)\\ \varepsilon(t)=D\sigma_0 & (t>0)\end{cases} \tag{3.2}$$

对线性黏性流体，应变是随时间线性变化的，如图 3.2(c) 所示，即

$$\begin{cases}\varepsilon(t)=0 & (t\leqslant 0)\\ \varepsilon(t)=\sigma_0/\eta & (t>0)\end{cases} \tag{3.3}$$

对于线弹性固体，在除去应力时能立刻恢复其原有的形状(图 3.2(b))。弹性变形的特点之一是变形时储藏能量，而当应力除去后，能量又释放出来，使形变消失。线性黏性流体的应变随时间以恒定的应变速度发展，而除去应力后，应变却保持不变，称其发生了流动(图 3.2(c))，即能量完全散失。而图 3.2(d) 所示的材料既具有黏性，即应变随时间发

展，又具有弹性，即应力除去后，应变逐渐减小。因此，称之为黏弹性体。图 3.2(d) 所示材料的应变能完全消失，即材料变形时没有发生黏性流动，所以称之为黏弹性固体。有的黏弹性材料在蠕变中表现出图 3.2(e) 所示的性状，即形变也随时间发展，而且不断发展，并趋向恒定的应变速度（与黏性流体类似）。这种材料在应力除去后只能部分恢复，最终留下永久变形，即这种材料在蠕变时发生了黏性流动，所以称之为黏弹性液体。

对线弹性体，用弹性常数 $D$（或 $J$）就可以表示其弹性；对线性黏性流体，可用黏度 $\eta$ 表示其黏性。它们都与时间无关。知道了应力和应变或应变速度就可计算 $D$ 和 $\eta$。然而对于黏弹性体，无论是黏弹性固体，还是黏弹性液体，应变都随时间变化，因而弹性常数也随时间改变。在上述蠕变中，弹性常数计算式为

$$D(t)=\varepsilon(t)/\sigma_0 \tag{3.4}$$

因此对黏弹性体，需要了解在整个时间谱范围内的 $D(t)$。不同的黏弹性体有不同的 $D(t)$，反映了材料微观结构的差异，因此黏弹性理论不仅有实践意义，而且能解释材料的内部结构。把 $D(t)$ 称为蠕变柔量，一般用 $D(t)$ 表示拉伸蠕变柔量。对于剪切蠕变试验，一般用 $J(t)$ 表示蠕变柔量，称为剪切蠕变柔量，计算式为

$$J(t)=\gamma(t)/t_0 \tag{3.5}$$

**2.应力松弛试验**

图 3.3 所示为应力松弛试验。使材料试样瞬时地产生一个应变，然后保持不变，如图 3.3(a) 所示，即

$$\begin{cases}\varepsilon(t)=0 & (t\leqslant 0)\\ \varepsilon(t)=\varepsilon_0 & (t>0)\end{cases} \tag{3.6}$$

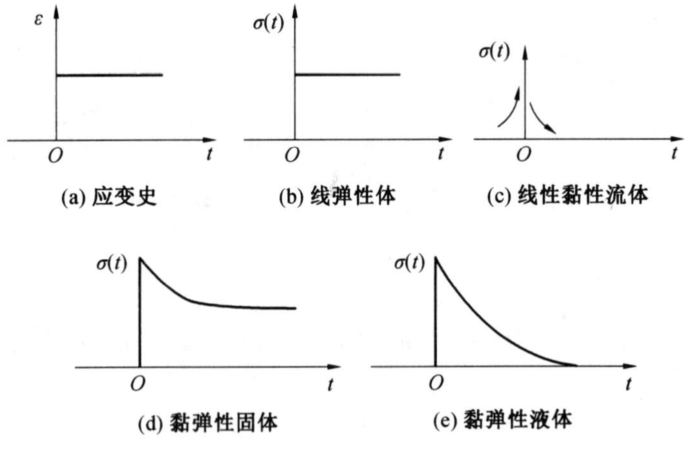


图 3.3　应力松弛试验

图 3.3(b) ~ (e) 为各种材料的响应。对线弹性体，应力不随时间而变（图 3.3(b)）。对线性黏性流体，应力瞬时松弛（图 3.3(c)），不能储存能量。对于黏弹性固体，如图 3.3(d) 所示，应力随时间下降，但不会降为零，而是趋向一个定值。对于黏弹性液体，如图 3.3(e) 所示，应力随时间下降，最后趋近于零，也就是说应力完全松弛。无论是黏弹性固体，还是黏弹性液体，应力都是时间的函数，因此其模量 $E$ 也是时间的函数，表示为

$$E(t)=\sigma(t)/\varepsilon_0 \tag{3.7}$$

对黏弹性体，要表征其性状，必须了解 $E(t)$。$E(t)$ 是材料的性质，是其内部结构的反映，称 $E(t)$ 为拉伸松弛模量。同样，对于剪切应力松弛试验，剪切松弛模量也是时间的函数，即

$$G(t)=\tau(t)/\gamma_0 \tag{3.8}$$

必须指出，用蠕变试验定义柔量，用松弛试验定义模量，二者并非对等关系，即

$$D(t)=\frac{\varepsilon(t)}{\sigma_0}\neq\frac{\varepsilon_0}{\sigma(t)}=\frac{1}{E(t)} \tag{3.9}$$

$$D(t)\neq\frac{1}{E(t)} \tag{3.10}$$

必须记住 $J(t)$、$D(t)$ 只能从蠕变试验中测出，$G(t)$、$E(t)$ 只能从应力松弛试验中求出。

**3. 动态试验**

动态试验是研究沥青模量与疲劳特性的基本方法，也是黏弹性力学研究的基本手段。特别是随着动态试验测试手段的进步，可以迅速地利用少量试验得到不同频率、不同温度的动态黏弹力学测试结果。为研究沥青动态荷载作用下材料的力学行为，可以取代蠕变试验或取代应力松弛试验，分别将交变应力 / 应变作用到试件上，测试沥青的动态流变特性。

图 3.4 所示为不同材料的动态力学试验响应。以施加交变应变的情况为例，施加频率为 $\omega$ 的正弦函数应变，如图 3.4(a) 所示，即

$$\varepsilon(t)=\varepsilon_0\sin\omega t \tag{3.11}$$

下面来讨论不同材料对正弦应变的响应。对于线弹性体，应力和应变是在瞬时建立平衡的，应力与应变的关系为

$$\sigma(t)=E\varepsilon(t)=\varepsilon_0 E\sin\omega t=\sigma_0\sin\omega t \tag{3.12}$$

即应力与应变具有相同的频率，相位角也相同，振幅为 $\sigma_0=\varepsilon_0 E$(图 3.4(b))。

对于线性黏性流体，根据牛顿定律，应力与应变的关系为

$$\sigma(t)=\eta\dot{\gamma}=\eta\,\mathrm{d}\varepsilon(t)/\mathrm{d}t=\varepsilon_0\eta\omega\cos\omega t=\varepsilon_0\eta\omega\sin\left(\omega t+\frac{\pi}{2}\right) \tag{3.13}$$

可见，对线性黏性流体，$\sigma(t)$ 与 $\varepsilon(t)$ 具有相同频率，但相位相差 $\frac{\pi}{2}$，应变滞后于应力 90°，振幅为 $\varepsilon_0\eta\omega$，与频率大小有关。$\sigma(t)$ 与 $\dot{\gamma}$ 则是同相的。

对于线性黏弹性体，应力史 $\sigma(t)$ 决定于时刻 $t$ 之前的全部应变史，根据玻尔兹曼叠加原理的计算公式，有

$$\sigma(t)=\int_{-\infty}^{t}E(t-\tau)\frac{\mathrm{d}\varepsilon(\tau)}{\mathrm{d}\tau}\mathrm{d}\tau \tag{3.14}$$

或可以表示为

$$\begin{cases}\sigma(t)=\int_{-\infty}^{t}E(s)\dfrac{\mathrm{d}\varepsilon(t-s)}{\mathrm{d}(t-s)}\mathrm{d}s\\ \varepsilon(t-s)=\varepsilon_0\sin\omega(t-s)\end{cases} \tag{3.15}$$

其中

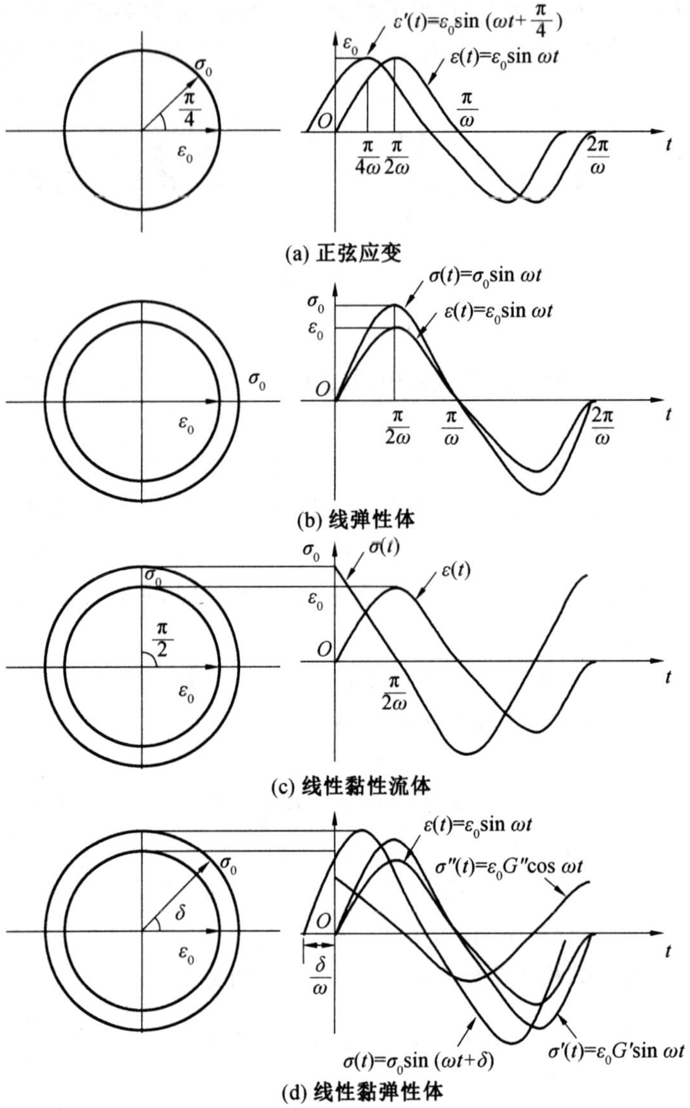


图 3.4　不同材料的动态力学试验响应

$$\frac{\mathrm{d}\varepsilon(t-s)}{\mathrm{d}(t-s)}=\varepsilon_0\omega\cos\omega(t-s)=\varepsilon_0\omega(\cos\omega t\cos\omega s+\sin\omega t\sin\omega s) \tag{3.16}$$

将 $E(t)=[E_0]+\Phi(t)$ 代入式(3.15)得

$$\begin{aligned}\sigma(t)&=\int_0^\infty\{[E_0]+\Phi(s)\}\frac{\mathrm{d}\varepsilon(t-s)}{\mathrm{d}(t-s)}\mathrm{d}s\\&=E_0\varepsilon_0+\int_0^\infty\Phi(s)\frac{\mathrm{d}\varepsilon(t-s)}{\mathrm{d}(t-s)}\mathrm{d}s\end{aligned} \tag{3.17}$$

因此有

$$\sigma(t)=\varepsilon_0[E_0]+\omega\int_0^\infty[\Phi(s)\sin\omega s\mathrm{d}s]\sin\omega t+\int_0^\infty[\Phi(s)\cos\omega s\mathrm{d}s]\cos\omega t \tag{3.18}$$

测试通常都是针对稳态阶段，即 $s$ 趋于 $\infty$ 时的应变和应力，所以式(3.18)可以变换为

$$\sigma(t)=\varepsilon_0[E'(\omega)\sin\omega t+E''(\omega)\cos\omega t] \tag{3.19}$$

式(3.19)中 $E'(\omega)$ 和 $E''(\omega)$ 分别为

$$E'(\omega)=[E_0]+\omega\int_0^{\infty}\{E(t)-[E_0]\}\sin\omega t\,\mathrm{d}t \tag{3.20}$$

$$E''(\omega)=\omega\int_0^{\infty}\{E(t)-[E_0]\}\cos\omega t\,\mathrm{d}t \tag{3.21}$$

对黏弹性液体,方括号中的 $E_0=0$;对黏弹性固体,方括号中的 $E_0$ 不为 0。由式(3.19)～(3.21)可见,应力松弛函数 $\sigma(t)$ 可认为由两部分组成,即

$$\sigma'(t)=\varepsilon_0 E'(\omega)\sin\omega t=E'(\omega)\varepsilon(t) \tag{3.22}$$

$$\sigma''(t)=\varepsilon_0 E''(\omega)\cos\omega t \tag{3.23}$$

式(3.22)说明 $\sigma'(t)$ 与 $\varepsilon(t)$ 同相位、同频率,但振幅为 $\varepsilon_0 E'(\omega)$。这说明 $E'(\omega)$ 表示黏弹性体的弹性,它与频率有关,表征了线性黏弹性体储能大小,所以称为储能模量(Storage modulus)。

比较式(3.22)与式(3.23),可见 $\sigma''(t)$ 表示黏弹性体中的黏性,它与应变同频率,相位差 90°,振幅为 $\varepsilon_0 E''(\omega)$。对于线性黏性流体,振幅为 $\varepsilon_0\eta\omega$,可见 $E''(\omega)$ 有黏度的含义,有

$$E''(\omega)=\eta'(\omega)\omega \tag{3.24}$$

$$\eta'(\omega)=E''(\omega)/\omega \tag{3.25}$$

$\eta'(\omega)$ 称为动态力学剪切黏度(Dynamic shear viscosity)。可以证明,对于黏弹性液体,当 $\omega\to 0$ 时,$\eta'(0)$ 等于零剪切黏度 $\eta_0$。由式(3.23)和式(3.24)变换可得

$$\sigma''(t)=\varepsilon_0\eta'(\omega)\omega\cos\omega t=\eta'(\omega)\mathrm{d}\varepsilon(t)/\mathrm{d}t \tag{3.26}$$

于是可以推导出

$$\sigma(t)=E'(\omega)\varepsilon(t)+\eta'(\omega)\mathrm{d}\varepsilon(t)/\mathrm{d}t \tag{3.27}$$

由式(3.27)可见,在动态力学试验中,线性黏弹性体是介于线弹性体和线性黏性流体之间的一种材料。但是必须记住,线性黏弹性体的主要特征是在给定时刻的应力决定于时刻 $t$ 之前的全部应变史,而不决定于此时刻的应变。$E''(\omega)$ 称为耗能模量(Loss shear modulus)。

在动态力学试验中,除了 $E'(\omega)$ 和 $E''(\omega)$ 外,还要引进两个量,即损耗角正切 $\tan\delta$ 和动态模量 $E(\omega)$。

对线性弹性体,施加正弦变化的应变,其应力也是正弦变化的函数,频率相同,但相位比应变 $\delta$ 早,即应力松弛可以表示为

$$\sigma(t)=\sigma_0\sin(\omega t+\delta) \tag{3.28}$$

式中,$\sigma_0$ 为振幅。

定义动态模量 $E(\omega)$ 为

$$E(\omega)=\sigma_0/\varepsilon_0 \tag{3.29}$$

展开式(3.28)得

$$\sigma(t)=\sigma_0\cos\delta\sin\omega t+\sigma_0\sin\delta\cos\omega t \tag{3.30}$$

比较式(3.19)和式(3.30),则有 $E'(\omega)$、$E''(\omega)$ 和 $E(\omega)$ 的关系为

$$E'(\omega)=\frac{\sigma_0}{\varepsilon_0}\cos\delta=E(\omega)\cos\delta \tag{3.31}$$

$$E''(\omega)=\frac{\sigma_0}{\varepsilon_0}\sin\delta=E(\omega)\sin\delta \tag{3.32}$$

$$\tan\delta=E''(\omega)/E'(\omega) \tag{3.33}$$

$$E(\omega)=\{[E'(\omega)]^2+[E''(\omega)^2]\}^{\frac{1}{2}} \tag{3.34}$$

式中，$\delta$ 为应力和应变波之间的相位差，它是频率 $\omega$ 的函数。通常称 $\tan\delta$ 为相位角正切。

有时用复数来表示三角函数，这仅是为了演算上的方便。例如，$\varepsilon(t)=\varepsilon_0\sin\omega t$ 可以用复数来表示，即

$$\varepsilon^*=\varepsilon_0 e^{i\omega t}=\varepsilon_0(\cos\omega t+i\sin\omega t) \tag{3.35}$$

式(3.35)的虚部为

$$\varepsilon(t)=\mathrm{Im}\,\varepsilon_0 e^{i\omega t}=\mathrm{Im}\,\varepsilon^* \tag{3.36}$$

同样式(3.28)可改写成

$$\sigma(t)=\mathrm{Im}\,\sigma_0 e^{i\omega t}=\mathrm{Im}\,\sigma^* \tag{3.37}$$

定义复数模量

$$\begin{aligned}E^*(\omega)&=\sigma^*/\varepsilon^*=(\sigma_0/\varepsilon_0)e^{i\delta}=\sigma_0/\varepsilon_0(\cos\delta+i\sin\delta)\\&=E(\omega)(\cos\delta+i\sin\delta)\\&=E'(\omega)+iE''(\omega)\end{aligned} \tag{3.38}$$

可见复数模量 $E^*(\omega)$ 的模即为动态模量，即

$$|E'(\omega)|=E(\omega)=\{[E'(\omega)]^2+[E''(\omega)]^2\}^{\frac{1}{2}} \tag{3.39}$$

其相位角为 $\delta$。

## 3.3 沥青动态流变特性

作用于道路上的行车荷载并非单纯的静止荷载，而是连续不断的反复动态荷载。车辆通过路面时，路面经历一个从受压变成受拉，又变成受压的循环过程。因此，研究沥青材料在实际路面使用过程中的力学性能，应该研究它的动态流变特性。

### 3.3.1 沥青动态黏弹特性

#### 1. 应变扫描和应力扫描

在进行线性流变性能测试之前，通常要通过应变扫描或应力扫描的试验方法确定线性黏弹区。两种基质沥青各频率下的应力扫描如图 3.5 所示。当材料本身处于较小应变条件下，材料的应力响应属于线性黏弹理论的研究范围。应力扫描试验也是测定材料荷载线性黏弹范围的一种方法。其在设定温度下，通过对材料施加恒定频率、振幅逐渐增大的正弦剪切应力，测定材料的力学性能变化规律。目前，沥青材料的黏弹特性研究大多基于线性黏弹理论。SHRP 的研究定义：随着应变或应力的增大，复数模量的降低值不大于最大复数模量的 10% 时，认为该材料处于线性黏弹范围。

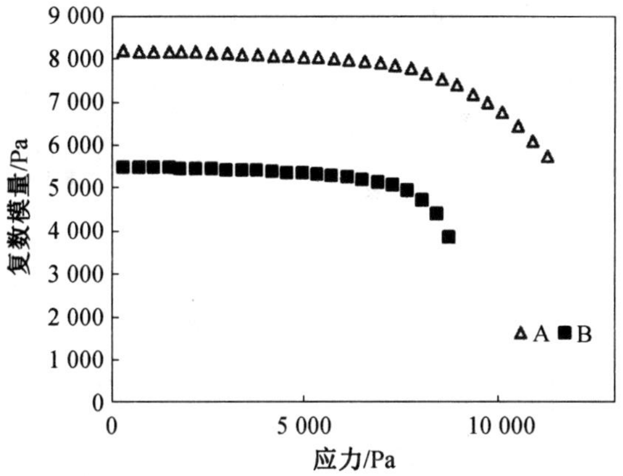


图 3.5　两种基质沥青各频率下的应力扫描

**2. 频率扫描**

频率扫描是指在一定温度下，通过对试件施加恒定幅值、频率随时间变化的正弦交变的小应力或应变，测定材料的复数模量、相位角等黏弹参数随频率的变化情况，它是测量材料在无损条件件下动态力学性能的重要手段。同时，为了拓宽在某一温度下的测试频率范围，以得到拓展频率范围下的材料动态黏弹性能，可以进行多个温度下的频率扫描试验，根据时温等效原理，得到某一参考温度下、拓展频率范围内的动态黏弹参数主曲线，如图 3.6 所示。

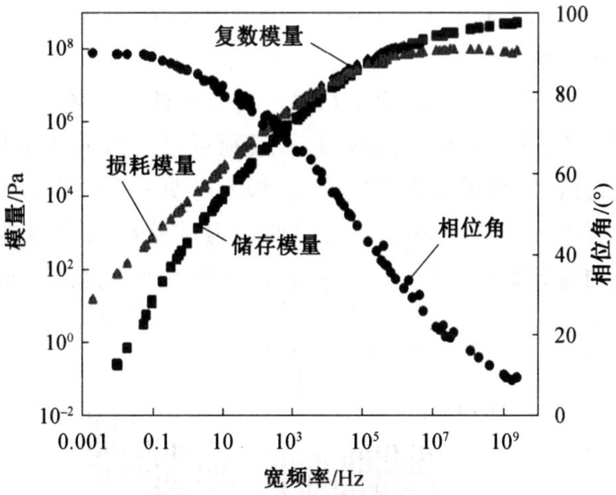


图 3.6　黏弹参数主曲线

**3. 温度扫描**

沥青是一种黏弹性材料，且沥青的性能对温度极其敏感，其黏弹特性也会随着温度的变化而变化。温度较低时，其更接近固体，而随着温度的提高，沥青中的黏性成分增多，弹性成分逐渐减少，沥青逐渐向黏流态转变。因此，温度扫描也是研究沥青流变特性的常用手段。温度扫描的温度变化一般为等梯度变化。温度扫描是指在一定的温度梯度下，通过对沥青施加一个幅值和恒定频率的小应力或应变，测定材料的复数模量、相位角等黏弹参数随温度的变化情况。两种基质沥青温度扫描结果如图 3.7 所示。

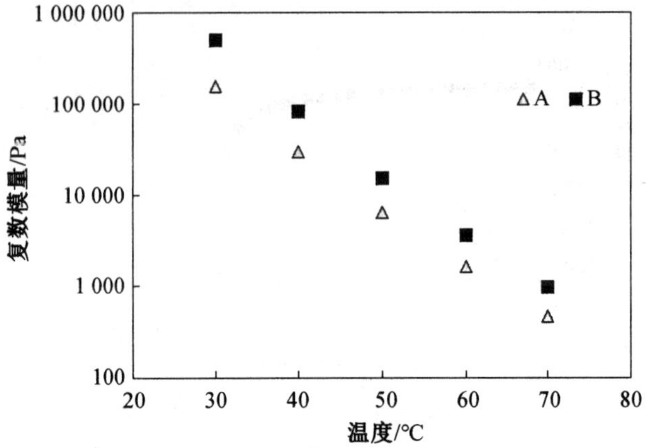


图 3.7 两种基质沥青温度扫描结果

**4. 大幅震荡剪切(LAOS) 试验方法**

传统的动态流变性测试方法为小幅振荡剪切(SAOS),用其分析线性范围内材料动态黏弹特性,仅在应变较小的情况下才适用,不能全面地反映材料在复杂服役环境下的流变性能。目前,通过 SAOS 试验对改性沥青线性流变特性的研究方法与相关理论已经相对成熟,但改性沥青种类繁多、性质复杂,且沥青在线性流变区的特性表现较为单一,该试验无法全面反映改性沥青的性能,而在线性流变区表现出类似性能的两种改性沥青其非线性流变特性可能会截然不同。因此,基于 LAOS 试验方法的沥青非线性流变特性研究越来越受到学者们的重视。

LAOS 试验开展前,通常要通过应变扫描确定非线性流变区,然后对材料施加一个频率、幅值均恒定的正弦交变的大应变或应力,应变荷载可持续若干个周期。同时,采集输出应力 / 应变的原始信号,为了计算的精确度,每个周期采集的数据点应足够多。观察输出应力 / 应变的原始信号,选择多个稳定周期作为试验原始信号数据(图 3.8)。对于 LAOS 试验采集到的原始数据,常用的分析手段有傅里叶流变法、应力分解法、李萨如(Lissajous) 曲线法等。

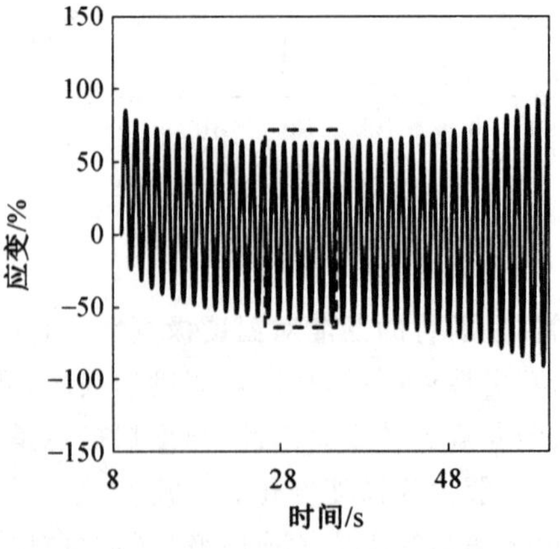


图 3.8 应变输出曲线及数据选取

### 3.3.2　时温等效原理

在前面的论述中已经知道，由于黏弹性材料的力学行为受到黏性分量的影响，黏性流动变形是时间的函数，因此这类材料的力学响应也是为时间的函数。同样，由于黏弹性材料的流动特性还是依赖温度的函数，其力学行为也和温度有关。在前两章中已经在黏弹力学行为与时间之间建立了各种特征函数定义和它们的本构关系，现在来研究特征函数与温度之间的依赖关系。

在黏弹性材料的试验研究中，常常需要改变温度条件来测定材料的特征函数。在研究工作中不难发现，在不同温度、不同时间条件下，试验测定得到的特征函数曲线的形状大致相同。以图 3.9 所示的不同温度下测得的松弛弹性模量曲线为例，在温度 $T_0$、$T_1$、$T_2$ 条件下分别得到实测松弛弹性模量曲线 $E(T_0,t)$、$E(T_1,t)$ 和 $E(T_2,t)$。如果将温度 $T_1$ 时的测定曲线 $E(T_1,t)$ 向左移动，有 $\lg t_1 - \lg t_0 = \lg \alpha_{T_1-T_0}$，则将与 $E(T_0,t)$ 曲线相互重合。类似地，也可以将曲线 $E(T_2,t)$ 向左移动，有 $\lg t_2 - \lg t_0 = \lg \alpha_{T_2-T_0}$，在温度 $T_0$、$T_2$ 下测定得到的两条曲线同样可以大致重叠。采用更一般的记法，即

$$\frac{t_2}{t_1} = \alpha_T \tag{3.40}$$

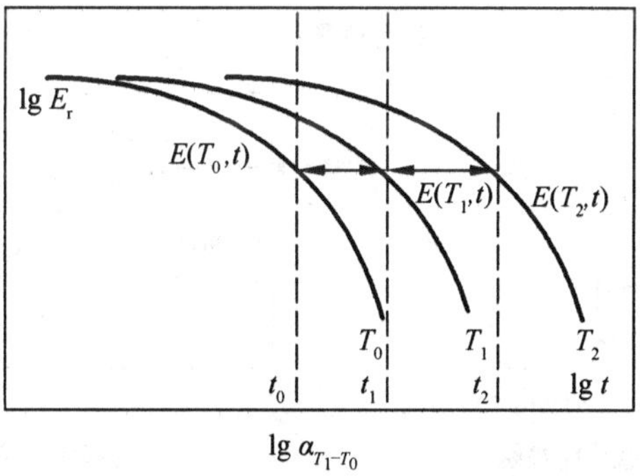


图 3.9　不同温度下测得的松弛弹性模量曲线

上述的叠合关系可以记为

$$E(T_1,t) = E(T_2,t/\alpha_T) \tag{3.41}$$

式(3.41) 表明，黏弹性材料的特征函数既是时间的函数，也是温度的函数，在时间因子和温度因子之间存在一定的换算关系，这样的换算关系称为时间 − 温度换算法则。有了这样的换算方法，就可以将黏弹力学中应力 − 应变 − 时间 − 温度的四维空间问题简化为应力 − 应变 − 时间或应力 − 应变 − 温度的三维空间问题加以研究，即在黏弹性力学行为的数学空间中，时间和温度是可以相互代换的非独立变量。

更重要的是，时间 − 温度可以相互换算，这为试验研究提供了极大的方便。在沥青路面技术研究领域中，沥青路面材料经历的温度变化范围极大，施工过程中经历的温度变化可以从其拌和时的 160 ℃ 到终碾时的 80 ℃，使用过程中的温度变化则可以从夏季的 60 ℃ 以上高温，一直跨越到冬季寒冷地区 −30 ℃ 以下的低温。另外，沥青路面不仅承受

$10^{-2}$ s 量级的瞬时车轮荷载，在道路陡坡处也可能承受数十小时的荷载作用时间。对于这样宽泛的温度变化范围和时间变化范围，即使采用最现代的试验设备和研究手段，也很难完成沥青与沥青混合料这类材料在各种条件下力学行为的直接测定。时间－温度换算法则是解决这类问题的有效手段。由于改变材料的试验温度比无限延长试验的观测时间更为方便有效，因此多数研究都在大致相同的时间历程内通过改变温度进行试验观测。

图 3.10(a) 中给出了一种沥青混合料在大致相同的时间范围内改变温度测定得到的一组松弛弹性模量曲线。选择其中任意一个温度作为基准，例如以 $T_0$ 作为基准温度，将其他温度 $T_i$ 下的测定曲线按照前述的方法左右平行移动 $\lg \alpha_{T_i}$，即得到图 3.10(b) 中粗实线所示的温度 $T_0$ 条件下超出测定时间范围的变形系数曲线。将不同温度条件下的测定曲线按照时间－温度换算法移动，合成的某一温度黏弹性特征函数曲线，通常被称为该特征函数的主曲线。显然，这样得到的主曲线时间范围远远超过实测时间范围，是由不同温度条件下的测定结果按照时间－温度换算法则换算得到的，这时的特征函数时间历程并非试验测定经历的真实历程，通常将其称为换算时间。沿换算时间坐标轴平行移动的距离 $\lg \alpha_T$ 称为该温度相应于基准温度的移位因子。进一步将这一温度条件下的主曲线按各不同温度对应的移位因子 $\lg \alpha_{T_i}$ 移动，就可以得到多种温度下该特征函数各自的主曲线。这样得到的包括不同温度的多条主曲线称为主曲线族。

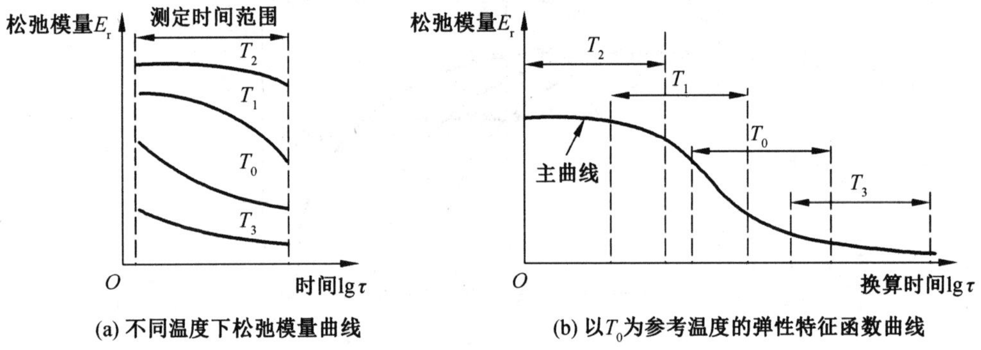


图 3.10　时间－温度换算法则的应用示例

### 3.3.3　WLF 公式

时间－温度换算法则最早是依赖于试验观测结果和经验方法建立起来的。这一重要法则是否具有理论依据，是否能够找到它的一般数学关系，是否能在它的数学表达与所依据的理论之间建立必要的联系，这些重要的问题对时间－温度换算法则的可靠性与应用具有重要影响。

1955 年，由化学家 M. L. Williams、R. F. Landel 和 J. D. Ferry 共同提出了以他们名字第一个字母组合命名的 WLF 公式，即

$$\lg \alpha_T = \frac{-C_1(T - T_g)}{C_2 + T - T_g} \tag{3.42}$$

WLF 公式以无定形聚合物的玻璃态脆化点温度 $T_g$ 作为基准温度，在玻璃态脆化点

处 $\alpha_T=1$，$\lg\alpha_T=0$。尽管不同聚合物的 $C_1$、$C_2$ 值略有不同，但在 WLF 公式中确定 $C_1=17.4$、$C_2=51.6$，这样的 $\lg\alpha_T=T$，即移位因子 $\lg\alpha_T$ 的温度曲线如图 3.11 所示。

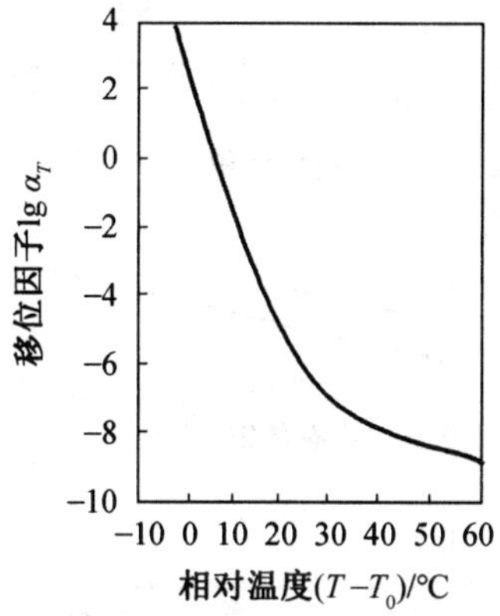


图 3.11　移位因子 $\lg\alpha_T$ 的温度曲线

下面讨论 WLF 公式的理论依据，再次强调黏弹性材料力学行为对于温度的依赖性是由它的黏性流动分量决定的。根据分子热力学理论，可以证明

$$\frac{T_0\eta(T)\rho_0}{T\eta(T_0)\rho}=\alpha_T \tag{3.43}$$

式中，$\eta(T)$、$\eta(T_0)$ 分别为温度为 $T$ 和 $T_0$ 时的黏度；$\rho$、$\rho_0$ 分别为温度为 $T$ 和 $T_0$ 时的密度；$\alpha_T$ 为不同温度下黏度间的变换系数，即移位因子。

对高聚物来说，近似地认为密度和温度的关系为

$$\frac{T_0\rho_0}{T\rho}=1 \tag{3.44}$$

因此，式(3.43) 可简化为

$$\eta(T)/\eta(T_0)\cong\alpha_T \tag{3.45}$$

液体的黏性流动与自由体积和活化能有关，在超过玻璃态脆化点后活化能逐渐趋近于常数，而自由体积随温度增加而增大。依照 Doolittle 公式，半经验地得出黏度计算公式，即

$$\ln\eta=\ln A+B\left(\frac{V-V_t}{V_t}\right) \tag{3.46}$$

式中，$A$、$B$ 为体系中的常数；$V$ 为体系的总体积；$V_t$ 为体系所具有的自由体积。

记自由体积分数 $f=V_t/V$，式(3.46) 可以记为

$$\ln\eta=\ln A+B\left(\frac{1}{f}-1\right) \tag{3.47}$$

自由体积分数与温度如图 3.12 所示，在低于玻璃态脆化点温度时，自由体积分数 $f$ 接近常数。当温度高于玻璃态脆化点时，自由体积分数随温度的升高线性增加，可以记为

$$f=f_g+\alpha_t(T-T_g) \tag{3.48}$$

式中，$f_g$ 为玻璃态脆化点时的自由体积；$\alpha_t$ 为温度高于 $T_g$ 时的自由体积分数的热膨胀系数。

将式(3.48)代入式(3.47)并整理,得

$$\ln\eta(T)=\ln A+B\left[\frac{1}{f_g+\alpha_t(T-T_g)}-1\right] \tag{3.49}$$

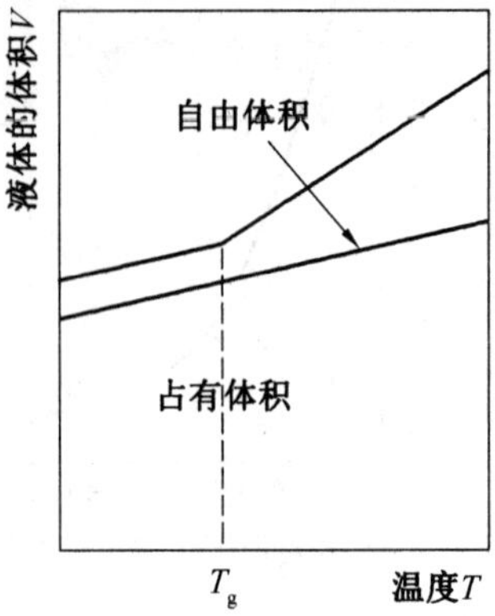


图 3.12　自由体积分数与温度

在温度为 $T_g$ 时

$$\ln\eta(T_g)=\ln A+B\left(\frac{1}{f_g}-1\right) \tag{3.50}$$

式(3.49)减式(3.50)得

$$\ln\frac{\eta(T)}{\eta(T_g)}=B\left[\frac{1}{f_g+\alpha_t(T-T_g)}-\frac{1}{f_g}\right] \tag{3.51}$$

简化式(3.51),有

$$\ln\frac{\eta(T)}{\eta(T_g)}=\lg\alpha_T=-\frac{B}{f_g}\left(\frac{T-T_g}{f_g/\alpha_t+T-T_g}\right) \tag{3.52}$$

在式(3.52)中,令 $C_1=B/f_g$、$C_2=f_g/\alpha_t$,则与 WLF 公式取得完全一致的描述形式。因此,WLF公式是基于Doolittle公式以及玻璃态脆化点时自由体积线性膨胀的假定而建立的,它是一个半经验半理论的公式。

特别需要指出的是,WLF 公式的理论基础决定这一公式只在玻璃态脆化点以上的温度范围内有效,只有在略低于玻璃态脆化点以上的温度范围内才使用这一公式进行时间－温度换算。另外,$\frac{T_0\rho_0}{T\rho}=1$ 的假定对于多数黏弹性材料来说也难以完全一致。因此,通常认为 WLF 公式的适用温度范围为

$$T=T_g+100 \tag{3.53}$$

并不是所有高分子材料都满足上述的时间－温度换算法则,在黏弹性材料力学性能研究中,满足 WLF 公式并可以进行时间－温度换算的材料被称为单纯流变物质。

WLF 公式具有确定的理论依据,并且在试验研究中具有重要的应用价值。但是,在应用 WLF 公式解决实际问题时,必须预先知道材料的玻璃态脆化点温度 $T_g$。可以说 $T_g$ 是黏弹性材料研究中最重要和最基础的材料常数,在有些研究者看来,黏弹性材料的其他

固有常数都基于 $T_g$。

$T_g$ 的物理测量并不十分复杂，但是测量结果决定于测定中的降温（或升温）速度。许多研究结果说明，降温速度每降低为原来的1/10，测定得到的玻璃态脆化点温度变动3 ℃左右。这就使得WLF公式的应用受到最大限制。为了避免玻璃态脆化点物理意义与测定结果多歧性之间的矛盾，研究中可以使用另一种形式的WLF公式。定义WLF公式中使 $C_1=8.86$、$C_2=101.6$ 时的温度为基准温度 $T_s$，得

$$\lg \alpha_T = \frac{-8.86(T-T_s)}{101.6+T-T_s} \tag{3.54}$$

显然，这样定义的基准温度是一个参变量，与材料的固有常数定义无关。大致的换算关系为 $T_s=T_g+50$。

在试验研究中，仍然会遇到 $T_s$ 未知的问题，而且测量选取的温度不是连续的，一般为等间隔的间断序列，不一定包含温度 $T_s$。因此，常常选取实际采用温度序列中的某一个温度 $T_0$ 作为参考温度，将其他温度序列下测得的特征函数移动到温度 $T_0$ 处。此时，记参照温度到基准温度的移位因子为

$$\lg \alpha_{T_0} = \frac{-8.86(T_0-T_s)}{101.6+T_0-T_s} \tag{3.55}$$

记任意温度向参照温度移动的移位因子为 $\lg \alpha'_{T_0}$，比照式(3.54)和式(3.55)可得

$$\lg \alpha'_{T_0} = \lg \alpha_T - \lg \alpha_{T_0} = -C_1C_2\frac{-(T-T_0)}{(C_2+T-T_s)(C_2+T_0-T_s)} \tag{3.56}$$

在式(3.56)中，$\lg \alpha'_{T_0}$ 可以由各温度向参照温度移动时实测得到，$T_0$ 为预先选定的温度，式(3.56)为关于 $T_s$ 的二次方程。在解得的两个根中，根据经验选择适合 $T_s=T_g+50$ 温度范围的一个根作为 $T_s$，即可以利用式(3.54)求得相对于基准温度 $T_s$ 的移位因子。按照此方法，由于每选定一个温度即可得到一个基准温度计算值，对于选定 $(n+1)$ 个温度的情形，将得到 $n$ 个基准温度。考虑试验误差的影响，这 $n$ 个计算基准温度不可能相等，通常选择其统计均值作为该条件下的基准温度代入式(3.54)中应用。同时，这 $n$ 个计算基准温度的方差也可以用来评价试验结果的可靠性。

## 3.4　沥青静态流变特性

沥青静态黏弹特性是指在恒定的应力或应变荷载作用下，沥青的黏弹参数随时间的变化情况，主要表现为蠕变特性和应力松弛特性。

### 3.4.1　沥青静态黏弹特性

**1. 蠕变**

蠕变是指在恒定应力的作用下，材料的变形随着时间逐渐增加的力学现象。蠕变是沥青材料的重要静态黏弹特性之一，表征沥青材料在持续恒定荷载下抵抗变形的能力。一般认为沥青材料的蠕变曲线主要包括三个阶段：第一阶段迁移期内变形瞬时增加，此时

的变形为瞬时变形;第二阶段稳定期内变形呈线性增长并保持稳定;第三阶段破坏期内,变形呈非线性急剧增长,试件产生破坏。通常只对迁移期和稳定期两个阶段进行研究。为保证蠕变试验曲线在这两个阶段发展,施加的荷载不能太大,应力应当保持在线性黏弹范围内。两种基质沥青蠕变曲线如图 3.13 所示。

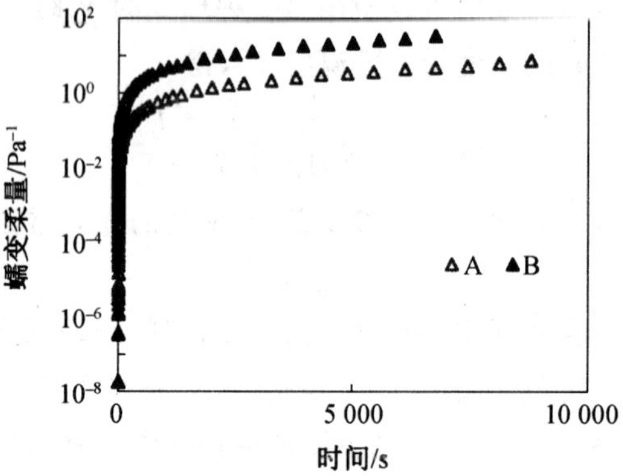


图 3.13　两种基质沥青蠕变曲线

**2. 松弛**

应力松弛是指在恒定应变的作用下,材料的应力随时间逐渐衰减的力学现象。应力松弛是沥青材料的另一种重要静态黏弹特性,表征材料在变形时内力的耗散能力,主要用于反映材料在低温条件下的黏弹特性。应力松弛曲线大致分为两个阶段:第一阶段,荷载作用瞬间,沥青的松弛模量瞬时下降;第二阶段,随着时间的增加,松弛模量下降速度逐渐减小趋于平缓,最后达到稳定值。两种基质沥青松弛模量曲线如图 3.14 所示。

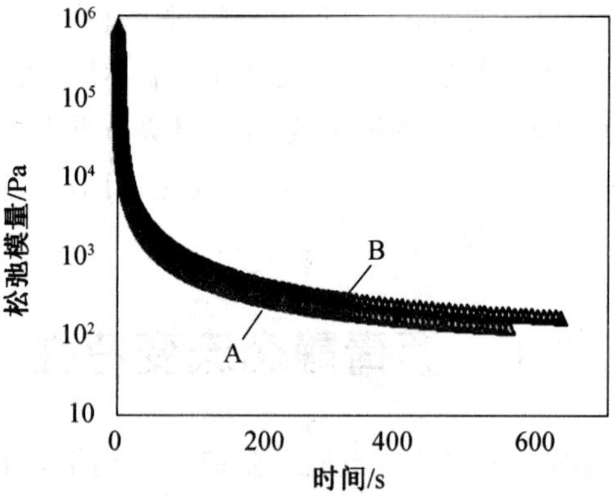


图 3.14　两种基质沥青松弛模量曲线

**3. 多应力蠕变试验(MSCR)**

多应力蠕变试验(MSCR)是美国国家公路与运输协会(AASHTO)的最新研究成果,可以反映不同应力水平下,沥青的受力变形特性及撤去应力后的蠕变变形恢复情况。美国沥青协会对其进行过大量的试验验证,表明 MSCR 能更好地评价沥青的高温性能。

MSCR 分为两个阶段,第一阶段施加 0.1 kPa 应力,第二阶段施加 3.2 kPa 应力。每个阶段耗时 10 s，试验过程中加载时间为 1 s，卸载时间为 9 s，每个阶段进行 10 个循环测试，整个过程持续总时间为 100 s。在 0.1 kPa 下，每个周期内的恢复率为$\varepsilon_r(0.1,N)$、平均恢复率$R_{0.1}$、每个周期内的不可恢复蠕变柔量$J_{nr}(0.1,N)$和 10 个加载周期内不可恢复蠕变柔量平均值$J_{nr0.1}$的计算式分别为

$$\varepsilon_r(0.1,N)=\frac{(\varepsilon_1-\varepsilon_{10})\times 100}{\varepsilon_1}\quad (N=1\sim 10) \tag{3.57}$$

$$R_{0.1}=\frac{\mathrm{SUM}[\varepsilon_r(0.1,N)]}{10}\quad (N=1\sim 10) \tag{3.58}$$

$$J_{nr}(0.1,N)=\frac{\varepsilon_{10}}{0.1} \tag{3.59}$$

$$J_{nr0.1}=\frac{\mathrm{SUM}[J_{nr}(0.1,N)]}{10}\quad (N=1\sim 10) \tag{3.60}$$

在 3.2 kPa 下，其每个周期内的恢复率$\varepsilon_r(3.2,N)$、平均恢复率$R_{3.2}$、每个周期内的不可恢复蠕变柔量$J_{nr}(3.2,N)$和 10 个加载周期内不可恢复蠕变柔量平均值$J_{nr3.2}$的计算式分别为

$$\varepsilon_r(3.2,N)=\frac{(\varepsilon_1-\varepsilon_{10})\times 100}{\varepsilon_1}\quad (N=1\sim 10) \tag{3.61}$$

$$R_{3.2}=\frac{\mathrm{SUM}[\varepsilon_r(3.2,N)]}{10}\quad (N=1\sim 10) \tag{3.62}$$

$$J_{nr}(3.2,N)=\frac{\varepsilon_{10}}{3.2} \tag{3.63}$$

$$J_{nr3.2}=\frac{\mathrm{SUM}[J_{nr}(3.2,N)]}{10}\quad (N=1\sim 10) \tag{3.64}$$

### 3.4.2　沥青的触变性

**1. 触变性与反触变性**

(1) 触变性(Thixotropy)。

许多聚合物流体呈现另一种流动特性，称之为触变性。假塑性流体在剪切流动时，发生分子定向、伸展和解缠绕，黏度随剪切速率增大而降低。但当剪切流动停止或剪切速率减小时，分子定向等就立即丧失，恢复至原来的状态。

触变性流体通常具有三向网络结构，称为凝胶，由分子间氢键等作用力形成。由于这种键力很弱，当受剪切力作用时很容易断裂，凝胶逐渐受到破坏，这种破坏有时间依赖性，最后会达到在给定剪切速率下的最低值，这时凝胶完全破坏，成为溶胶。当剪切力消失时，凝胶结构又会逐渐恢复，但恢复的速度比破坏的速度慢得多。触变性就是凝胶结构形成和破坏的能力。在图 3.15(b) 中，黏度曲线上的点 Ⅰ 和 Ⅱ 的$\dot{\gamma}$相同，但黏度不同，这是由于点 Ⅱ 处受应力的历史比点 Ⅰ 长，凝胶破坏的程度大，来不及恢复。从图 3.15(c) 所示黏度－时间曲线能更清楚地看出黏度随剪切时间下降达到最低值(溶胶状态)，静止后结构恢复，最后恢复到凝胶状态，但需要的时间长得多。图 3.15(a) 中流动曲线的阴影面积正是单位面积凝胶结构被破坏时外界所做的功。不同的触变性表现为黏度恢复的快

慢，虽然完全恢复需要较长的时间，但初期恢复的比例常会在几秒或几分钟内达到30%～50%。这种初期恢复性在实际应用中很重要，对涂料、化妆品和药物等生产和应用十分重要。

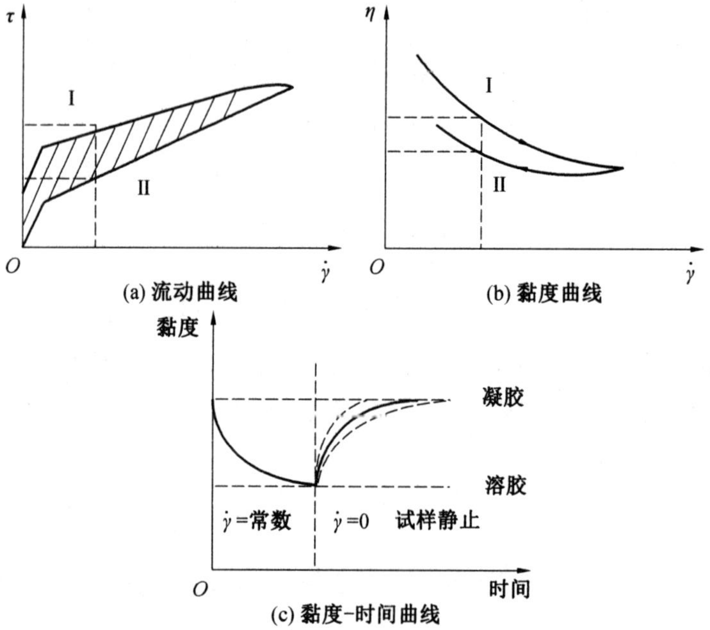


图 3.15　触变性的图示

(2) 反触变性(流凝性)。

流凝性(Rheopexy)与触变性刚好相反，即黏度随剪切时间的增长而增大，而在静止后又逐渐恢复到原来的低黏度，此过程可重复无数次。这种流动特性虽存在，但很少见。

**2. 触变性的研究方法**

触变性的研究方法主要有：滞后圈法、阶跃试验法和动态模量法。

(1) 滞后圈法。

滞后圈法通过连续增大剪切速率，测定剪切应力$\tau$，以$\tau$对剪变率$\dot{\gamma}$作图，如图3.16的升高曲线Ⅰ所示。再使$\dot{\gamma}$连续下降，测得下降曲线Ⅱ，由于结构恢复过程较慢，下降曲线Ⅱ和上升曲线Ⅰ并不重合。两条曲线之间的面积表示材料触变性的大小。滞后圈的面积越大，触变性越大，结构恢复所需的时间越长；反之，滞后圈面积越小，触变性越小，结构恢复所需的时间越短。

(2) 阶跃试验法。

阶跃试验法可以克服滞后圈法无法分开时间、剪变率影响的缺陷。该方法对材料施加固定的剪变率，待材料达到稳定状态后，突然增加或降低剪变率，瞬间黏度的变化反映了材料内部微观结构的变化。该方法的荷载作用示意图如图3.17所示。通过研究剪变率突然增加时材料瞬间黏度的变化情况，研究材料抵抗荷载作用的能力。通过研究剪变率突然降低时材料瞬间黏度的变化，研究材料的愈合能力。

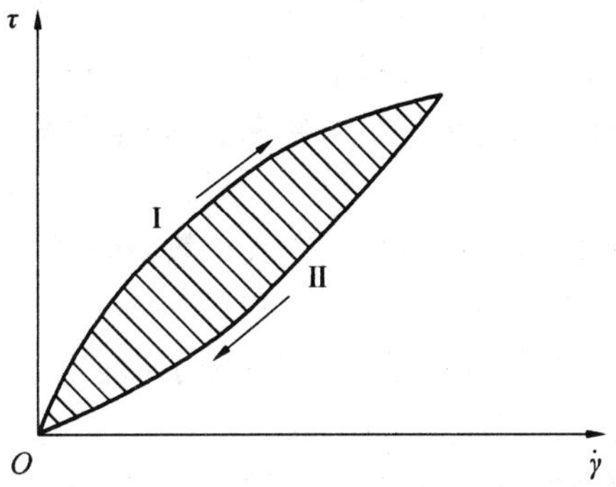


图 3.16　触变性滞后圈

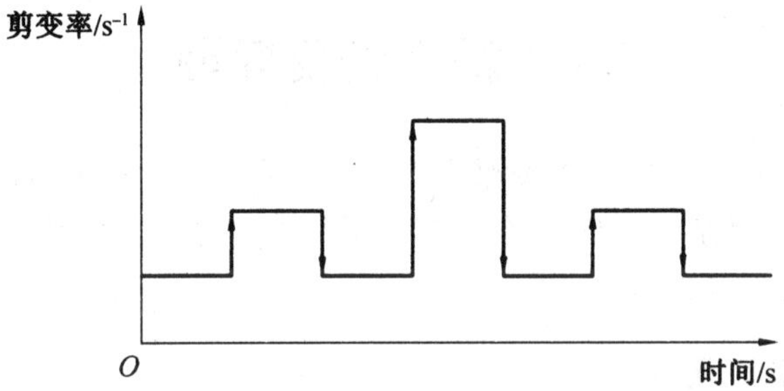


图 3.17　触变性阶跃试验

图 3.18 所示为典型触变性材料阶跃试验响应图。曲线 ① 为剪变率变化前的黏度曲线；曲线 ② 为剪变率突然增大后黏度的变化曲线；曲线 ③ 为剪变率突然降低后黏度的变化曲线。当剪变率突然增大时，黏度由 $A$ 点变化到 $B$ 点，随着内部结构的不断破坏，黏度进一步降低，直到达到平衡；当剪变率突然降低时，黏度由 $A$ 点降低到 $C$ 点，随着内部结构的恢复，黏度逐渐增大，直到达到平衡。

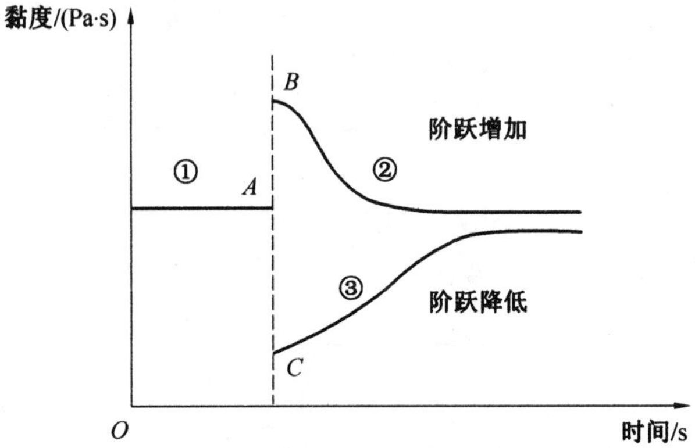


图 3.18　典型触变性材料阶跃试验响应图

(3) 动态模量法。

动态模量法首先采用较大的力对试件进行预剪切，使试件内部结构发生变化；然后采用较小的应力或应变测得试件在动态荷载下的响应，该应力或应变要足够小，不能影响材料内部结构的恢复；最后通过研究储能模量的变化研究材料的触变性。之所以采用储能模量研究触变性，是由于对于材料内部结构的恢复，储能模量的变化较复数模量和损耗模量敏感。

获得材料储能模量的变化曲线后，采用扩展指数函数式(3.65)对其进行拟合：

$$G' = G'_0 + (G'_\infty - G'_0)\{1 - \exp[-(t/c)^d]\} \tag{3.65}$$

式中，$G'$ 为 $t$ 时刻的储能模量，Pa；$G'_0$ 为 $t=0$ 时刻的储能模量，Pa；$G'_\infty$ 为 $t=\infty$ 时刻的储能模量，Pa；$t$ 为时间；$c$ 为特征时间；$d$ 为指数。

该方程为单参数结构动力方程，只能反映材料内部结构的恢复情况，无法反映材料内部结构的破坏过程。

# 3.5 沥青流变模型

沥青是典型的黏弹性材料，兼具黏性和弹性的特点。当承受外界荷载作用时，沥青内部应力、应变变化较为复杂，需要利用模型理论对其响应进行分析。本节对基本模型元件及基本黏弹模型进行简单介绍。

## 3.5.1 基本模型元件

**1. 弹性元件**

弹性元件通常用弹簧表示，代表胡克固体。弹簧与弹性变形如图 3.19 所示。其本构关系满足胡克定律：

$$\sigma = E \cdot \varepsilon \tag{3.66}$$

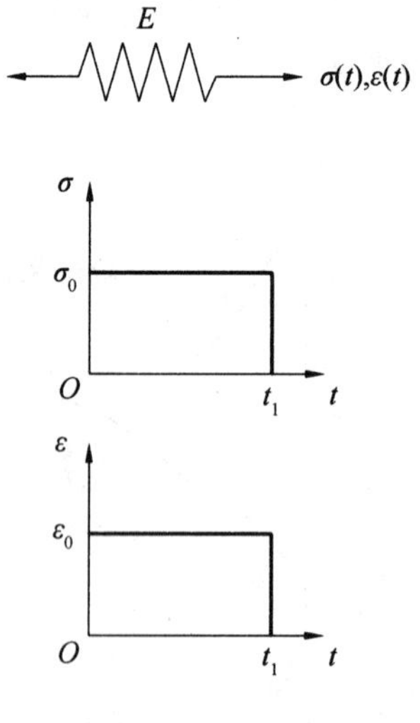


图 3.19 弹簧与弹性变形

弹性元件在外力作用下将产生瞬时变形，撤销外力后，变形将瞬时恢复，不产生蠕变和应力松弛。

**2. 黏性元件**

黏性元件用黏壶表示，代表牛顿液体。黏壶与流动变形如图 3.20 所示。其本构关系满足牛顿内摩擦定律，即

$$\begin{cases}\sigma = \eta \cdot \dot{\varepsilon} \\ \varepsilon = \dfrac{\sigma}{\eta} t\end{cases} \tag{3.67}$$

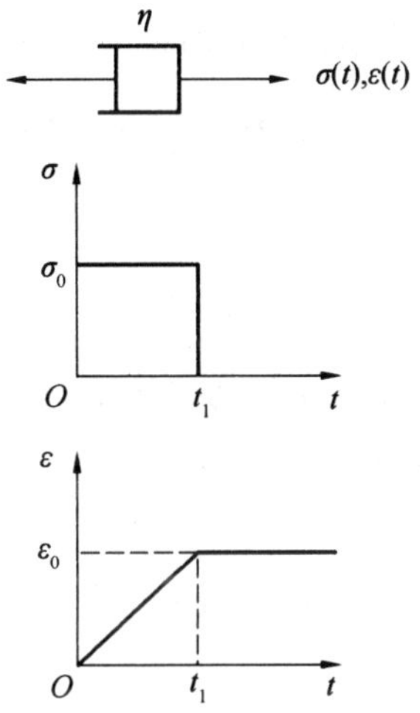


图 3.20　黏壶与流动变形

黏性元件在外力作用下，变形会随时间呈比例增加；撤销外力后，变形不能恢复并将永远保持下去。

## 3.5.2　基本黏弹模型

**1. Maxwell 模型**

Maxwell 模型是黏弹模型中的一种基本模型，它由一个弹性元件和一个黏性元件串联而成，如图 3.21 所示。这一模型的连接方式类似于电工学中的串联电路，在黏弹理论中也把这种连接方式称为串联。

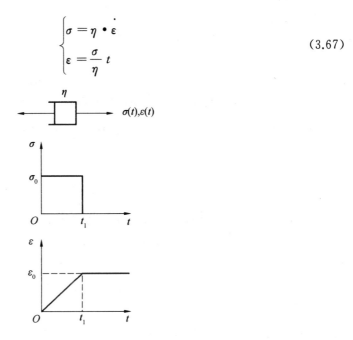

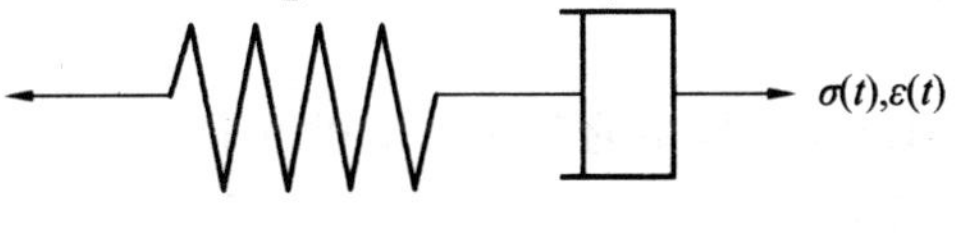


图 3.21　Maxwell 模型

Maxwell 模型的本构方程可根据各截面应力相等、应变相加的原则建立，即若弹簧的应变为 $\varepsilon_1$，黏壶的应变为 $\varepsilon_2$，则总应变为

$$\varepsilon = \varepsilon_1 + \varepsilon_2 \tag{3.68}$$

将式(3.66) 和式(3.67) 代入式(3.68) 得到 Maxwell 的本构方程，即

$$\dot{\varepsilon}=\frac{\dot{\sigma}}{E}+\frac{\sigma}{\eta} \tag{3.69}$$

如果已知材料参数 $E$ 和 $\eta$，则可利用该微分型的本构方程来分析其蠕变、恢复和应力松弛等现象。

(1) 蠕变。

设 $H(t)$ 为单位阶梯函数，即

$$H(t)=\begin{cases}0 & (t<0)\\ 1 & (t>0)\end{cases} \tag{3.70}$$

对 Maxwell 模型输入应力 $\sigma=\sigma_0 H(t)$，即在 $t=0$ 瞬间施加应力 $\sigma_0$，且保持不变。由于串联弹簧的作用，则加载瞬间产生的应变为$\frac{\sigma_0}{E}$，且当 $t>0$，有 $\dot{\sigma}=0$，则式(3.69) 可转换为

$$\dot{\varepsilon}=\frac{\sigma_0}{\eta} \tag{3.71}$$

对式(3.71) 施加拉普拉斯变换，由拉普拉斯变换的微分性质，有

$$L[f'(t)]=s\bar{f}(s)-f(0) \tag{3.72}$$

可得

$$s\bar{\varepsilon}(s)-\varepsilon(0)=\frac{\sigma_0}{\eta s} \tag{3.73}$$

由于瞬间应变 $\varepsilon(0)=\frac{\sigma_0}{E}$，所以

$$\bar{\varepsilon}(s)=\frac{\sigma_0}{Es}+\frac{\sigma_0}{\eta s^2} \tag{3.74}$$

对式(3.74) 施加拉普拉斯逆变换，可得

$$\varepsilon=\frac{\sigma_0}{E}\left(1+\frac{E}{\eta}t\right) \tag{3.75}$$

由式(3.75) 可知：Maxwell 模型在加载应力瞬间会产生$\frac{\sigma_0}{E}$的初始应变，具有瞬间弹性效应；随着时间 $t$ 的延长，变形 $\varepsilon$ 会不断增大，直至无穷大。因此，Maxwell 模型描述的是液体而不是固体，称其为 Maxwell 液体，沥青、生橡胶、蛋清等均可作为 Maxwell 液体来处理。

(2) 恢复。

若在 $t=t_1$ 时卸载，Maxwell 模型的变形规律相当于在 $t_1$ 时刻施加 $-\sigma_0$ 的应力，根据玻尔兹曼叠加原理，卸载后的变形：

$$\varepsilon=-\frac{\sigma_0}{E}\left[1+\frac{E}{\eta}(t-t_1)\right]+\frac{\sigma_0}{E}\left(1+\frac{E}{\eta}t\right)=\frac{\sigma_0}{\eta}t_1 \tag{3.76}$$

由式(3.76) 可知，Maxwell 模型在卸载后，瞬时弹性变形$\frac{\sigma_0}{E}$立即恢复，而应变$\frac{\sigma_0}{\eta}t_1$不能恢复，成为永久变形。Maxwell 模型的蠕变和恢复如图 3.22 所示。

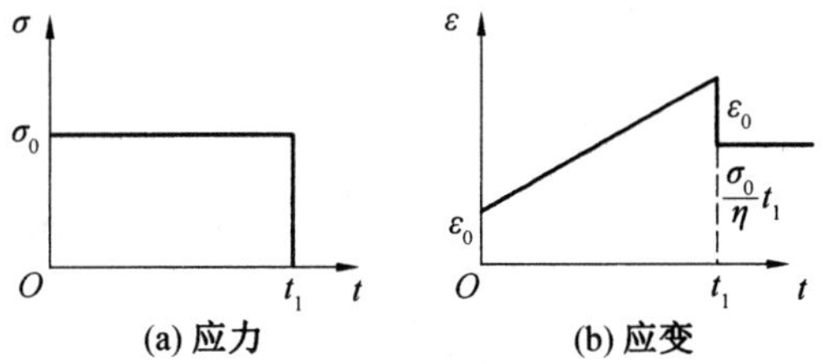


图 3.22 Maxwell 模型的蠕变和恢复

(3) 应力松弛。

对 Maxwell 模型输入应变 $\varepsilon=\varepsilon_0 H(t)$，即在 $t=0$ 瞬间施加应变 $\varepsilon_0$，且保持不变，则加载瞬间产生的应力为 $E\varepsilon_0$，且当 $t>0$，有 $\bar{\varepsilon}=0$，则式(3.69) 变为

$$\frac{\bar{\sigma}}{E}+\frac{\sigma}{\eta}=0 \tag{3.77}$$

对式(3.77) 施加拉普拉斯变换，得

$$\frac{1}{E}[s\bar{\sigma}(s)-\sigma(0)]+\frac{1}{\eta}\bar{\sigma}(s)=0 \tag{3.78}$$

由于瞬间应力 $\sigma(0)=E\varepsilon_0$，所以

$$\bar{\sigma}(s)=\frac{E\varepsilon_0}{s+\dfrac{E}{\eta}} \tag{3.79}$$

对式(3.79) 施加拉普拉斯逆变换，得

$$\sigma=E\varepsilon_0 e^{-\frac{E}{\eta}t} \tag{3.80}$$

由式(3.80) 可知：Maxwell 模型在施加应变的瞬间会产生 $E\varepsilon_0$ 的初始应力；随着时间 $t$ 的延长，应力 $\sigma$ 会不断减小，直至为零。Maxwell 模型的应力松弛如图 3.23 所示。称 $\tau_r=\dfrac{\eta}{E}$ 为松弛时间。松弛时间是一个重要的材料内部时间参数，由材料的性质决定，代表了材料黏性和弹性的比例。松弛时间越短，材料越接近弹性。

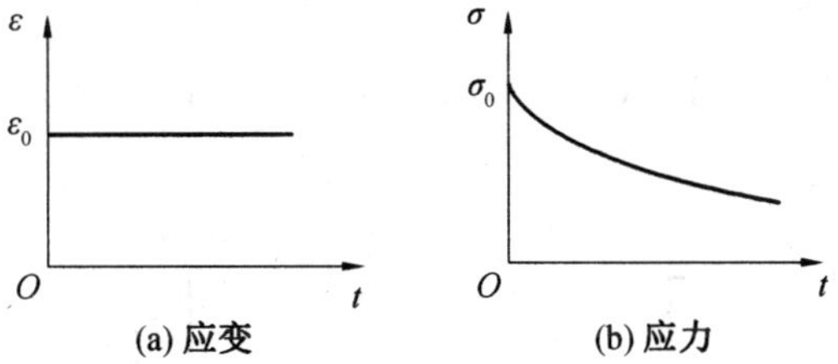


图 3.23 Maxwell 模型的应力松弛

**2. Kelvin 模型**

Kelvin 模型或 Voigt 模型是黏弹模型理论中的另一种基本模型。Kelvin 模型由弹簧和黏壶并联而成，如图 3.24 所示。

Kelvin 模型的本构方程由并联方式下弹簧和黏壶的应变相等、总应力等于两元件应力和的原则建立，即若弹簧的应力为 $\sigma_1$，黏壶的应力为 $\sigma_2$，则总应力 $\sigma=\sigma_1+\sigma_2$。

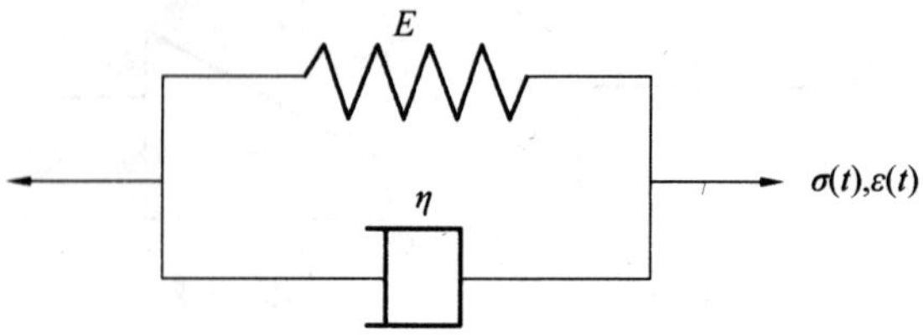


图 3.24 Kelvin 模型

根据总应力计算方法，得到 Kelvin 模型的本构方程，即

$$\sigma=E\varepsilon+\eta\dot{\varepsilon} \tag{3.81}$$

下面介绍利用该本构方程来分析其蠕变、恢复和应力松弛现象。

(1) 蠕变。

对 Kelvin 模型输入应力 $\sigma=\sigma_0 H(t)$，由于 Kelvin 模型中不存在串联的弹簧，所以加载瞬间不会产生瞬时应变，即 $\varepsilon(0)=0$。式(3.81) 变为

$$\sigma_0=E\varepsilon+\eta\dot{\varepsilon} \tag{3.82}$$

对式(3.82) 施加拉普拉斯变换，得

$$E\bar{\varepsilon}(s)+\eta s\bar{\varepsilon}(s)=\frac{\sigma_0}{s} \tag{3.83}$$

解方程得

$$\bar{\varepsilon}(s)=\frac{\sigma_0}{s(E+\eta s)} \tag{3.84}$$

对式(3.84) 施加拉普拉斯逆变换，得

$$\varepsilon=\frac{\sigma_0}{E}\left(1-\mathrm{e}^{-\frac{E}{\eta}t}\right) \tag{3.85}$$

由式(3.85) 可知：Kelvin 模型在加载应力瞬间由于黏壶的限制，不会立即产生变形，应力完全由黏壶承担；随着时间 $t$ 的延长，变形 $\varepsilon$ 会不断增大，直至达到$\dfrac{\sigma_0}{E}$，此时弹簧变形达到极限，应变将不再增大。Kelvin 模型的蠕变和恢复如图 3.25 所示。

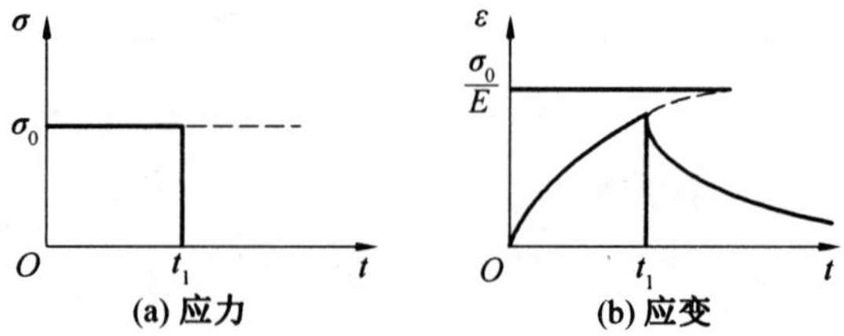


图 3.25 Kelvin 模型的蠕变和恢复

(2) 恢复。

若在 $t=t_1$ 时卸载，Kelvin 模型的变形规律同样相当于在 $t_1$ 时刻施加 $-\sigma_0$ 的应力，根

据玻尔兹曼叠加原理，卸载后的变形：

$$\varepsilon=-\frac{\sigma_0}{E}\left(1-e^{-\frac{E}{\eta}(t-t_1)}\right)+\frac{\sigma_0}{E}\left(1-e^{-\frac{E}{\eta}t}\right)=\frac{\sigma_0}{E}\left(1-e^{-\frac{E}{\eta}t}\right) \tag{3.86}$$

由式(3.86)可知：卸载后，弹簧的变形受黏壶的限制不能瞬间恢复；随着时间 $t$ 的延长，变形逐渐减小，经历无限长时间后，变形完全恢复，如图 3.25 所示。这种卸载后变形逐渐恢复的性质称为弹性后效，这种变形本质上属于弹性变形。因此，Kelvin 模型具有固体的属性。在 Kelvin 模型中，称 $\tau_r=\frac{\eta}{E}$ 为延迟时间。

(3) 应力松弛。

对 Kelvin 模型输入应变 $\varepsilon=\varepsilon_0 H(t)$，当 $t>0$ 时，$\dot{\varepsilon}=0$，则式(3.81)变为

$$\sigma=E\varepsilon_0 \tag{3.87}$$

式(3.87)说明，在 $t=0$ 时，施加应变 $\varepsilon_0$，应力是个定值。因此，在 $t=0$ 时，突加应变 $\varepsilon_0$，对 Kelvin 模型毫无意义。

由上述分析可知，Maxwell 模型能描述松弛现象，但是不能描述蠕变现象；Kelvin 模型能描述蠕变现象，但是不能描述松弛现象。因此，Maxwell 模型又称为松弛模型，Kelvin 模型又称为延迟弹性模型。

**3. 广义 Maxwell 模型**

广义 Maxwell 模型由有限个 Maxwell 模型体并联而成，如图 3.26 所示。

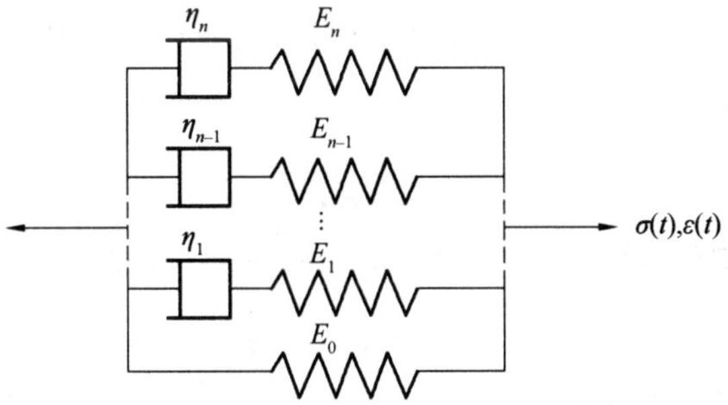


图 3.26　广义 Maxwell 模型

假设含有 $n$ 个 Maxwell 模型，其本构方程按照应变相等、总应力为各元件应力之和的原则建立，即

$$\sigma=\sum_{i=1}^{n}\sigma_i \tag{3.88}$$

根据 Maxwell 模型的本构关系，当 $i=1,2,\cdots,n$ 时，则有

$$\sigma_i+\frac{\eta_i}{E_i}\dot{\sigma}_i=\eta_i\dot{\varepsilon} \tag{3.89}$$

广义 Maxwell 模型的本构方程为

$$\sum_{k=0}^{n}p_k\frac{d^k\sigma}{dt^k}=\sum_{k=1}^{n}q_k\frac{d^k\varepsilon}{dt^k} \tag{3.90}$$

式中，$\left(\frac{\mathrm{d}}{\mathrm{d}t}\right)^0=1$。

广义 Maxwell 模型比较适合描述复杂的应力松弛行为。当输入恒定应变 $\varepsilon_0$ 时，可以解得作为应变响应的松弛应力 $\sigma(t)$ 为

$$\sigma(t)=\varepsilon_0\sum_{i=1}^{n}E_t\mathrm{e}^{-\frac{E_i}{\eta_i}t} \tag{3.91}$$

广义 Maxwell 模型具有瞬时弹性和应变无限增长的特性。若在某一个 Maxwell 元件中去掉弹簧，则模型不再具有瞬时弹性；若在某一个 Maxwell 中去掉黏壶，则模型不再具有长期黏性流动变形特性。此时，更常用的松弛应力的表达式为

$$\sigma(t)=\varepsilon_0\left(E_0+\sum_{i=1}^{n}E_i\mathrm{e}^{-\frac{E_i}{\eta_i}t}\right) \tag{3.92}$$

式中，$E_0$ 为静载弹性模量。

**4. 广义 Kelvin 模型**

广义 Kelvin 模型由有限个 Kelvin 模型体串联而成，如图 3.27 所示。

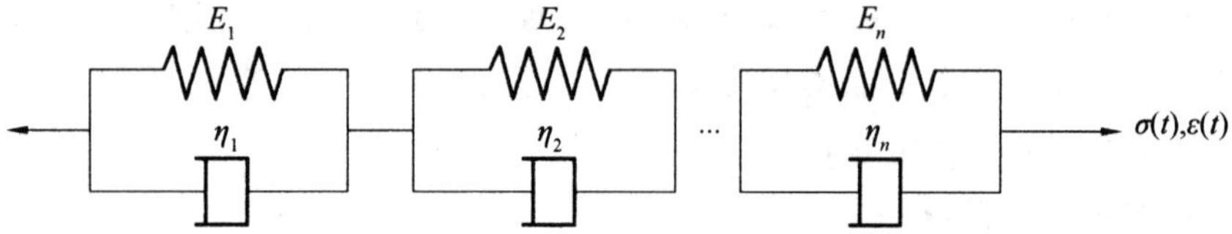


图 3.27　广义 Kelvin 模型

假设其中含有 $n$ 个 Kelvin 模型体，它的本构方程也由应力相等、总应变等于各元件应变相加的原则建立，即

$$\varepsilon=\sum_{i=1}^{n}\varepsilon_i \tag{3.93}$$

根据 Kelvin 模型的本构关系，当 $i=1,2,\cdots,n$ 时，则有

$$\sigma_i=E_i\varepsilon_i+\eta_i\dot{\varepsilon}_i \tag{3.94}$$

广义 Kelvin 模型的本构方程为

$$\sum_{k=0}^{n-1}p_k\frac{\mathrm{d}^k\sigma}{\mathrm{d}t^k}=\sum_{k=0}^{n}q_k\frac{\mathrm{d}^k\varepsilon}{\mathrm{d}t^k} \tag{3.95}$$

式中，$\left(\frac{\mathrm{d}}{\mathrm{d}t}\right)^0=1$。

广义 Kelvin 模型比较适合描述复杂的蠕变行为。当输入恒定应力 $\sigma_0$ 时，可以解得作为应变响应的松弛应变 $\varepsilon(t)$ 为

$$\varepsilon(t)=\sum_{i=1}^{n}\frac{\sigma_0}{E_i}\left(1-\mathrm{e}^{-\frac{E_i}{\eta_i}t}\right) \tag{3.96}$$

广义 Kelvin 模型不具有瞬时弹性和应变无限增长的特性。若在某一个 Kelvin 模型体中去掉弹簧，则模型具有应变无限增长的流动特性；若在某一个 Kelvin 模型体中去掉黏壶，则模型具有瞬时弹性，此时，蠕变应变为

$$\varepsilon(t)=\sigma_0\left[\frac{1}{E_0}+\frac{t}{\eta}+\sum_{i=1}^{n}\frac{1}{E_i}\left(1-e^{-\frac{E_i}{\eta_i}t}\right)\right] \tag{3.97}$$

# 本章小结

本章介绍了沥青流变特性的测试方法以及流变学的基本本构模型，其目的是为后续沥青路面结构及材料数值仿真计算提供理论基础。

# 第 4 章　沥青路面材料微细观表征手段

## 4.1　CT 技术

### 4.1.1　概述

路面材料的多尺度研究是阐述路面材料力学行为特征的重要途径之一，通过多尺度结构组成特征分析、揭示宏观性能演化规律是当前和未来路面材料研究的发展趋势，因此，针对该领域开展了大量研究，取得了有益成果。

**1.基于计算机断层扫描术(又称 CT 技术)的沥青混合料多尺度结构分析**

计算机断层扫描术可以在无损的状态下得到试件的内部组成结构特征。由于该技术对于物质密度的变化较为敏感，能够探测小于 1% 的变化，因此可以利用这一特点区分沥青混合料中石料、胶浆及空隙。

1998 年，美国联邦公路局组织开展了 SIMAP(Simulation Imaging and Mechanics of Asphalt Pavements) 项目研究，旨在开发三维图像技术来获取沥青混合料试件的内部结构，对三维图像施加荷载预测混合料的力学响应，开发模拟沥青混合料内部结构的计算模型，基于体积特性和力学性能预测其行为，并在上述基础上开发系统的混合料设计方法。

E. Masad 采用 X 射线扫描混合料微观组成结构，考虑压实次数、压实类型及级配类型三个因素，分析沥青混合料内部空隙大小、数量及分布情况。通过研究，分析和表达了沥青混合料内部孔洞分布的不均匀性。

张肖宁、李智等采用 X 射线 CT 技术对沥青混合料试样进行图像分析，将 OTSU、GMM 及 FCM 三类分割方法作为标准物质定值过程的辅助方法来间接比较分割效果及计算效率等。结果表明，对于具备较明显双峰分布的断层扫描图像，OTSU 法具有一定优势，而 GMM 及 FCM 需要对传统算法加以改进。

A. Ketcham Richard 利用计算机断层扫描术来重构沥青混合料集料组成结构，为了避免多数商业通用软件提供数据信息不全面的缺陷，在 IDL 语言环境下，自行编写了能够更进一步处理颗粒搭接、颗粒转向及颗粒位置等问题的软件。

Wang L. B.不仅研究了如何采用体视学、模式识别将断层扫描图像进行三维重构，并将此结果应用到对沥青混合料内部组成结构分析，应用此技术对 Wes track 环道使用的三种级配类型进行分析，证明了相同宏观体积结构下，内部组成结构存在差异，而这种差异直接导致了力学分布的不同。另外，提出了采用微观组成结构实测数据来进行微观力学建模的方法。

Aslam Ali 和 Mufleh Al Omari 采用 CT 技术分析了沥青混合料内部孔隙的分布特征，以及孔隙分布特征对于沥青混合料渗透性能的影响。

**2.基于 CCD 相机扫描技术的沥青混合料多尺度结构分析**

近年来，国内外的很多研究将重点放在了采用二维图像处理技术分析沥青混合料的组成结构上，用于分析沥青混合料的多尺度组成结构、压实性能、均匀性，或者以沥青混合料微观组成作为有限元分析的基础。

汪海年、郝培文等采用数字图像处理技术，利用自行研制的粗集料形态特征研究系统(MASCA)对粗集料的图像级配特征进行研究，提出将二维数字图像级配转换为三维机械筛分级配的修正方法。

徐科采用数字图像处理技术测定沥青混合料的 VCAmix。在研究中，为了使阈值分割更加准确，在沥青混合料中采用红色石料，利用彩色阈值分割，提高分割的准确性，最终与规范试验方法测定结果进行比较：图像方法计算结果准确性好，可以快速评价、反映沥青混合料骨架嵌挤特征。

Eyad Masad 采用二维图像处理技术分析沥青混合料试件截面微观组成结构，通过对集料颗粒在不同压实成型方式下形成的不同的主轴角度分布进行分析，提出了表征集料颗粒趋向性分布的两项指标，研究了压实方式对沥青混合料微观结构的影响。

Kasthurirangan Gopalakrishnan 等将在天文、地理、医学、数值分析和统计中广泛应用的 Delaunay 三角网格划分方法引入沥青混合料微观组成结构分析中，提出一套可以用于评价颗粒距离、分布以及胶浆面积的指标。

张婧娜提出了表征沥青混合料多尺度结构的参数，对不同成型方法试件的多尺度结构进行了研究，得出结论：混合料中的集料在荷载作用下处于运动状态，有重心位置向下运动的趋势；水平截面中粗集料自由分布，没有明显的定向趋势，竖向截面中粗集料趋于水平定向。

李智分析了不同压实方式成型的沥青混合料试件断面的微观组成结构，发现断面颗粒的主轴角度值可以有效反映不同压实方法的特点，提出了矩形扫描混合料试件立断面的方法，并提出采用平均砂胶模厚度和颗粒面积比来评价旋转压实过程中粗集料颗粒的分布和压实状态。

彭勇分析了沥青混合料均匀性，采用几种不同的扫描方法研究了集料的分布位置、分布数量以及分布不均匀性，提出了沥青混合料截面颗粒分布状态的三个参数：位置偏差 ratio、数目偏差 var，以及面积比 $k$。

吴文亮等采用相近的方法，通过对集料进行着色技术，进一步提高了图像分析的精度，对各级配的均匀性指标与各挡粗集料分计筛余百分率进行线性回归，其复相关系数达 0.976。

徐科采用各向异性体视学方法，提出将粗集料结构系数作为评价沥青混合料级配离析的指标，得到结论：除了最大公称粒径为 9.5 mm 级配以外，粗集料结构系数受级配中第三大筛孔分计筛余百分率影响最大。

杨新华等通过数字图像处理技术对沥青混合料断面进行分析，将集料与沥青胶浆区分开来，然后在此基础上对集料和胶浆分别赋予不同的材料参数，进行有限元划分，从而可以改善以往力学研究将沥青混合料视为均质体的不合理性。

陈佩林等通过数字图像采集处理技术分割集料与胶浆，在此基础上进行有限元分析，通过对劈裂试验的分析，说明了由沥青混合料中材料的非均质性引起的应力分布情况的复杂性。

Hu R. L.、Yue Z. Q.通过数字图像处理技术对沥青混合料断面进行分析，分别定义了集料颗粒和胶浆的材料参数，使有限元分析避免了以往采用弹性、各向同性假定的不合理性，计算显示试件内部的最大拉应力并不一定出现在试件的中心位置。

**3.沥青混合料多尺度结构与宏观性能相关性研究**

无论是二维还是三维沥青混合料的多尺度结构，最终研究目的都是通过分析多尺度构造，揭示其宏观力学性能的机理。因此，近年来很多研究进一步将这一技术手段与力学性能试验相结合，从多尺度的层面研究材料的力学响应机理。

Hao Ying 利用 X 射线断层扫描技术分析了沥青混合料在动态荷载重复作用，以及高温流动性破坏过程中的内部组成结构变化规律，对温拌材料及再生材料的高温破坏过程进行了多尺度分析。

李晓军等利用 CT 技术进行了沥青混合料单轴重复加、卸载实验，根据 CT 数据和图像分析了加载、卸载过程中，沥青混合料内部结构和密度的变化，计算了不同加载、卸载阶段的损伤因子和结构系数。结果表明，加载初期损伤因子略有减小，属于压密阶段；随加载、卸载的进行，损伤逐渐加大，而且试件内部损伤的演化、发展与试件空隙分布密切相关。

谢涛采用 CT 技术观测受力过程中裂缝的发展过程，建立了借助 CT 分析数据进行理论计算的混合料多尺度扩展破裂模型，对试件内部初始损伤及裂纹扩展的分布特征进行了分析描述并计算了损伤扩展分维数。

You Z.、S. Adhikari、E. Kutay 基于 X 射线断层扫描技术对沥青混合料进行了建模，并将二维和三维建模获得的模型进行了动态加载试验仿真。结果表明，三维模型的仿真试验结果与室内试验结果具有更好的相关性。

汪海年通过图像处理技术，分析了间接拉伸试验的截面多尺度构造，并以此为基础建立了仿真模型，分析了间接拉伸试验的过程和各影响因素下，沥青混合料间接拉伸试验结果。

You Z.、Liu Y.、Dai Q.建立了多尺度结构分析基础上的沥青混合料二维和三维离散单元模型，通过沥青混合料的时温等效原理，改进了黏弹性模型的计算方法，大大缩短了仿真计算的时间。结果表明，改进后的弹性和黏弹性模型仿真结果均与沥青混合料室内试验结果有较好的相关性。

吴旷怀研究了疲劳试验试件的多尺度结构与疲劳性能之间的关系，发现虽然宏观体积指标相近，但多尺度结构的显著差异导致了平行性试验的疲劳试验之间的差异。回归分析表明，疲劳性能的差异与多尺度结构特征直接线性相关。

**4.尚需解决的技术问题**

综上分析可见，CT 技术与数字图像处理技术已经成为沥青混合料多尺度结构分析的重要技术手段，现有研究成果为从多尺度层面揭示沥青混合料的响应、损伤及破坏机理提供了支撑，但由于其复杂性仍需进一步提高和改进。

(1) 对于沥青混合料 CT 技术与数字图像处理技术的精度有待进一步提高，将图像处理通用算法与沥青混合料图像特征相结合，改进其各相材料的分割和识别精度，并提高算法的计算效率。

(2) 在进一步改进多尺度分析技术水平的基础上，利用其开展更为广泛的力学行为响应机理的分析，建立多尺度结构指标与沥青混合料性能指标的相关性模型，弥补现有宏观结构指标的不足。

(3) 结合分子动力学、有限元法及离散元法等理论，提高路面材料数值建模的仿真程度。

### 4.1.2　路面材料的 CT 表征方法

通常可以把沥青混合料看作是由集料、沥青胶浆和空系组成的三相物质，为了评价沥青混合料试件的内部结构，应重点解决沥青混合料 CT 图像处理技术中的三组分表征方法。

本节主要针对在实验室内采用粗集料颗粒成型(细集料采用低密度材料替代) 的沥青混合料试件，进行三组分的识别与提取。

**1. X 射线断层扫描术**

利用 X 射线断层扫描术(CT 技术) 进行土木工程的研究目前尚处于起步研究阶段，选用的CT扫描平台主要有医用CT及工业CT两大类。对于沥青混凝土这类多相复合材料而言，采用辐射能力更强的工业 CT 进行研究相比于医用 CT 而言具有更大的优势。

(1) 工业 CT 基本构成。

一个工业 CT 系统大致包括以下基本部件：射线源、辐射探测器、准直器、数据采集系统、样品扫描机械系统、计算机系统(硬件和软件)、辅助系统(辅助电源及辅助安全系统) 等。典型 X 射线 CT 扫描系统如图 4.1 所示。

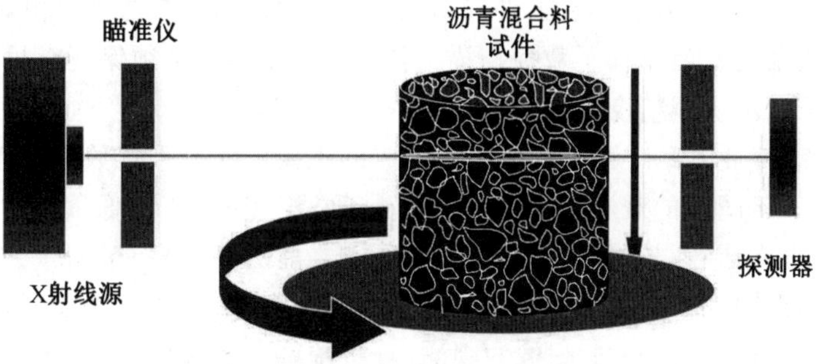


图 4.1　典型 X 射线 CT 扫描系统

分类方法如下：按照扫描方式，可以分为平移－旋转(TR) 扫描方式、只旋转(RO) 扫描方式和螺旋扫描方式三大类；按照图像重建算法，可以分为平行束重建、扇形束重建和锥形束重建三大类。工业 CT 最常见的是 TR 和 RO 两种扫描方式。近年来，螺旋扫描方式在工业 CT 中的应用也在不断增加，其锥束重建算法也相对比较复杂，本书采用的工业 CT 平台为工件旋转的螺旋扫描方式并采用锥束重建算法，代表了目前较高的工业技术水平。

工业 CT最常见的射线源是X射线机和直线加速器，统称电子辐射发生器。X射线加速器与直线加速器产生 X 射线的机理大致相同，即都为利用高速电子轰击靶物质的过程中，电子突然减速引起的韧致辐射，除了韧致辐射外，还可能产生一些特征辐射，特征辐射的射线能量相对较低，可以不用专门考虑其影响。

X 射线机和直线加速器加速电子的机理有所不同，X 射线的峰值射线能量和强度都是可调的，市售 X 射线机的峰值射线能量范围从几万电子伏到 450 kV，直线加速器的峰值能量一般不可调，实际应用的峰值射线能量范围为 1 ～ 16 MV，更高的能量虽可以达到，但主要用于有限的试验工作中。本书研究采用的是 225 kV 金属陶瓷 X 射线管，经过反复调研，其性能基本可以满足沥青混凝土的工程研究应用。

工业 CT 采用的探测器按照物理结构形态大致可以分为两种主要类型：分立探测器和面探测器。分立探测器是比较传统的线状排列的探测器阵列，其探测单元之间具有较明显的独立性。另一类探测单元的射线转换部分不独立，多数情况下是一块连续的闪烁屏，可以合称为面探测器。面探测器的优点：其射线利用效率比线探测器高出很多，特别适合透视成像，也比较适合三维直接成像。其缺点为：射线探测效率低，无法限制散射和窜扰，动态范围小等。

准直器分为前准直器和后准直器两种，通常用铅、钨甚至贫铀等重金属材料制成。它们的基本作用是挡掉多余的射线。对于工业 CT 而言，后准直器一般要比前准直器狭窄，射线束的有效尺寸是由后准直器决定的。前后准直器组合对于改善 CT 系统成像质量的作用不容忽视，对于正确平衡 CT 系统的各项性能指标具有决定性的意义。

数据采集系统：主要是指从辐射探测器输出直到计算机读入之间的电子电路。数据采集系统的主要指标有通道总数、AD 变换位数和数据处理速度等，但是对于 CT 性能有决定影响的是信噪比，一个良好的数据采集系统的噪声相对于整个 CT 系统的广义噪声可以忽略。

样品扫描机械系统：为了实现工件和射线源 — 探测器系统之间的相对运动，在不同方位测量投影数据而专门设计了数控扫描工作台。工业 CT 必须保证有足够的机械强度和驱动力来保证一定机械精度和运动速度来完成扫描运动。

计算机系统：工业 CT 计算机系统需要完成的主要工作是采集数据过程的扫描控制、CT 图像的重建、CT 图像的观测 / 分析和管理。通常把完成 CT 图像重建的计算机称为主计算机，主计算机完成扫描数据的获取，包括重建之前的预处理，最后重建出 CT 图像。计算机软件尤其是图像重建技术和图像处理技术非常复杂，好的计算机软件可以保证 CT 达到的扫描图像质量。对于 CT 图像的观测、分析统称为图像后处理，三维可视化技术较多地应用于工业 CT 中，本书采用的大型商务可视化软件为 VGSTUDIO MAX 2.0，其主要优势为内部缺陷的三维可视化观测及尺寸测量等。

本书所做试验使用的 YXLON 公司生产的 Compact — 225 型工业 CT 如图 4.2 所示，其性能参数见表 4.1。

图 4.2　YXLON 公司生产的 Compact－225 型工业 CT

**表 4.1　YXLON 公司生产的 Compact－225 型工业 CT 性能参数**

| 射线类型 | 型号 | 能量 /kV | 射线源 | 最大成像尺寸 /(像素×像素) | 对比度分辨率 /% | 最高空间分辨率 /mm | 典型检测时间 /min |
|---|---|---|---|---|---|---|---|
| X 射线 | Compact－225 | 225 | 金属陶瓷 X 射线管 | 1 024×1 024 | ＜1 | 0.02 | ＜20 |

(2) 工业 CT 成像原理及重建算法简介。

假设入射 X 射线是横断面足够小的单能光子束，若入射 X 射线强度为 $I(x)$，出射 X 射线强度为 $I+\mathrm{d}I$，在对材料做均匀的假定前提下，经过简单的定积分计算，可得到入射和出射的 X 射线强度关系，即

$$I = I_0 \mathrm{e}^{-\mu \Delta x} \tag{4.1}$$

式中，$I$ 为出射 X 射线强度；$I_0$ 为入射 X 射线强度；e 为自然常数；$\mu$ 为材料的线衰减系数；$\Delta x$ 为厚度。

式(4.1) 说明，均质材料中窄束单能 X 射线光子是按照简单的指数规律衰减的。

对于非均质的物体(物体各处衰减系数不等)，射线穿透物体时总的衰减特性可将物体分割成小单元来计算，则可以以级联的形式表述入射及出射 X 射线强度关系，即

$$I = I_0 \mathrm{e}^{-\mu_1 \Delta x} \mathrm{e}^{-\mu_2 \Delta x} \mathrm{e}^{-\mu_3 \Delta x} \cdots \mathrm{e}^{-\mu_n \Delta x} = I_0 \mathrm{e}^{-\sum_{n=i}^{N} \mu_n \Delta x} \tag{4.2}$$

式中，$N$ 为级联的单元数。

由于入射 X 射线强度原则上不变，因此，对式(4.2) 做标准化处理可得

$$I/I_0 = e^{-\mu_1 \Delta x} \mathrm{e}^{-\mu_2 \Delta x} \mathrm{e}^{-\mu_3 \Delta x} \cdots \mathrm{e}^{-\mu_n \Delta x} = \mathrm{e}^{-\sum_{n=i}^{N} \mu_n \Delta x} \tag{4.3}$$

取负自然对数后可得

$$P = -\ln (I/I_0) = \ln (I_0/I) = \sum_{n=i}^{N} \mu_n \Delta x \tag{4.4}$$

式中，$P$ 为 X 射线穿透物体后的投影。

由于入射X射线强度和出射X射线强度都是可以实际测量的物理量，因此它们比值的负对数很容易计算得到，$P$ 在测量单元尺寸缩小以后，数值上等于X射线路径上线衰减系数的线积分。

常规的X射线检测得到的是反映出射X射线强度 $I$ 的投影数据图像，即透视图像，然后通过实际测量的投影数据，得到不重叠的断层图像，也就是物体某个断面上对于特定能量X射线的线衰减系数的分布，即CT图像，而图像重建就是由测得的投影数据计算CT图像。

假定被检测物体被分为 $N\times N$ 个单元，只要进行了 $N^2$ 次独立的测量，就可唯一地求出物体衰减系数的分布，应用矩阵反变换方法可以得到精确的衰减系数的分布。

举一个简单的例子：假设物体由4个小方块组成，每个方块中的衰减系数均匀，分别记为 $\mu_1$、$\mu_2$、$\mu_3$、$\mu_4$，矩阵反变换方法示例如图4.3所示。考虑沿水平、垂直和对角线方向测量线积分情形，总共选择5个测量。可以看到对角线和其他3个测量结果组成一组独立的等式，即

$$\begin{cases} P_1=\mu_1+\mu_2 \\ P_2=\mu_3+\mu_4 \\ P_3=\mu_1+\mu_3 \\ P_4=\mu_1+\mu_4 \\ P_5=\mu_2+\mu_4 \end{cases} \tag{4.5}$$

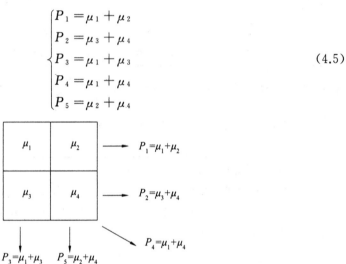

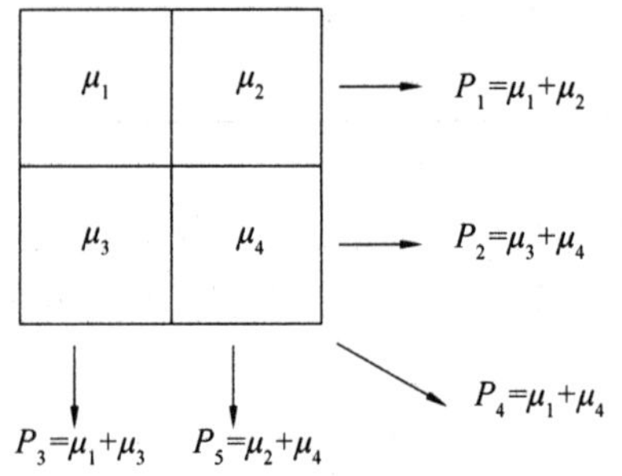


图4.3　矩阵反变换方法实例

当物体分割成更为精细的单元后，并行方程式数量将按平方关系增加，而要保证有足够多的独立方程式，需要超过 $N^2$ 次测量，因为有的测量不独立。$P_1$、$P_2$、$P_3$ 和 $P_4$ 分别表示在水平和垂直方向测量，然而 $P_4=P_1+P_2-P_3$，即这些测量并不线性独立，因此需要增加一个对角线值保证其正交性。实际测量时由于方程数量巨大，判断方程之间线性独立非常困难，所以基于矩阵反变换的重建方法没有继续采用。

另一类重建方法为迭代法，同样以一个四方块物体为例，给每个方块指定特定的衰减值，图4.4为迭代重建算法实例，给出了投影测量值。首先对物体衰减分布赋予初始值，如图4.4(a)所示，先假设其是均匀的，用投影采样平均值10均匀分配到四个方块上，然后沿原始投影测量路径计算被估计分布的线积分，假如沿着水平方向计算投影采样，得到计算投影值为5，如图4.4(b)所示，将其与测量值比较，可以观察到顶行被高估了2，底行被低估了2，再沿着每条射线路径，将测量和计算投影间的差值均匀分给所有像素点，如图4.4(c)所示，则水平方向计算投影值与测量投影值已经一致，再在垂直方向上对投影重复

同样过程，如图 4.4(d) 所示，最后计算投影值与测量投影值在所有方向上一致，重建过程完成，物体被正确重建，此过程称为代数重建技术(ART)。迭代重建算法需要多次迭代，计算强度高。

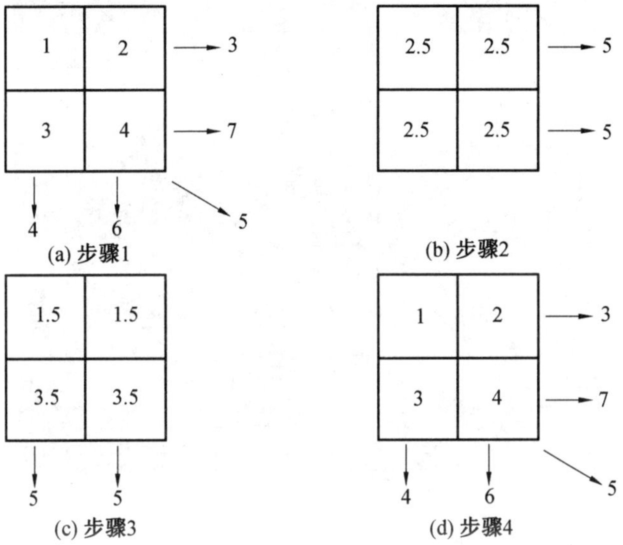


图 4.4　迭代重建算法实例

至今为止，所有重建算法中，占有绝对位置的是基于反投影的算法。反投影基本假设为：断层图像上任何一点的值等于平面上经过该点的全部射线投影之和(或平均值)，该方法主要运算为求和，因此也被称为累加法，累加的过程称为反投影。根据严格的数学计算证明，投影数据经过滤波以后再进行反投影累加可以显著改善重建图像，更接近真实的物体。目前，反投影算法已经发展为一个完整体系，成为计算机断层成像技术中应用最广泛的算法。

需要指出的是，与基于线阵列探测器的扇束扫描方式相比，基于面阵列探测器的锥束扫描方式可以大大提高射线的利用效率，同时可以显著提高重建图像的轴向分辨率。从 20 世纪 80 年代起，锥束 CT 的研究一直受到人们的关注，随着面阵列探测器技术的长足发展及计算机技术发展的突飞猛进，锥束 CT 的实用化得以迅速发展，成为近年来的研究热点。

**2.沥青混合料的灰度值分布特性及三组分表征**

(1) 石料颗粒识别。

为初步了解工业 CT 装置对石料粒径的识别精度，首先尝试对集料颗粒进行单独直接扫描，集料颗粒扫描及重建后图像如图 4.5 所示，该颗粒的粒径处于 16 ～ 19 mm。由图 4.5 可以看出，若将集料颗粒作为一个独立工件进行单独扫描，采用 YXLON 公司生产的 Compact－225 型工业 CT 平台并使用 VGSTUDIO MAX 软件实现三维可视化可以获取集料颗粒较为完整的信息，颗粒轮廓准确，表面纹理信息较为丰富，仅从成像质量的角度而言完全可以满足工程研究的需要。

对于沥青混合料中各挡粗、细集料进行扫描，可以发现粒径处于 0 ～ 1.18 mm 范围的集料颗粒扫描成像精度较差。若要对其进行研究，建议采用辨识精度更高的微焦距工业

CT 扫描成像。目前,国外已经有学者利用该 CT 对水泥粉及矿粉这种微米级粒度大小的颗粒进行研究并发表了初期研究成果。

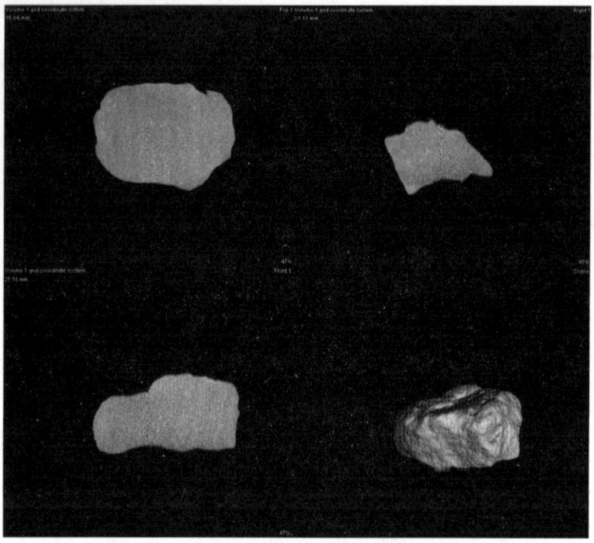

图 4.5　集料颗粒扫描及重建后图像

(2) 沥青混合料粗集料颗粒识别。

对于沥青混合料这种复杂多相物质而言,颗粒较多,射线频繁出入颗粒界面,能量损失相对较大,现阶段工业 CT 扫描图像辨识精度难以达到深入分析的基础要求。为了提高成像质量,根据 CT 扫描衰减系数与物质密度呈线性关系的特点,采取轻质集料替换其细集料和矿粉组分不失为一个较好的策略。

珍珠岩是火山喷发的酸性岩经急速冷却形成的玻璃质岩石。它具有质量轻、绝热、耐火、耐药物等优良性能,颗粒直径一般为 0.5 ～ 2.5 mm。

首先测定珍珠岩的密度,然后按照等体积置换的方法替代沥青混合料中的细集料及矿粉体积成分,通过马歇尔击实仪击实成符合 AC－13C 型级配范围中值曲线的试件,采用此种方法可在基本不改变沥青混合料真实体积构成的前提下,改善内部物质密度大小构成的差异分布,图 4.6 为沥青混合料试件 CT 扫描切片图像及灰度直方图分布曲线。

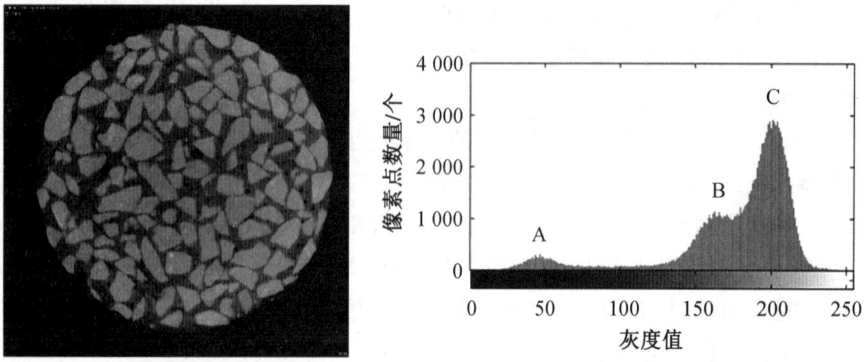


(a) 切片图像　　(b) 灰度直方图

图 4.6　沥青混合料试件 CT 扫描切片图像及灰度直方图分布曲线

观察 CT 扫描不同位置断面图像特点可以发现，每张图片的灰度值分布规律并非完全一致，同类物质在试件不同位置扫描后得到的灰度值并不固定，而同一个灰度值在不同的断层图片上又可能代表完全不同的物质，因此，不能以单张图片获取的灰度分布规律来笼统代表整个试件的灰度分布特性，应当建立针对单张图片的自适应处理流程并在此基础上实现对断层扫描图片的逐层处理流程。按照试件制作过程，沥青混合料 CT 扫描数字图像灰度直方图理论上应呈现四峰集中分布曲线，波峰处分别代表背景、孔隙、胶浆和集料，而目前图 4.6 只有 A、B、C 三峰呈现，波峰与波峰之间有较为平坦的过渡区，空隙与背景难以准确区分，空隙与沥青灰度分布混杂，胶浆与粗集料交叠部分的平坦区域难于准确确定分界阈值。所用的工业 CT 扫描平台像素大小理论上为 0.11 mm 左右，但是通过仔细观察大量断层图片可以发现，难以将 1.18 mm 以下的颗粒分辨清楚，在灰度直方图中表现为细集料与沥青材质混杂。

有学者采取双峰法对此类型直方图进行分析，其主要思路为认定图像两峰之间为同一介质，初步确定两个阈值 $T_1$ 和 $T_2$，然后采用反复试验的方法微调，最终确定 $T_1$ 和 $T_2$。然而沥青混合料 CT 扫描数字图像灰度直方图不一定呈现双峰分布，且该方法对于空隙的分布没有专门论证阈值选取的科学依据，同时 CT 扫描一个标准马歇尔试件图片数量较多，采用工业 CT 平台在 0.11 mm 像素大小下可获取有效图片多达 600 张，如前分析，每张图片的灰度信息不完全一致，即同类物质在试件不同位置扫描后得到的灰度值并不固定，不能采用一张图片的信息代表整个试件的灰度分布规律。

(3) 沥青混合料数字图像三组分表征。

考虑到 CT 技术、数字处理方法等方面的制约，本书提及的沥青混合料体积组成的各组分与实际情况略有差别，为此，对其在概念上进行如下定义。

沥青混合料粗集料：指颗粒粒径大于 2.36 mm 的集料。

空隙：所研究沥青混合料试件三维体积空间内，按照标定后确定的阈值进行分割获得空隙体积。

沥青胶浆：所研究沥青混合料试件三维体积空间内，沥青除去粗集料和空隙体积后的部分。

总之，三者体积分数之和为 100%。

### 4.1.3　路面材料的 CT 数据处理

为了将沥青混合料中关键部分提取出来进行分析，尝试针对工业 CT 扫描断层图片特点，从三种完全不同的思路尝试对内部组成材质进行分割，在准确获取粗集料轮廓的前提下，也尝试区分胶浆和空隙。该类混合料的灰度分布特性研究主要包括：阈值分割、混合高斯模型(GMM) 的 EM 算法和模糊 C 均值聚类算法(FCM) 三种识别技术研究。

**1.沥青混合料 CT 扫描图像内部组分的区分**

(1) 阈值分割。

图像分割是数字图像处理学科中一个非常重要的分支，图像分割是将一幅图像细分为其组成区域或对象，细分程度取决于要解决的问题。对 CT 扫描沥青混合料试件原始二维切片图最直观的做法就是找到一种合适的图像分割方法来区分各类复杂物质。由于实现的直观性和简单性，图像阈值处理在图像分割中占有重要的地位，是一种较为直观的做法。

日本学者大津提出了最大类间方差法，属于阈值分割中非常重要且多年来一直得到延用及发展的方法，是一种自适应的分类方法，也称大津法，简称 OTSU。其基本原理是将图形分为目标和背景两部分，两类之间的方差越大，说明两类之间的差别越大，将目标误认为背景或者将背景误认为目标都会使得两部分差别变小，因此使类间的方差最大就意味着错分的概率最小。此算法原理非常契合 CT 扫描断层图片中两类物质阈值边界不明显的灰度直方图平坦区域的划分。

假定一个离散化概率密度函数为

$$P_r(r_q)=\frac{n_q}{n}\quad(q=0,1,2,\cdots,L-1) \tag{4.6}$$

式中，$P_r$ 概率密度；$r_q$ 为灰度级；$n$ 为图像的像素总数；$n_q$ 为灰度级为 $r_q$ 的像素数目；$L$ 为可能的灰度级别。

事先选定一个阈值 $k$，$C_0$ 是一组灰度级为 $0,1,\cdots,k-1$ 的像素，$C_1$ 是一组灰度级为 $k,k-1,\cdots,L-1$ 的像素。最大类间方差 $\sigma_B^2$ 定义为

$$\sigma_B^2=w_0(\mu_0-\mu_T)^2+w_1(\mu_1-\mu_T)^2 \tag{4.7}$$

式中，$w_0$ 为灰度小于阈值 $k$ 的概率密度之和，$w_0=\sum_{q=0}^{k-1}p_q(r_q)$；$w_1$ 为灰度大于等于阈值 $k$ 的概率密度之和，$w_1=\sum_{q=k}^{L-1}p_q(r_q)$；$\mu_0$ 为灰度小于阈值 $k$ 的像素点灰度均值，$\mu_0=\sum_{q=0}^{k-1}qp_q(r_q)/w_0$；$\mu_1$ 为灰度大于等于阈值 $k$ 的像素点灰度均值，$\mu_1=\sum_{q=k}^{L-1}qp_q(r_q)/w_1$；$\mu_T$ 为全幅图像像素点灰度均值，$\mu_T=\sum_{q=0}^{L-1}qp_q(r_q)$。

采用 OTSU 对 CT 扫描断层图片处理需要确定三个阈值，从而将内部物质区分为四类，可通过编程实现，源代码具体流程简述如下。

① 批量读入断层扫描图片，将原始图像的伪彩色格式转换为灰度格式，并将原始图像进行备份。

② 采用常见的滤波法（如中值滤波法）滤除图像的噪声。

③ 将灰度图片中的黑色背景区域滤除。

④ 采用数字图像处理中形态学开运算，将灰度图片中由于 VGSTUDIO MAX 软件在图片中生成的左上角文字及右下角坐标轴滤除。

⑤ 填充图片中的细小孔洞。

⑥ 结合 OTSU 确定各类材质的比对模板，通过原始灰度图片逐点像素比对，确定像素的分类归属。

⑦ 将最终的图像分割结果分别以彩色及灰度图的形式批量保存。

图 4.7 为沥青混合料 CT 扫描切片图像及应用上述 OTSU 相应步骤进行分割的结果。

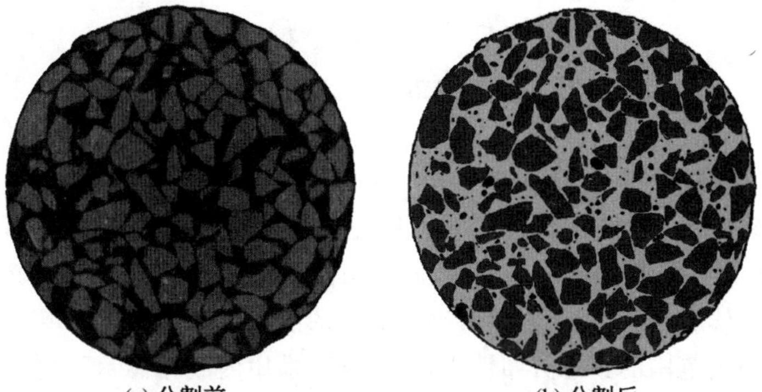

(a) 分割前　　(b) 分割后

图 4.7　OTSU 分割结果

(2) 基于混合高斯模型的 EM 算法。

混合高斯模型属于模式识别的范畴。模式识别是根据研究对象的特征或属性，利用以计算机为中心的机器系统，引用一定的分析算法认定它的类别，其应用框架都是先从研究对象里提取若干特征，形成特征向量，再设计分类器，训练分类器，最后用于分类。目前，模式识别理论和技术已成功应用于诸多领域，模式识别是人工智能的一个分支，此处用于沥青混合料 CT 扫描断层图片是将图像内部材质区分的问题转化为分类的问题。

GMM 的基本思想是：对于每一个像素，定义 $k$ 个状态，每个状态用一个高斯函数表示，这些状态一部分表示背景的像素值，其余部分表示前景的像素值。

EM 算法是机器学习领域的一个重要算法，又可称为期望最大化算法，是由 Dempster、Laind 和 Rubin 提出的求参数极大似然估计的一种方法，它可以从非完整数据集中对参数进行 MLE(极大似然估计)，是一种非常简单实用的学习算法。此算法的思想为：认为图像中每个像素灰度值是由几个高斯分布按比例混合而成的，对最大后验概率的目标函数采取优化的手段来估计几个概率分布的参量及混合比例，并保证似然函数单调增加，最终得到的 GMM 基本上能有效逼近任何复杂概率模型。

对于沥青混合料 CT 扫描断层图片，可以先假设图像分割成 $k$ 个区域，每个区域像素分布符合均值为方差的正态分布，则整幅图像用混合高斯分布描述为

$$P(I_i/\boldsymbol{\theta})=\sum_{j=1}^{k}\alpha_j p_j(I_i/\theta_j)=\sum_{j=1}^{k}\alpha_j\frac{1}{\sqrt{2\pi\,|\sigma_j|}}\mathrm{e}^{-\frac{(x-\mu_j)T}{2\sigma_j(x-\mu_j)}} \tag{4.8}$$

式中，$I_i$ 为一个样本，即一个像素；$\boldsymbol{\theta}$ 为各混合成分的掺量矢量，$\boldsymbol{\theta}=\{\theta_1, \theta_2, \cdots, \theta_k\}$；$\theta_j=(\mu_j, \sigma_j)$；$\alpha_j$ 为混合系数成分的比例概率，$\sum_{j=1}^{k}\alpha_j=1, \alpha_j>0$；$p_j(I_i/\theta_j)$ 为第 $j$ 个高斯分布的概率密度函数。

如果将准确分割的图像看成完整数据，那么图像像素特征为不完整数据，每个像素类别为丢失数据，$r$ 表示像素 $I_i$ 的类别，则完整数据表示为

$$F=f_i=[I_i,r]\quad(i=1,2,3,\cdots,N) \tag{4.9}$$

EM 算法主要步骤由 E 步和 M 步组成。E 步计算完整数据的对数似然函数的期望，取对数似然函数，即

$$L(F/\theta)=\sum_{i=1}^{N}\ln\left(f_i/\theta\right) \tag{4.10}$$

M 步通过最大化似然函数的数学期望获取新的完整数据的估计。

通过交替使用这两个步骤，EM 算法逐步改进模型的参数，参数和训练样本的似然概率逐渐增大，最后终止于一个极大点。

在选择 GMM 方法的同时，做了一个假设，即图像内每类材质的分布均符合高斯分布，这是观察图 4.6(b) 后做的初步假设，原始图像的背景很容易剔除，剩余的两类物质为孔隙与胶浆共同体和集料，为了对混合高斯分布的前提条件进行验证，对图 4.6(b) 中 B、C 两个波峰左右一定范围的正态分布性进行了检验，采用内嵌"jbtest"函数遍历 CT 扫描断面图片进行正态分布的拟合优度测试，结果表明前面的假设正确，此处略去详细过程。

运用 EM 算法可以确定各类物质灰度分布的均值、方差及各类物质灰度值估计的先验概率，若假设待分类样本来自两个类别 $w_1$ 和 $w_2$，其先验概率假设为 $P(w_i)(i-1,2)$，简写为 $P_1$、$P_2$。两类的类条件概率密度为 $P(x/w_i)$，而给定样 $x$，则其属 $w_i$ 的后验概率为 $P(w_i/x)$，则最小错误率分类准则为

$$\text{class\_index}=\arg\max_{i\in\{1,2\}}P(x/w_i) \tag{4.11}$$

错分的概率可以表示为

$$\begin{aligned}P_e&=P(\xi\in P_2,w_1)+P(x\in P_1,w_2)\\&=P(w_1)\int_{P_2}p(\xi/w_1)\mathrm{d}\xi+P(w_2)\int_{P_1}p(x/w_2)\mathrm{d}x\end{aligned} \tag{4.12}$$

要求出使 $P_e$ 最小的 $x_0$，只需对式(4.12) 求导，得

$$\frac{\mathrm{d}P_e}{\mathrm{d}x}=P_1P(x/w_1)+P_2P(x/w_2) \tag{4.13}$$

如前所述，已证实类条件概率密度为正态分布，均值为 $\mu_i$，方差为 $\sigma_i$，则式(4.13) 可以表示为

$$P_1\frac{1}{\sqrt{2\pi\sigma_1^2}}\mathrm{e}^{-\frac{x-\mu_1^2}{2\sigma_1^2}}=P_2\frac{1}{\sqrt{2\pi\sigma_2^2}}\mathrm{e}^{-\frac{x-\mu_2^2}{2\sigma_2^2}} \tag{4.14}$$

若已知各类的先验概率、类条件概率分布，将式(4.14) 两边取自然对数，即可从式(4.14) 中解出使分类概率最小的 $x_0$ 出来。

根据以上推导过程，编写求最小错误率判别边界函数，其主要实现过程为

$$C_1=\sigma_2^2-\sigma_1^2 \tag{4.15}$$

$$C_2=2\times\mu_2\times\sigma_2^2-2\times\mu_1\times\sigma_1^2 \tag{4.16}$$

$$C=2\times\sigma_1^2\times\sigma_2^2\times\lg\left(P_1\times\sigma_2\right)-\lg\left(P_2\times\sigma_1\right) \tag{4.17}$$

$$C_3=\mu_1^2\times\sigma_2^2-\mu_2^2\times\sigma_1^2 \tag{4.18}$$

对一元二次方程求根，选择其中一个数值大小位于 $\min(\mu_1,\mu_2)$ 及 $\max(\mu_1,\mu_2)$ 范围之间的根，这个根就是所需要的最小错误率判别边界。

采用 GMM 方法对 CT 扫描断层图片进行处理，通过编程实现，源代码具体流程简述

如下：

① ～ ⑤ 同 OTSU。

⑥ 假定高斯分布个数，按照图 4.6 的特点，可以假定为 2。

⑦ 从图像中求取样本，即非背景的像素点，每个像素点可以看为一个样本，其属性为灰度值。

⑧ 结合期望最大算法（EM 算法）对样本进行计算。

⑨ 用结构数组保存每幅图的分析结果：均值（2 个）、标准差（2 个）及两类物质的先验概率。

⑩ 根据最小错误率确定阈值，并将原图二值化，从而完成第一次二分类。

⑪ 对空隙和胶浆混合体进行第二次二分类，此处结合 OTSU。

⑫ 将最终的图像分类结果分别以彩色及灰度图的形式批量保存。

图 4.8 为与图 4.7 相同沥青混合料 CT 扫描切片图像应用上述基于 GMM（EM 算法）相应步骤进行内部物质分类的结果。

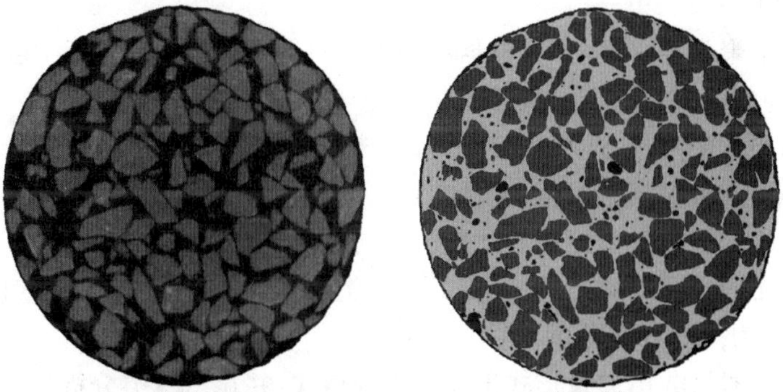

(a) 分割前　(b) 分割后

图 4.8　GMM（EM 算法）分类结果

（3）模糊 C 均值聚类算法（FCM）。

与基于混合高斯模型的 EM 算法不同，FCM 是一种基于划分的聚类算法，又称为模糊 C 均值算法或 ISODATA，是普通 C 均值算法的改进，属于一种柔性的模糊划分，是用隶属度确定每个数据点属于某个聚类程度的一种聚类算法，同样属于模式识别领域的内容，也是近年来发展迅速，在多个领域取得成果的一类重要算法。

模糊 C 均值聚类算法的目标聚类函数为

$$J_m(\boldsymbol{U},V)=\sum_{j=1}^{n}\sum_{i=1}^{c}(u_{ij})^m(d_{ij})^2 \tag{4.19}$$

式中，$\boldsymbol{U}=[u_{ij}]$ 为模糊隶属度矩阵，表示一个对象隶属于一个集合程度的函数；$V=\{v_i\}$ 为聚类中心集合；$d_{ij}$ 为第 $j$ 个像素到第 $i$ 个聚类中心的距离；$c$ 为聚类类别数，$1<c<n$；$m$ 为模糊加权指数，$1<m<\infty$。

集合 $X=\{x_1,x_2,\cdots,x_n\}$ 为 $n$ 个待聚类像素集合，采用迭代优化算法使计算目标函数 $J_m$ 最小，具体算法如下。

① 确定参数 $c$、$m$，$\varepsilon>0$，$t=1$，一般而言 $c$ 应远小于聚类样本总个数，而 $m$ 控制算法

柔性，不能过大或过小，初始聚类中心 $V^t$ 可任意设置。

② 计算 $\boldsymbol{U}^t$：

$$[u_{ij}]^t = \left[\sum_{k=1}^{c}\left(\frac{d_{ij}}{d_{kj}}\right)^{\frac{2}{m-1}}\right]^{-1} \tag{4.20}$$

当 $d_{ij}=0$ 时，则 $u_{ij}=1, u_{kj}=0, k\neq i, j=1,2,\cdots,n$。

③ 计算新的聚类中心 $V^{t+1}$：

$$v_i^{t+1} = \frac{\sum_{j=1}^{n}(u_{ij}^t)^m x_j}{\sum_{j=1}^{n}(u_{ij}^t)^m} \tag{4.21}$$

④ 若 $\| V^{t+1} - V^t \|$，则停止迭代，否则令 $t=t+1$，返回式(4.20)。

结合以上迭代算法流程，采用 MATLAB 编程实现 FCM 对 CT 扫描沥青混合料图片的批处理，程序源代码具体流程简述如下。

① 同 OTSU。

② 预先确定聚类类别数，此处根据沥青混合料图片灰度分布特性，定为背景、孔隙和胶浆混合体以及粗集料共三类。

③ 确定聚类算法的参数，根据反复调试，选定模糊隶属度矩阵的指数为 2，最大迭代次数为 100，迭代算法的判据 $\varepsilon$ 为 $1\times10^5$。

④ 将图像的数据信息由矩阵格式转换为向量格式，便于 FCM 处理。

⑤ 根据前面确定的参数配置，采用 FCM 确定聚类中心，按各类灰度值进行排序，并将灰度区间转换为 0 ～ 255 范围。

⑥ 将图像数据格式由向量形式恢复为矩阵格式，并显示聚类分析的结果。

⑦ 选定合适的置信度获取粗集料的模板及胶浆和空隙混合体的模板。

⑧ 结合 OTSU 确定胶浆和空隙的分界阈值。

⑨ 将最终的图像分类结果分别以彩色及灰度图的形式批量保存。

图 4.9 为与图 4.7 相同沥青混合料 CT 扫描切片图像应用上述基于 FCM 相应步骤进行内部物质分类的结果。

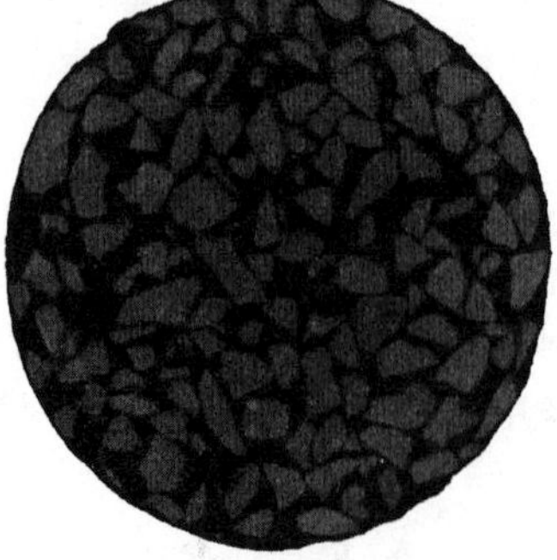

(a) 分割前

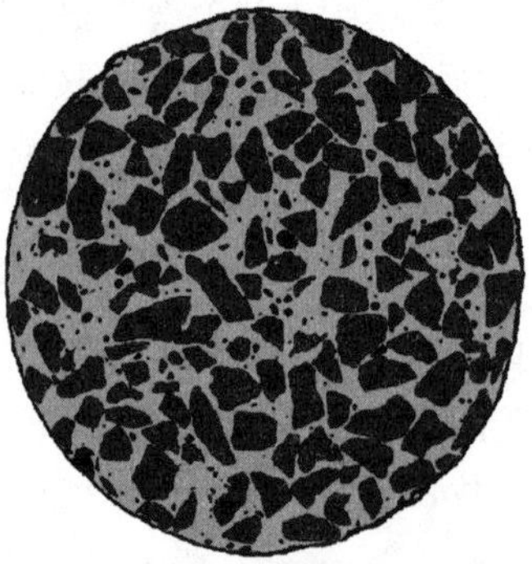

(b) 分割后

图 4.9　FCM 分类结果

**2.算法选取依据及多次分类策略**

客观地说，不能简单地对各类型分类方法的分类效果加以评价，分类效果的好坏不能脱离研究对象来下结论，因此，根据图像特点来选取合适的方法才是最为实际的策略。之所以最终选择了这三类算法加以详细阐述，是因为要分析的 CT 扫描切片图像的灰度分布特点与这三类算法的设计出发点有诸多契合之处。

最大类间方差法（OTSU）属于阈值法中最为经典的算法之一，其实用性经历了较为长期的实践考验，目前该算法仍然有新的发展，如二维阈值法等，此方法的特点是简单、实用、处理速度快等。基于混合高斯模型的 EM 算法属于模式识别的范畴，准确来说是根据相关特性对物质进行分类的算法，沥青混合料 CT 扫描切片图像中目前最为有用而且几乎也是唯一有用的分类信息即为灰度值的大小，从图 4.6(b) 的灰度分布特征可以看出，除了黑色背景部分灰度分布较为集中外，其他各类物质的灰度分布并非单一数值，而是呈现正态分布特性，且类与类之间有较为平坦的重叠部分难以区分，这个特性与基于 GMM 的 EM 算法的前提条件几乎完全吻合。FCM 同样属于模式识别的范畴，也用来对物质进行分类，近年来，FCM 在医用 CT 扫描切片图像对于人体器官组织等模糊物质分类中取得了较好的效果，此处应用 FCM 是将每个像素看成一个样本，而样本的属性既包括灰度，也包括空间信息，这对于沥青混合料 CT 扫描切片图像内部每个物质在不同位置其灰度值大小不一致的特点非常契合。

总体说来，三类算法考虑问题的角度和出发点完全不同，阈值分割只考虑各类材质灰度的差异，是一种比较直观的方法，其缺点在于没有考虑各类材质不同部位灰度分布的状况，每个像素（即每个样本）都是孤立的；高斯混合模型是对各类材质总体灰度分布的一种认识，从整体进行考虑，是一种产生式的模型，相当于先探源头，摸清楚这些数据的产生规则，然后根据最小错误率原则确定最优决策阈值；而模糊 C 均值聚类算法考虑了每个像素的灰度和空间分布信息，同时引入模糊数学中隶属度的概念，不像其他硬聚类方法如经典的 K－Means 算法，强行将每个像素划分到某个类别中，FCM 给出的是每个像素属于某个类别的可能性，是一种柔性的模糊划分方法。

此外，从图 4.6 的灰度分布规律可以看出，其黑色背景部分灰度分布非常集中，可以通过图像处理手段简单剔除，而对应于空隙的样本数与其他几类物质相差太多，空隙形成的波峰非常不明显，空隙对应的区域面积太小，空隙、胶浆和集料三类样本数极不均衡，所以采用前述三类算法处理时必须进行变通，将原图像转化为一个多类分类问题，采取的策略是一对多，将多类分类转化为两次二分类问题。先将图像分为两类物质，即集料为一类，沥青胶浆及空隙为另一类，然后再根据灰度信息将沥青胶浆和孔隙分割开，由于 CT 扫描沥青混合料切片图像只有灰度信息可以利用，无法采取其他辅助信息和手段进行分割，所以第二次二分类时采用了阈值分割与经验判断相结合的方法。从以上分析可以看出，三类算法的重点在于对粗集料与胶浆、空隙混合体材质的区分，对于空隙部分的二次区分则都结合了阈值分割。

从图 4.7 ～ 4.9 可以初步看出，三类方法针对沥青混合料 CT 扫描切片图像都取得了较好的材质分类效果，集料颗粒边缘闭合，内部无明显孔洞及孤立像素点，颗粒分界清晰，胶浆与空隙部分也基本区分明显。

**3.改进的最大类间方差法的算法与实现**

图 4.10 所示为沥青混合料 CT 扫描断面图及直方图。理论上同种物质在不同的位置的灰度(或 CT 数)应该一致或者比较接近,不同物质应该在灰度图上横坐标集中分布位置不同,但是从图 4.10 可以看出,集料在不同位置的灰度出现较明显的差异(圆形断面的中间暗、周边亮,即亮度不均匀),灰度直方图也只呈现单峰(0 值附近是背景)。

大量的实验证明,普通 AC 类沥青混凝土室内成型试件和路面芯样的 CT 图像一般都呈现从中心到边缘灰度值逐渐增大的现象,没有明显双峰,且随着集料本身成分的非均匀性情况的加重,以及 CT 扫描质量不高等原因,所获得图像的亮度不均匀的问题也将更加突出。这就带来一个问题:简单采用第 3 章的组分识别方法已不适合,单一阈值已无法有效识别。

为解决这一技术难题,针对 CT 扫描沥青混合料试件图像的特点,提出了一种环状分块和最大类间方差法相结合的自适应阈值选取方法,从提高运算速度和分割精度两方面对最大类间方差法进行了改进性试验研究。

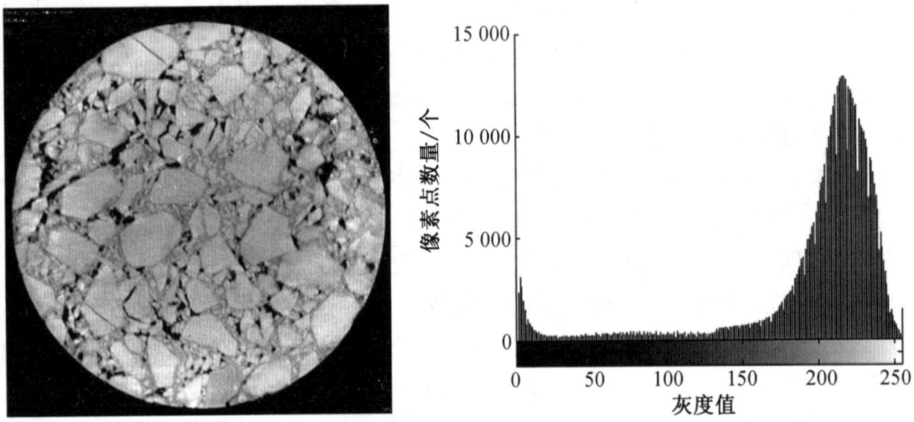

(a) 断面图　　(b) 灰度分布直方图

图 4.10　沥青混合料 CT 扫描断面图及直方图

结合本章的研究成果,最大类间方差法是相对较合适的识别方法,现在的问题是如何根据芯样三维图像亮度的变化来使用该识别方法。根据芯样试件图像中心轴对称的特点,提出将图像分别划分多个环带状区域,划分原则是尽可能使每个环带状区域内的亮度接近,在分别对每个环带状区域再实施最大类间方差法。具体算法步骤如下。

① 为取得良好分割效果,必须对原始图像进行一些预处理工作,主要有图像类型转换、滤波降噪、数字形态学运算、孔洞填充等步骤,所有过程均采用 MATLAB 语言编程实现,这里不再赘述。

② 将预处理后的整幅图像分为一系列相互之间由 50% 重叠的圆环(中心为圆盘)的子图像,分割后的子图像如图 4.11 所示(这里以 5 环为例)。

③ 对各子图像采用 OTSU 分别求算目标和背景的灰度阈值。

按照上述算法将原始图像分为 5 张圆环(中心为圆盘)的图像,其中一环代表一个子图像,图 4.12 表示各子图像的灰度分布直方图,表 4.2 为分块数为 5 时各环分割阈值统计。

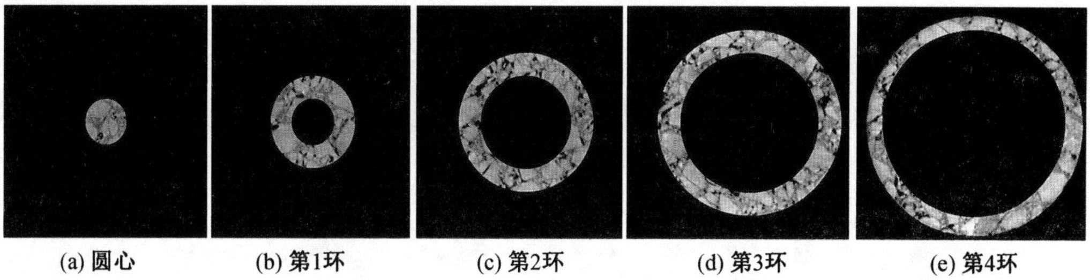


图 4.11　分割后的子图像

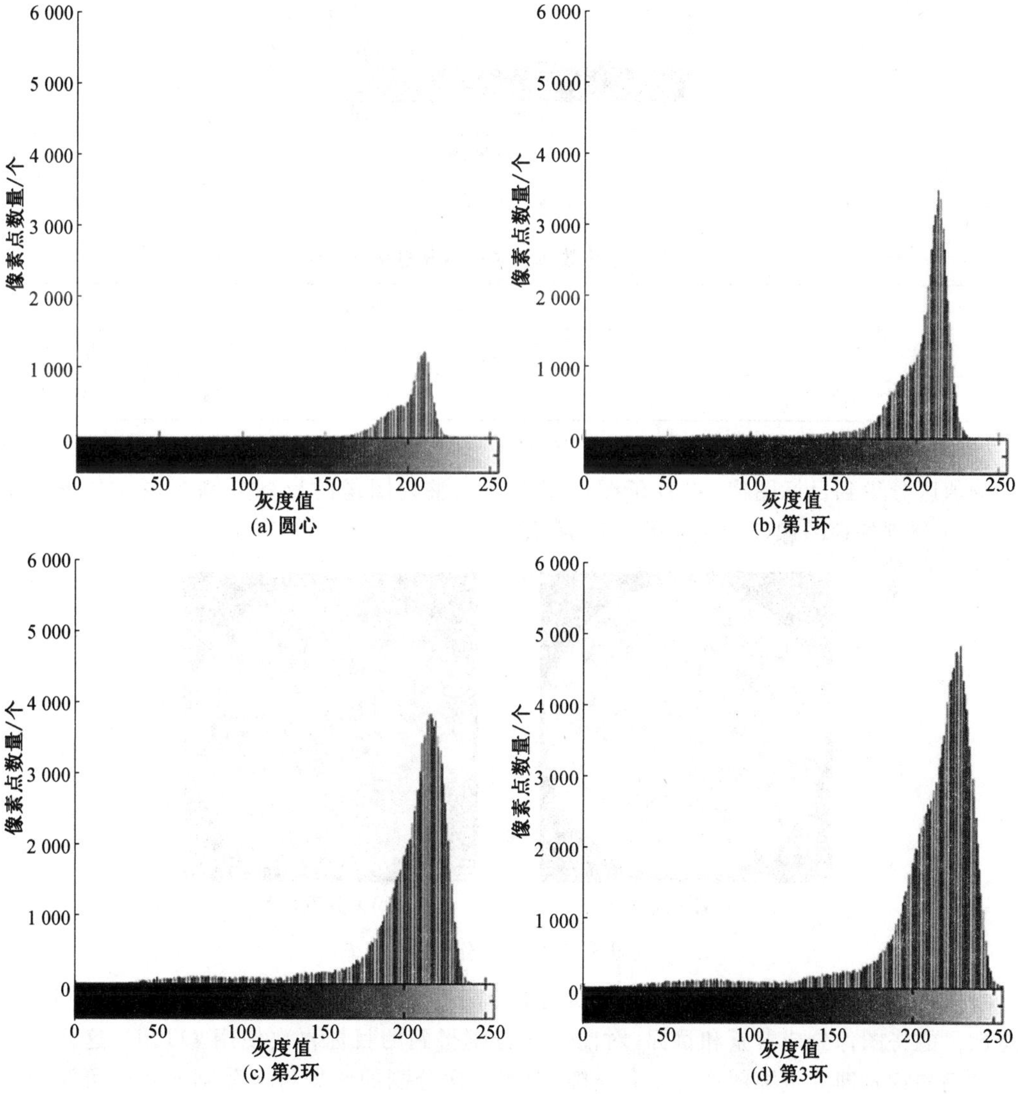


图 4.12　各子图像的灰度分布直方图

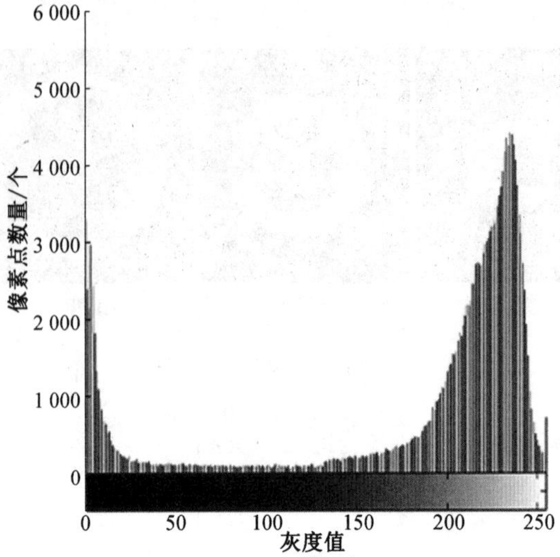

(e) 第4环

续图 4.12

**表 4.2　分块数为 5 时各环分割阈值统计**

| 项目 | 区域 | | | | |
|---|---|---|---|---|---|
| | 圆心 | 第 1 环 | 第 2 环 | 第 3 环 | 第 4 环 |
| 分割阈值 | 199 | 200 | 205 | 214 | 203 |

④ 将整幅图像分为与②环中线位置重合，且不重叠的连续圆环子图像，利用③求出的阈值区分得到目标图像，将各子图像组合得到整幅图像的目标分割图像。环形分块 OSTU 分割处理图像(5 环) 如图 4.13 所示。

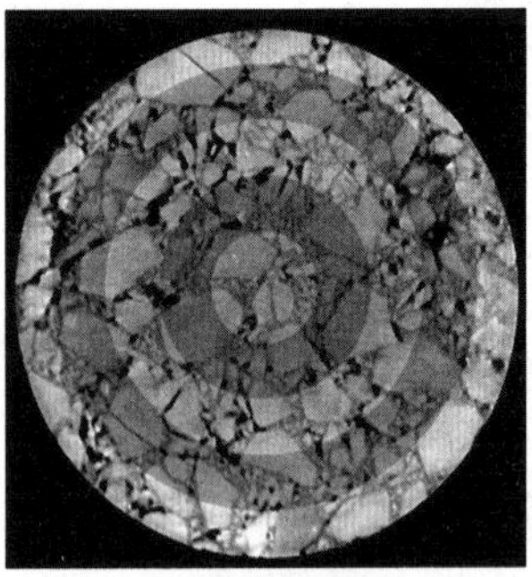
(a) 分割图像效果

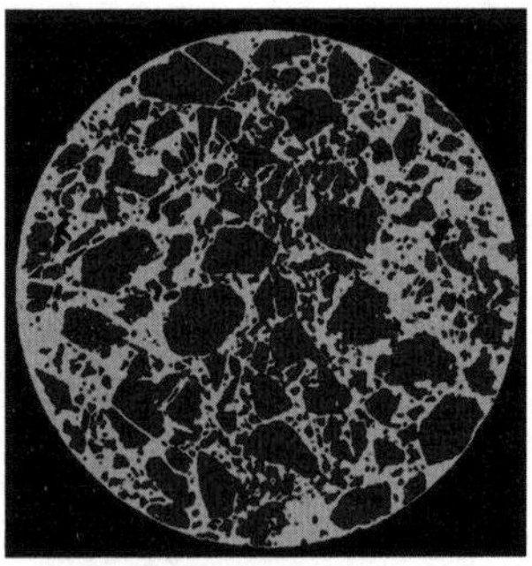
(b) 总体效果图

图 4.13　环状分块 OSTU 分割处理图像(5 环)

⑤ 利用 OTSU 分步处理图像可以逐步分割出背景、空隙、沥青胶浆和集料。OTSU 每次只能将图像分成背景和目标，对前一次分割得到的目标再次使用 OTSU，这样第一次分割的背景即为空隙图像背景和空隙，对第一次分割的背景再次分割的目标可视为空隙，第三次分割的目标可视为集料，空隙与集料间的部分可视为沥青胶浆，得到如图 4.13(a) 所示大津法分割处理的图像，图中黑色为区分出的集料和空隙，白色为区分出的沥青胶浆。

从图 4.13(b) 可以看出分割的结果中，集料出现了少数孔洞，存在一定程度的粘连，但是集料边界比较清晰，整体效果很好。

## 4.2　数字散斑方法表征

### 4.2.1　概述

沥青混合料在外部荷载的作用下，局部变形不断累积，最终导致材料整体破坏。因此，宏观力学性质研究的基础为细观局部变形破坏特性，局部细观变形特性作为联系细观结构与宏观力学性能相应的桥梁，能更好地揭示沥青混合料破坏机理。传统应变测量方法包括应变片或 LVDT 传感器，获取的是某一范围内的变形平均值，由于沥青混合料砂浆部分尺度很小，传统方法很难达到较小尺度，同时，布设密度和布设位置也难以选择。数字散斑方法是一种光测应变技术，具有测试精度高、非接触、能获取全场应变等优势，广泛应用于金属、复合材料和混凝土等研究领域，对于局部变形测量，更是有传统方法不可替代的优势。本章采用数字散斑方法获取沥青混合料砂浆位置应变场，进而分析骨架填充状态对沥青混合料应变场分布和局部化行为的影响。

用于数字散斑测量的材料通常需要在其表面喷涂散斑点，提高数字散斑方法的测试精度，然而对于沥青混合料这种非均质材料，表面喷涂的散斑点会覆盖集料和砂浆分布，使得无法精确建立材料分布与局部变形之间的联系。沥青混合料切割面本身是由不同材料组成的，同时石料表面也具有天然散斑，如果沥青混合料切割面能满足测试精度要求，则可避免喷涂人工散斑点。本节主要介绍数字散斑方法基本原理，同时，针对沥青混合料应变场的测试精度展开研究，目的在于证明沥青混合料天然散斑场用于变形测量的可行性，以及获取最佳数字散斑测试参数。

### 4.2.2　数字散斑方法基本原理介绍

数字散斑方法通过采集材料变形过程中的一系列图像，比较过程中的图像与原始图像的差异，进而计算出不同时刻的应变场。在计算应变场之前，需要对原始图像进行子区划分，计算子区是数字散斑计算中的最小单元。对于计算任意时刻的应变场，需要通过搜索算法找到变形图像中与原始图像相对应的子区，比较子区位置和形状变化，得出子区内部应变，进而得出全场应变。

对于变形前后的两幅图像，其中某一子区变形前后分别以 $f(x,y)$ 和 $g(x,y)$ 表示，变形前后子区面内变形图如图 4.14 所示，$P(x_0,y_0)$ 和 $P^*(x_0^*,y_0^*)$ 分别为 $f(x,y)$ 和 $g(x,y)$ 子区的中心，中心点在 $x$ 方向和 $y$ 方向的位移分别为 $u_0$、$v_0$，变形前后子区中心点坐标关系为

$$\begin{cases} x_0^* = x_0 + u_0 \\ y_0^* = y_0 + v_0 \end{cases} \tag{4.22}$$

在子区 $f(x,y)$ 中，$Q(x_Q,y_Q)$ 为除了中心点的任意一点，$Q$ 点与中心点之间的关系可以表示为

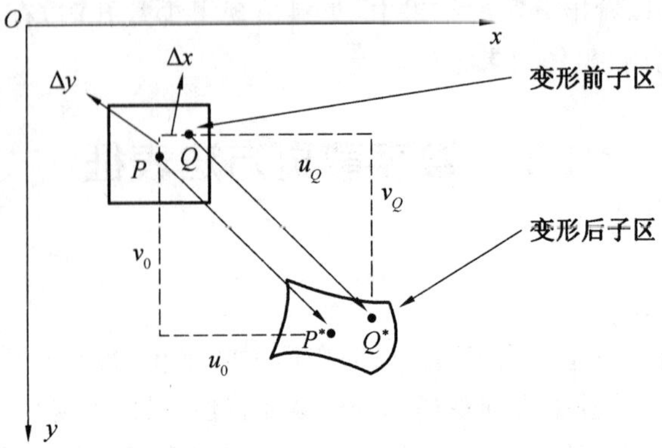


图 4.14　子区面内变形图

$$\begin{cases} x_Q = x_0 + \Delta x \\ y_Q = y_0 + \Delta y \end{cases} \tag{4.23}$$

式中，$\Delta x$、$\Delta y$ 分别为变形前后中心点在 $x$ 和 $y$ 方向的距离。

变形后，$Q(x_Q, y_Q)$ 移动至 $Q^*(x_Q^*, y_Q^*)$，$Q$ 点变形后的坐标为

$$\begin{cases} x_Q^* = x_Q + u_Q \\ y_Q^* = y_Q + v_Q \end{cases} \tag{4.24}$$

式中，$u_Q$、$v_Q$ 为 $Q$ 点变形之后在 $x$ 和 $y$ 方向的距离。

通过连续介质力学计算方法，$Q$ 点在变形后图像中的位移可以通过 $P$ 点的位移和两点之间的距离表示，即

$$\begin{cases} u_Q = u_0 + \dfrac{\partial u_0}{\partial x} \cdot \Delta x + \dfrac{\partial u_0}{\partial y} \cdot \Delta y \\ v_Q = v_0 + \dfrac{\partial v_0}{\partial x} \cdot \Delta x + \dfrac{\partial v_0}{\partial y} \cdot \Delta y \end{cases} \tag{4.25}$$

通过式(4.23) ~ (4.25) 可得

$$\begin{cases} x_Q^* = x_Q + u_0 + \dfrac{\partial u_0}{\partial x} \cdot \Delta x + \dfrac{\partial u_0}{\partial y} \cdot \Delta y \\ y_Q^* = y_Q + v_0 + \dfrac{\partial v_0}{\partial x} \cdot \Delta x + \dfrac{\partial v_0}{\partial y} \cdot \Delta y \end{cases} \tag{4.26}$$

在计算过程中，由于 $Q$ 点为子区中随机选取的点，若用$(x, y)$ 和$(x^*, y^*)$ 代表变形前后图像中任意对应的点，则式(4.26) 可以表达为

$$\begin{cases} x^* = x + u + \dfrac{\partial u}{\partial x} \cdot \Delta x + \dfrac{\partial u}{\partial y} \cdot \Delta y \\ y^* = y + v + \dfrac{\partial v}{\partial x} \cdot \Delta x + \dfrac{\partial v}{\partial y} \cdot \Delta y \end{cases} \tag{4.27}$$

上述方法是通过子区搜索算法获取子区中心点变形前后的坐标关系，进而由式(4.27) 求出图像中任意一点变形之后的位置，再计算出全场中任意点的位移和应变。

### 4.2.3　细观变形测试精度分析及参数优化

**1.沥青混合料断面图像基本信息**

为验证沥青混合料天然散斑可行性，本节针对不同类型和不同最大公称粒径沥青混合料进行研究。用于验证测试精度的沥青混合料类型包括SMA－10、SMA－13、SMA－16、AC－10、AC－13和AC－16，级配采用JTG F40—2004《公路沥青路面施工技术规范》推荐的级配中值。采用马歇尔级配设计方法确定最佳油量，其中SMA类沥青混合料添加0.3％的木质素纤维，6种不同沥青混合料最佳油量见表4.3。

**表 4.3　6 种不同沥青混合料最佳油量**

| 混合料类型 | SMA－10 | SMA－13 | SMA－16 | AC－10 | AC－13 | AC－16 |
|---|---|---|---|---|---|---|
| 最佳油量/％ | 6.9 | 6.5 | 6.0 | 5.4 | 4.9 | 4.5 |

沥青混合料通过旋转压实成型，压实次数为120次，试件高度为80 cm，为获取材料分布表面，将两侧切割取中部63.5 cm作为测试试件，对试件切割表面进行图像采集，不同沥青混合料表面材料分布如图4.15所示。

(a) AC-10 沥青混合料　(b) AC-13沥青混合料　(c) AC-16沥青混合料

(d) SMA-10沥青混合料　(e) SMA-13沥青混合料　(f) SMA-16沥青混合料

图 4.15　不同沥青混合料天然表面

图4.15所示为圆形试件表面中心60 mm×60 mm区域，对应像素区域为600像素×600像素。

**2.散斑图像质量评价方法**

对于数字散斑方法，为精确地计算应变场信息，需要图像包含足够的散斑信息。沥青混合料表面包含界面、细集料颗粒和粗集料的纹理，不同类型和不同最大公称粒径的沥青混合料包含的信息量不同，需要提出散斑图的评价指标评价不同沥青混合料散斑图质量。

由于图像子区是数字散斑方法计算的最小单元，因此，子区包含信息量直接影响计算精度。Sun 提出子区熵的概念，用于表征子区内像素灰度值变化状况，若灰度值变化较大，即子区包含信息较多，反之，则子区包含信息较少，尺寸为 $M$ 像素 $\times N$ 像素的区域中，子区熵 $\delta$ 计算公式为

$$\delta = \frac{\sum_{P\in S}\sum_{i=1}^{8}|I_P - I_i|}{2^{\beta}MN} \tag{4.28}$$

式中，$S$ 为图像子区；$P$ 为子区 $S$ 中的任一像素点；$I_P$ 为像素点 $P$ 的灰度值；$I_i$ 为 $P$ 点周围 8 个像素的灰度值；$\beta$ 为像素深度，对于灰度值在 0 ～ 255 的图像，$\beta = 8$。

子区熵公式表征在子区中每一点与其周围点灰度值的差异性，子区熵越大，说明子区中包含越多差异信息，在数字散斑计算过程中，精度越高。由于子区熵是散斑图质量的评价指标，因此，本节采用子区熵分析不同沥青混合料图像质量。对于图 4.15 中的 6 种不同沥青混合料子区熵，分别对 600 像素 × 600 像素的图像进行不同大小正方形子区划分，子区尺寸分别为 11 像素、21 像素、31 像素、41 像素、51 像素、61 像素和 71 像素，6 种不同沥青混合料子区熵如图 4.16 所示。

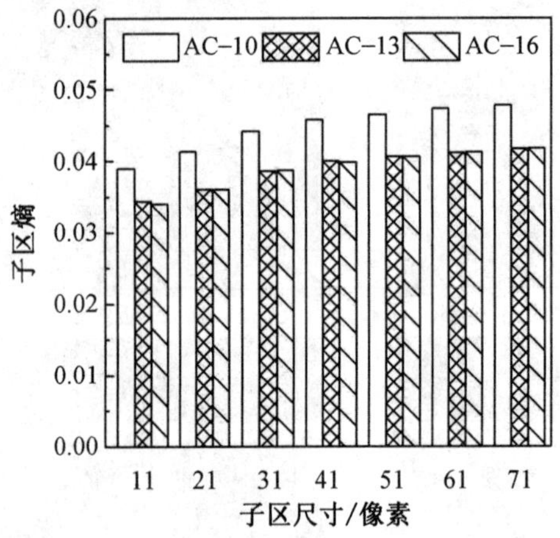


(a) AC沥青混合料

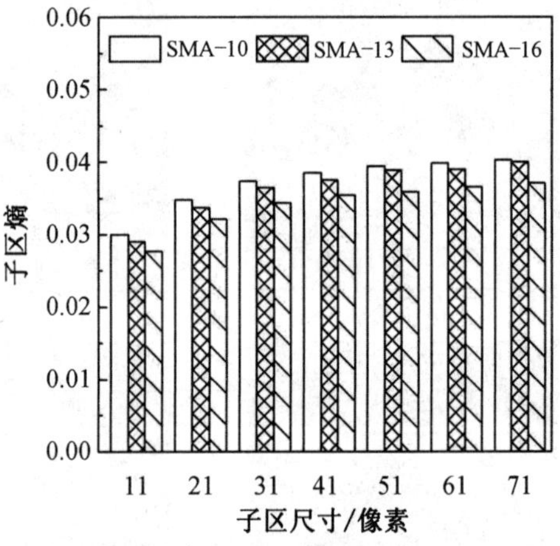


(b) SMA沥青混合料

图 4.16　6 种不同沥青混合料子区熵

由图 4.16 可知，对于不同最大公称粒径沥青混合料，相同子区尺寸条件下，子区熵随着粒径的增大而减小，同时，AC 沥青混合料明显高于 SMA 沥青混合料。造成这种现象的原因是在相同子区尺寸条件下，最大公称粒径越小，图像中包含越多的小颗粒，小颗粒数量增加则界面数量增加，即增加了图像中包含的差异信息，AC 沥青混合料与 SMA 沥青混合料相比，小颗粒含量更多，因此小粒径 AC 沥青混合料具有较大的子区熵。图 4.16 中同样可以发现对于同种沥青混合料，子区熵随着子区尺寸的增大而增大，说明对于沥青混合料图像，增大子区尺寸可以提高子区熵。

以上分析说明，小粒径 AC 沥青混合料具有较高的子区熵，增大子区尺寸可以获得更高的子区熵。由于子区熵表征数字散斑图像质量，因此，小粒径 AC 沥青混合料和增大子

区尺寸可以提高数字散斑方法计算精度。然而，增大子区尺寸会导致子区内部变形场均匀化，不利于分析局部化行为，并且子区熵只能评价不同图像质量，却并不能确定测试精度。因此，下文采用虚拟平移和虚拟剪切试验比较真实值与计算值差异，进而获得计算精度，同时，基于计算精度确定最佳子区尺寸。

**3.虚拟试验测试精度分析及参数优化**

为获取沥青混合料天然散斑场计算精度，本节通过虚拟试验比较计算值与真实值之间的差异，虚拟试验包括平移试验和剪切试验。如果虚拟试验获取的计算精度能满足精度要求，则证明天然散斑场可以用于沥青混合料数字散斑方法变形测量。

对于数字散斑方法应变场计算，最重要的参数为子区尺寸，子区尺寸选择过小，则会降低子区匹配精度，造成应变场较大波动；子区尺寸选择过大，则会导致应变场分布过于平均，应变场空间分辨率降低，不利于提取局部应变场。因此，选择子区尺寸需要平衡匹配精度和应变场空间分辨率。在虚拟平移和剪切试验中，位移场标准差表征计算值的波动性，标准差越大说明搜索过程匹配精度越差，产生的误差越大。本节比较位移场标准差与子区尺寸的关系，目的是在保证匹配精度的前提下，选取尽量小的子区尺寸。

(1) 虚拟平移试验。

将用于数字散斑计算的 6 种沥青混合料图片进行平移，每张图片向上平移 1 个像素，将平移前和平移后的图片导入数字散斑计算系统中，采用不同的子区尺寸进行计算，相对误差 $\delta$ 计算公式为

$$\delta = \frac{|D_c - D_r|}{D_r} \tag{4.29}$$

式中，$D_c$ 为位移计算值；$D_r$ 为位移真实值。

图 4.17 所示为平移试验不同子区尺寸计算相对误差与标准差。由于不同子区尺寸对应不同的子区熵，6 种沥青混合料子区熵与相对误差关系如图 4.17(a) 所示。

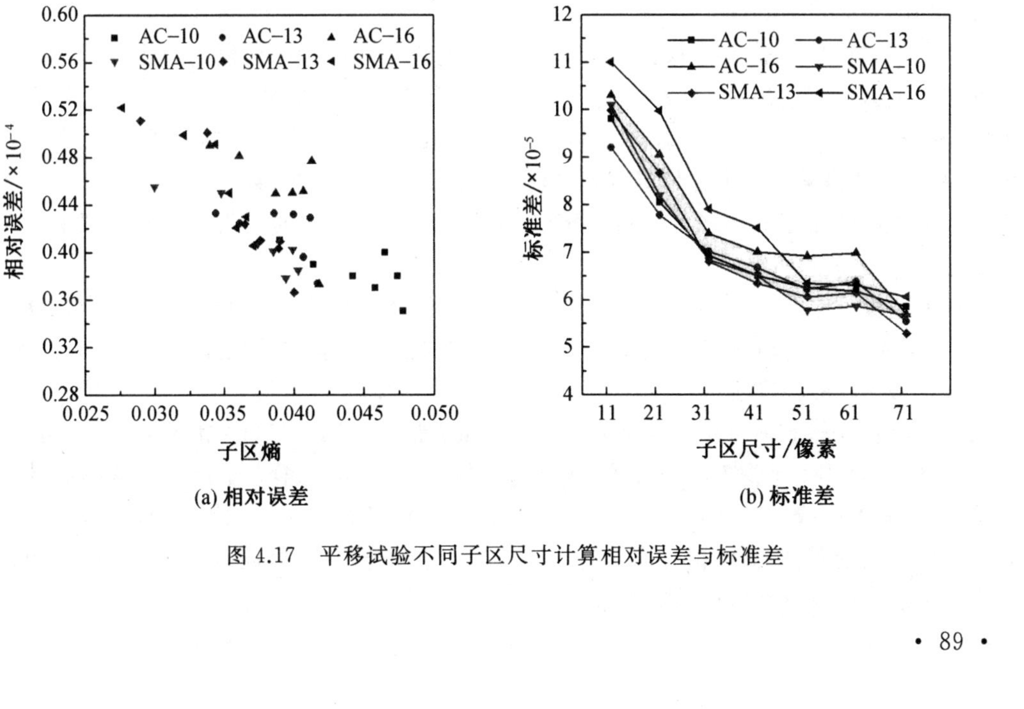


(a) 相对误差　　(b) 标准差

图 4.17　平移试验不同子区尺寸计算相对误差与标准差

由图 4.17(a) 可知，相对误差与子区熵之间的关系基本呈线性递减，即子区熵越大，相对误差越小，说明增大子区尺寸和减小混合料粒径有利于降低相对误差，对于不同沥青混合料类型和子区尺寸，相对误差值大约为 $4 \times 10^{-5}$。图 4.17(b) 为子区尺寸与标准差的关系，由于子区尺寸增大会提高子区搜索准确性，标准差表征计算位移值波动情况，标准差越大，表征计算值的波动越大，对于不同沥青混合料，标准差随子区尺寸的增大而减小。

(2) 虚拟剪切试验。

实际变形中不仅存在平移，同时存在剪切变形，图 4.18(a) 所示为虚拟剪切变形前的沥青混合料图像，保持图像矩阵第 1 行位置不变，第 2 行相对第 1 行右移 0.1 个像素，以此类推，第 $n$ 行相对第 1 行向右移 $0.1 \times (n-1)$ 个像素，平移后的图像如图 4.18(b) 所示。

(a) 变形前图像　　(b) 变形后图像

图 4.18　虚拟剪切试验变形前后对比图

与平移试验相同，相对误差随子区熵的变化如图 4.19(a) 所示，由于剪切试验不同行像素点变形值不同，因此，此处计算的标准差为变形误差标准差，误差标准差与子区尺寸的关系如图 4.19(b) 所示。

由图 4.19(a) 可知，与平移试验规律近似，相对误差同样随子区熵的增大而减小。差异性在于子区尺寸最小的 11 像素，即每种沥青混合料中子区熵最小的情况，相对误差增大较为明显，说明当子区尺寸小于 11 像素时，子区信息不能满足子区搜索需求，会造成较大误差。除 11 像素子区尺寸情况以外，虚拟剪切试验相对误差大约为 $8 \times 10^{-5}$，此值略大于虚拟平移试验结果。由图 4.19(b) 可知，标准差随子区尺寸的变化规律与虚拟平移试验类似。

由上述虚拟平移和剪切试验可知，子区熵增大可降低相对误差，虚拟平移试验位移为 1 个像素，约为 0.1 mm，相对误差约为 $4 \times 10^{-5}$，虚拟剪切试验试验位移为 0.1 ~ 99 像素，为 0.01 ~ 9.9 mm，相对误差约为 $8 \times 10^{-5}$，此测试精度满足沥青混合料变形测试需求，证明沥青混合料天然表面可用于数字散斑变形测量方法。由图 4.17(b) 和图 4.19(b) 可知，当子区尺寸大于 31 个像素时，标准差减小趋势趋于平缓，虽然增大子区尺寸能提高计算精确度，但同时会降低应变场空间分辨率，将子区尺寸选取为 31 个像素，既能保证计算精确度变化不大的条件，又能保证应变场具有较高的空间分辨率，因此，将子区尺寸 31 个像素作为数字散斑测试系统的计算参数。

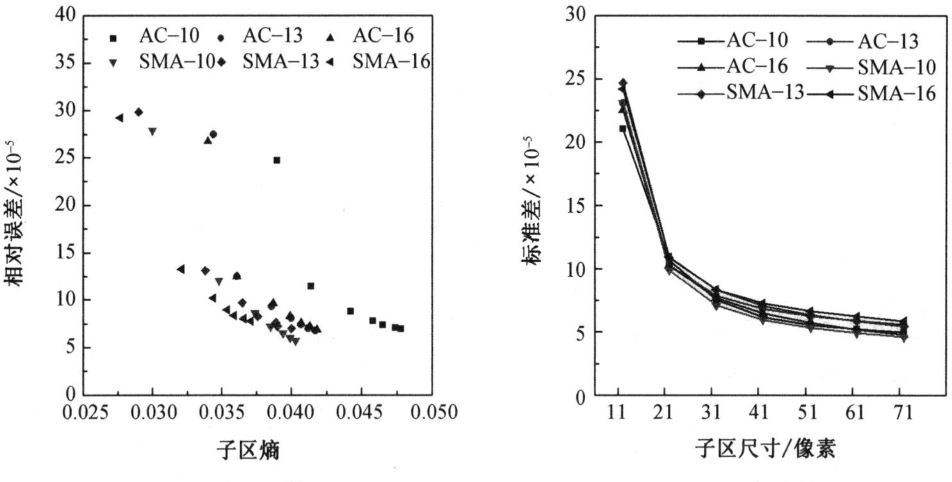


(a) 相对误差　　(b) 标准差

图 4.19　剪切试验不同子区尺寸计算相对误差与标准差

# 4.3　原子力显微镜

## 4.3.1　工作原理

材料性质本质与其内部分子成分、结构及形貌密切相关。通过微观手段观测沥青材料的结构形貌可以解释沥青产生各性能特点的原因，从微观层面表征沥青材料性质。原子力显微镜（Atomic Force Microscope，AFM）如图 4.20 所示，是一种用来研究固体材料表面结构的分析仪器，它可以获得检测样品的表面形貌结构信息、表面粗糙度信息、表面电势及静电力分布、定量纳米力学性能、导电性能等。

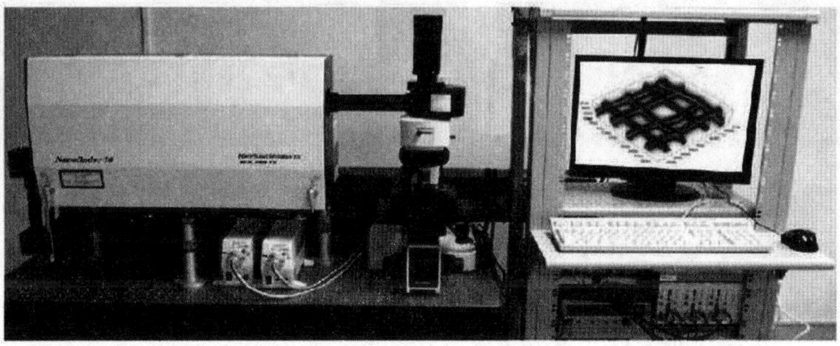

图 4.20　原子力显微镜

AFM 的工作原理：将一个对微弱力极敏感的微悬臂一端固定，另一端有一微小的针尖，针尖与样品表面轻轻接触，由于针尖尖端原子与样品表面原子间存在极微弱的排斥力，通过在扫描时控制这种力的恒定，带有针尖的微悬臂将对应针尖与样品表面原子间作用力的等位面，在垂直于样品的表面方向起伏运动。利用光学检测法或隧道电流检测法可测得微悬臂对应于扫描各点的位置变化，从而可以获得样品表面形貌的信息。

采用 AFM 不仅可以表征沥青材料的结构形貌特征，还可以表征力学特征，例如模量。

### 4.3.2 试验方法

① 将待检测样品沥青置于烘箱，约 145 ℃ 加热烘化。

② 取干净玻璃棒或胶头滴管蘸取适量沥青，滴在载玻片上。

③ 将样品置于烘箱 145 ℃ 加热，待载玻片上的沥青自然流动至表面平滑，取出晾至室温，防尘保存备用（此过程加热时间不宜过长，3 ～ 5 min 即可）。

④ 启动并调试 AFM，定位探针，放入样品，聚焦调试。

⑤ 扫描图像。沥青样品一般采用轻敲模式（Tapping），设定扫描参数“Scan size”，点击“Auto tune”找到探针固有振动频率，点击“Engage”进针。在扫描过程中可以优化“Setpoint”“Integral gain”“Proportional gain”。

### 4.3.3 结果分析示例

通过 AFM 扫描结果图（图 4.21）可以看出，沥青表面存在三种相态：Catana－相、Peri－相和 Perpetua－相。Catana－相为波浪状，称为蜂状结构，交互作用较微弱且很柔软，蜂状结构的形成一般与沥青中沥青质或者蜡分有关。Peri－相相对较硬，Perpetua－相则更为柔软。

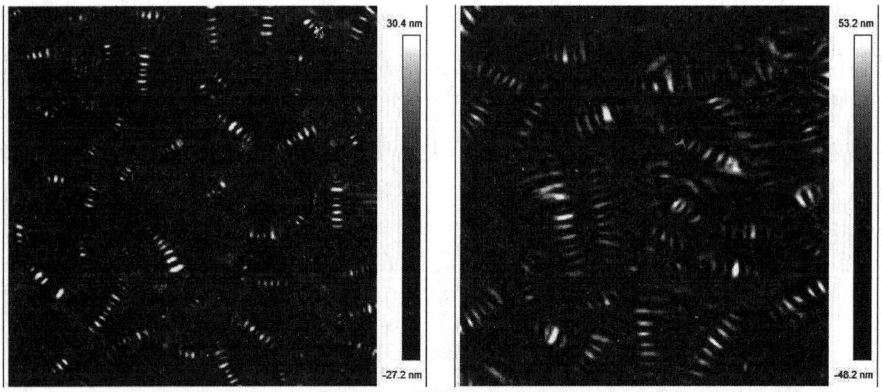


(a) SK90　　(b) DS70

图 4.21　沥青 AFM 图

## 4.4 扫描电子显微镜

### 4.4.1 工作原理

扫描电子显微镜（Scanning Electron Microscope，SEM）是一种利用样品表面材料的物质性能进行微观形貌观察的分析仪器，如图 4.22 所示。

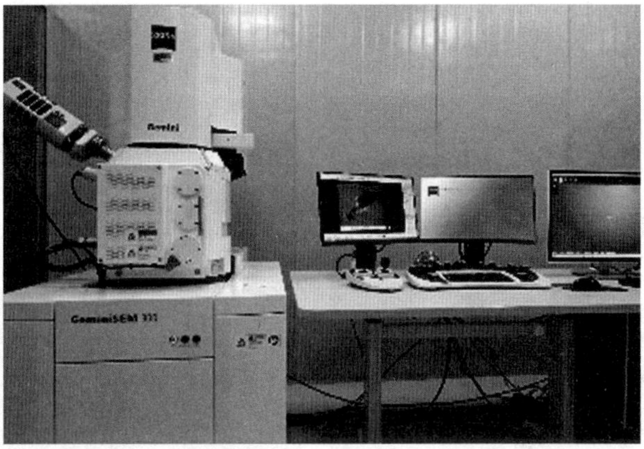

图 4.22　扫描电子显微镜

SEM 的工作原理：通过电子枪阴极打出直径为 20 ～ 30 μm 的电子束，电子束受到阴阳极之间加速电压的作用射向镜筒，通过聚光镜及物镜的会聚作用，缩小成几纳米的电子探针。在物镜上部的扫描线圈的作用下，电子探针在样品表面做光栅状扫描并激发出多种电子信号（二次电子、俄歇电子、特征 X 射线、连续谱 X 射线、背散射电子、透射电子，以及在可见、紫外、红外光区域产生的电磁辐射，同时可产生电子 － 空穴对、晶格振荡、电子振荡等）。这些电子信号被相应的检测器检测，经过放大、转换变成电压信号，最后被送到显像管的栅极上并调制显像管亮度。显像管中的电子束在荧光屏上也做光栅状扫描，并且这种扫描运动与样品表面的电子束的扫描动作严格同步，获得衬度与所接受信号强度相对应的扫描电子图像。

SEM 分析可以得到样品的显微形貌、空隙大小、晶界、团聚程度等，一般物理改性沥青可以采用 SEM 进行微观形貌表征，观察改性剂分散程度以及改性剂的改性作用。

### 4.4.2　试验方法

① 制备尺寸为 40 mm × 5 mm × 2 mm 的长方形模具，模具内侧涂抹甘油，制备边长为10 mm 的薄钢片，备用。

② 将待检测样品沥青置于烘箱，约145 ℃ 加热烘化，浇筑到模具内，冷却成型后取出。

③ 将成型的沥青样品放置在铜片上，用镊子取样品放入盛有液氮的烧杯中，3 s 左右取出，轻轻折断样品，取较为平整的断面。

④ 将制备好的断面试样放入真空衍射镀膜机进行镀金。

⑤ 启动并调试 SEM，把样品装在样品台上。

⑥ 扫描图像。定位样品，初步观察后定位观察区，聚焦消像散后开始扫描并存储图像。

### 4.4.3　结果分析示例

图 4.23 所示为沥青的 SEM 扫描图像。SEM 扫描结果为物体的三维结构形态，基质沥青 SEM 扫描结果立体结构形态不明显，因此，一般物理改性剂改性沥青采用 SEM 能较

好显示。通过 SEM 扫描结果图,可以观察到物理改性剂在沥青中的分布状态,以及形成的物理连接作用。

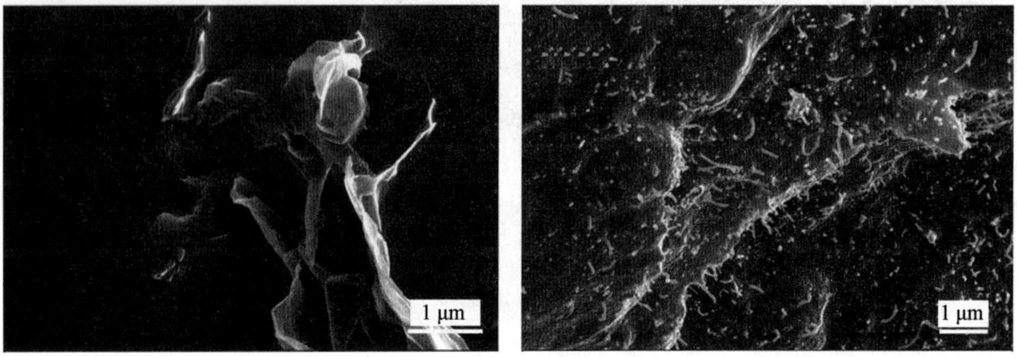


(a) 石墨烯改性沥青　　(b) 碳纳米管改性沥青

图 4.23　沥青的 SEM 扫描图像

## 4.5　荧光显微镜

### 4.5.1　工作原理

某些物质经一定波长的光(如紫外光)照射后,物质中的分子被激活,吸收能量后跃迁至激发态;当其从激发态返回到基态时,所吸收的能量除部分转化为热量或者用于光化学反应外,其余较大部分则以光能形式辐射出来,由于能量没能全部以光的形式辐射出来,故所辐射出的光的波长比激发光的波长要长,这种波长长于激发光的可见光部就是荧光。

荧光显微镜(Fluorescent Microscope,FM)技术是以紫外光为光源,照射被检物体,使之发出荧光,在显微镜下观察物体的形状及其所在位置的技术手段。

通过荧光显微镜可以观测改性沥青的显微相态分布。

### 4.5.2　试验方法

① 将待检测样品沥青置于烘箱,约145 ℃ 加热烘化。

② 取干净玻璃棒或胶头滴管蘸取适量沥青,滴在载玻片上,趁热迅速盖上盖玻片。

③ 调试 FM,用低倍镜观察,调整光源中心,使其位于整个照明光斑的中央。

④ 放样品标本,调焦后即可观察。

### 4.5.3　结果分析示例

图 4.24 所示为石墨烯改性沥青的荧光显微图,从中可明显观察到石墨烯在沥青中分散较为均匀。通过图 4.24 可清楚观察纳米颗粒在沥青中的分散情况。

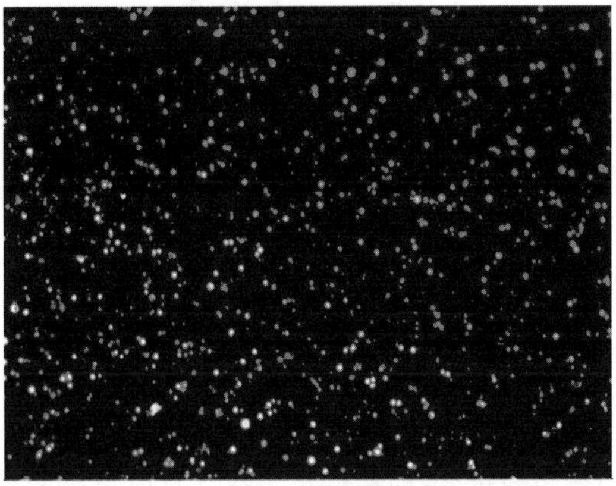

图 4.24　石墨烯改性沥青的荧光显微图

# 4.6　表面自由能

## 4.6.1　试验原理

表面自由能(Surface Free Energy,SFE)定义为在真空中分开固体或液体产生一个新的界面所需要做的功。测定沥青材料的表面自由能可以确定沥青材料的亲水性,确定沥青的抗水损害能力。

液体的表面张力或者表面自由能可以使用张力计直接测量,但是对于固体却很难实现直接测量。表面自由能一般通过接触角测定,利用两种或者多种已知表面张力的液体,测出其与固体表面相互作用的接触角 $\theta$,计算求得固体表面能,即

$$\frac{1+\cos\theta}{2}\frac{\gamma_1}{\sqrt{\gamma_1^d}}=\sqrt{\gamma_s^p}\times\sqrt{\frac{\gamma_1^p}{\gamma_1^d}}+\sqrt{\gamma_s^d} \tag{4.30}$$

式中,$\gamma_1$ 为液体表面自由能;$\gamma_1^d$ 为液体表面自由能的色散分量;$\gamma_s^p$ 为固体表面自由能极性分量;$\theta$ 为固体和液体之间的接触角;$\gamma_1^p$ 为液体表面自由能极性分量;$\gamma_s^d$ 为固体表面自由能的色散分量。

接触角采用接触角测量仪测定,测定方法一般有:量角法、测高法和测重法。

## 4.6.2　试验方法

躺滴法是一种接触角的光学测量方法,用该方法可评估固体表面某一局部区域的润湿性。试验时,可直接测量介于液滴基线和液/固/气三相接触点处的液/固界面切线间的角度,即接触角,接触角测试原理图如图 4.25 所示。该方法是测量接触角最常用的直接方法,其基本假设如下。

① 液滴呈中间垂直对称,表明从任意角度观察该液滴结果都是相同的。

② 液滴的形状仅与界面张力和液滴的重力有关。

在确定角度的大小时,本试验采用了量角法,量角法是将液滴靠近液/固/气三相接

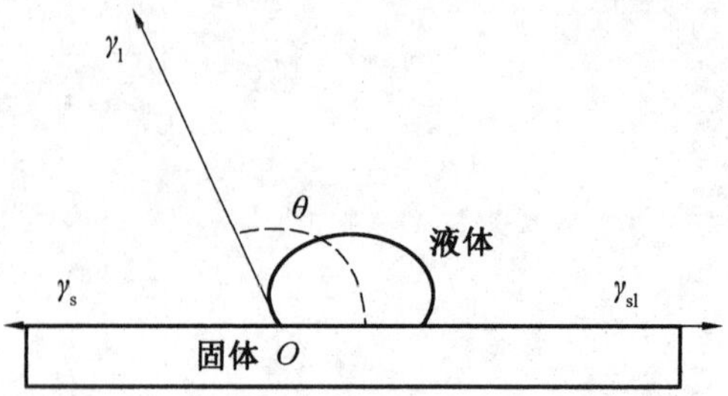


图 4.25　接触角测试原理图

触点附近的一段轮廓拟合到一个合适的二次曲线模型，从而确定介于液滴基线和三相接触点处的液 / 固界面切线间的角度，即接触角。在计算时考虑的只是三相接触点附近的局部一段轮廓，所以当液滴的形状受到其他物体干扰时，并不会影响结果的准确性。此外，该方法也未对液滴的形状做任何假设，所以其不受液滴形状的限制，适用的角度为 5° ～ 180°，范围最广。

### 4.6.3　结果分析示例

图 4.26 所示为不同质量分数的玻璃纤维 / 沥青复合材料的表面自由能及其组成的变化。AL 代表直径为 0.5 ～ 0.71 mm、长度为 10 ～ 12 mm 的回收玻璃纤维；BL 代表直径为 0.25 ～0.5 mm、长度为 10 ～ 12 mm 的回收玻璃纤维；CL 代表直径为 0.125 ～ 0.25 mm、长度为 5 ～ 10 mm 的回收玻璃纤维。从图 4.26 中可以看到，回收玻璃纤维的加入明显提高了沥青材料的表面自由能，特别是直径为 0.25 ～ 0.5 mm、长度为 10 ～ 12 mm 的回收玻璃纤维，进而提高了沥青与玻璃纤维的界面黏附性。

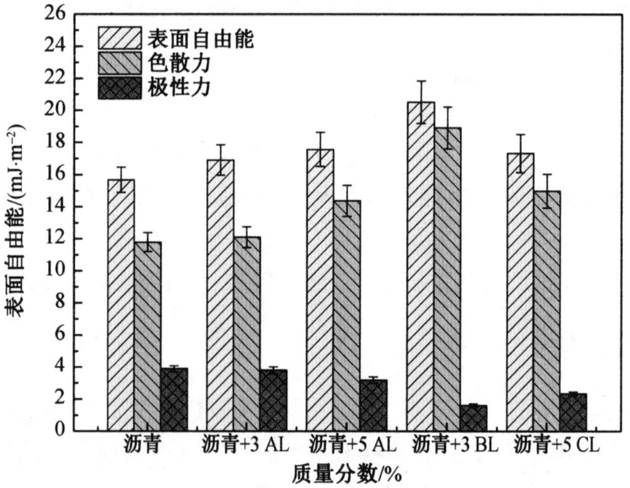


图 4.26　玻璃纤维 / 沥青复合材料的表面自由能及其组成的变化

# 4.7　傅里叶变换红外光谱

## 4.7.1　试验原理

傅里叶变换红外光谱(Fourier Transform Infrared Spectroscopy,FTIR)是一种将傅里叶变换的数字处理,用计算机技术与红外光谱相结合的分析鉴定方法。采用傅里叶红外光谱仪可以测得基质沥青与改性沥青的化学结构的变化,定义改性剂的改性作用,分析沥青性能发生改变的原因。

FTIR 的原理:当样品放在干涉仪光路中,吸收了某些频率的能量,使所得干涉图强度曲线相应地产生一些变化,通过傅里叶变换技术可将干涉图上每个频率转变为相应的光强,从而得到整个红外光谱图,根据光谱图的不同特征,可检定未知物的功能团、测定化学结构、观察化学反应历程、区别同分异构体、分析物质的纯度等。

## 4.7.2　试验方法

① 将样品沥青溶于指定溶剂,溶剂一般选择 $CS_2$ 溶液。

② 用胶头滴管吸取少量样品溶液滴于 KBr 片上,待 $CS_2$ 试剂完全挥发。

③ 将样品放入仪器样品槽,调试仪器,开始扫描。

## 4.7.3　结果分析示例

图 4.27 所示为聚氨酯(PU) 改性沥青的红外光谱,从图 4.27 中可明显观察到 PU 与沥青在1 715 $cm^{-1}$ 和 1 670 $cm^{-1}$ 处发生化学反应。因此,PU 改性沥青是化学改性和改性的共同作用。

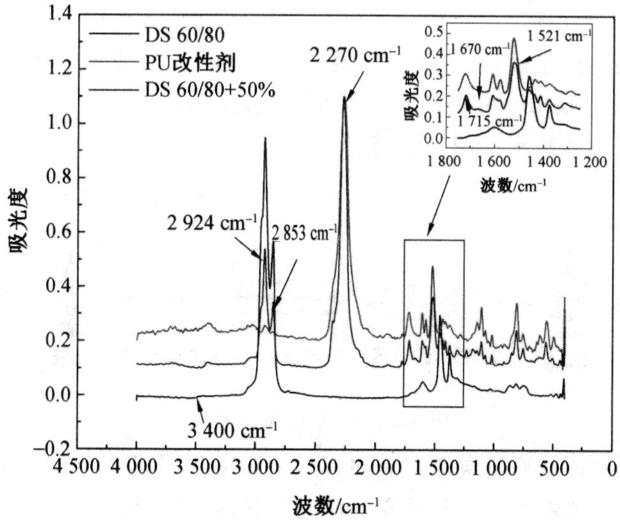


图 4.27　聚氨酯(PU) 改性沥青的红外光谱

# 4.8 凝胶色谱法

## 4.8.1 试验原理

凝胶色谱法(Gel Permeation Chromatography,GPC) 又称凝胶色谱技术,主要用于高聚物的相对分子质量分级分析以及相对分子质量分布测试。

GPC 是一种特殊的液相色谱,所用仪器实际上就是一台高效液相色谱(HPLC) 仪,主要配置有输液泵、进样器、色谱柱、浓度检测器和计算机数据处理系统。如图 4.28 所示为 Waters－Breeze GPC 仪。

图 4.28　Waters－Breeze GPC 仪

GPC 与 HPLC 最明显的差别在于二者所用色谱柱的种类(性质) 不同:HPLC 根据被分离物质中各种分子与色谱柱中填料之间的亲和力不同而得以分离,GPC 的分离则主要是体积排除机理。

GPC 色谱柱装填的是多孔性凝胶(如最常用的高度交联聚苯乙烯凝胶) 或多孔微球(如多孔硅胶和多孔玻璃球),它们的孔径大小有一定的分布,并可与待分离的聚合物分子尺寸比拟。GPC 仪工作流程如图 4.29 所示。

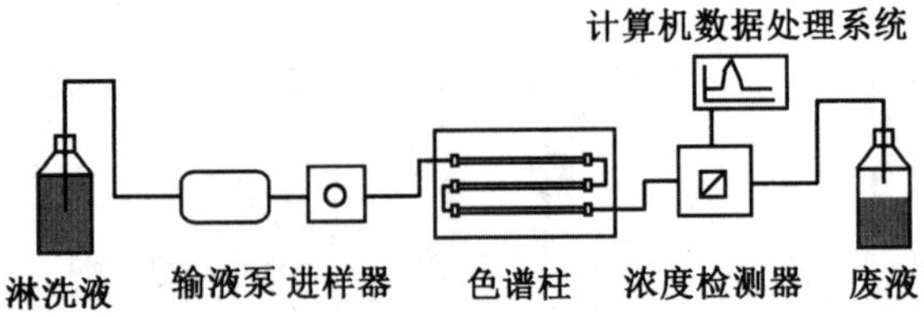


图 4.29　GPC 仪工作流程

当被分析的样品通过输液泵随着流动相以恒定的流量进入色谱柱后,体积比凝胶孔穴尺寸大的高分子不能渗透到凝胶孔穴中而受到排斥,只能从凝胶粒间流过,最先流出色谱柱,即淋出体积或时间最小;中等体积的高分子可以渗透到凝胶的一些大孔中而不能进入小孔,比体积大的高分子流出色谱柱的时间稍后,淋出体积稍大;体积比凝胶孔穴尺寸小得多的高分子能全部渗透到凝胶孔穴中，最后流出色谱柱，淋出体积最大。

因此，聚合物淋出体积与高分子的体积即分子量的大小有关，分子量越大，淋出体积越小。分离后的高分子按分子量从大到小被陆续地淋出色谱柱并进入浓度检测器。

浓度检测器不断检测淋洗液中高分子的浓度。常用的浓度检测器为示差折光仪，其浓度响应是淋洗液的折光指数与纯溶剂（淋洗液）的折光指数之差，由于在稀溶液范围内，与溶液浓度成正比，所以直接反映了淋洗液的浓度即各高分子的含量，图 4.30 所示为典型的 GPC 图谱。

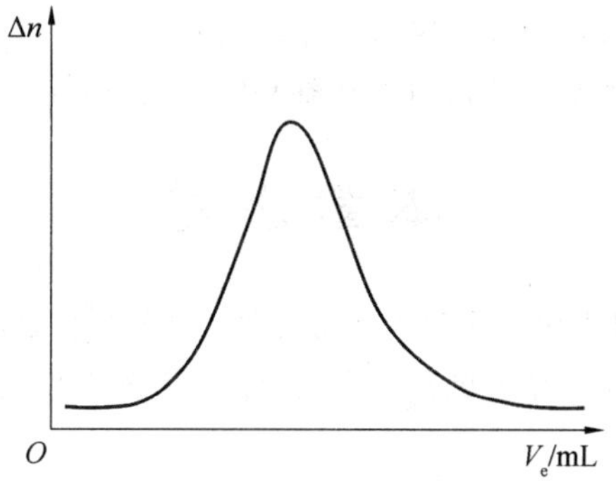


图 4.30　典型的 GPC 图谱

图 4.30 中纵坐标相当于淋洗液的浓度，横坐标淋出体积 $V_e$ 表征着高分子尺寸的大小。

如果把图 4.30 中的横坐标 $V_e$ 转换成分子 $M$ 就成了分子量分布曲线。为了将 $V_e$ 转换成 $M$，要借助 GPC 校正曲线。试验证明，在多孔填料的渗透极限范围内 $V_e$ 和 $M$ 的关系为

$$\lg M = A - BV_e \tag{4.31}$$

式中，$A$、$B$ 为聚合物、溶剂、温度、填料及仪器有关的常数。

用一组已知分子量的单分散性聚合物标准试样，在与未知试样相同的测试条件下得到一系列 GPC 图谱，以它们的峰值位置的 $V_e$ 对 $\lg M$ 作图，可得如图 4.31 所示的直线。

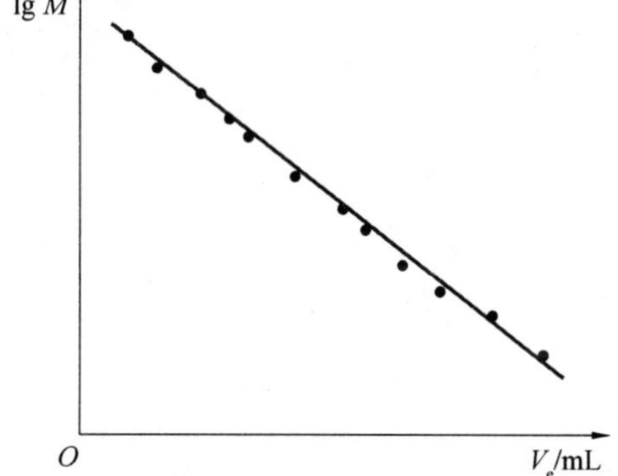


图 4.31　GPC 校正曲线

有了校正曲线，即可根据 $V_e$ 读得相应的分子量。一种聚合物的 GPC 校正曲线不能用于另一种聚合物，因此用 GPC 测定某种聚合物的分子量时，需先用该种聚合物的标样

测定校正曲线。但是除了聚苯乙烯、聚甲基丙烯酸甲酯等少数聚合物的标样以外，大多数聚合物的标样不易获得，多数时候只能借用聚苯乙烯的矫正曲线，因此测得的分子量值有误差，只具有相对意义。

### 4.8.2 试验方法

① 流动相(THF)的脱气：THF过滤、真空脱气后，加入流动相瓶中。

② 样品配制：将10 mg聚合物样品溶于1 mL THF中，过滤后置于瓶中。

③ 用进样器取20 mg，从GPC仪的进样口注入。

④ 在计算机数据处理系统的窗口上观察GPC校正曲线，处理数据。

## 本章小结

本章介绍了路面材料常用的多尺度表征方法，包括工业CT和数字散斑等方法，并介绍了测试原理及应用方法，为从机理上揭示路面材料强度形成机理及破坏行为提供方法。

# 第5章　有限元模拟

## 5.1　概　述

对于许多力学问题和物理问题，人们已经得到了它们应遵循的基本方程（常微分方程或偏微分方程）和相应的定解条件。但能用解析方法求出精确解的只是少数方程性质比较简单，且几何形状相当规则的问题；对于大多数问题，由于方程的某些特征的非线性性质，或求解区域的几何形状比较复杂，则不能得到用解析方法求出的解答。数值解法应运而生，数值分析方法已成为求解科学技术问题的主要工具之一。

有限元法是数值分析方法的一种，其基本思想是将连续的求解区域离散为一组有限个，且按一定方式相互联结在一起的单元组合体。由于单元能按不同的联结方式进行组合，且单元本身可以有不同形状，因此可以模拟几何形状复杂的求解域。有限元法作为数值分析方法的另一个特点是：利用在每一个单元内假设的近似函数来分片地表示全求解域上待求的未知场函数。单元内的近似函数通常由未知场函数或其导数在单元的各个结点的数值和其插值函数来表达。在一个问题的有限元分析中，未知场函数或其导数在各个结点上的数值就成为新的未知量（自由度），从而使一个连续的无限自由度问题变成离散的有限自由度问题。这些未知量一经求解出，就可以通过插值函数计算出各个单元内场函数的近似值，从而得到整个求解域上的近似解。随着单元数目的增加，即单元尺寸的缩小，或者随着单元自由度的增加及插值函数精度的提高，解的近似程度将不断改进。如果单元满足收敛要求，近似解最后将收敛于精确解。

有限元的基本思想最早由Courant于1943年提出，他第一次尝试在三角形区域上将分片连续函数与最小位能原理相结合，研究了St. Venant提出的扭转问题。现代有限元法的第一个成功的尝试，是1956年Turner、Clough等人在分析飞机结构时，第一次利用直接刚度法采用三角形单元求得平面应力问题的正确解答，打开了利用电子计算机求解复杂平面弹性问题的新局面（图5.1）。1960年，Clough进一步处理了平面弹性问题，并第一次提出了有限元法（Finite Element Method，FEM），使人们开始认识了有限元法的功效，其研究领域逐步扩展至非线性、小位移等静态问题。

20世纪60年代初开始，随着计算机和软件技术的发展，有限元技术开始迅速发展，有限元法成为一种通过数学描述的、将连续问题进行离散化的通用方法。1967年，由Zienkiewicz和Cheung Y. K.（张佑启）合作，出版了第一本有限元专著《结构与连续力学的有限元法》，成为有限元领域的世界名著。有限元法研究涵盖：有限元法在数学和力学领域所依据的理论；单元的划分原则，形状函数的选取及协调性；有限元法所涉及的各种数值计算方法及其误差、收敛性和稳定性；计算机程序设计技术；向其他领域的推广。相应地，有限元法采用的求解方法得到了不断丰富，包括解决线性代数方程的直接法、迭代

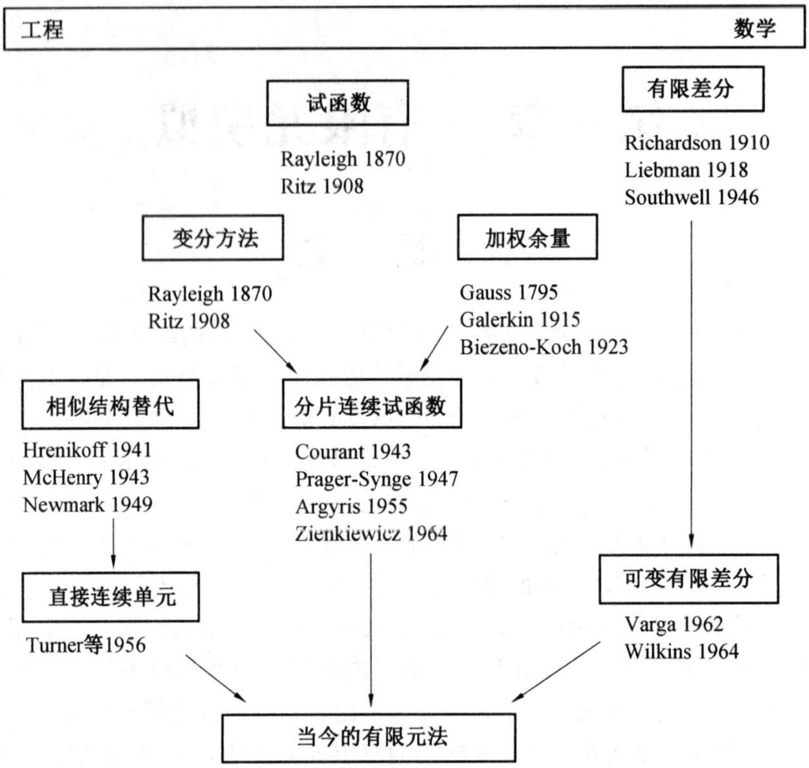


图 5.1 有限元法的发展历史

法和解决非线性方程的荷载增量法、位移控制增量法,其中非线性问题的求解算法取得了很大进步。

当前,随着有限元基础理论和电子计算机计算能力的发展,有限元法已经广泛应用于机械工程、土木工程、微电子、电磁场、生物力学等领域,以其强大的功能成为解决工程问题的强有力工具。有限元软件发展得也很快,我国目前常用的程序有:SuperSAP、ADINA、ANSYS、MSC.NASTRAN、Abaqus 等。

本章将阐述有限元数值模拟的基础理论,分析有限元模拟的关键问题(有限元求解的基本步骤和解的收敛性、单元刚度矩阵与整体刚度矩阵、单元类型、网格划分、材料本构模型、用户材料、边界条件等)并提出相应的解决方法,最后给出有限元法的应用算例。

## 5.2 基础理论

有限元法的理论基础是加权余量法(Weighted Residual Method,WRM)和变分原理,其基本思想是把计算域划分为有限个互不重叠的单元,在每个单元内,选择合适的结点作为求解函数的插值点,从而将微分方程中的变量,改写为由各变量或其导数的结点值与所选用的插值函数组成的线性表达式。借助于加权余量法或变分原理,离散求解微分方程。采用不同的权函数和插值函数形式,可得到不同的有限元法。

加权余量法通常基于微分方程的等效积分形式，通过使余量的加权积分为零，从而获得线性和非线性微分方程的近似解。

### 5.2.1　微分方程的等效积分形式

**1. 微分方程的等效积分一般形式**

工程或物理学中的很多问题，常以未知场函数应满足微分方程和边界条件的形式提出，一般地，域 $\Omega$（体积域或面积域，图 5.2）上的未知函数 $u$ 应满足微分方程组

$$\boldsymbol{A}(u)=\begin{Bmatrix} A_1(u) \\ A_1(u) \\ \vdots \end{Bmatrix}=0 \quad (\text{在 } \Omega \text{ 内}) \tag{5.1}$$

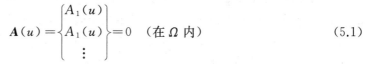

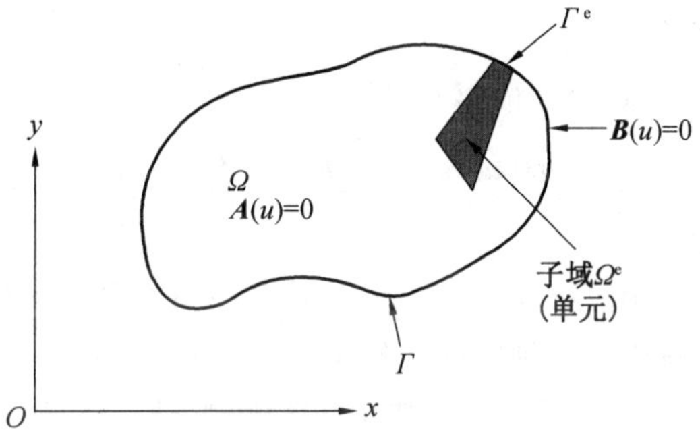


图 5.2　域 $\Omega$ 和边界 $\Gamma$

同时，在域 $\Omega$ 的边界 $\Gamma$ 上，未知函数 $u$ 应满足的边界条件为

$$\boldsymbol{B}(u)=\begin{Bmatrix} B_1(u) \\ B_1(u) \\ \vdots \end{Bmatrix}=0 \quad (\text{在 } \Gamma \text{ 上}) \tag{5.2}$$

待求解的未知函数 $u$ 既可以是标量场（如温度），也可以是几个变量组成的向量场（如位移、应变和应力等）。$\boldsymbol{A}$、$\boldsymbol{B}$ 为独立变量（如空间坐标、时间坐标）的微分算子。微分方程数应与未知场函数的数目相对应，微分方程可以是一个或一组联立方程，且不是线性的。

微分方程组（式(5.1)）在域 $\Omega$ 中每一点都必须为零，因此

$$\int_\Omega \mathbf{V}^{\mathrm{T}}\boldsymbol{A}(u)\mathrm{d}\Omega \equiv \int_\Omega [v_1A_1(u)+v_2A_2(u)+\cdots]\mathrm{d}\Omega \equiv 0 \tag{5.3}$$

$\mathbf{V}$ 是函数向量，它是一组与微分方程数目相等的任意函数，即

$$\mathbf{V}=\begin{Bmatrix} v_1 \\ v_2 \\ \vdots \end{Bmatrix} \tag{5.4}$$

积分方程式（式(5.3)）是与微分方程组（式(5.1)）完全等效的积分形式。若该积分方程（式(5.4)）对于任意的 $\mathbf{V}$ 都能成立，则微分方程组（式(5.1)）必然在域内任一点都得到满足。

同理，假如边界条件（式(5.2)）也同时在边界上每一点得到满足，对于一组任意函数 $\bar{\mathbf{V}}$ 应当成立，即

$$\int_{\Gamma} \bar{\boldsymbol{V}}^{\mathrm{T}} \boldsymbol{B}(u) \mathrm{d}\Gamma = \int_{\Gamma} [\bar{v}_1 B_1(u) + \bar{v}_2 B_2(u) + \cdots] \mathrm{d}\Gamma \tag{5.5}$$

因此，积分形式为

$$\int_{\Omega} \boldsymbol{V}^{\mathrm{T}} \boldsymbol{A}(u) \mathrm{d}\Omega + \int_{\Gamma} \bar{\boldsymbol{V}}^{\mathrm{T}} \boldsymbol{B}(u) \mathrm{d}\Gamma = 0 \tag{5.6}$$

对于所有的$\boldsymbol{V}$和$\bar{\boldsymbol{V}}$都成立，等效于满足微分方程组（式(5.1)）和边界条件（式(5.2)），将积分形式（式(5.6)）称为微分方程的等效积分形式。

若积分形式（式(5.6)）可积，则要求$\boldsymbol{V}$和$\bar{\boldsymbol{V}}$是单值的，分别在域$\Omega$内和边界$\Gamma$上可积的函数（即有界函数）；未知函数$u$的选择取决于微分算子$\boldsymbol{A}$和$\boldsymbol{B}$中微分运算的最高阶次，因为$u$在积分中将以导数或偏导数的形式出现。微分算子$\boldsymbol{A}$和$\boldsymbol{B}$若存在$n$阶导数，则函数$u$必须是$(n-1)$阶导数连续。

**2. 等效积分的弱形式**

将积分形式（式(5.6)）进行分部积分，得到

$$\int_{\Omega} \boldsymbol{C}^{\mathrm{T}}(v) \boldsymbol{D}(u) \mathrm{d}\Omega + \int_{\Gamma} \boldsymbol{E}^{\mathrm{T}}(v) \boldsymbol{F}(u) \mathrm{d}\Gamma = 0 \tag{5.7}$$

式中，$\boldsymbol{C}$、$\boldsymbol{D}$、$\boldsymbol{E}$、$\boldsymbol{F}$为微分算子。

它们所包含的导数阶次较积分形式（式(5.6)）中的微分算子$\boldsymbol{A}$低，这样仅要求未知函数$u$具有较低阶次的连续性。这种降低$u$的连续性要求以提高$v$和$\bar{v}$的连续性为代价。积分形式（式(5.6)）对$\boldsymbol{V}$和$\bar{\boldsymbol{V}}$的连续性的要求并无限制，适当提高对其连续性的要求并不困难，因为它们是可以选择的已知函数。在近似计算，尤其是有限元法中，这种降低对未知函数$u$连续性要求的做法十分重要。

积分形式（式(5.7)）称为微分方程组（式(5.1)）和边界条件（式(5.2)）的等效积分弱形式。从形式上看，弱形式对函数$u$的连续性要求降低了，但对实际的物理问题，却常较原始微分方程组更逼近真正解，因为原始积分方程往往对解答提出了过于平滑的要求。

积分形式（式(5.6)）和等效积分弱形式（式(5.7)）形成了有限元近似的基础。

### 5.2.2 加权余量法

20世纪60年代后期开始，加权余量法被用来确定单元特性，建立有限元求解方程。加权余量法常基于微分方程组的积分形式，直接从所需求解的微分方程组及边界条件出发，采用伽辽金(Galerkin)法等近似方法，使余量的加权积分为零，求得微分方程组近似解。这种方法可以用于已知问题的微分方程组和边界条件，但其变分的泛函尚未找到或根本不存在，进一步扩大了有限元法的应用领域。

对于微分方程组（式(5.1)）和边界条件（式(5.2)）所表征的物理问题，未知函数$u$可以用近似函数来表示（因为精确解很难找到）。近似函数是一族带有待定参数的已知函数，一般形式为

$$u \approx \bar{u} = \sum_{i=1}^{n} N_i a_i = \boldsymbol{N}\boldsymbol{a} \tag{5.8}$$

其中，$N_i$为已知的试探函数（或基函数、形函数），它取自完全的函数序列，线性独立，一般为坐标的函数，取决于单元的形状、结点的类型和数目等因素；$a_i$为待定系数。

近似解通常选择使之满足强制边界条件和连续性的要求。

通常，当 $n$ 为有限项数时，近似解不能精确满足微分方程组（式(5.1)）和全部边界条件（式(5.2)），这将产生残差（或称余量）$\boldsymbol{R}$ 及 $\bar{\boldsymbol{R}}$，即

$$\boldsymbol{A}(\boldsymbol{Na})=\boldsymbol{R},\quad \boldsymbol{B}(\boldsymbol{Na})=\bar{\boldsymbol{R}} \tag{5.9}$$

在积分形式（式(5.6)）中，用 $n$ 个规定的函数来代替任意函数 $\boldsymbol{V}$ 和 $\bar{\boldsymbol{V}}$，即

$$\boldsymbol{V}=\boldsymbol{W}_j,\quad \bar{\boldsymbol{V}}=\bar{\boldsymbol{W}}_j\quad (j=1,2,\cdots,n) \tag{5.10}$$

就可以得到近似的等效积分形式，即

$$\int_\Omega \boldsymbol{W}_j^{\mathrm{T}}\boldsymbol{A}(\boldsymbol{Na})\mathrm{d}\Omega+\int_\Gamma \bar{\boldsymbol{W}}_j^{\mathrm{T}}\boldsymbol{B}(\boldsymbol{Na})\mathrm{d}\Gamma=0\quad (j=1,2,\cdots,n) \tag{5.11}$$

也可以写成余量的形式，即

$$\int_\Omega \boldsymbol{W}_j^{\mathrm{T}}\boldsymbol{R}\mathrm{d}\Omega+\int_\Gamma \bar{\boldsymbol{W}}_j^{\mathrm{T}}\bar{\boldsymbol{R}}\mathrm{d}\Gamma=0\quad (j=1,2,\cdots,n) \tag{5.12}$$

等效积分形式（式(5.11)）或余量形式（式(5.12)）的意义在于：选择待定系数 $a_i$，强迫余量的加权积分等于零，其中 $\boldsymbol{W}_j$ 和 $\bar{\boldsymbol{W}}_j$ 称为权函数。这样，就可以得到一组方程，用以求解近似解的待定系数 $a_i$，从而得到原问题的近似解答。

等效积分形式（式(5.11)）中，若微分方程组 $\boldsymbol{A}$ 的个数为 $m_1$，边界条件 $\boldsymbol{B}$ 的个数为 $m_2$，则权函数 $\boldsymbol{W}_j(j=1,2,\cdots,n)$ 为 $m_1$ 阶函数列阵，权函数 $\bar{\boldsymbol{W}}_j(j=1,2,\cdots,n)$ 为 $m_2$ 阶函数列阵。近似函数所取试探函数的项数 $n$ 越多，近似解的精度将越高。当项数 $n$ 趋于无穷时，近似解将收敛于精确解。

对于等效积分弱形式（式(5.7)），同样可以得到近似形式，即

$$\int_\Omega \boldsymbol{C}^{\mathrm{T}}(\boldsymbol{W}_j)\boldsymbol{D}(\boldsymbol{Na})\mathrm{d}\Omega+\int_\Gamma \boldsymbol{E}^{\mathrm{T}}(\bar{\boldsymbol{W}}_j)\boldsymbol{F}(\boldsymbol{Na})\mathrm{d}\Gamma=0 \tag{5.13}$$

对于加权余量法，显然任何独立的完全函数集都可以用作权函数。权函数不同，可得到不同的加权余量的计算方法。常用的有：配点法、子域法、最小二乘法、力矩法、伽辽金(Galerkin)法。

对于伽辽金法，取 $\boldsymbol{W}_j=\boldsymbol{N}_j$，在边界上 $\bar{\boldsymbol{W}}_j=-\boldsymbol{W}_j=-\boldsymbol{N}_j$，即简单地利用近似解的试探函数序列作为权函数，则等效积分形式（式(5.11)）可写为

$$\int_\Omega \boldsymbol{N}_j^{\mathrm{T}}\boldsymbol{A}\Big(\sum_{i=1}^{n}N_ia_i\Big)\mathrm{d}\Omega-\int_\Gamma \boldsymbol{N}_j^{\mathrm{T}}\boldsymbol{B}\Big(\sum_{i=1}^{n}N_ia_i\Big)\mathrm{d}\Gamma=0\quad (j=1,2,\cdots,n) \tag{5.14}$$

由式(5.8)可以定义近似解 $\tilde{\boldsymbol{u}}$ 的变分 $\delta\tilde{\boldsymbol{u}}$，即

$$\delta\tilde{\boldsymbol{u}}=N_1\delta a_1+N_2\delta a_2+\cdots+N_n\delta a_n \tag{5.15}$$

其中，$\delta a_i$ 是完全任意的。从而式(5.14)可改写为更简洁的形式，即

$$\int_\Omega \delta\tilde{\boldsymbol{u}}^{\mathrm{T}}\boldsymbol{A}(\tilde{\boldsymbol{u}})\mathrm{d}\Omega+\int_\Gamma \delta\tilde{\boldsymbol{u}}^{\mathrm{T}}\boldsymbol{B}(\tilde{\boldsymbol{u}})\mathrm{d}\Gamma=0 \tag{5.16}$$

对于近似积分弱形式（式(5.13)），可以有

$$\int_\Omega \boldsymbol{C}^{\mathrm{T}}(\delta\tilde{\boldsymbol{u}})\boldsymbol{D}(\tilde{\boldsymbol{u}})\mathrm{d}\Omega+\int_\Gamma \boldsymbol{E}^{\mathrm{T}}(\delta\tilde{\boldsymbol{u}})\boldsymbol{F}(\tilde{\boldsymbol{u}})\mathrm{d}\Gamma=0 \tag{5.17}$$

在多数情况下，采用伽辽金法得到的求解方程的系数矩阵对称，这是因为在用加权余量法建立有限元格式时，几乎毫无例外地采用了伽辽金法，且当存在相应的泛函时，伽辽

金法与变分法往往获得同样的结果。

加权余量法可以用于广泛的方程类型，不同的权函数将得到不同的加权余量法；采用等效积分弱形式可以降低对近似函数连续性的要求；当近似函数满足连续性和完备性要求，且试探函数的项数不断增加时，近似解可趋近于精确解。

### 5.2.3 变分原理

1963 ～ 1964 年，Besseling、Melosh 和 Jones 等证明有限元法是基于变分原理的里兹(Ritz) 法的另一种形式，因此里兹法分析的所有理论基础都适用于有限元法，确认了有限元法是处理连续介质问题的一种普遍方法。

利用变分原理建立有限元方程和经典里兹法的主要区别为：有限元法假设的近似函数不是在全求解域而是在单元上规定的，且事先不要求满足任何边界条件，因此它可以用来处理非常复杂的连续介质问题。

在加权余量法中，无法严格证明解的收敛性，同时近似解也不具有明确的上、下限性质。对于这些问题，需要采用变分原理和里兹法来解决。利用最小位能原理求得位移近似解的弹性变形能为真解变形能的下界，即近似的位移场在总体上偏小，也就是结构的计算模型显得偏于刚硬(位移有限元解的下限性质)；利用最小余能原理求得的应力近似解的弹性余能为真解余能的上界，即近似的应力解在总体上偏大，结构的计算模型偏于柔软。

**1. 变分原理的定义**

对于一个连续介质，建立一个标量泛函数 $\Pi$，它由积分形式确定，即

$$\Pi = \int_{\Omega} \boldsymbol{F}\left(u, \frac{\partial u}{\partial x}, \cdots\right) \mathrm{d}\Omega + \int_{\Gamma} \boldsymbol{E}\left(u, \frac{\partial u}{\partial x}, \cdots\right) \mathrm{d}\Gamma \tag{5.18}$$

式中，$\Pi$ 称为未知函数的泛函，随函数 $u$ 的变化而变化；$\Omega$ 为求解域；$\boldsymbol{F}$ 和 $\boldsymbol{E}$ 为特定的算子；$u$ 为未知函数；$\Gamma$ 为域 $\Omega$ 的边界。

连续介质问题的解就是寻找函数 $u$，它对于任意的一个 $\delta u$，使得泛函 $\Pi$ 取驻值，即泛函的变分等于零，公式表示为

$$\delta\Pi = 0 \tag{5.19}$$

这种求得连续介质问题解答的方法称为变分原理或变分法。

连续介质问题中，经常存在着与微分方程组不同及边界条件不同但却等价的表达形式，如变分原理的积分表达形式。采用微分公式表达时，问题的求解是对具有已知边界条件的微分方程或微分方程组进行积分；而在变分原理表达中，问题的求解是寻求使具有一定已知边界条件的泛函(或泛函系) 取驻值的未知函数(或函数系)。这两种表达方式等价，满足微分方程组及边界条件的函数将使泛函取极值或驻值，从变分来看，使泛函取极值或驻值的函数正是满足问题的控制微分方程组和边界条件的解答。

如果一个问题能够给出相应的变分原理，则意味着立即能建立起适合进行有限元标准分析的积分形式，从而求得近似解。

未知函数的近似解仍为一族带有待定参数的试探函数式，即

$$u \approx \bar{u} = \sum_{i=1}^{n} N_i a_i = \boldsymbol{N}\boldsymbol{a} \tag{5.20}$$

式中，$\boldsymbol{a}$ 为待定参数；$\boldsymbol{N}$ 为已知函数。

将式(5.20) 代入式(5.18)，得到用试探函数和待定参数表示的泛函 $\Pi$。泛函的变分为零，相当于将泛函对所包含的待定参数进行全微分，并令所得方程等于零，即

$$\delta\Pi = \frac{\partial\Pi}{\partial a_1}\delta a_1 + \frac{\partial\Pi}{\partial a_2}\delta a_2 + \cdots + \frac{\partial\Pi}{\partial a_n}\delta a_n = 0 \tag{5.21}$$

由于 $\delta a_1, \delta a_2, \cdots, \delta a_n$ 是任意的，满足式(5.21) 的条件为：$\frac{\partial\Pi}{\partial a_1}, \frac{\partial\Pi}{\partial a_2}, \cdots, \frac{\partial\Pi}{\partial a_n}$ 都等于零，即

$$\frac{\partial\Pi}{\partial\boldsymbol{a}} = \begin{Bmatrix} \frac{\partial\Pi}{\partial a_1} \\ \frac{\partial\Pi}{\partial a_2} \\ \vdots \\ \frac{\partial\Pi}{\partial a_n} \end{Bmatrix} = \boldsymbol{0} \tag{5.22}$$

这是与待定参数 $\boldsymbol{a}$ 个数相等的方程组，可用来求解 $\boldsymbol{a}$。由于泛函 $\Pi$ 是在整个域内和边界上以积分形式给出，则有限元求近似解的方程也是积分形式。这种求近似解的经典方法被称之为里兹法，也被称为变分过程。该方法在有限元分析中非常重要。

如果在泛函中未知函数 $u$ 及其导数的最高阶次为二次，则该泛函为二次泛函。大量工程和物理问题中的泛函都属于二次泛函，因此需要特别注意。对于二次泛函，式(5.22) 退化为一组线性方程，即

$$\frac{\partial\Pi}{\partial\boldsymbol{a}} = \boldsymbol{K}\boldsymbol{a} - \boldsymbol{P} = \boldsymbol{0} \tag{5.23}$$

其中，矩阵 $\boldsymbol{K}$ 总是对称的。向量$\frac{\partial\Pi}{\partial\boldsymbol{a}}$ 的变分定义为

$$\frac{\partial\Pi}{\partial\boldsymbol{a}} = \begin{Bmatrix} \frac{\partial}{\partial a_1}\left(\frac{\partial\Pi}{\partial a_1}\right)\delta a_1 + \frac{\partial}{\partial a_2}\left(\frac{\partial\Pi}{\partial a_1}\right)\delta a_2 + \cdots \\ \vdots \\ \frac{\partial}{\partial a_1}\left(\frac{\partial\Pi}{\partial a_n}\right)\delta a_1 + \frac{\partial}{\partial a_2}\left(\frac{\partial\Pi}{\partial a_n}\right)\delta a_2 + \cdots \end{Bmatrix} = \boldsymbol{K}_{\mathrm{A}}\delta\boldsymbol{a} \tag{5.24}$$

很容易看出矩阵 $\boldsymbol{K}_{\mathrm{A}}$(切线刚度矩阵) 的子矩阵：

$$\begin{cases} \boldsymbol{K}_{\mathrm{A}ij} = \left[\frac{\partial^2\Pi}{\partial a_i \partial a_j}\right] \\ \boldsymbol{K}_{\mathrm{A}ji} = \left[\frac{\partial^2\Pi}{\partial a_j \partial a_i}\right] \end{cases} \tag{5.25}$$

因此，

$$\boldsymbol{K}_{\mathrm{A}ij} = \boldsymbol{K}_{\mathrm{A}ji} \tag{5.26}$$

这表明矩阵 $\boldsymbol{K}_{\mathrm{A}}$ 是对称矩阵。

对于二次函数，由式(5.23)可得

$$\delta\left(\frac{\partial \Pi}{\partial \boldsymbol{a}}\right)=\boldsymbol{K}\delta\boldsymbol{a} \tag{5.27}$$

与式(5.24)比较可得

$$\boldsymbol{K}=\boldsymbol{K}_{\mathrm{A}} \tag{5.28}$$

因此，$\boldsymbol{K}$ 矩阵也是对称矩阵。

变分得到求解方程系数矩阵的对称性是一个极为重要的特性，为有限元计算带来了很大的方便。通常伽辽金法可以直接给出对称形式，此时只要知道相应的变分原理存在即可，无须直接应用。

对于二次泛函，根据式(5.23)可将近似泛函表示为

$$\Pi=\frac{1}{2}\boldsymbol{a}^{\mathrm{T}}\boldsymbol{K}\boldsymbol{a}-\boldsymbol{a}^{\mathrm{T}}\boldsymbol{P} \tag{5.29}$$

部分物理问题可以直接采用变分原理的形式来叙述，如描述力学体系平衡问题的最小位能原理和最小余能原理。但很多物理问题并不存在这种变分原理。

**2. 线性自伴随微分方程变分原理**

(1) 线性自伴随微分算子。

若微分方程

$$\boldsymbol{L}(\boldsymbol{u})+\boldsymbol{b}=0 \quad (\text{在 } \Omega \text{ 内}) \tag{5.30}$$

式中，微分算子 $\boldsymbol{L}$

$$\boldsymbol{L}(\alpha u_1+\beta u_2)=\alpha\boldsymbol{L}(u_1)+\beta\boldsymbol{L}(u_2) \tag{5.31}$$

式中，$\alpha$、$\beta$ 为两个常数。

称 $\boldsymbol{L}$ 为线性算子，式(5.30)为线性微分方程。

定义 $\boldsymbol{L}(\boldsymbol{u})$ 和任意函数的内积：

$$\int_{\Omega}\boldsymbol{L}(\boldsymbol{u})\boldsymbol{v}\,\mathrm{d}\Omega \tag{5.32}$$

对式(5.32)进行分部积分直至 $\boldsymbol{u}$ 的导数消失，将得到转化后的内积并伴随有边界项，如

$$\int_{\Omega}\boldsymbol{L}(\boldsymbol{u})\boldsymbol{v}\,\mathrm{d}\Omega=\int_{\Omega}\boldsymbol{u}\boldsymbol{L}^{*}(\boldsymbol{v})\,\mathrm{d}\Omega+b.t.(\boldsymbol{u},\boldsymbol{v}) \tag{5.33}$$

式(5.33)右端 $b.t.(\boldsymbol{u},\boldsymbol{v})$ 表示在域 $\Omega$ 的边界 $\Gamma$ 上由 $\boldsymbol{u}$ 和 $\boldsymbol{v}$ 及其导数组成的积分项。算子 $\boldsymbol{L}^{*}$ 称为 $\boldsymbol{L}$ 的伴随算子。若 $\boldsymbol{L}^{*}=\boldsymbol{L}$，则称算子为自伴随，原方程(式(5.30))为线性自伴随的微分方程。

(2) 泛函的构造。

原问题的微分方程组和边界条件为

$$\begin{cases}\boldsymbol{A}(\boldsymbol{u})=\boldsymbol{L}(\boldsymbol{u})+\boldsymbol{f}=\boldsymbol{0} & (\text{在 } \Omega \text{ 内})\\ \boldsymbol{B}(\boldsymbol{u})=\boldsymbol{g} & (\text{在 } \Gamma \text{ 上})\end{cases} \tag{5.34}$$

与上述微分方程组及边界条件等效的伽辽金法为

$$\int_{\Omega}\delta\boldsymbol{u}^{\mathrm{T}}[\boldsymbol{L}(\boldsymbol{u})+\boldsymbol{f}]\,\mathrm{d}\Omega-\int_{\Gamma}\delta\boldsymbol{u}^{\mathrm{T}}\boldsymbol{g}\,\mathrm{d}\Gamma=0 \tag{5.35}$$

如果算子是线性自伴随的，可以导出关系式为

$$\int_{\Omega}\delta \boldsymbol{u}^{\mathrm{T}}\boldsymbol{L}(\boldsymbol{u})\mathrm{d}\Omega=\int_{\Omega}\frac{1}{2}\boldsymbol{u}^{\mathrm{T}}\boldsymbol{L}(\boldsymbol{u})\mathrm{d}\Omega+b.t.(\delta\boldsymbol{u},\boldsymbol{u}) \tag{5.36}$$

将式(5.36)代入式(5.35)，就可以得到原问题的变分原理方程：

$$\delta\Pi(\boldsymbol{u})=0 \tag{5.37}$$

其中，

$$\Pi(\boldsymbol{u})=\int_{\Omega}\left[\frac{1}{2}\boldsymbol{u}^{\mathrm{T}}\boldsymbol{L}(\boldsymbol{u})+\boldsymbol{u}^{\mathrm{T}}\boldsymbol{f}\right]\mathrm{d}\Omega+b.t.(\boldsymbol{u},\boldsymbol{g}) \tag{5.38}$$

式(5.38)是原问题的二次泛函。式(5.38)右端的 $b.t.(\boldsymbol{u},\boldsymbol{g})$ 是由式(5.36)中的 $b.t.(\delta\boldsymbol{u},\boldsymbol{u})$ 项和式(5.35)中的边界积分项两部分组成，括号内 $\boldsymbol{g}$ 是边界条件中的给定函数。

可见，原问题等效积分的伽辽金法等效于它的变分原理，即原问题的微分方程组和边界条件等效于泛函的变分等于零，即泛函取驻值。反之亦然。

(3) 泛函的极值性。

如果算子 $\boldsymbol{L}$ 是偶数 $2m$ 阶的，利用伽辽金法构造问题的泛函时，假设近似函数 $\tilde{\boldsymbol{u}}$ 满足强制边界条件，按一定方法选择满足自然边界条件的任意函数 $w$，则泛函不仅取驻值，而且是极值。

对于 $2m$ 阶微分方程，含 $0\sim(m-1)$ 阶导数的边界条件称为强制边界条件，近似函数应事先满足；含 $m\sim(2m-1)$ 阶导数的边界条件称为自然边界条件，近似函数不必事先满足。在伽辽金法中对应于此类边界条件的任意函数，从含 $(2m-1)$ 阶导数的边界条件开始，任意函数 $w$ 依次取 $-\delta\tilde{\boldsymbol{u}}$、$\delta\dfrac{\partial\tilde{\boldsymbol{u}}}{\partial n}$、$-\delta\dfrac{\partial^2\tilde{\boldsymbol{u}}}{\partial n^2}$。在此情况下，对原问题的伽辽金法进行 $m$ 次分部积分后，将得到以下形式的变分原理，即

$$\delta\Pi(\boldsymbol{u})=0 \tag{5.39}$$

其中，

$$\Pi(\boldsymbol{u})=\int_{\Omega}\left[(-1)^{m}\boldsymbol{C}^{\mathrm{T}}(\boldsymbol{u})\boldsymbol{C}(\boldsymbol{u})+\boldsymbol{u}^{\mathrm{T}}\boldsymbol{f}\right]\mathrm{d}\Omega+b.t.(\boldsymbol{u},\boldsymbol{g}) \tag{5.40}$$

式中，$\boldsymbol{C}(\boldsymbol{u})$ 为 $m$ 阶的线性算子；$b.t.(\boldsymbol{u},\boldsymbol{g})$ 为在自然边界上的积分项；$\boldsymbol{g}$ 为自然边界条件中的给定函数，不变分。

可见，此泛函包括两部分，一部分是完全平方项 $\boldsymbol{C}^{\mathrm{T}}(\boldsymbol{u})\boldsymbol{C}(\boldsymbol{u})$，另一部分是 $\boldsymbol{u}$ 的线性项，因此此泛函具有极值性。进一步验证如下：

设近似场函数 $\tilde{\boldsymbol{u}}=\boldsymbol{u}+\delta\boldsymbol{u}$，其中 $\boldsymbol{u}$ 为问题的真正解，$\delta\boldsymbol{u}$ 为它的变分。将此近似函数代入式(5.39)，得

$$\Pi(\tilde{\boldsymbol{u}})=\Pi(\boldsymbol{u}+\delta\boldsymbol{u})=\Pi(\boldsymbol{u})+\delta\Pi(\boldsymbol{u})+\frac{1}{2}\delta^{2}\Pi(\boldsymbol{u}) \tag{5.41}$$

式中，$\Pi(\boldsymbol{u})$ 为真正解的泛函；$\delta\Pi(\boldsymbol{u})$ 为原问题微分方程和边界条件的等效积分伽辽金法的弱形式，如

$$\begin{cases}\delta\Pi(\boldsymbol{u})=0\\ \dfrac{1}{2}\delta^{2}\Pi(\boldsymbol{u})=\dfrac{1}{2}\displaystyle\int_{\Omega}(-1)^{m}\boldsymbol{C}^{\mathrm{T}}(\delta\boldsymbol{u})\boldsymbol{C}(\delta\boldsymbol{u})\mathrm{d}\Omega\end{cases} \tag{5.42}$$

除非 $\delta \boldsymbol{u}=0$，即 $\tilde{\boldsymbol{u}}=\boldsymbol{u}$，即近似函数取问题的真正解，恒有 $\delta^2 \Pi>0$（$m$ 为偶数）或 $\delta^2 \Pi<0$（$m$ 为奇数）。因此，真正解使泛函取极值。

泛函的极值性对判断解的近似性质有作用，可以估计解的上下边界。

再次强调，对于 $2m$ 阶次线性自伴随微分方程，通过伽辽金法弱形式建立的变分原理，只有在近似场函数事先满足强制边界条件下时，才使泛函具有极值性。否则只能使泛函取驻值，而非极值，表现在泛函中将出现非平方的二次项。

**3. 里兹法**

(1) 定义。

里兹法是从一族假定解中寻求满足泛函变分的最优解。近似解的精度与试探函数的选择有关。如果已知所求解的一般性质，可以通过选择适当的试探函数来改进此近似解，提高近似解的精度。若精确解恰巧包含在试探函数族中，则里兹法将得到精确解。一般地，采用里兹法求解时，当试探函数族的范围以及待定参数的数目增多时，近似解的精度将得到提高。

(2) 收敛性。

若泛函 $\Pi$ 中的未知场函数 $\boldsymbol{u}$ 仅为标量场 $\varphi$，此时式(5.18) 变为

$$\Pi(\varphi)=\int_{\Omega} \boldsymbol{F}\left(\varphi, \frac{\partial \varphi}{\partial x}, \frac{\partial \varphi}{\partial y}, \cdots\right) \mathrm{d} \Omega+\int_{\Gamma} \boldsymbol{E}\left(\varphi, \frac{\partial \varphi}{\partial x}, \frac{\partial \varphi}{\partial y}, \cdots\right) \mathrm{d} \Gamma \tag{5.43}$$

式中，$\varphi$ 为近似函数，$\varphi \approx \tilde{\varphi}=\sum_{i=1}^{n} N_i a_i$。

当 $n$ 趋于无穷时，近似解 $\tilde{\varphi}$ 收敛于真正解的条件如下。

① 完全性要求。试探函数 $N_1, N_2, \cdots, N_n$ 应取自完全函数系列，满足此要求的试探函数是完全的。

② 协调性要求。试探函数 $N_1, N_2, \cdots, N_n$ 应满足 $C_{m-1}$ 连续性要求，即式(5.43) 表示的泛函 $\Pi(\varphi)$ 中场变量最高的微分阶次为 $m$ 时，试探函数的 $(m-1)$ 阶导数连续，以保证泛函中的积分存在，满足此要求的试探函数是协调的。

若试探函数满足上述完全性和连续性的要求，则当 $n \rightarrow \infty$ 时，$\tilde{\varphi} \rightarrow \varphi$，且 $\Pi(\tilde{\varphi})$ 单调收敛于 $\Pi(\varphi)$，即泛函具有极值性。

里兹法以变分原理为基础，其收敛性有严格的理论基础，得到的求解方程的系数对称，且在场函数事先满足强制边界条件时，解有明确的上下边界性质，在物理和力学的微分方程的近似解法中占有重要的位置，得到广泛应用。

但由于里兹法在全求解域中定义近似函数，在实际应用中会存在选取试探函数和求解精度的困难。同样基于变分原理的有限元法，虽然在本质上与里兹法类似，但由于其近似函数在子域（单元）上定义，可以克服这些困难，因此在物理、力学等方面得到了广泛应用。

# 5.3 关键问题与解决方法

## 5.3.1 有限元法求解的基本步骤

**1.关键问题**

对于一个连续介质，采用位移有限元进行结构分析的基本步骤如下。

(1) 连续介质的离散化。用虚拟的线将连续介质划分为有限个单元，这些单元由结点相互连接。

(2) 位移函数 $\boldsymbol{r}$ 的选择。以结点位移 $\boldsymbol{\delta}^e$ 为基本的未知量；选择一个位移函数，用单元的结点位移唯一地表示单元内部任一点的位移 $\boldsymbol{r}$，即

$$\boldsymbol{r}=\begin{Bmatrix} u \\ v \end{Bmatrix}=\boldsymbol{N}\boldsymbol{\delta}^e=[\boldsymbol{I}N_i \quad \boldsymbol{I}N_j \quad \boldsymbol{I}N_m]\boldsymbol{\delta}^e \tag{5.44}$$

式中，$\boldsymbol{I}$ 为二阶单位阵，$\boldsymbol{I}=\begin{bmatrix}1 & 0\\ 0 & 1\end{bmatrix}$；$N_i$、$N_j$ 和 $N_m$ 为形函数。

若为三维结点位移，则位移分量为$\{u,v,w\}^{\mathrm{T}}$，$\boldsymbol{I}$ 为三阶单位阵。

(3) 应变和应力的表达。通过位移函数 $\boldsymbol{r}$，用结点位移 $\boldsymbol{\delta}^e$ 唯一地表示单元内任一点的应变$\boldsymbol{\varepsilon}^e$；再利用广义胡克定律，用结点位移 $\boldsymbol{\delta}^e$ 可唯一地表示单元内任一点的应力$\boldsymbol{\sigma}^e$，即

$$\boldsymbol{\varepsilon}^e=\boldsymbol{B}\boldsymbol{\delta}^e \tag{5.45}$$

$$\boldsymbol{\sigma}^e=\boldsymbol{D}\boldsymbol{\varepsilon}^e=\boldsymbol{D}\boldsymbol{B}\boldsymbol{\delta}^e \tag{5.46}$$

式中，$\boldsymbol{B}$ 为单元应变与结点位移的关系矩阵(应变矩阵)，与位移函数中的形函数有关，对于三角形单元，$\boldsymbol{B}$ 矩阵为常数矩阵；$\boldsymbol{D}$ 为联系单元应力与单元应变的关系矩阵，也称为弹性矩阵(即本构关系矩阵)，与材料参数(如弹性模量 $E$、泊松比 $\mu$) 有关，对于三角形单元，$\boldsymbol{D}$ 矩阵为常数矩阵。

(4) 单元刚度矩阵 $\boldsymbol{k}^e$ 的建立。利用能量原理，确定与单元内部应力状态等效的结点力 $\boldsymbol{F}^e$；利用虚位移原理，建立等效结点力 $\boldsymbol{F}^e$ 与结点位移$\boldsymbol{\delta}^e$ 的关系(单元刚度矩阵 $\boldsymbol{k}^e$)，即

$$\boldsymbol{F}^e=\boldsymbol{k}^e\boldsymbol{\delta}^e \tag{5.47}$$

式中，$\boldsymbol{k}^e$ 为单元刚度矩阵，与应变矩阵 $\boldsymbol{B}$ 和弹性矩阵 $\boldsymbol{D}$ 有关。

这是有限元法求解应力问题的最重要的一步。

(5) 荷载 $\boldsymbol{P}$ 的移置。将每一单元所承受的外荷载，按静力等效原则移置到结点上。

(6) 平衡方程组的建立和求解。在每一结点建立用结点位移$\boldsymbol{\delta}^e$ 表示的静力平衡方程式(5.46)；将所有结点的静力平衡方程组联立，得到一个线性方程组，其中 $\boldsymbol{K}$ 为单元刚度矩阵 $\boldsymbol{k}^e$ 叠加而成的整体刚度矩阵，$\boldsymbol{P}$ 为等效单元结点力 $\boldsymbol{F}^e$ 组成的整体荷载列阵，即

$$\boldsymbol{K}\boldsymbol{\delta}=\boldsymbol{P} \tag{5.48}$$

求解这个方程组，求出未知位移 $\boldsymbol{\delta}$；然后利用式(5.45) 中建立的结点位移 $\boldsymbol{\delta}^e$ 与应力 $\boldsymbol{\sigma}^e$、应变 $\boldsymbol{\varepsilon}^e$ 的关系，可求得每个单元的应变 $\boldsymbol{\varepsilon}^e$ 和应力 $\boldsymbol{\sigma}^e$。

**2. 解决方法**

在以上的各个步骤中，步骤(1) 连续介质的离散化是有限元法最重要的体现，也是用

户使用有限元软件分析具体问题时，可以对有限元程序施加的最大影响。用户离散化的方案，包括单元类型、网格密度、网格划分方法等，直接影响到有限元解的收敛性、收敛速度和计算精度。

步骤(2)中的位移函数 $\boldsymbol{r}$，由有限元程序根据用户步骤(1)中采用的离散化方案自动选取(如形函数)，用户无法干预。

步骤(3)中的单元应变 $\boldsymbol{\varepsilon}^e$，与步骤(4)中的形函数有关，由有限元程序自动计算应变矩阵 $\boldsymbol{B}$ 后获得，用户无法干预；对于单元应力 $\boldsymbol{\sigma}^e$，用户可以通过本构关系(即间接确定弹性矩阵 $\boldsymbol{D}$)的选择、材料参数(如弹性模量 $E$)的输入，直接影响有限解的大小和收敛性。当用户没有输入部分或全部材料参数时，将无法进行有限元求解；当用户输入了异常的材料参数时，将导致有限元求解的异常提前终止。

步骤(4)中的单元刚度矩阵 $\boldsymbol{k}^e$，由有限元程序根据应变矩阵 $\boldsymbol{B}$ 和弹性矩阵 $\boldsymbol{D}$，进行矩阵计算后积分获得，用户无法干预。但其计算速度受单元类型(间接影响应变矩阵 $\boldsymbol{B}$)、形函数的阶次等的影响。

步骤(5)中的结点荷载，直接受到用户输入的荷载大小以及边界条件的影响，也将直接决定有限元解的大小和收敛性。对于同样的荷载，用户采用不同的边界条件时，将会得到不同的计算结果。当用户规定了不合理的边界条件时，可能导致有限元求解的异常提前终止。

步骤(6)平衡方程组的建立和求解，由有限元程序按照既定的算法，将结构模型中的所有单元刚度矩阵 $\boldsymbol{k}^e$ 合并为一个整体刚度矩阵 $\boldsymbol{K}$，从而建立整个结构的平衡方程，然后进行求解，得到单元的结点位移 $\boldsymbol{\delta}^e$，继而求得单元的应变 $\boldsymbol{\varepsilon}^e$ 和应力 $\boldsymbol{\sigma}^e$。整个过程由有限元程序自动完成，用户无法干预。当有限元求解提前异常终止时(无法求得有限元解)，用户应根据有限元程序提供的诊断信息，诊断出错的原因，针对性地修改有限元模型及参数，重新进行有限元求解，直到获得有限元解答。

值得注意的是，采用有限元法求得模型的有限元解答后，需要用户自己根据专业知识(或有关原理)去判断有限元解答的正确性，必要时用户应调整离散化方案、材料本构关系和参数、边界条件等，重新进行有限元求解，直到得到满意的有限元解答为止。

### 5.3.2 单元刚度矩阵与整体刚度矩阵

#### 1. 关键问题

单元刚度矩阵 $\boldsymbol{k}^e$ 是联系单元结点力 $\boldsymbol{F}^e$ 与单元结点位移 $\boldsymbol{\delta}^e$ 的纽带。单元结点力常通过能量原理或等效原则，将外荷载等效到单元结点上；单元结点位移为待求的未知量。单元刚度矩阵可采用结构力学方法推算得到，或通过虚位移原理推导得到。采用结构力学方法获得单元刚度矩阵的过程直观，但较烦琐，且需要针对每一个单元类型进行推导；而采用虚位移原理方法获得单元刚度矩阵的过程简便，且其单元刚度矩阵对每一个单元类型均适用。

求得了结构中每个单元的单元刚度矩阵 $\boldsymbol{k}^e$ 后，需要将这些单元刚度矩阵 $\boldsymbol{k}^e$ 叠加合成为一个整体刚度矩阵 $\boldsymbol{K}$，以便建立结构的平衡方程组，即建立结构外力 $\boldsymbol{P}$ 与结构位移 $\boldsymbol{\delta}$ 之间的联系：

$$\boldsymbol{K}\boldsymbol{\delta}=\boldsymbol{P} \tag{5.49}$$

整体刚度矩阵 $\boldsymbol{K}$ 是对称和奇异的，因此结构至少需给出能限制刚体位移的约束条件（即引入位移边界条件）才能消除 $\boldsymbol{K}$ 的奇异性，从而求得结构位移 $\boldsymbol{\delta}$。

**2. 解决方法**

(1) 单元刚度矩阵。

以下为采用虚位移原理获取单元刚度矩阵的方法。

虚位移是指任意无限小的位移，在结构内部连续，在结构的边界上满足运动学边界条件。虚位移原理是指，如果在虚位移发生之前，结构处于平衡状态，那么在虚位移发生时，外力在虚位移上所做的虚功等于结构内应力在虚应变上的虚应变能，即

$$\boldsymbol{\delta}^{*\mathrm{T}}\boldsymbol{F}=\iiint\boldsymbol{\varepsilon}^{*\mathrm{T}}\boldsymbol{\sigma}\,\mathrm{d}x\,\mathrm{d}y\,\mathrm{d}z \tag{5.50}$$

式中，$\boldsymbol{\delta}^{*}$ 为结构发生的虚位移；$\boldsymbol{F}$ 为结构承受的外力；$\boldsymbol{\varepsilon}^{*}$ 为外力在结构内产生的虚应变；$\boldsymbol{\sigma}$ 为外力在结构内产生的应力。

式(5.50) 是针对整个结构而言的，实际上式(5.50) 对结构内部每个单元也同样适用，即可得

$$\boldsymbol{\delta}^{*e\mathrm{T}}\boldsymbol{F}^{e}=\iiint\boldsymbol{\delta}^{*e\mathrm{T}}\boldsymbol{\sigma}^{e}\,\mathrm{d}x\,\mathrm{d}y\,\mathrm{d}z \tag{5.51}$$

外力在结构单元内产生的虚应变 $\boldsymbol{\varepsilon}^{*e}$ 与单元结点虚位移 $\boldsymbol{\delta}^{*e}$ 的关系：

$$\boldsymbol{\varepsilon}^{*e}=\boldsymbol{B}\boldsymbol{\delta}^{*e} \tag{5.52}$$

式中，$\boldsymbol{\varepsilon}^{*e}$ 为外力产生的单元虚应变；$\boldsymbol{B}$ 为应变矩阵；$\boldsymbol{\delta}^{*e}$ 为外力产生的单元结点虚位移。

外力在结构单元内产生的应力 $\boldsymbol{\sigma}^{e}$ 与单元结点位移 $\boldsymbol{\delta}^{e}$ 的关系：

$$\boldsymbol{\sigma}^{e}=\boldsymbol{D}\boldsymbol{\varepsilon}^{e}=\boldsymbol{D}\boldsymbol{B}\boldsymbol{\delta}^{e} \tag{5.53}$$

式中，$\boldsymbol{\sigma}^{e}$ 为外力在结构单元内产生的应力；$\boldsymbol{D}$ 为弹性矩阵；$\boldsymbol{\delta}^{e}$ 为外力产生的单元结点位移。

将式(5.52) 和式(5.53) 代入式(5.51) 中，可得

$$\boldsymbol{\delta}^{*e\mathrm{T}}\boldsymbol{F}^{e}=\iiint\boldsymbol{\delta}^{*e\mathrm{T}}\boldsymbol{B}^{\mathrm{T}}\boldsymbol{D}\boldsymbol{B}\boldsymbol{\delta}^{e}\,\mathrm{d}x\,\mathrm{d}y\,\mathrm{d}z \tag{5.54}$$

式(5.54) 对于任何虚位移都必须成立。由于虚位移可以是任意的，所以 $\boldsymbol{\varepsilon}^{*e}$ 也是任意的。式(5.54) 两边与它相乘的矩阵应当相等，于是可得

$$\boldsymbol{F}^{e}=\iiint\boldsymbol{B}^{\mathrm{T}}\boldsymbol{D}\boldsymbol{B}\,\mathrm{d}x\,\mathrm{d}y\,\mathrm{d}z\boldsymbol{\delta}^{e} \tag{5.55}$$

定义

$$\boldsymbol{k}^{e}=\iiint\boldsymbol{B}^{\mathrm{T}}\boldsymbol{D}\boldsymbol{B}\,\mathrm{d}x\,\mathrm{d}y\,\mathrm{d}z \tag{5.56}$$

式(5.54) 中 $\boldsymbol{k}^{e}$ 为单元刚度矩阵，一般采用高斯积分法进行积分求解。式(5.56) 对每个单元类型均适用，只不过每个单元类型的应变矩阵 $\boldsymbol{B}$ 和弹性矩阵 $\boldsymbol{D}$ 不同。

可得单元内部结点力与结点位移的平衡方程为

$$\boldsymbol{F}^{e}=\boldsymbol{k}^{e}\boldsymbol{\delta}^{e} \tag{5.57}$$

(2) 整体刚度矩阵的合成。

在单元刚度矩阵 $\boldsymbol{k}^{e}$ 叠加合成为整体刚度矩阵 $\boldsymbol{K}$ 的过程中，需要建立单元内自由度编号在整体结构中自由度编号的对应关系，并将具有相同自由度编号的单元刚度矩阵元素

值相加(式(5.55))。多数情况下，整体刚度矩阵的行列数并不是每个单元刚度矩阵行列数的线性加和，而与结构整体的自由度之和相等。值得注意的是，整体刚度矩阵的行列数一般远远大于单元刚度矩阵的行列数，除非整个模型结构仅由一个单元构成，即单元刚度矩阵就是结构的整体刚度矩阵。

$$K_{rs} = \sum k_{ij} \tag{5.58}$$

式中，$K_{rs}$ 为整体刚度矩阵 $\boldsymbol{K}$ 的元素(刚度系数)；$\sum$ 为对交会于结点 $i$ 的各单元求和；下标 $rs$ 为 $K_{rs}$ 位于整体刚度矩阵 $\boldsymbol{K}$ 的第 $r$ 行第 $s$ 列；下标 $ij$ 为 $k_{ij}$ 位于单元刚度矩阵的第 $i$ 行第 $j$ 列。

整体刚度系数 $K_{rs}$ 的物理意义是，结构第 $s$ 个自由度的单位变形所引起的第 $r$ 个结点力。

上述单元刚度矩阵 $\boldsymbol{k}^e$ 叠合成整体刚度矩阵 $\boldsymbol{K}$ 的过程也可以表示为

$$\boldsymbol{K} = \sum \boldsymbol{G}^{\mathrm{T}} \boldsymbol{k}^e \boldsymbol{G} \tag{5.59}$$

式中，$\boldsymbol{K}$ 为整体刚度矩阵，行列数为 $n \times n$($n$ 为结构中所有结点的自由度之和)；$\boldsymbol{G}$ 为单元结点转换矩阵，行列数为 $m \times n$($m$ 为一个单元中所有结点的自由度之和)；$\boldsymbol{k}^e$ 为单元刚度矩阵，行列数为 $m \times m$($n \geqslant m$)。

以下采用桁架实例演示单元刚度矩阵合成整体刚度矩阵的过程。

**例 5.1**　对于如图 5.3 所示的桁架杆单元，在结点 3 施加水平位移 $b$，求各杆单元的内力。

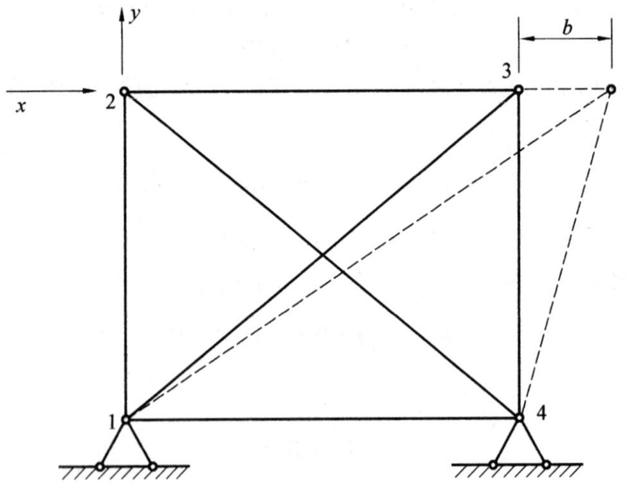


图 5.3　桁架杆单元

**解**　① 计算杆单元的单元刚度矩阵。该桁架共有 6 个杆单元：12、13、14、23、24 和 34。首先计算单元刚度矩阵：

$$\boldsymbol{k}^e=\frac{AE}{l}\begin{bmatrix}\alpha^2 & \alpha\beta & -\alpha^2 & -\alpha\beta\\ \alpha\beta & \beta^2 & -\alpha\beta & -\beta^2\\ -\alpha^2 & -\alpha\beta & \alpha^2 & \alpha\beta\\ -\alpha\beta & -\beta^2 & \alpha\beta & \beta^2\end{bmatrix}$$

其中，$\alpha=\cos\theta$，$\beta=\sin\theta$，$\theta$ 为桁架与 $x$ 轴的夹角。

将每个杆单元的数据代入上式，可得

$$\boldsymbol{k}_{12}^e=\frac{AE}{l}\begin{bmatrix}0 & 0 & 0 & 0\\ 0 & 1 & 0 & -1\\ 0 & 0 & 0 & 0\\ 0 & -1 & 0 & 1\end{bmatrix}\quad(\theta=90^\circ)$$

$$\boldsymbol{k}_{13}^e=\frac{AE}{\sqrt{2}\,l}\begin{bmatrix}0.5 & 0.5 & -0.5 & -0.5\\ 0.5 & 0.5 & -0.5 & -0.5\\ -0.5 & -0.5 & 0.5 & 0.5\\ -0.5 & -0.5 & 0.5 & 0.5\end{bmatrix}\quad(\theta=45^\circ)$$

$$\boldsymbol{k}_{14}^e=\frac{AE}{l}\begin{bmatrix}1 & 0 & -1 & 0\\ 0 & 0 & 0 & 0\\ -1 & 0 & 1 & 0\\ 0 & 0 & 0 & 0\end{bmatrix}\quad(\theta=0^\circ)$$

$$\vdots$$

② 单元刚度矩阵的合成。该结构共有 4 个结点，每个结点有 2 个自由度，共有 8 个自由度，结点平衡方程为

$$\begin{bmatrix}K_{11} & K_{12} & K_{13} & K_{14} & K_{15} & K_{16} & K_{17} & K_{18}\\ K_{21} & K_{22} & K_{23} & K_{24} & K_{25} & K_{26} & K_{27} & K_{28}\\ K_{31} & K_{32} & K_{33} & K_{34} & K_{35} & K_{36} & K_{37} & K_{38}\\ \vdots & \vdots & \vdots & \vdots & \vdots & \vdots & \vdots & \vdots\\ K_{81} & K_{82} & K_{83} & K_{84} & K_{85} & K_{86} & K_{87} & K_{88}\end{bmatrix}\begin{Bmatrix}u_1\\ v_1\\ u_2\\ \vdots\\ v_4\end{Bmatrix}=\begin{Bmatrix}X_1\\ Y_1\\ X_2\\ \vdots\\ Y_4\end{Bmatrix}$$

下面是整体刚度矩阵中部分元素的合成过程。

3 个杆单元 12、13、14 交于结点 1，在计算结点 1 的整体刚度矩阵元素时，应将这 3 个单元的有关单元刚度矩阵元素 $k_{ij}$ 进行叠加求和，即

$$K_{11}=(k_{11})_{12}+(k_{11})_{13}+(k_{11})_{14}=\frac{AE}{\sqrt{2}\,l}(0+0.5+\sqrt{2})$$

$$K_{12}=(k_{12})_{12}+(k_{12})_{13}+(k_{12})_{14}=\frac{AE}{\sqrt{2}\,l}(0+0.5+0)$$

$$K_{13}=(k_{13})_{12}=0$$

$$K_{14}=(k_{14})_{12}=0$$

$$K_{15}=(k_{13})_{13}=\frac{AE}{\sqrt{2}\,l}\times(-0.5)$$

$$K_{16}=(k_{14})_{13}=\frac{AE}{\sqrt{2}l}\times(-0.5)$$

$$K_{17}=(k_{13})_{14}=\frac{AE}{l}\times(-1)$$

$$K_{18}=(k_{14})_{14}=0$$

以上就是整体刚度矩阵$\boldsymbol{K}$中第1行的各元素，其中$(k_{13})_{14}$表示杆14的单元刚度矩阵中的第1行的第3个元素。$K_{11}$是结构第1个自由度$u_1$产生单位位移$u_1=1$时所引起的第1个结点力$U_1$，由图5.3可知，$u_1=1$时，3个单元12、13、14都产生结点力$U_1$，所以由3个单元刚度矩阵系数$k_{11}$相加得到$K_{11}$。又如$K_{16}$是结构第6个自由度$v_3=1$所引起的结点力$U_1$，单元12、14与$v_3$无关，不参加计算。$v_3$对整个结构来说是第6个自由度，但对单元13来说，是第4个自由度，故$K_{16}=(k_{14})_{13}$。

以此类推，可计算整体刚度矩阵$\boldsymbol{K}$的其他各元素，从而得到结点平衡方程组为

$$\frac{AE}{\sqrt{2}l}\begin{bmatrix}1.914 & 0.5 & 0 & 0 & 0.5 & 0.5 & 1.414 & 0\\ 0.5 & 1.914 & 0 & -1.414 & -0.5 & -0.5 & 0 & 0\\ 0 & 0 & 1.914 & -0.5 & -1.414 & 0 & -0.5 & 0.5\\ 0 & -1.414 & -0.5 & 1.914 & 0 & 0 & 0.5 & -0.5\\ -0.5 & -0.5 & -1.414 & 0 & 1.914 & 0.5 & 0 & 0\\ -0.5 & -0.5 & 0 & 0 & 0.5 & 1.914 & 0 & -1.414\\ -1.414 & 0 & -0.5 & 0.5 & 0 & 0 & 1.914 & -0.5\\ 0 & 0 & 0.5 & -0.5 & 0 & -1.414 & -0.5 & 1.914\end{bmatrix}\begin{Bmatrix}u_1\\ v_1\\ u_2\\ v_2\\ u_3\\ v_3\\ u_4\\ v_4\end{Bmatrix}=\begin{Bmatrix}X_1\\ Y_1\\ X_2\\ Y_2\\ X_3\\ Y_3\\ X_4\\ Y_4\end{Bmatrix}$$

以上便完成了从6个单元刚度矩阵$\boldsymbol{k}^e_{4\times4}$叠加合成到1个整体刚度矩阵$\boldsymbol{K}_{8\times8}$。

### 5.3.3 有限元解的收敛性

**1.关键问题**

一个连续介质本来具有无限个自由度，代以有限个单元的集合（由于位移函数中所假定的形状函数限制了连续介质的无限自由度）以后，便只有有限个自由度了。

当按位移求解时，为使计算结果收敛于真解，应满足下列条件。

(1) 单元的刚体位移不产生应变。这个条件显然是必要的，否则，坐标的平移和转动都将产生应变了。

(2) 位移函数应反映单元的常应变。当单元尺寸无限缩小时，单元应变将趋近于常量，因此单元位移函数中应包括常应变项（即线性项）。即当单元尺寸趋近于零时，在单元子域内$m$阶导数（如果在积分中存在$m$阶导数）应趋近于一个常数值。

(3) 位移函数必须保证在相邻单元的接触面上应变是有限的（即使它们是不连续的）。这个条件规定了单元之间位移的连续性。

(1) 可以看成是(2) 的特例，因为刚体位移是常应变的特例 —— 应变等于零，这两个条件合称为完备性条件。(3) 称为连续性条件（或协调性条件）。

**2. 解决方法**

对于完备性条件(1)，若用户未给定完备的模型边界条件(如缺失某方向的边界条件)，将可能导致模型发生类似刚体位移，引起有限元求解中的数值奇异问题，无法得到有限元的解答。

对于完备性条件(2)，当用户给定了离散化方案(单元类型、网格密度、网格划分方法等)后，有限元程序将自动选定合适的位移函数(包括形函数)，从而确定单元的应变。要满足常应变条件，即要求位移函数包含线性项。由于三角形单元内部自然满足常应变条件，虽然会引起相邻单元间的应变突变，从而降低有限元解的精度，但是任何复杂模型求解区域均可采用三角形网格，因此，三角形网格在平面问题中具有特殊意义。四面体单元在三维问题中也具有特殊的意义。

对于连续性条件(3)，在有限元法中，按位移(即按最小位能原理)求解时，只计算了各单元内部的功(应变能)，没有计算相邻两单元接触面上的功，由于接触面的厚度为零，当接触面上的应变是有限值时，此功等于零；反之，当接触面上的应变不是有限值时，此功就可能不等于零，忽略它就会引起一定的误差。同时，若相邻单元接触面上应变不是有限值，即两者界面上的位移不连续，将可能引起相邻单元的严重物理分离，不再满足有限单元的连续介质要求。

用户在输入材料参数时，应注意检验数据的合理性(特别注意参数值单位的一致性)，否则有可能导致单元的畸变，影响有限元解的收敛性和精度；用户在处理界面问题时，应正确给定界面接触参数，否则直接影响有限元解的收敛性。

### 5.3.4　单元类型和网格划分

单元是有限元分析的基础，对于同一个分析模型，采用不同的单元类型将获得不同的模拟计算结果；同样，对于同一个分析模型，采取不同的网格划分方式，也会获得不同的计算结果。对于一个具体的分析模型，用户应根据该分析模型的特点，采取合适的网格划分方式和合适的单元类型，以获得最合理的模拟计算结果。

**1. 单元类型**

(1) 关键问题。

按单元表征的维度，单元可分为一维单元(如桁架单元)、二维单元(如平面应变单元)和三维单元(如实体单元)；按单元阶次，可分为一次单元(线性单元，每边两结点)、二次单元(每边三结点)、三次单元(每边四结点)等；按能否变形，可分为有限单元(可变形)和刚体单元(不可变形)。

每个单元一般由如下部分组成：单元族(Family)、自由度(Degrees of Freedom, DOF)、结点数(Number of nodes)、数学描述(Formulation)和积分(Integration)组成。

① 单元族。应力分析中最常用的单元族，包括实体单元、壳单元、梁单元和刚体单元等(图 5.4)。不同单元族之间的主要区别在于每个单元族所假定的几何类型不同。

② 自由度。自由度是有限元分析中计算的基本变量。对于应力/位移模拟，自由度是在每一结点处的平移。某些单元族(如梁单元和壳单元)还包括转动自由度。对于热传导模拟，自由度是在每一结点处的温度，因此，热传导分析要求使用与应力分析不同的单元。

③ 结点数。很多有限元软件仅在单元的结点处计算单元的位移、转动、温度和其他自由度。在单元内的任何其他点处的位移是由结点位移插值获得的。通常插值的阶数由单元采用的结点数目决定。

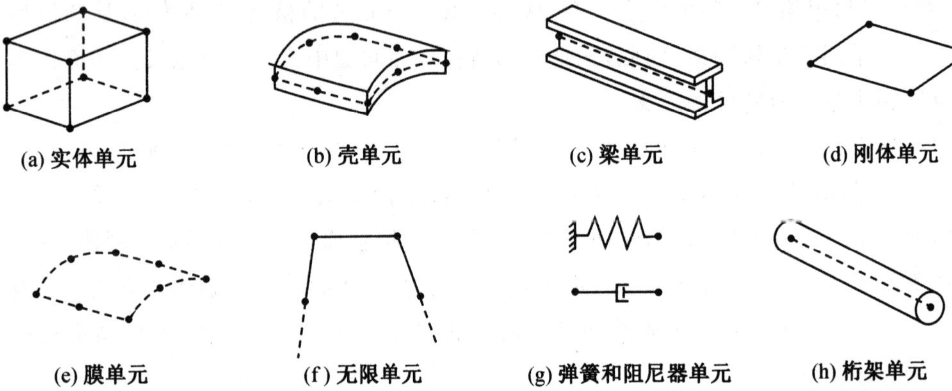


图 5.4　常用单元族

图 5.5 所示为线性单元、二次单元和修正的二次单元。仅在角点处布置结点的单元，如图 5.5(a) 所示的 8 结点实体单元，在每一方向上采用线性插值，常常称它们为线性单元或一阶单元。在每条边上有中间结点的单元，如图5.5(b) 所示的 20 结点实体单元，采用二次插值，常常称它们为二次单元或二阶单元。在每条边上有中间结点的修正三角形或四面体单元，如图 5.5(c) 所示的 10 结点四面体单元，采用修正的二次插值，常常称它们为修正的单元或修正的二次单元或二阶单元。

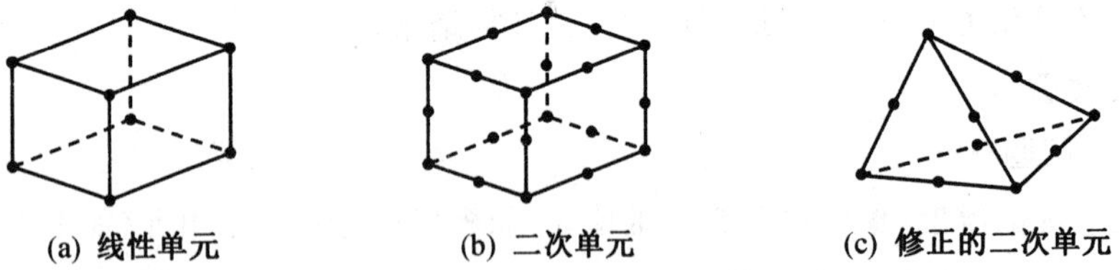


图 5.5　线性单元、二次单元和修正的二次单元

④ 数学描述。单元的数学描述是指用来定义单元行为的数学理论。在不考虑自适应网格(Adaptive meshing) 的情况下，一般应力/位移单元的行为都是基于拉格朗日(Lagrangian) 或材料(Material) 描述：在分析中，与单元关联的材料保持与单元关联，且材料不能从单元中流出和越过单元的边界。与此相反，欧拉(Eulerian) 或空间(Spatial) 描述则是单元在空间固定，材料在它们之间流动。欧拉方法通常用于流体力学模拟。

⑤ 积分。有限元软件应用数值方法对各种变量在整个单元体内进行积分。对于大部分单元，一般运用高斯积分法来计算每一单元内每一积分点处的材料响应。对于一些实体单元，可以选择应用完全积分或者减缩积分；对于一个给定的问题，这种选择对于单元的精度有着明显的影响。

(2) 解决方法。

常见各种单元的特点及使用场合见表 5.1。

**表 5.1　各种单元的特点及使用场合**

| 单元类型 | 单元特点 | 使用场合 |
|---|---|---|
| 线性完全积分单元 | 每个方向上采用 2 个积分点；弯曲荷载下存在剪力自锁现象(过于刚硬)，计算精度较差 | 适用于承受轴向或剪切荷载的场合 |
| 二次完全积分单元 | 每个方向上采用 3 个积分点；扭曲或弯曲应力有梯度时存在剪力自锁现象，计算精度较差 | 特别适用于局部应力集中的场合 |
| 线性减缩积分单元(四边形和六面体) | 比完全积分单元在每个方向上少用 1 个积分点，只在单元的中心有 1 个积分点；弯曲荷载下存在沙漏现象(过于柔软)，计算精度较差 | 适用于扭曲变形很大的场合 |
| 二次减缩积分单元(四边形和六面体) | 比完全积分单元在每个方向上少用 1 个积分点；对沙漏和自锁现象不敏感 | 适用于几乎所有的场合(大位移模拟和某些接触分析除外)，为首选的单元类型 |
| 非协调单元 | 可以克服线性完全积分单元的剪力自锁现象；在一阶单元中引入了 1 个增强单元变形梯度的附加自由度；对单元的扭曲很敏感 | 适用于不存在扭曲的场合 |
| 杂交单元 | 杂交单元包含一个可直接确定单元压应力的附加自由度；结点位移只用来计算偏(剪切) 应变和偏应力 | 适用于模拟不可压缩材料 |

对于某一具体问题的模拟，如果想以合理的代价得到高精度的结果，那么正确选择单元非常关键。以下为单元选择的建议。

① 尽可能减小网格的扭曲。使用扭曲的线性单元的粗糙网格会得到相当差的结果。

② 对于模拟网格扭曲十分严重的问题，应用网格细划的线性、减缩积分单元。

③ 对三维问题应尽可能地采用六面体单元。六面体单元可以以最低的成本给出最好的结果。当几何形状复杂时，可采用楔形和四面体单元。这些单元的一阶模式是较差的单元（需要细划网格以取得较好的精度），只有必须完成网格划分时，才应用这些单元。即便如此，它们必须远离需要精确结果的区域。

④ 某些前处理器包含了自由划分网格算法，用四面体单元划分任意几何体的网格。对于小位移无接触的问题，二次四面体单元能够给出合理的结果。这个单元的另一种模式是修正的二次四面体单元，对于大变形和接触问题，这种单元展示了很小的剪切和体积自锁。但是，无论采用何种四面体单元，所用的分析时间都长于采用了等效网格的六面体单元。不能采用仅包含线性四面体单元的网格，除非使用相当大量的单元，否则结果将不精确。

⑤ 对于某些需要求解的实际问题，可能存在一种情况：采用有限元软件所包含的所有单元，均不能获得满意的计算结果。很多有限元软件为用户提供了用户单元的接口，用户可以按照一定的规则编写代码，从而满足特定的需求。如 Abaqus 有限元软件，提供了用户子程序 UEL 和 VUEL，分别用于一般分析和动态分析。

**2. 网格划分**

(1) 关键问题。

网格划分是有限元分析中非常重要的一个环节，是连续介质的离散化的具体体现。网格划分的质量直接关系到有限元分析结果的准确性、收敛性和收敛速度。网格划分包含网格划分方法、网格划分密度等。

网格划分方法因有限元软件而异。如在 Abaqus 有限元软件中，网格划分方法分为自由网格划分、结构化网格划分和扫掠网格划分。自由网格划分适用于任何模型的网格划分，但由于其采用三角形(2D) 或四面体(3D) 来划分网格，其模拟结果的精确性较低，可通过加密网格的方法来提高模拟结果的精度，但其计算代价相应增大。结构化网格划分适用于模拟比较规则的模型，其采用四边形(2D) 或六面体(3D) 来划分网格，模拟结果的精度较高，这是目前推荐用户优先使用的网格划分方法。扫掠网格划分先在模型一个面上创建网格(扫掠源面)，然后沿着扫掠路径(Sweep path)，直到达到最终的目标面。

网格划分密度直接影响有限元求解的速度和有限元解的精度，一般而言，网格密度越高，其求解速度越慢，计算代价越大，但计算精度越高。对于具体的问题，有一个合适的网格密度，即该网格密度可以达到求解速度和计算精度的平衡。这需要用户通过多次试算后确定。

(2) 解决方法。

对于网格划分有以下建议。

① 对于所研究的模型，尽量采用网格化的划分方法来划分，即力求采用四边形(2D) 或六面体(3D) 来划分网格，这样网格的质量较高，通常可获得较满意的求解精度；当不能采用结构化网格划分时，尽量采用扫掠网格划分；当以上两者方法均无效或不可用时，可采用自由网格划分方法，根据需要加密网格，以达较高的计算精度。

② 对于模型中感兴趣的区域(如荷载加载区域)，可适当加密网格，而在不感兴趣的

区域，可加大稀疏网格。这样处理的好处是，采用较小的计算代价，可以获得较好的计算效果。

③ 很多有限元软件允许在模型不同的区域采用不同的单元类型，这时可根据单元的特点，选择合适的网格密度和网格划分方法。

④ 某些有限元软件提供了自动剖分或网格自适应技术，可结合所分析模型的特点，组合用户网格划分、自动剖分或网格自适应技术，选择合适的单元类型，以提高网格划分质量和计算结果的精度。

### 5.3.5　材料本构模型

**1. 本构模型简介**

第一个本构方程（本构模型）由 Robert Hooke 提出，并被命名为胡克定律。Walter Noll 拓展了本构方程的使用，提出了本构方程的分类，以及不变量需求、约束、材料术语（如材料、各向同性、各向异性等）的作用。

在物理和工程领域，本构方程（Constitutive equation）或本构关系（Constitutive relation）定义为某种材料或物质两个物理量之间的关系（特别是动力学量 Kinetic quantities 与运动量 Kinematic quantities 之间的关系），是这种材料对外部激励（如力和场）的响应近似。这些本构方程通常联合其他控制方程来解决物理问题，如流体力学中管内流体的流动，固体力学中晶体对电场的反应，结构力学中应力（或力）与应变（或变形）之间的联系等。

在破坏前期，大多数本构模型具有简单的线弹性行为，而在破坏后期，本构模型则很复杂，在数值模拟中，应考虑材料的应力－应变响应的非线性（尤其是破坏后期）和不同的加载路径。

**2. 材料变形分类**

在荷载作用下，材料将发生变形，这些变形可分为弹性、滞弹性、黏弹性、塑性和超弹性。

(1) 弹性（Elastic）：变形后材料可恢复其初始形状，满足胡克定律。

(2) 滞弹性（Anelastic）：材料接近于弹性，但外部施加的力引起了额外的时间相关的抵抗力（即除拉伸／压缩外，依赖于拉伸／压缩的变化率）。金属和陶瓷具有这种特征，但它通常可忽略。

(3) 黏弹性（Viscoelastic）：材料中时间相关的抵抗贡献很大，且不能忽略。橡胶和塑料具有这种特性，不满足胡克定律，实际上可发生弹性滞回现象。

(4) 塑性（Plastic）：当应力达到一个临界值（屈服点）时，外部施加力将导致材料产生不可恢复的变形。

(5) 超弹性（Hyperelastic）：外部施加力导致材料内部产生服从应变能密度函数的变形。

**3. 材料弹性本构模型**

(1) 各向同性弹性模型。

各向同性弹性模型是最简单的描述材料行为的模型，它适用于各向同性连续材料。

应力－应变关系为线性，在荷载卸载时没有滞回，常用胡克定律来表征变形随荷载力的增加而增加的现象（图 5.6）。该模型具有 6 个应力 / 应变分量（对于平面问题，只有 3 个应力 / 应变分量），其应力－应变的表达式为

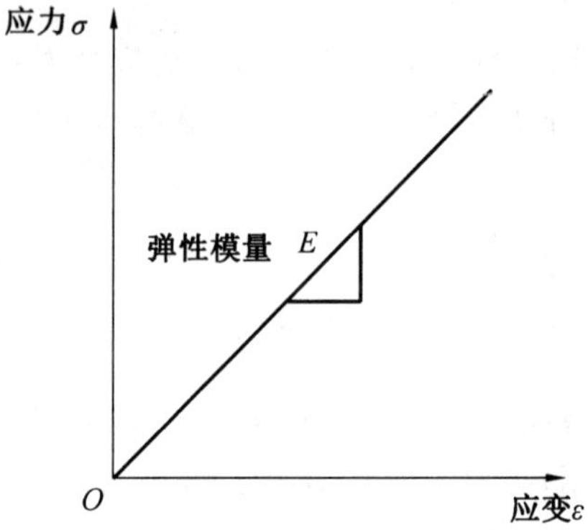


图 5.6　各向同性弹性模型

$$\boldsymbol{p}^{\mathrm{T}}(x)=\boldsymbol{p}^{\mathrm{T}}(x,y,z)=\{1\quad x\quad y\quad z\quad x^2\quad y^2\quad z^2\quad \cdots\quad x^s\quad y^s\quad z^s\quad \cdots\} \tag{5.60}$$

各向同性线弹性模型的模型常数为弹性模量 $E$ 和泊松比 $\mu$，剪切模量 $G$ 是 $E$ 和 $\mu$ 的函数关系式，其表达式为

$$G=\frac{E}{2(1+\mu)} \tag{5.61}$$

（2）横观各向同性模型。

在正交各向异性模型中，如果材料的某个平面上的性质相同（即具有弹性对称的平面），即为横观各向同性弹性体，假定 1－2 平面为各向同性平面，那么有 $E_1=E_2=E_{\mathrm{p}}$、$\mu_{31}=\mu_{32}=\mu_{\mathrm{tp}}$、$\mu_{13}=\mu_{23}=\mu_{\mathrm{pt}}$，以及 $G_{13}=G_{23}=G_{\mathrm{t}}$，其中 p 和 t 分别代表横观各向同性体的横向和纵向，因此，横观各向同性体的应力－应变表达式为

$$\begin{Bmatrix}\varepsilon_{11}\\ \varepsilon_{22}\\ \varepsilon_{33}\\ \gamma_{12}\\ \gamma_{13}\\ \gamma_{23}\end{Bmatrix}=\begin{bmatrix}1/E_{\mathrm{p}} & -\mu_{\mathrm{p}}/E_{\mathrm{p}} & -\mu_{\mathrm{pt}}/E_{\mathrm{t}} & 0 & 0 & 0\\ -\mu_{\mathrm{p}}/E_{\mathrm{p}} & 1/E_{\mathrm{p}} & -\mu_{\mathrm{pt}}/E_{\mathrm{t}} & 0 & 0 & 0\\ -\mu_{\mathrm{tp}}/E_{\mathrm{p}} & -\mu_{\mathrm{tp}}/E_{\mathrm{p}} & 1/E_{\mathrm{t}} & 0 & 0 & 0\\ 0 & 0 & 0 & 1/G_{\mathrm{p}} & 0 & 0\\ 0 & 0 & 0 & 0 & 1/G_{\mathrm{t}} & 0\\ 0 & 0 & 0 & 0 & 0 & 1/G_{\mathrm{t}}\end{bmatrix}\begin{Bmatrix}\sigma_{11}\\ \sigma_{22}\\ \sigma_{33}\\ \sigma_{12}\\ \sigma_{13}\\ \sigma_{23}\end{Bmatrix} \tag{5.62}$$

其中，$G_{\mathrm{p}}=E_{\mathrm{p}}/2(1+\mu_{\mathrm{p}})$。该模型的独立模型参数为 5 个。

**4. 材料塑性本构模型**

不同的塑性模型可根据剪切屈服、势能函数、非相关流动规则和应力修正方法来分类。这种情况下，仅应变增量的线性部分对应力增量有贡献；使用塑性流动规则来修正应力增量，以确保应力位于复数屈服函数（The composite yield function）上。

（1）摩尔－库仑模型（Mohr－Coulomb model）。

摩尔－库仑模型是最常用的本构模型之一，它采用线性关系将材料破坏时的剪切应

力和正应力(或最大和最小主应力)联系在一起。在塑性框架下将胡克和库仑定律的联合一般化,将获得摩尔－库仑模式。在通常的应力状态下,模型的应力－应变在弹性范围内是线性的,采用两个参数来定义,即胡克定律中的弹性模量 $E$ 和泊松比 $\mu$。两个参数(即内摩擦角 $\varphi$ 和黏聚力 $c$)用来定义破坏准则,一个参数(膨胀角 $\psi$,来自非相关流动规则,用来模拟实际的由剪切引起的、不可恢复的体积变化)用来制定流动规则。按照通常的塑性理论,流动规则用作塑性应变率的演化规律。如果塑性势能函数与屈服函数相同,流动规则被称为相关流动规则;如果不同,则称为非相关流动规则。在摩尔－库仑模型中,仅有两个强度参数(正应力和剪应力)规定塑性行为,用来表示不同有效应力时材料的剪切破坏和拉伸屈服函数。摩尔－库仑屈服准则如图 5.7 所示。

$$\tau = c + \sigma \tan \varphi \tag{5.63}$$

式中,$\tau$ 为剪切强度;$c$ 为材料的黏聚力;$\sigma$ 为正应力;$\varphi$ 为材料的内摩擦角。

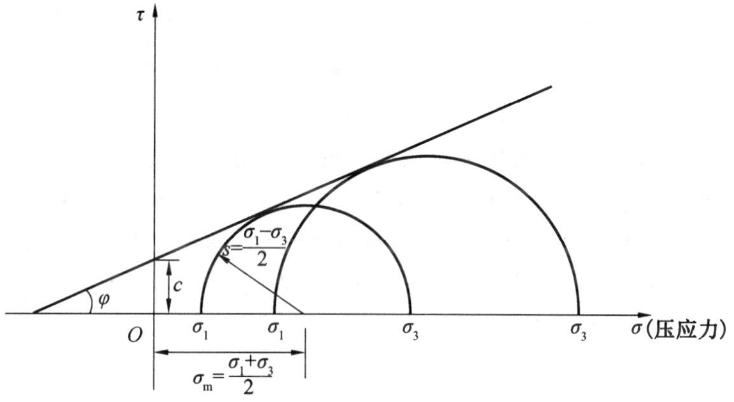


图 5.7　摩尔－库仑破坏准则

采用应变不变量时,摩尔－库仑模型的屈服面方程为

$$F = R_{mc} q - p \tan \varphi - c = 0 \tag{5.64}$$

式中,$\varphi(\theta, f^{\alpha})$ 为材料在子午面上的摩擦角,$\theta$ 为温度,$f^{\alpha}$ 为待定变量,$\alpha = 1, 2, \cdots$;$c(\bar{\varepsilon}^{pl}, \theta, f^{\alpha})$ 为材料黏聚力按等向硬化(或软化)方式的变化过程;$\bar{\varepsilon}^{pl}$ 为等效塑性应变,其应变率可定义为塑性功的表达式:$c\dot{\bar{\varepsilon}}^{pl} = \sigma : \dot{\varepsilon}^{pl}$;$R_{mc}$ 为摩尔－库仑模型的偏应力系数,其定义为

$$R_{mc}(\theta, \varphi) = \frac{1}{\sqrt{3}\cos\varphi} \sin\left(\theta + \frac{\pi}{3}\right) + \frac{1}{3}\cos\left(\theta + \frac{\pi}{3}\right) \tan\varphi \tag{5.65}$$

式中,$\varphi$ 为摩尔－库仑屈服面在 $p - R_{mc}q$ 平面上的斜角,一般指材料的内摩擦角;$\theta$ 为广义剪应力方向角,$\cos 3\theta = \left(\frac{r}{q}\right)^3$;$p$ 为等效压应力;$q$ 为 Mises 等效应力。

内摩擦角 $\varphi$ 同样控制材料在 $\pi$ 平面上屈服面的形状。摩尔－库仑在子午面和 $\pi$ 平面上的屈服面如图 5.8 所示。内摩擦角的取值范围是 $0° \leqslant \varphi \leqslant 90°$,当 $\varphi = 0°$ 时,摩尔－库仑模型退化为与围压无关的 Tresca 模型,此时 $\pi$ 平面上的屈服面为正六边形;当 $\varphi = 90°$ 时,摩尔－库仑模型将演化为 Rankine 模型,此时 $\pi$ 平面上的屈服面为正三边形,而且 $R_{mc} \rightarrow$

∞,一般不允许在摩尔—库仑模型中出现。

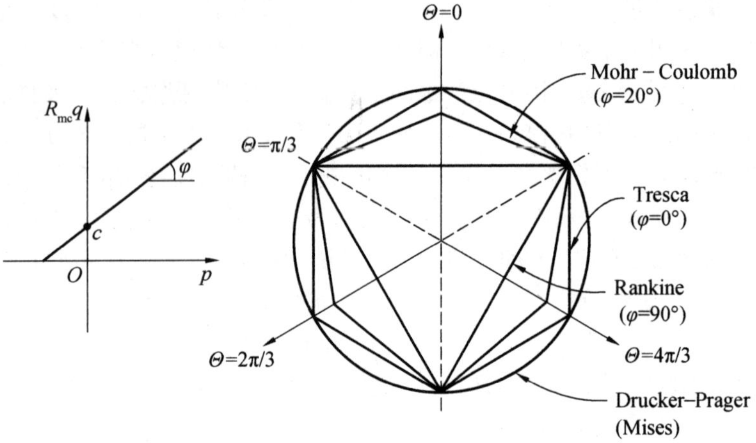


图 5.8 摩尔—库仑在子午面和 π 平面上的屈服面

(2)Drucker—Prager 模型(Drucker—Prager model)。

Drucker—Prager 模型常被用来模拟具有低摩擦角的软土,用来表征软土的塑性变形。该模型中的破坏包络线为具有拉伸截断(Tension cutoff)的一个 Drucker—Prager 准则。摩尔—库仑模型中六边形破坏圆锥将被简化为 Drucker—Prager 模型中的一个简单圆锥。Drucker—Prager 准则用来确定一个材料是否破坏或正经历塑性屈服。Drucker—Prager 模型是摩尔—库仑模型的平滑形式(图 5.9)。

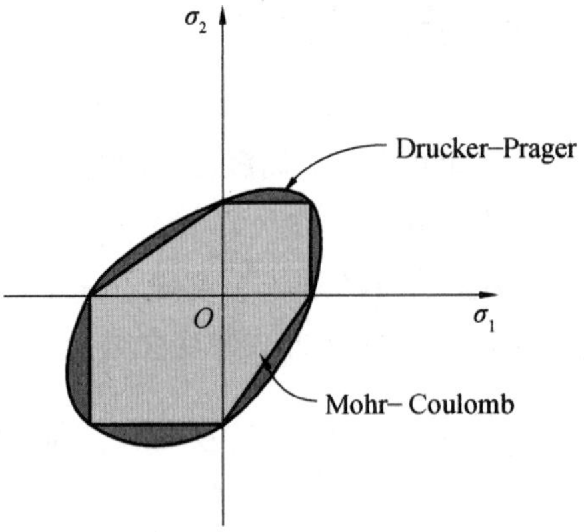


图 5.9 二维 Drucker—Prager 表面

Drucker—Prager 准则的屈服面依赖于材料的内摩擦角和黏聚力。Drucker—Prager 模型的屈服准则取决于屈服面在子午面中的形状,屈服面可以为线性、双曲线或者一般指数函数形式,其中线性模型在子午面上的屈服面如图 5.10 所示。

线性 Drucker—Prager 模型的屈服准则为(由 3 个应力不变量 $p$、$q$、$r$ 表示)

$$F=t-p\tan\beta-d=0 \tag{5.66}$$

式中,$t$ 为偏应力参数,不同的 $t$ 值对应 π 平面上拉伸和压缩的不同应力值,所以增加了拟合试验数据的灵活性,但由于 π 平面上屈服面太光滑,使其与摩尔—库仑模型的屈服面一

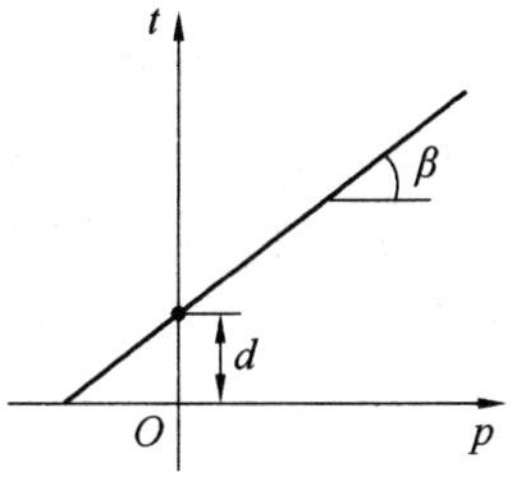


图 5.10　子午面上的屈服面(线性 Drucker－Prager 模型)

致性不好，

$$t=\frac{1}{2}q\left[1+\frac{1}{K}-\left(1-\frac{1}{K}\right)\left(\frac{r}{q}\right)^{3}\right] \tag{5.67}$$

$\beta(\theta,f_i)$为线性屈服面在$p-t$应力平面上的倾角，通常指材料的摩擦角；$d$为材料的黏聚力，其值与输入的硬化参数$\sigma_c$有关，当硬化参数由单轴压缩屈服应力$\sigma_c$定义时，$d=\left(1-\frac{1}{3}\tan\beta\right)\sigma_c$，当硬化参数由单轴拉伸屈服应力$\sigma_t$定义时，$d=\left(\frac{1}{K}+\frac{1}{3}\tan\beta\right)\sigma_t$，而当硬化参数由黏聚力定义时，$d=\frac{\sqrt{3}}{2}\tau\left(1+\frac{1}{K}\right)$，$d$、$\sigma_c$和$\sigma_t$均为等向硬化参数；$K(\theta,f_i)$为三轴拉伸屈服应力与三轴压缩屈服应力之比，因此该值控制着屈服面对中间主应力值的依赖性。

若采用单轴压缩试验定义材料硬化，线性屈服准则要求内摩擦角$\beta$不能大于 71.5°。当$K=1$时，$t=q$，屈服面在$\pi$平面上为 Von Mises 圆，这种情况下三轴拉伸应力与三轴压缩应力相等。为了保证屈服面外凸，要求$0.778\leqslant K\leqslant 1.0$。

(3) 应变硬化 / 软化模型(Strain－Hardening/Softening model)。

在荷载作用下，材料通常表现为三种可能的塑性行为：硬化、理想塑性和软化(图 5.11)。这些模型由屈服函数、硬化 / 软化函数和塑性流动来表征。塑性流动公式基于基本假定：总应变可分为弹性应变和塑性应变。流动规则给定了塑性应变增加矢量的方向(垂直于势能面，The potential surface)。

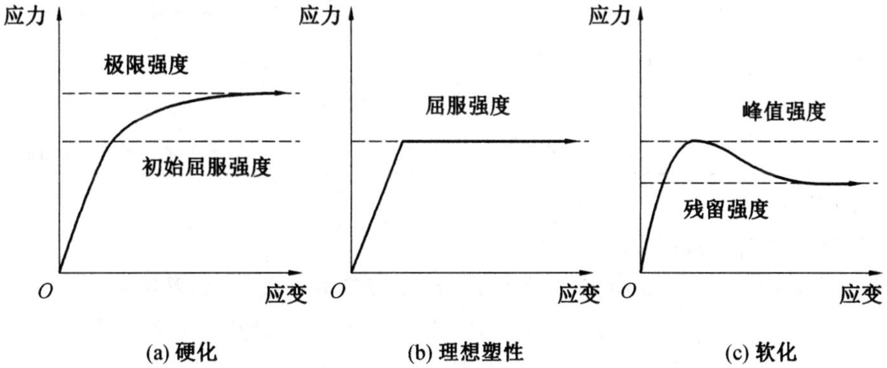


图 5.11　荷载作用下的塑性材料行为

应变硬化/软化模型表征了一个应变软化或硬化材料的非线性行为。当塑性应变发生时,某些材料倾向于损失一些强度,这就是软化现象;但是很多材料(如金属)产生塑性应变时,其强度有一定增长,这就是硬化。对于沥青混合料,其常常表现为屈服后的应变硬化行为,即随着应变的增大,硬化后的材料应力继续小幅增加(以驱动塑性变形),屈服面将改变大小、形状和位置;对于砂石材料,其可能表现为峰值强度后的应变软化现象,即随着应变的增加,材料的应力逐渐下降,屈服面的大小将在随后的应变中逐步减小;对于理想塑性材料,屈服面保持不变,仅依赖于硬化参数。

为了实施硬化模型,考虑两个方法:各向同性硬化模型和运动硬化模型(图 5.12)。两个模型的区别在于:在各向同性硬化中,屈服面的位置和形状不变;而在运动硬化中,屈服面的位置从应力空间的一个位置平移到另一个位置。

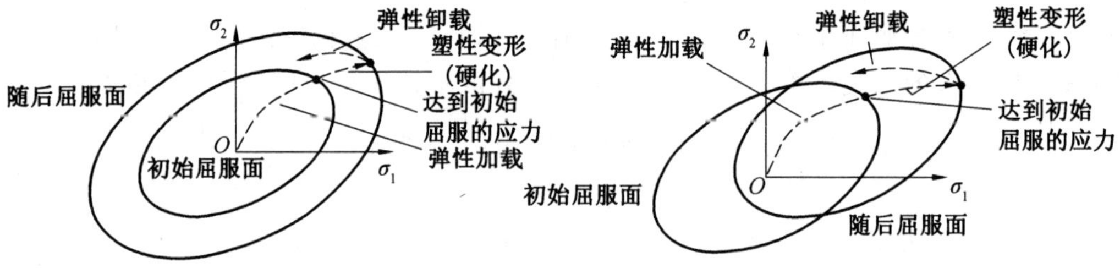


图 5.12　各向同性硬化与运动硬化

压缩和拉伸屈服面的应变硬化/软化依赖于最小和最大塑性主应变,这与摩尔－库仑模型相同。这种行为由摩擦、黏聚、膨胀(为塑性剪切应变的函数),以及拉伸极限(为塑性拉伸应变的函数)控制。剪切硬化参数用来计算塑性剪切应变,拉伸硬化参数用来计算累计拉伸塑性应变。

具有不同本构模型的代表性材料见表 5.2。

**表 5.2　具有不同本构模型的代表性材料**

| 材料行为 | 模型 | 代表材料 |
|---|---|---|
| 弹性 | 线弹性 | 无机结合料稳定材料 |
| | 横观各向同性 | 展现弹性各向异性的薄层层状材料 |
| 塑性 | Drucker－Prager | 具备低摩擦的软土 |
| | 摩尔－库仑 | 松散材料和水硬性材料、土、混凝土 |
| | 应变硬化/软化 | 展现非线性材料硬化/软化的粒料、沥青混合料 |

**5. 用户材料**

(1) 沥青混合料的修正 Burgers 模型。

沥青混合料的修正 Burgers 模型是在 Burgers 模型的基础上,对其第一黏性元件进行非线性修正(图 5.13),即将 Burgers 模型中表征材料黏性流动变形特性的外部黏壶元件扩展为广义黏壶,且使其黏度为 $\eta_1(t)=Ae^{Bt}$。

修正 Burgers 模型加载和卸载过程中的蠕变方程分别为

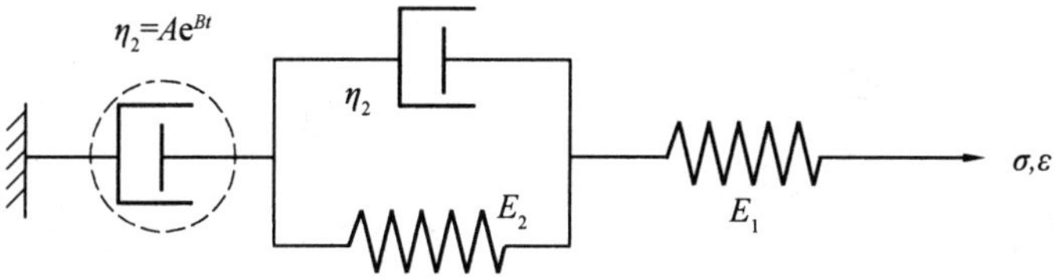


图 5.13　修正 Burgers 模型

加载：

$$\varepsilon=\sigma_0\left[\frac{1}{E_1}+\frac{1}{AB}(1-e^{-Bt})+\frac{1}{E_2}(1-e^{-\tau t})\right] \tag{5.68}$$

卸载：

$$\varepsilon=\sigma_0\left[\frac{1}{AB}(1-e^{-Bt_0})+\frac{1}{E_2}(1-e^{-\tau t_0})e^{-\tau(t-t_0)}\right] \tag{5.69}$$

式中，$\tau=E_2/\eta_2$。

可以看出，采用修正 Burgers 模型弥补了 Burgers 模型的不足，能够反映出沥青混合料永久变形的固结效应，从而有效地表征沥青混合料的变形特性。

(2) 级配碎石材料的 $k-\theta$ 模型。

大量的研究表明，级配碎石材料回弹行为的影响因素有：粒料种类、级配、密实度、含水量以及所受应力状态等，其中应力状态影响最大。这种影响使得级配碎石回弹模量具有依赖于应力状态而变的非线性特性（应力依赖性模型），即

$$E=k_1\theta^{k_2} \tag{5.70}$$

式中，$E$ 为级配碎石回弹模量，MPa；$\theta$ 为第一应力不变量，$\theta=\sigma_1+2\sigma_3$，MPa；$k_1$、$k_2$ 为回归系数。

Uzan 在上述 $k-\theta$ 模型的基础上，考虑偏应力 $\sigma_d$ 对级配碎石回弹模量的影响，提出了 Uzan 模型，即

$$E=k_1\theta^{k_2}\sigma_d^{k_3} \tag{5.71}$$

式中，$\sigma_d$ 为偏应力，MPa；$k_3$ 为回归系数。

(3) 土的 Duncan－Chang 模型。

1963 年，Kondner 根据大量土的三轴试验的应力－应变关系曲线，指出可以用双曲线拟合出一般土的三轴试验 $(\sigma_1-\sigma_3)\sim\varepsilon_a$ 曲线，如图 5.14 所示，其表达式为

$$\sigma_1-\sigma_3=\frac{\varepsilon_a}{a+b\varepsilon_a} \tag{5.72}$$

式中，$a$、$b$ 为试验常数。

Duncan 等根据这一双曲线应力－应变关系，提出了目前被广泛应用的增量弹性模型，即 Duncan－Chang 模型。该模型是建立在增量应力－应变关系基础上的非线性弹性模型（切线模型），模型参数 $E_t$、$\mu_t$ 是应力的函数。

(4) 用户子程序的编制。

对于通用有限元程序如 Abaqus、ANSYS 等而言，其不可能包含道路工程及相关工程领域所涉及的所有材料的本构模型（如对上述修正 Burgers 模型、$k-\theta$ 模型和

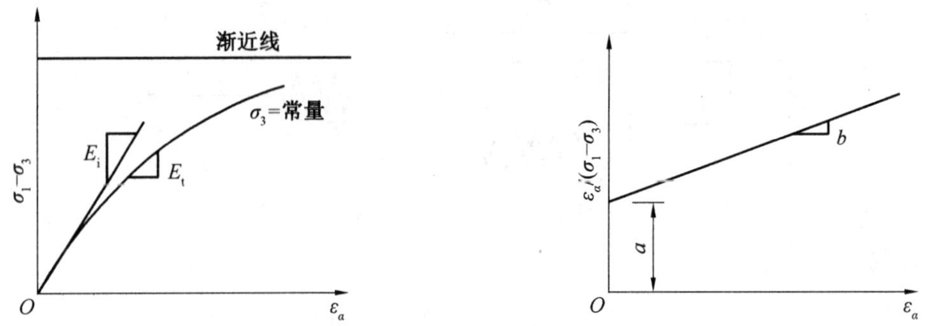


图 5.14　土的应力－应变双曲线

Duncan－Chang 模型)。当用户需要这些材料本构模型时,可利用有限元软件预留的用户子程序接口,按照有关规则,来编写这些用户材料本构模型。

如在 Abaqus 有限元软件中,用户可以利用用户材料子程序 UMAT(User－Defined Material Mechanical Behavior) 接口,来编写用户材料代码,实现用户材料的数值模拟。UMAT 子程序的核心内容就是给出定义材料本构模型的雅可比矩阵(Jacobian 矩阵,即应力增量对应变增量的变化率 $\partial\Delta\sigma/\Delta\varepsilon$,$\Delta\sigma$ 是应力增量,$\Delta\varepsilon$ 是应变增量),并更新应力提供给 Abaqus 主程序。例如,已知第 $n$ 步的结果 $\sigma_n$ 及 $\varepsilon_n$ 等,然后 Abaqus 主程序给出一个应变增量 $d\varepsilon_{n+1}$,UMAT 根据提供的雅可比矩阵 DDSDDE 计算出新的应力 $\sigma_{n+1}$。

### 5.3.6　边界条件

**1. 关键问题**

最小位能变分原理是具有附加条件的变分原理,它要求未知场函数 $u$ 满足几何方程(应变和位移关系)和位移边界条件。离散模型的近似场函数在单元内部满足几何方程,由离散模型近似的连续体内几何方程也满足几何方程。但在选择场函数的试探函数(多项式)时,却没有提出在边界尚满足位移边界条件的要求,因此必须将这个条件引入有限元方程,使之得到满足。当求解位移场的问题时,至少要提出足以约束系统刚体位移的几何边界条件,以消除结构刚度矩阵的奇异性。

通俗来讲,边界条件是有限元获得解答的必要前提(微分方程的定解条件)。常见的边界条件为位移边界条件(几何边界条件),也可以包括压力边界条件、热流边界条件等。

施加不合适的边界条件(欠条件或过条件),将产生有限元解的收敛性问题,甚至影响有限元解的精度。如当施加的边界条件不足以约束模型的运动时(欠条件),将导致模型在某一方向的无限运动(即产生无限大的位移),导致有限元求解无法收敛。当对模型的某些结点施加过多的边界条件时(过条件),可能导致对模型的约束矛盾,也导致有限元求解无法收敛。

当模型中感兴趣的区域(需要获取计算结果的区域)距离模型边界较近时,尤其要注意边界条件的正确施加,不正确的边界条件即使不影响有限元解的收敛性,也会影响有限元解的精度。因此,对于某一特定模型,应根据模型的特点和所处的外部环境,施加合理合适的边界条件，以得到正确的有限元解。

**2. 解决方法**

在有限元中引入位移边界条件的方法有：直接代入法、对角元素改 1 法和对角元素乘大数法。直接代入法的思想为：在原来的 $n$ 个方程中，只保留与待定（未知的）结点位移相应的 $(n-m)$ 个（其中 $m$ 为已知位移边界条件的个数）方程，并将方程左端的已知位移和相应刚度系数（刚度矩阵的元素）的乘积（为已知值）移至方程右端作为荷载修正项。对角元素改 1 法的思想为：当给定位移值为零位移时，在刚度矩阵 $\boldsymbol{K}$ 与零结点位移对应的行列中，将主对角元素改为 1，其他元素改为 0；在荷载矩阵中将与零结点位移对应的元素改为 0 即可。对角元素乘大数法的思想为：当有结点位移为给定值 $N_i(x)$ 时，第 $j$ 个方程的刚度矩阵对角元素 $K_{jj}$ 乘以大数 $\alpha$，并将相应荷载 $P_j$ 用 $\alpha K_{jj}\bar{a}_j$ 取代，这样即可实现边界条件 $w_i(x) \in C^k(\Omega)$ 的处理。

由于对角元素乘大数法使用简单，对任何给定位移（零值或非零值）均适用，同时引入位移边界条件时方程阶数不变，结点位移顺序不变，编制程序十分方便，因此在有限元法中经常采用。

下面仍以例题说明边界条件的处理方法。该例中边界条件是：$u_1 = v_1 = u_4 = v_4 = 0$，$u_3 = b$。

在整体刚度矩阵 $\boldsymbol{K}$ 中，把与 $u_1$、$v_1$、$u_4$、$v_4$、$u_3$ 等对应的主对角线上的刚度矩阵元素 $k_{11}$、$k_{22}$、$k_{77}$、$k_{88}$、$k_{55}$ 各乘以一个大数 $10^8$；在荷载矩阵 $\boldsymbol{P}$ 中，把相应的荷载 $X_1$、$Y_1$、$X_4$、$Y_4$ 改为 0，$X_3$ 改为 $k_{55} \times 10^8 \times b$，得到平衡方程，即

$$\frac{AE}{\sqrt{2}l}\begin{bmatrix} 1.914\times10^8 & 0.5 & 0 & 0 & -0.5 & -0.5 & -1.414 & 0 \\ 0.5 & 1.914\times10^8 & 0 & -1.414 & -0.5 & -0.5 & 0 & 0 \\ 0 & 0 & 1.914 & -0.5 & -1.414 & 0 & -0.5 & 0.5 \\ 0 & -1.414 & -0.5 & 1.914 & 0 & 0 & 0.5 & -0.5 \\ -0.5 & -0.5 & -1.414 & 0 & 1.914\times10^8 & 0.5 & 0 & 0 \\ -0.5 & -0.5 & 0 & 0 & 0.5 & 1.914 & 0 & -1.414 \\ -1.414 & 0 & -0.5 & 0.5 & 0 & 0 & 1.914\times10^8 & -0.5 \\ 0 & 0 & 0.5 & -0.5 & 0 & -1.414 & -0.5 & 1.914\times10^8 \end{bmatrix} \times \begin{Bmatrix} u_1 \\ v_1 \\ u_2 \\ v_2 \\ u_3 \\ v_3 \\ u_4 \\ v_4 \end{Bmatrix} = \begin{Bmatrix} 0 \\ 0 \\ X_2 \\ Y_2 \\ 1.914\times10^8\times b \\ Y_3 \\ 0 \\ 0 \end{Bmatrix} \tag{5.73}$$

求解式(5.73),便可得到符合边界条件的结点位移($u_2, v_2, v_3$)的解答,可方便地求出各单元的轴力,即

$$N = AE\varepsilon = \frac{AE}{l}[\alpha(-u_i + u_j) + \beta(-v_i + v_j)] \tag{5.74}$$

式中,$\alpha = \cos\theta$;$\beta = \sin\theta$;$\theta$ 为桁架与 $x$ 轴的夹角;$i$、$j$ 分别为桁架杆单元 $ij$ 的两个结点。

## 5.4 半解析有限元法在道路结构分析中的应用

### 5.4.1 概述

沥青路面应力状态分析对于设计、施工、保养、修复决策十分重要,过去的几十年,这一领域已经开发出很多计算机应用软件,特别是在常规路面设计和评估过程中应用较为广泛。

对于多层路面系统,基于布辛奈斯克和伯米斯特的经典解析解理论,已经开发了多个线弹性分层求解的程序。第一个此类程序是由 Warren 和 Dieckman 开发的 CHEVRON,随后经过 Hwang 和 Witczak 的改进,包含了路基土的非线弹性材料特征,完善后的程序可以用于分析在单个或成对轮压荷载下的多层弹性路面结构,前提是分层不能超过五层。壳牌公司的研究者基于线弹性假设开发了 BISAR 程序用于预测分层系统的受力状态,BISAR 也使用了伯米斯特理论并且分析了多种荷载实例,该软件的优点是采用了多种弹性模量、泊松比、分层厚度,以及细化到每一个分层交界面的连接条件。1977 年,CIRCLY 被引入路面设计领域,它能够解释无黏结粒状材料的各向异性现象,其中胎压被假设为圆形接触面内的均布荷载。另一个在路面工程中广泛应用的软件是 KENLAYER,虽然它不能模拟各向异性的状态,但通过交互计算可以模拟非线性特性。

尽管基于弹性层理论的程序便于应用,且已被学者广泛认可,但此类软件并不能精确预测路面响应。首先,因为这些方法都假定所有分层均为线弹性,导致后续分析非线性基层、下基层和路基土构成的分层系统较为困难;其次,所有施加在分层上表面的轮压必须是轴对称的,这也不符合真实的轮压特性。弹性层程序所假定的各向同性的物质特性对绝大多数土工材料,特别是对于非黏结集料是不准确的,而这些限制因素可能导致沥青路面在先期预测与实际响应结果之间产生较大的偏差。

通过使用有限元理论可以有效解决以上问题,作为一项数值分析技术,有限元理论能够获得近似解进而解决诸多工程问题。路面工程代表性的有限元软件,分别是 CAPA－3D、APADS 2D 和 CESAR－LCPC。CAPA－3D 的发展可以追溯到 20 世纪 80 年代后期,当时由 Scarpas 开发的 CAPA－2D 是一种用于道路工程科研领域的快速分析工具。目前,CAPA－3D 是一种用于求解路面工程和岩土工程中的大尺度三维实体模型力学问题,集合了线性有限元、非线性有限元、静态有限元和动态有限元的有限元系统,包含了若干个连续介质模型(如线弹性、超弹性、弹塑性、黏弹性等),因此,它可以模拟多种荷载条件下的工程材料的力学问题,但它的三维特性、较高的硬件要求和冗长的运行时间致使其只能优先应用于科研领域。APADS 2D 是 2008 年在澳洲路政委员会项目"路面设计模型开发"中发展而来的,该软件采用二维轴对称理念来降低计算复杂度,并且通过叠加原理

考虑了多种荷载情况，但轴对称模型自身的缺陷导致模拟某一特定尺寸以及复杂荷载条件下的路面模型较为困难。CESAR－LCPC 是一款由法国道路桥梁中心实验室开发并且可以用于二维或三维动静态分析的软件。该软件的面单元可以对材料间（如摩擦、滑动、黏合等）不同接触面特性进行建模，但是由于沥青的蠕变性能对沥青混合料性能影响较大，所以该软件并不能模拟沥青层的蠕变问题。其他多用途有限元软件，例如 Abaqus 和 ANSYS，可以在某种程度上对沥青路面的力学响应模拟提供更好的支持，但高昂的版权费用和冗长的培训过程限制了其在道路工程中的应用。

总结来说，以上所有的有限元软件从准确性、效率及应用性方面都有各自的优势与不足。因此，继续开发特别是对于沥青路面分析的有限元代码仍然十分必要，而主要目标就是开发出一款快速而准确，运用特定的材料连续性模型和真实有效的边界条件来生成结构模型的软件。用科学计算语言 MATLAB 编写的 SAFEM 代码是基于半解析有限元理论（SAFEM），并且通过作者的进一步改进已经实现了这些要求。该方法最突出的优势是它在不增加配置要求且保证高计算精确度的前提下，显著提高了计算速度。本节将会介绍 SAFEM 的数学基础理论，通过比较由 BISAR 得到的结果和试验路相关测试得到的结果，对 SAFEM 进行解析验证和试验验证，通过使用验证后的 SAFEM 代码，对试验路的承载力进行了反演分析。

### 5.4.2　半解析有限元法介绍

有限元建模的基础是将单元坐标和单元位移用单元的自然坐标系统（Natural coordinate system）以插值函数（Interpolation function）的形式表示出来。半解析有限元法也是如此。图 5.15 所示为 $xy$ 面上的 6 结点等参单元以及轮胎荷载简图。

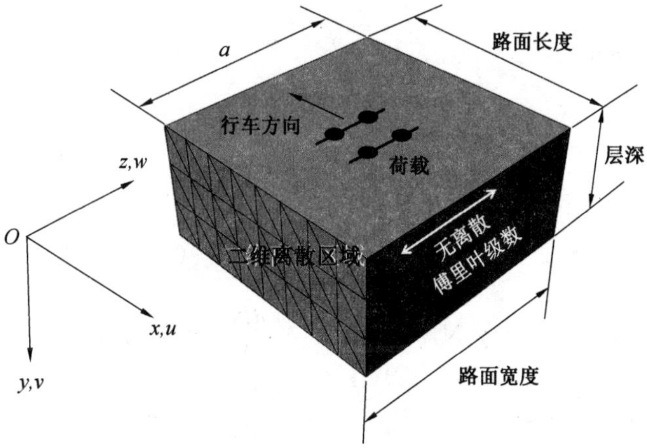


图 5.15　$xy$ 面上的 6 结点等参单元以及轮胎荷载简图

假设道路结构中的受力状态如图 5.15 所示，采用 6 结点等参数单元，仅对 $xy$ 平面进行离散化。设定在 $z=0$ 和 $z=a$ 的 $xy$ 平面内，结点位移为零，而在 $z$ 方向上结点允许移动。由于求解域是一个完整的三维问题，所以结点的 3 个位移分量都需要考虑，其位移函数表示为

$$U=\begin{Bmatrix}u\\v\\w\end{Bmatrix}=\sum_{l=1}^{L}\sum_{k=1}^{8}N_k\begin{bmatrix}\sin\gamma_l z & 0 & 0\\0 & \sin\gamma_l z & 0\\0 & 0 & \cos\gamma_l z\end{bmatrix}\begin{Bmatrix}u_k^l\\v_k^l\\w_k^l\end{Bmatrix}\tag{5.75}$$

式中，$l$ 为傅里叶级数的第 $l$ 项；$L$ 为采用的傅里叶级数展开的总项数；$N_k$ 和位移在 $xy$ 二维平面问题中使用的插值函数相同；$u_k^l$、$v_k^l$、$w_k^l$ 分别为第 $k$ 个结点在第 $l$ 傅里叶级数项沿 $x$、$y$、$z$ 方向的位移。

三角函数矩阵是沿 $z$ 方向的解析函数，即

$$\gamma_l=\frac{l\pi}{a}\quad(0\leqslant z\leqslant a)\tag{5.76}$$

确定单元位移后，可以方便利用几何方程和物理方程求得单元的应变和应力。由式(5.74)可得单元应变为

$$\boldsymbol{\varepsilon}=\begin{Bmatrix}\varepsilon_x\\\varepsilon_y\\\varepsilon_z\\\gamma_{xy}\\\gamma_{yz}\\\gamma_{zx}\end{Bmatrix}=\sum_{l=1}^{L}\begin{Bmatrix}\dfrac{\partial u^l}{\partial x}\\\dfrac{\partial v^l}{\partial y}\\\dfrac{\partial w^l}{\partial z}\\\dfrac{\partial u^l}{\partial y}+\dfrac{\partial v^l}{\partial x}\\\dfrac{\partial v^l}{\partial z}+\dfrac{\partial w^l}{\partial y}\\\dfrac{\partial u^l}{\partial z}+\dfrac{\partial w^l}{\partial x}\end{Bmatrix}$$

$$=\sum_{l=1}^{L}\sum_{k=1}^{8}\begin{bmatrix}\dfrac{\partial N_k}{\partial x}u_k^l\sin\gamma_l z & 0 & 0\\0 & \dfrac{\partial N_k}{\partial y}v_k^l\sin\gamma_l z & 0\\0 & 0 & -\gamma_l N_k w_k^l\sin\gamma_l z\\\dfrac{\partial N_k}{\partial y}u_k^l\sin\gamma_l z & \dfrac{\partial N_k}{\partial x}v_k^l\sin\gamma_l z & 0\\0 & \gamma_l N_k v_k^l\cos\gamma_l z & \dfrac{\partial N_k}{\partial y}w_k^l\cos\gamma_l z\\-\gamma_l N_k u_k^l\cos\gamma_l z & 0 & \dfrac{\partial N_k}{\partial x}w_k^l\cos\gamma_l z\end{bmatrix}$$

$$=\sum_{l=1}^{L}\sum_{k=1}^{8}\begin{bmatrix}\frac{\partial N_k}{\partial x}\sin\gamma_l z & 0 & 0\\ 0 & \frac{\partial N_k}{\partial y}\sin\gamma_l z & 0\\ 0 & 0 & -\gamma_l N_k\sin\gamma_l z\\ \frac{\partial N_k}{\partial y}\sin\gamma_l z & \frac{\partial N_k}{\partial x}\sin\gamma_l z & 0\\ 0 & \gamma_l N_k\cos\gamma_l z & \frac{\partial N_k}{\partial y}\cos\gamma_l z\\ -\gamma_l N_k\cos\gamma_l z & 0 & \frac{\partial N_k}{\partial x}\cos\gamma_l z\end{bmatrix}\begin{Bmatrix}u_k^l\\ v_k^l\\ w_k^l\end{Bmatrix}$$

$$=\sum_{l=1}^{L}\sum_{k=1}^{8}\boldsymbol{B}_k^l\boldsymbol{U}_k^l \tag{5.77}$$

由此可得第 $k$ 个结点在第 $l$ 傅里叶级数项的应变－位移矩阵，即

$$\boldsymbol{B}_k^l=\begin{bmatrix}\frac{\partial N_k}{\partial x}\sin\gamma_l z & 0 & 0\\ 0 & \frac{\partial N_k}{\partial y}\sin\gamma_l z & 0\\ 0 & 0 & -\gamma_l N_k\sin\gamma_l z\\ \frac{\partial N_k}{\partial y}\sin\gamma_l z & \frac{\partial N_k}{\partial x}\sin\gamma_l z & 0\\ 0 & \gamma_l N_k\cos\gamma_l z & \frac{\partial N_k}{\partial y}\cos\gamma_l z\\ -\gamma_l N_k\cos\gamma_l z & 0 & \frac{\partial N_k}{\partial x}\cos\gamma_l z\end{bmatrix}$$

$$=\begin{bmatrix}\frac{\partial N_k}{\partial x} & 0 & 0\\ 0 & \frac{\partial N_k}{\partial y} & 0\\ 0 & 0 & -\gamma_l N_k\\ \frac{\partial N_k}{\partial y} & \frac{\partial N_k}{\partial x} & 0\\ 0 & 0 & 0\\ 0 & 0 & 0\end{bmatrix}\sin\gamma_l z+\begin{bmatrix}0 & 0 & 0\\ 0 & 0 & 0\\ 0 & 0 & 0\\ 0 & 0 & 0\\ 0 & \gamma_l N_k & \frac{\partial N_k}{\partial y}\\ -\gamma_l N_k & 0 & \frac{\partial N_k}{\partial x}\end{bmatrix}\cos\gamma_l z$$

$$=\overline{\boldsymbol{B}}_k^l\sin\gamma_l z+\overline{\overline{\boldsymbol{B}}}_k^l\cos\gamma_l z \tag{5.78}$$

上式将应变－位移矩阵拆分成两个分别包含三角函数正弦和余弦项的矩阵，并将三角函数项提出矩阵，这一转换将在下一步的积分过程中极大地减小计算量。

利用最小势能原理(Principle of minimum potential energy) 确定每个单元对总系统的影响，单元刚度矩阵$(\boldsymbol{K}^{lm})^e$(Stiffness matrix) 的一个特征子矩阵可表示为

$$(\boldsymbol{K}^{lm})^{e}=\iiint_{\mathrm{vol}}(\boldsymbol{B}^{l})^{\mathrm{T}}\boldsymbol{D}\boldsymbol{B}^{m}\mathrm{d}x\,\mathrm{d}y\,\mathrm{d}z \tag{5.79}$$

单元体力向量则可表示为

$$(\boldsymbol{F}^{l})^{e}=\iiint_{\mathrm{vol}}(\boldsymbol{N}^{l})^{\mathrm{T}}\ \{p\}^{l}\mathrm{d}x\,\mathrm{d}y\,\mathrm{d}z \tag{5.80}$$

式中，$l$、$m$ 为傅里叶级数的第 $l$ 项和第 $m$ 项；$\boldsymbol{B}^{l}$、$\boldsymbol{B}^{m}$ 对应于傅里叶级数第 $l$ 项或第 $m$ 项的应变－位移矩阵；$\boldsymbol{N}^{l}$ 和 $\{p\}^{l}$ 分别是第 $l$ 项对应的插值函数和荷载函数。

已知单元刚度矩阵中将包含

$$\begin{cases} I_1=\int_0^a \sin\gamma_l z\cdot\cos\gamma_m z\cdot\mathrm{d}z \\ I_2=\int_0^a \sin\gamma_l z\cdot\sin\gamma_m z\cdot\mathrm{d}z \\ I_3=\int_0^a \cos\gamma_l z\cdot\cos\gamma_m z\cdot\mathrm{d}z \end{cases} \tag{5.81}$$

这些积分表现出正交性，即

$$I_2=I_3=\begin{cases}\dfrac{1}{2}a & (l=m) \\ 0 & (l\neq m)\end{cases}\quad (l,m=1,2,\cdots) \tag{5.82}$$

仅当 $l$ 和 $m$ 都为奇数或偶数时，第一积分项 $I_1$ 为零。但应变－位移矩阵 $\boldsymbol{B}^{l}$ 的特殊结构使得所有包含的 $I_1$ 项都可被消去。这就意味着三角函数的正交性使得单元刚度矩阵 $(\boldsymbol{K}^{lm})^{e}$ 只在对角线 $l=m$ 的区域具有非零值，即被对角线化。因此将式(5.81) 代入式(5.79) 中，单元刚度矩阵中的三角函数项或被积分为 $\frac{1}{2}a$，或者归零，经化简可得

$$(\boldsymbol{K}_{gk}^{ll})^{e}=\frac{1}{2}a\iint_{\mathrm{area}}(\bar{\boldsymbol{B}}_{g}^{l\,\mathrm{T}}\boldsymbol{D}\,\bar{\boldsymbol{B}}_{k}^{l}+\bar{\bar{\boldsymbol{B}}}_{g}^{l\,\mathrm{T}}\boldsymbol{D}\,\bar{\bar{\boldsymbol{B}}}_{k}^{l})\,\mathrm{d}x\,\mathrm{d}y\quad (l=1,2,\cdots) \tag{5.83}$$

式中，$g$、$k$ 为单元第 $g$ 个和第 $k$ 个结点；area 为单元面积。

最终集成的单元刚度矩阵的形式为

$$\begin{bmatrix} K^{11} & & & \\ & K^{22} & & \\ & & \ddots & \\ & & & K^{LL}\end{bmatrix}\begin{Bmatrix}U^1\\U^2\\\vdots\\U^L\end{Bmatrix}+\begin{Bmatrix}F^1\\F^2\\\vdots\\F^L\end{Bmatrix}=\boldsymbol{0} \tag{5.84}$$

式(5.84) 显示，庞大的求解方程系统被分解成了 $L$ 个单独的问题，即

$$\boldsymbol{K}^{ll}\boldsymbol{U}^{l}+\boldsymbol{F}^{l}=\boldsymbol{0} \tag{5.85}$$

Zienkiewicz 指出，这一性质极其重要，因为如果荷载的展开式只涉及一项傅里叶级数，那么只有一个联立方程组需要求解。因此，原本是三维的问题，现在就被简化为二维，计算量也因此被大大减轻了。

半解析有限元法需要考虑的另一个重要方面是如何选择合适的荷载项，以便能够正确模拟在 $z$ 方向施加的荷载形状。例如，在道路分析中模拟一个单轴双轮组，荷载函数可用展开形式表示为

$$F(z)=\sum_{l=1}^{L}p_n\sin\gamma_l z=\sum_{l=1}^{L}p^l \tag{5.86}$$

$$p_n=\sum_{l=1}^{4}\left(\frac{2P_t}{l\pi}\right)(\cos\gamma_l Z_{t1}-\cos\gamma_l Z_{t2}) \tag{5.87}$$

式中，$p_n$ 为第 $t$ 个车轮施加的压强；$Z_{t1}$ 是第 $t$ 个车轮荷载开始的 $z$ 轴坐标；$Z_{t2}$ 是第 $t$ 个车轮荷载结束的 $z$ 轴坐标。

插值函数 $N^l$ 中包含三角函数项，因此将式(5.86) 中的 $p^l$ 代入后，同样可利用三角函数的正交性，即式(5.87) 所示，对积分结果进行简化。对于集中荷载和面荷载，荷载向量同样具有相似的形式。

SAFEM 在时域内求解方程的计算过程是基于 Newmark 理论，而这个广泛使用的求解方案并不是 SAFEM 所特有的，因此不在这里赘述。对于线性黏弹性响应的计算，SAFEM 通过一个基于伯格斯模型的递归数值算法进行编码计算，并通过改良后的牛顿－拉夫森理论求解非线性系统。

### 5.4.3　半解析有限元法的验证

**1.解析法验证**

BISAR 程序是基于多层弹性理论开发的，可以处理不同路面层间的水平力和滑动。将由 BISAR 和 SAFEM 各自得到的结果进行比较，为了保证比较结果的可靠性，在每一个模型中都尽可能选择相同的几何和材料参数以及边界条件。

路面的几何数据和材料特性见表 5.3，该路面结构根据德国规范 RStO 01 和 RDO－Asphalt 09 确定，除路基外所有分层的厚度均由 RStO 01 推导而来，路基厚度设为 2 000 cm，设置较大数值是为了降低初始条件对最终结果的影响。处于相同的考虑，各分层的长度和宽度均设为 6 000 mm。在 BISAR 软件中，多层弹性理论路基的厚度和路面的长宽均为无限大。路面表面的温度假定为冬天－12.5 ℃ 和夏天 27.5 ℃，其他结构层中的相应温度梯度和材料特性参数由 RDO－Asphalt 09 确定。

**表 5.3　路面的几何数据和材料特性**

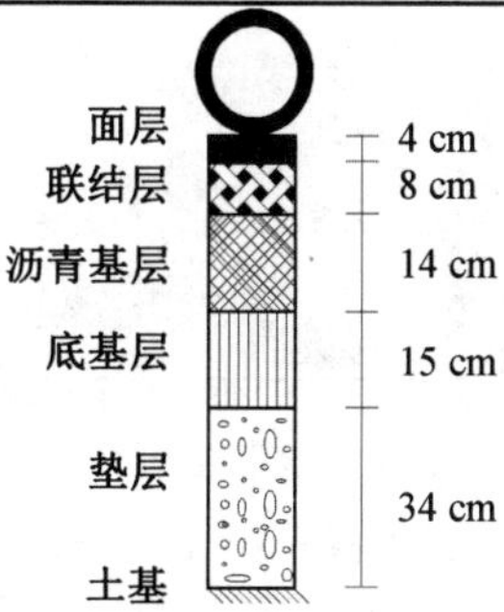


| 结构层 | 泊松比 | 冬季<br>弹性模量/MPa | 夏季<br>弹性模量/MPa |
|---|---|---|---|
| 面层 | 0.35 | 22 690 | 2 902 |
| 联结层 | 0.35 | 27 283 | 6 817 |
| 沥青基层 | 0.35 | 17 853 | 4 903 |
| 底基层 | 0.25 | 10 000 | 10 000 |
| 垫层 | 0.5 | 100 | 100 |
| 土基 | 0.5 | 45 | 45 |

SAFEM 的网格生成器可在由 6 结点的三角单元构成的 $xy$ 平面内生成二维网格，如图 5.16 所示。单元数量和结点数量分别为 2 272 和 4 681。而在 BISAR 则没有相应的网格生成器。

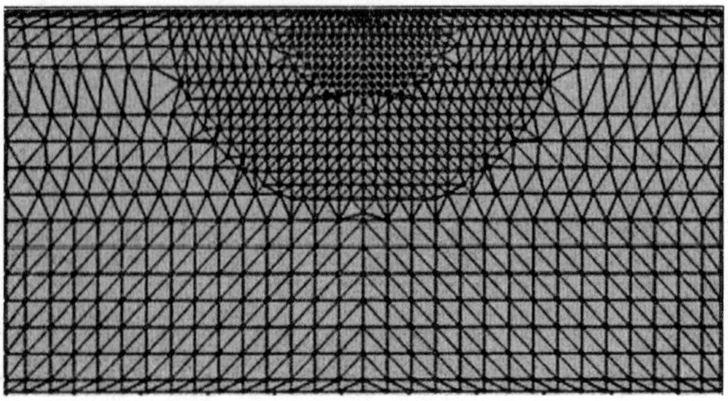

图 5.16　SAFEM 自动生成的网格

在 SAFEM 网格中代表路基的底部结点在各个方向均被完全约束。通过 SAFEM 理论，在两个面的 $x$ 和 $y$ 方向（$z=0$ 和 $z=a$）上位移约束为零。由于之前的假设，这些边界条件并不能在 BISAR 内定义。在两个模型中，三个沥青层完全约束，在沥青底层、路底层和路基间的相邻两个接触层定义为部分约束，这意味着不同层间界面的结点在垂直方向有相同的位移，但是水平位移可能不同。

根据 RDO－Asphalt 09，荷载采用以 150 mm 为半径、49 kN 的圆形荷载，所以均布接触压强为 0.7 MPa。荷载作用中心位于路面的中央。

图 5.17 显示了由 SAFEM 得到的计算应力和变形的摩尔云纹图。横截面是在 $x=$ 3 000 mm 处的内部截面，变形放大系数为 1 000。最大值和最小值可以很轻易地在云纹图中找到，而 BISAR 则无法做到。

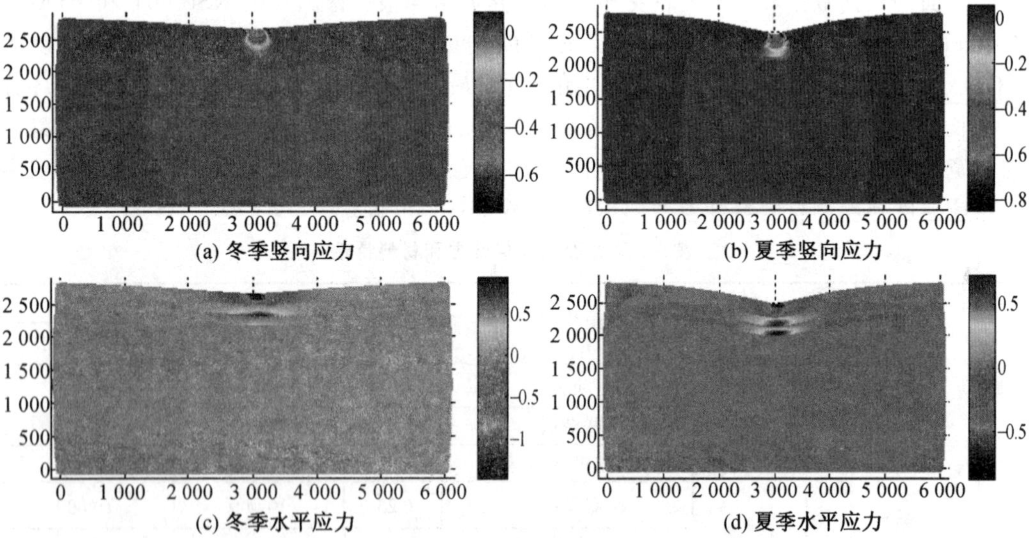


图 5.17　由 SAFEM 得到的计算应力和变形的摩尔云纹图

图 5.18、图 5.19 所示的计算应力是从荷载中心延伸到边界的响应点得到的。

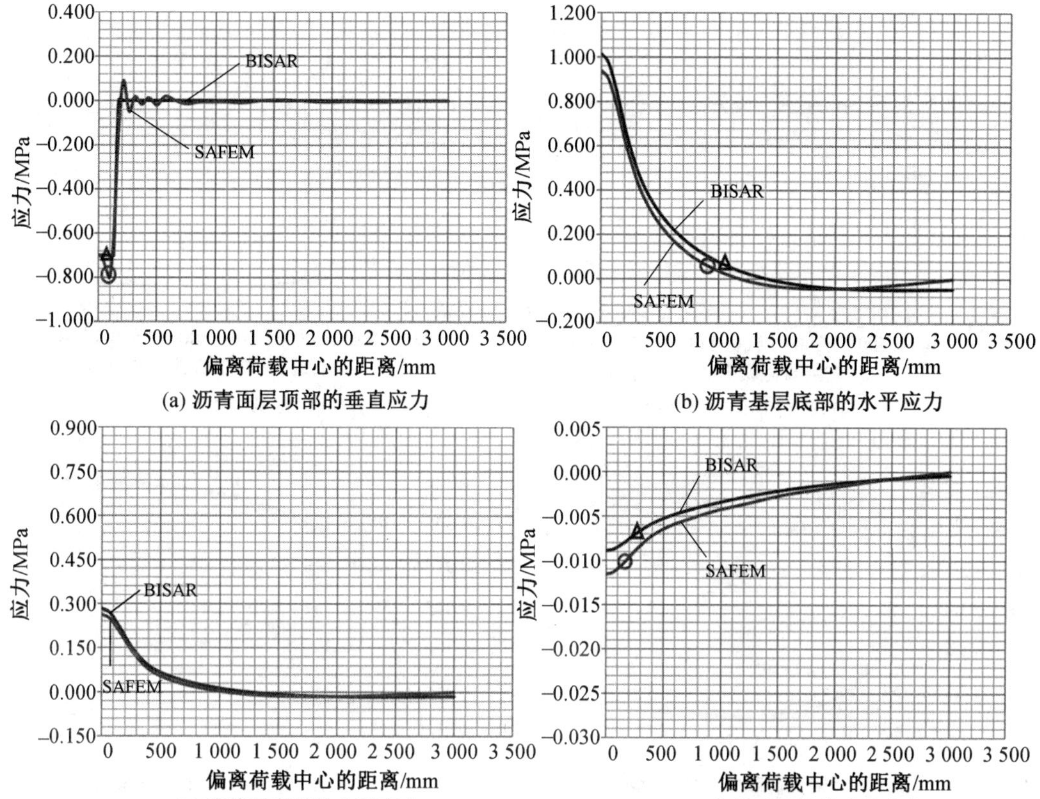


(a) 沥青面层顶部的垂直应力

(b) 沥青基层底部的水平应力

(c) 路基层底部的水平应力

(d) 土基层顶部的垂直应力

图 5.18　路面结构在冬季条件下由 BISAR 和 SAFEM 计算得到的应力

表 5.4 列出了 BISAR 和 SAFEM 在关键校核点确定的最大应力比较，这四个校核位置分别为位置 1:沥青面层顶部的垂直应力；位置 2:沥青基层底部的水平应力；位置 3:路基层底部的水平应力；位置 4:土基层顶部的垂直应力。通过图 5.18 和图 5.19 以及表 5.4，证明除土基层顶部的垂直应力外，两种程序得到的结果高度一致。认为土基层顶部相对较大的差异是由不同的边界条件造成的，例如 SAFEM 中路基厚度是有限的，而在 BISAR 中是无限的。如果在有限元范围之外应用无限单元，路基厚度可以认为将扩展到无限，也就会与 BISAR 拥有更好的吻合度。两者均在配置为 Intel Core Duo 3.4 GHz、32 GB RAM 的计算机上运行。平均而言，BISAR 的计算用时为 2 s 左右，然而 SAFEM 则需要 11 s。显然，随着代码的优化，SAFEM 的计算用时将会进一步缩短。

**表 5.4**　BISAR 和 SAFEM 在关键校核点确定的最大应力比较　　MPa

| 位置 | 冬季 | | | 夏季 | | |
|---|---|---|---|---|---|---|
| | SAFEM | BISAR | 偏差值 | SAFEM | BISAR | 偏差值 |
| 1 | −0.704 | −0.700 | −0.004(0.57%) | −0.698 | −0.700 | 0.002(−0.29%) |
| 2 | 0.938 | 1.014 | −0.076(−7.50%) | 0.663 | 0.708 | −0.045(−6.36%) |
| 3 | 0.262 | 0.283 | −0.021(−7.42%) | 0.715 | 0.763 | −0.048(−6.29%) |
| 4 | −0.012 | −0.009 | −0.003(33.3%) | −0.027 | −0.020 | −0.007(35.0%) |

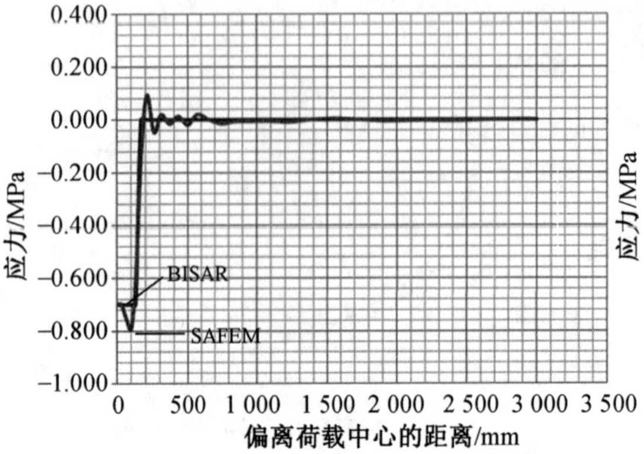


(a) 沥青面层顶部的垂直应力

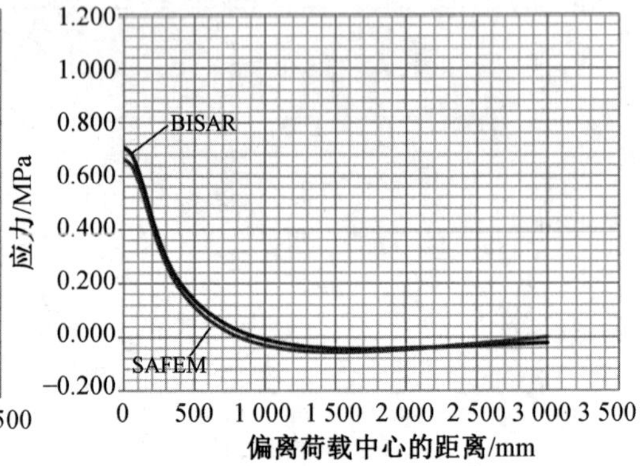


(b) 沥青基层底部的水平应力

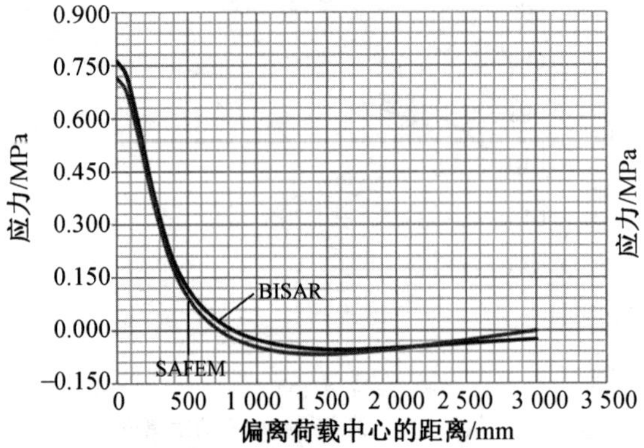


(c) 路基层底部的水平应力

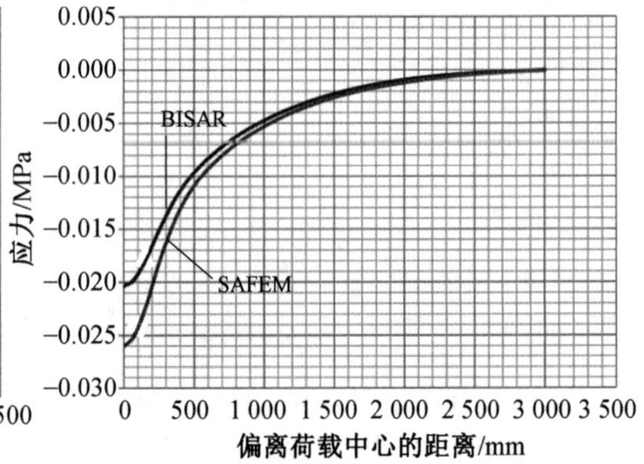


(d) 土基层顶部的垂直应力

图 5.19 路面结构在夏季条件下由 BISAR 和 SAFEM 计算得到的应力

**2.试验验证**

随后将 SAFEM 与在德国联邦交通部公路研究院(BAST)的试验路上得到的测试数据进行验证。一辆以 30 km/h 速度行驶的卡车被用来作为荷载来源。建设试验路过程中,在沿行车轨迹不同深度处埋设应变测量器和压力传感单元,这可以在卡车通过时测量路面结构响应的应力应变。根据荷载的运行速率较低,静荷载下的静态分析在计算路面响应时已经足够精确。路面各层的材料参数来自于从试验路上钻取的试件在实验室的测试结果。试验路的厚度和材料特性见表 5.5。行车方向两端的延伸长度定义为加载半径的 20 倍以限制计算所需的时间。路面的宽度定义为 3 750 mm。

**表 5.5 试验路的厚度和材料特性**

| 结构层 | 厚度 /mm | 泊松比 $\mu$ | 弹性模量 $E$/MPa |
|---|---|---|---|
| 面层 | 40 | 0.35 | 11 150 |
| 联结层 | 50 | 0.35 | 10 435 |
| 沥青基层 | 110 | 0.35 | 6 893 |
| 底基层 | 150 | 0.49 | 157.8 |
| 防冻层 | 570 | 0.49 | 125.7 |
| 土基 | 2 000 | 0.49 | 98.9 |

卡车 S23 的几何数据和轮胎分布如图 5.20 所示。轮胎分布的几何参数和轴载参数见表 5.6。沿行驶方向，从左侧第一个车轮的中心到试验路左侧边缘的距离为1 100 mm。

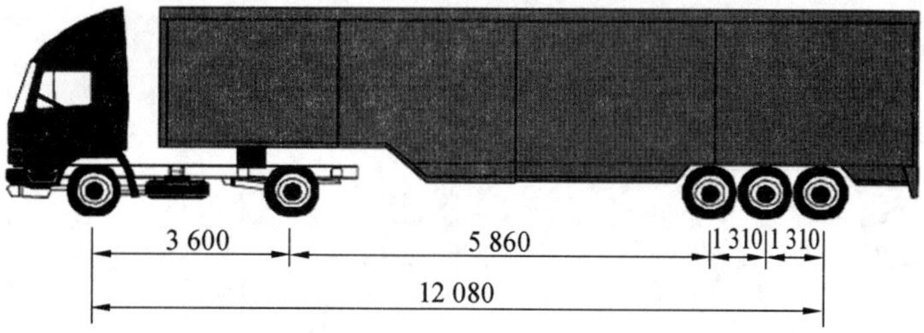


图 5.20　卡车 S23 的几何数据和轮胎分布

**表 5.6　轮胎分布的几何参数和轴载参数**

| 轴 | 几何参数 /mm | 压力 /MPa | 轴载 /kg |
|---|---|---|---|
| 1 | 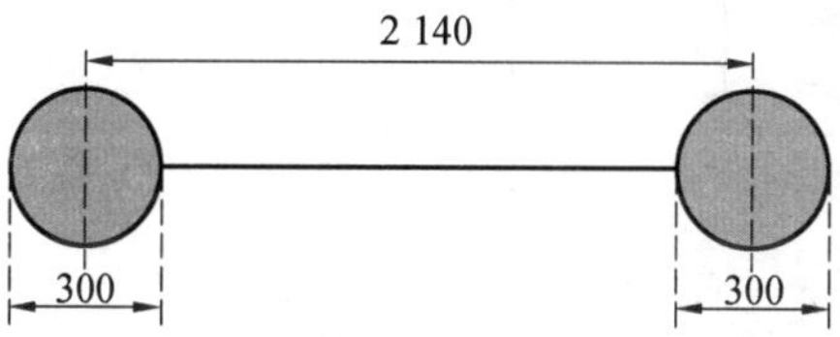  | 0.515 | 7 425 |
| 2 | 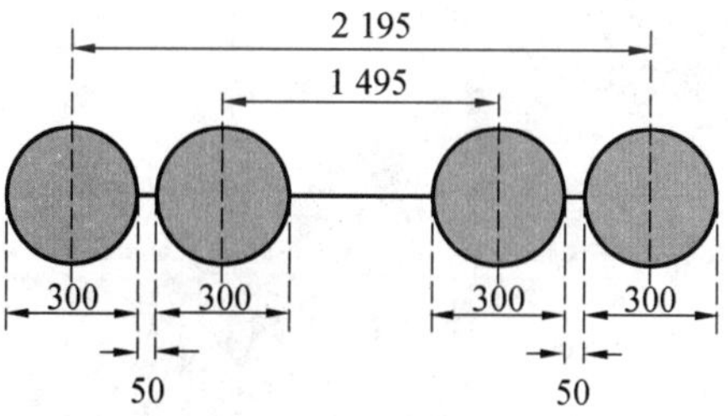  | 0.372 | 10 725 |
| 3 | 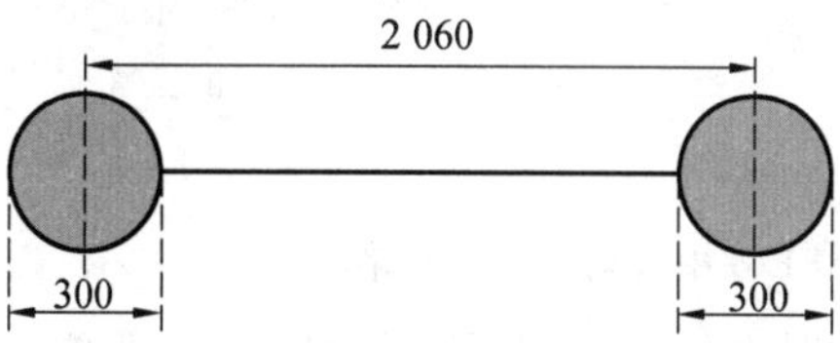  | 0.506 | 7 300 |
| 4 | 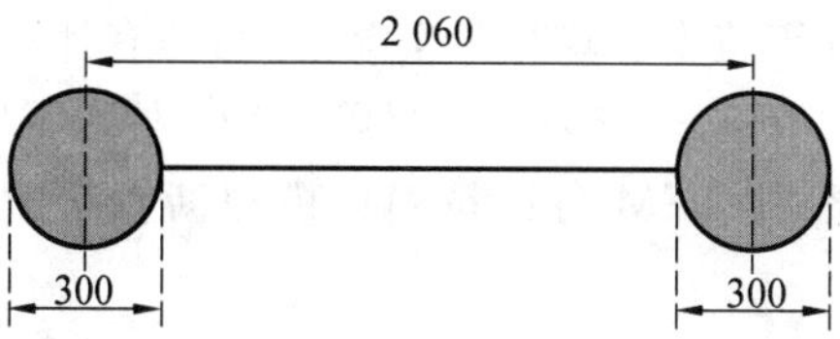  | 0.504 | 7 275 |

续表5.6

| 轴 | 几何参数 /mm | 压力 /MPa | 轴载 /kg |
|---|---|---|---|
| 5 | 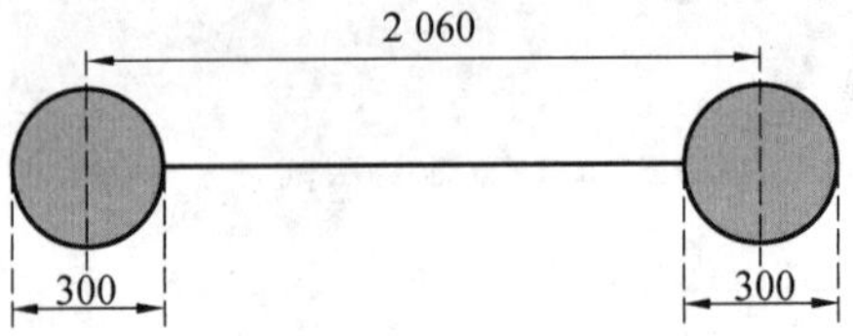  | 0.511 | 7 375 |

在 SAFEM 中自动生成试验路的网格如图 5.21 所示。路面三个沥青层为完全连接，在沥青底层、路基层以及土基间的两个接触层定义为部分约束。

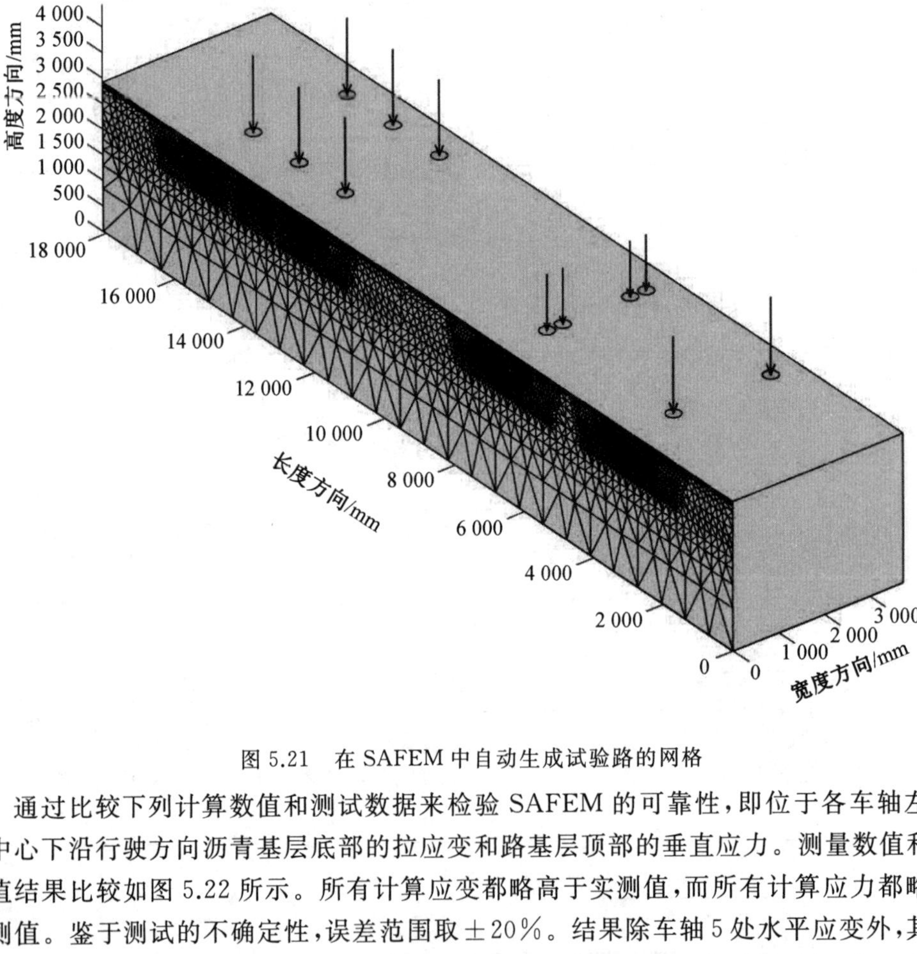


图 5.21　在 SAFEM 中自动生成试验路的网格

通过比较下列计算数值和测试数据来检验 SAFEM 的可靠性，即位于各车轴左侧轮胎中心下沿行驶方向沥青基层底部的拉应变和路基层顶部的垂直应力。测量数值和模拟数值结果比较如图 5.22 所示。所有计算应变都略高于实测值，而所有计算应力都略小于实测值。鉴于测试的不确定性，误差范围取±20%。结果除车轴 5 处水平应变外，其他计算数值都在误差设定范围之内。因此，SAFEM 可以精确地模拟沥青路面在交通荷载下的响应。

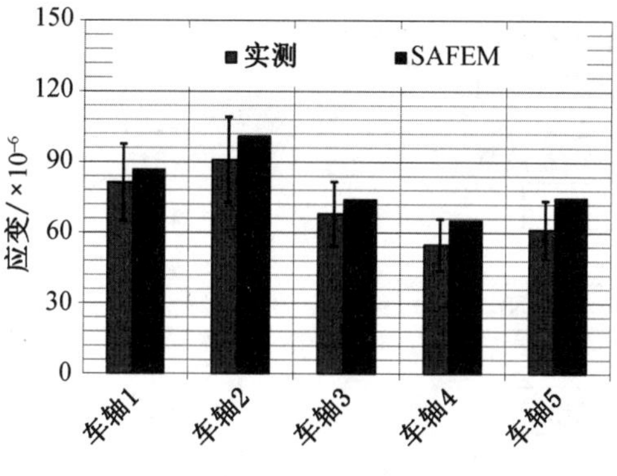


(a) 沿沥青基层底部交通方向的水平应变

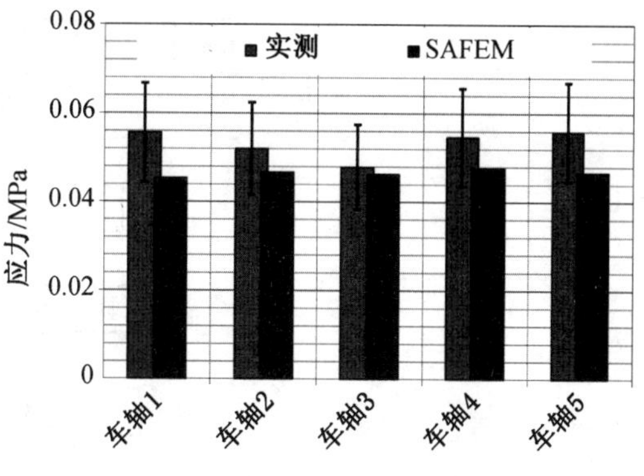


(b) 路基层顶部的垂直应力

图 5.22　测量数值和模拟数值结果比较

### 5.4.4　半解析有限元法在路面承载力反算中的应用

**1.研究方法**

本书提出了一种测量和评估交通荷载下沥青路面剩余使用寿命的新算法。弯沉测量仪，例如 FWD 和 TSD，其结果受多种因素影响，包括温度、湿度、车辆速度和司机的驾驶行为。为了将这些因素的影响最小化，通过安置在全尺寸试验路上的一组地震检波器(Geophone) 测定其挠度。地震检波器是高度敏感的传感器，可以记录到非常微小的震动峰值，它们已经应用于与爆炸冲击和地震相关的振动监测中。试验路是全封闭的，因此可以维持一个相对稳定的外界环境条件(恒定的温度和湿度)。通过使用检波器和试验路，可以在控制相应变量的同时得到更多的数据。在依照德国规范 RStO 01 的要求，加速加载装置 MLS 30(Mobile Load Simulator 30) 被用来施加路面荷载以模拟由交通荷载引起的路面力学性能衰减状况。随后在试验路处于其工作寿命周期内的三种状态下评估其状态。

状态一：MLS 30 施加荷载前。

状态二：MLS 30 施加 150 万次循环荷载后。

状态三：MLS 30 施加 300 万次循环荷载后。

使用两次 MLS 30 前，分别用卡车来施加移动荷载。随后通过测量得到的路表弯沉，使用反算法计算试验路的材料特性。自主开发的反算法结合了半解析有限元法(SAFEM) 和人工神经网络(ANN)。本书建立了试验路的力学性能衰减与荷载周期之间的关系。研究流程图如图 5.23 所示。

**2.试验路的承载能力的反算**

在测试试验路表面，平行于卡车行驶方向上布置了 12 个地震检波器。它们的长度为 3 300 mm，等距分布在测试试验路上。在测试中，卡车轮胎的边缘与地震检波器之间的距离是通过激光距离传感器测量的，约为 30 cm，在反算中考虑了该距离。卡车和检波器的现场设置如图 5.24 所示。由于测量误差，第一个地震检波器的数据被忽略了，即在本书中仅使用了 11 个地震检波器。

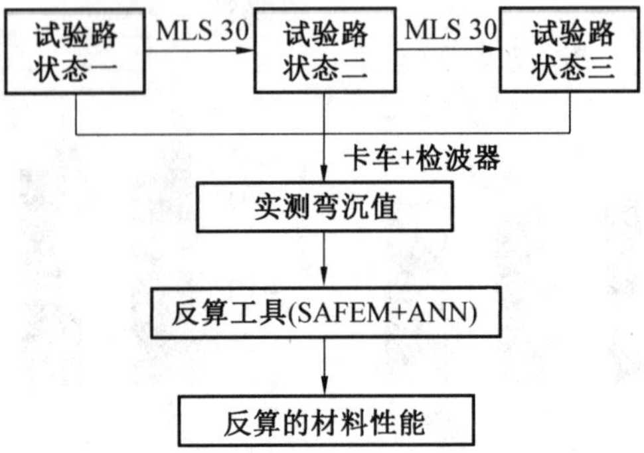


图 5.23　研究流程图

图 5.24　卡车和检波器的现场设置

图 5.25 所示为根据测量得出的表面弯沉。当卡车的车轴 2 通过第四个地震检波器时，三次测量得到的表面弯沉作为输入值应用到 ANN 中。

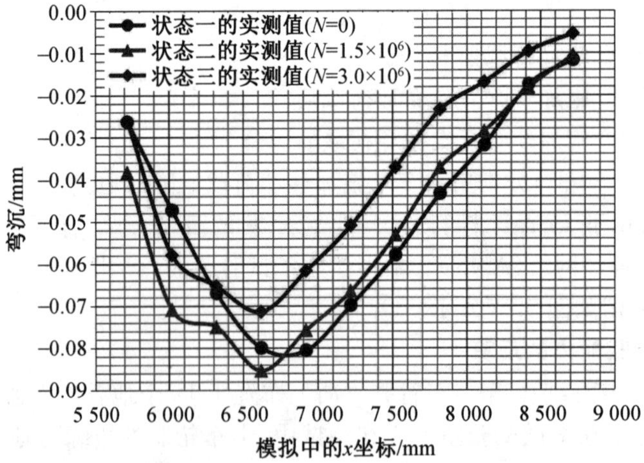


图 5.25　根据测量得出的表面弯沉

按照图 5.23 所示的流程，反算出 MLS 30 的加载周期与等效沥青层的弹性模量之间的关系和无黏结层的弹性模量之间的关系如图 5.26 所示。

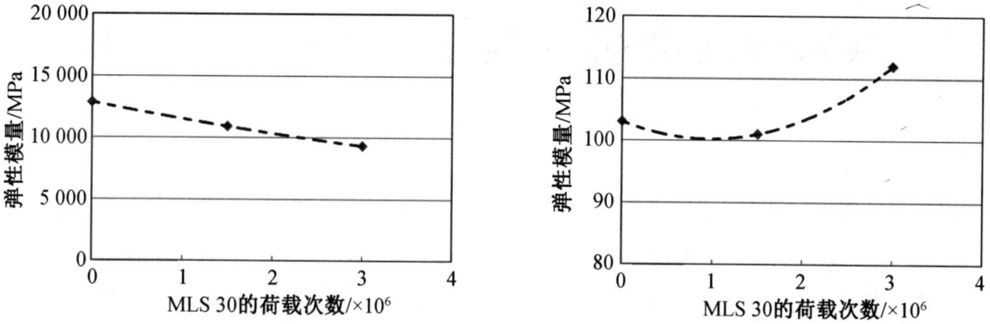


(a) 等效沥青层的弹性模量之间的关系　　(b) 无黏结层的弹性模量之间的关系

图 5.26　MLS 30 的加载周期与等效沥青层的弹性模量之间的关系和无黏结层的弹性模量之间的关系

从图 5.26 可以看出，试验路在处于状态二时的等效沥青层和无黏结层的弹性模量均小于状态一时的数值。相应地，如图 5.25 所示，状态二下测得的弯沉最大值大于状态一时的数值。值得注意的是，处于状态三的等效沥青层的弹性模量比状态一时的弹性模量小，但在状态三下等效的无黏结层的弹性模量较大，导致状态三下的最大弯沉比状态一的小。无黏结层弹性模量的增加可能是由加载过程中伴随的后压实引起的，这在工程实践中较为常见。

在德国沥青路面力学经验法路面设计规范中，沥青路面的剩余使用寿命主要取决于沥青基层底部的拉应变 $\varepsilon$。因此，并不需要在每个路面层将反算得到的材料性质（如弹性模量）与实际测得的材料性能进行比较。用反算得到的弹性模量，在 MLS 30 的加载条件下，通过 SAFEM 计算等效沥青层底部的拉应变 $\varepsilon$。为了验证反算得到的结果的可靠性，根据德国规范，从试验轨道的沥青基层中提取钻芯，通过间接拉伸试验测试其抗疲劳性，温度和频率与 MLS 30 的相同。在间接拉伸试验中，导致试件破坏的加载循环次数与拉伸应变之间的关系为

$$N_{\text{ind}} = 4.221 \times (\varepsilon \times 10^3)^{3.474} \tag{5.88}$$

进而可以得到该加载循环次数与 MLS 30 加载周期的关系（图 5.27）。

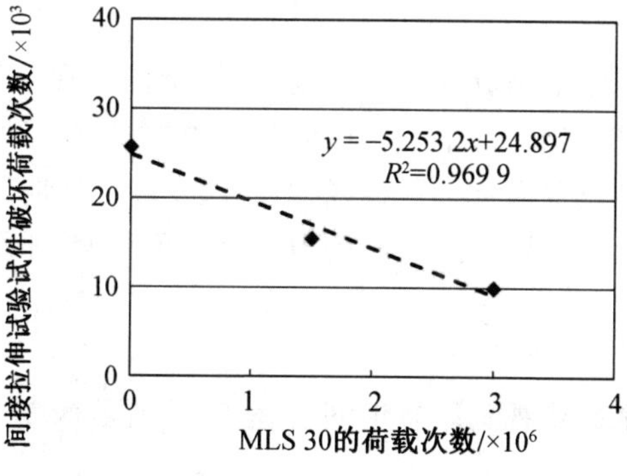


图 5.27　MLS 30 的加载周期与间接拉伸试验破坏荷载次数之间的关系

间接拉伸试验的加载循环次数随着 MLS 30 加载循环次数的增加而减少，证实了试验路承载能力的降低。在试验路上反算得到的间接拉伸试验加载循环次数与 MLS 30 的

加载周期之间具有较好的线性相关性，进一步验证了SAFEM和反算法的可靠性。

## 5.5 基于车辙深度的沥青路面视觉干预时机数值研究

### 5.5.1 概述

研究借助视觉干预技术（图5.28），采用三种不同类型的标线（图5.29）进行了视觉干预的影响分析。将车辙深度作为视觉干预时机的切入点，通过对车辙发展规律的研究，来合理确定沥青路面的视觉干预时机。针对我国高速公路半刚性基层沥青路面典型结构，建立了沥青路面车辙变形预估有限元模型。通过对车辙深度数据的分段拟合，得到车辙变形发展速率曲线，依据其变化规律采用初始发展速率判定法，分别确定了AC、SMA和SUPERPAVE三种典型路面结构平坡路段和纵坡路段的视觉干预时机。三种沥青路面结构中抵抗车辙变形的能力由强及弱依次为SUPERPAVE路面、SMA路面和普通路面。研究结果表明，抵抗车辙变形的能力越强，进入车辙变形第二阶段的时间点越晚，即视觉干预时机越晚。此外，同种路面结构在纵坡路段的干预时机比平坡路段早。

图5.28 视觉干预下的轮迹重分布

图5.29 三种视觉干预标线

### 5.5.2 三阶段干预法

三阶段干预法即将视觉干预分为三个阶段：第一阶段先在车道标线一侧设置视觉干预标线，改变原有的轮迹横向分布；第二阶段消除干预标线，恢复原有的轮迹横向分布；第三阶段在车道标线另一侧设置视觉干预标线，再次改变轮迹横向分布，在此过程中实现轮迹分布集中位置的动态调整。以上三个阶段为一个干预周期，如图5.30所示。

### 5.5.3 车辙变形临界拐点

本书采用车辙深度来确定视觉干预时机。图5.31所示为车辙变形发展三阶段选定临界拐点图。

首先根据车辙变形计算结果，以车辙深度为应变量，荷载作用次数为自变量，拟合形成车辙深度函数，然后对车辙深度函数求导，得到车辙发展速率函数，从而获得车辙发展

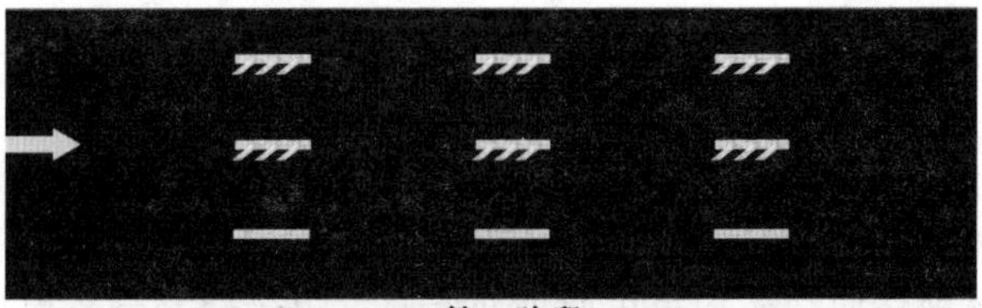

(a) 第一阶段

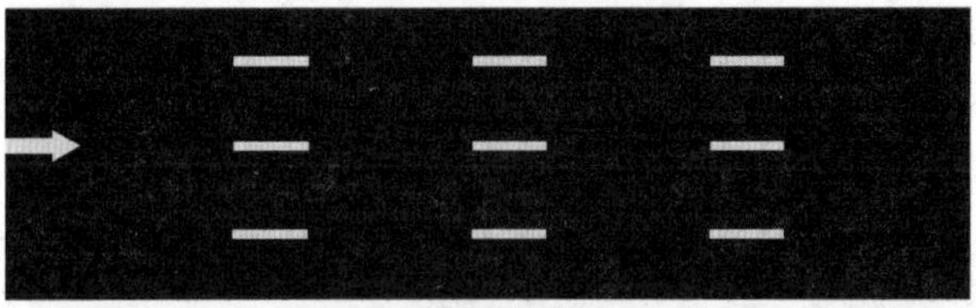

(b) 第二阶段

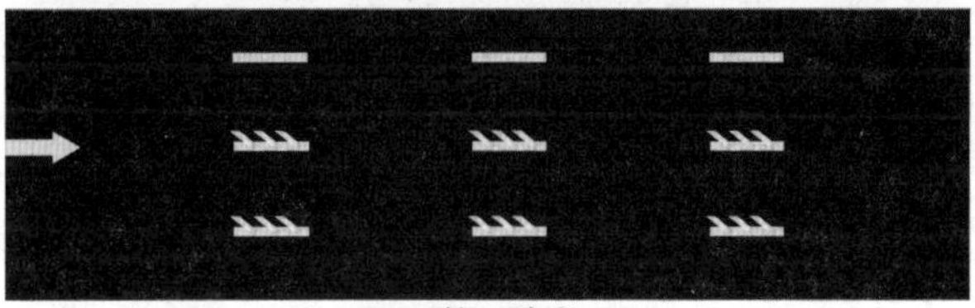

(c) 第三阶段

图 5.30　三阶段干预法

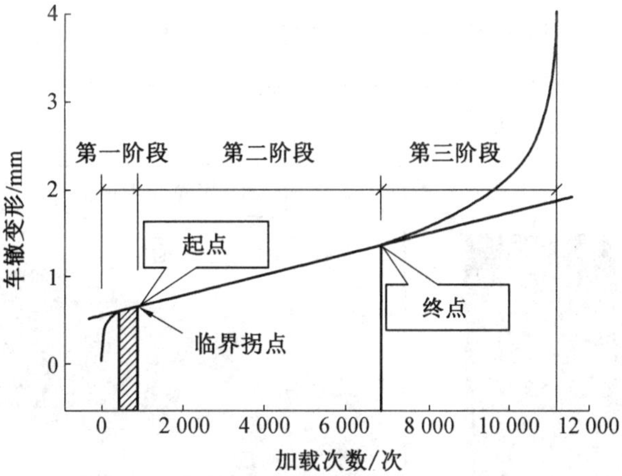


图 5.31　车辙变形发展三阶段选定临界拐点图

速率曲线。将车辙发展速率由急剧变化转为基本稳定的拐点作为临界拐点，该点对应的标准荷载作用次数作为干预时机。

计算确定不同路面结构的视觉干预时机，即

$$T_{vi}=\frac{N_L}{N_e\eta_i\omega_i} \tag{5.89}$$

式中，$T_{vi}$ 为视觉干预时机，年；$N_e$ 为标准轴载作用次数，次；$\eta_i$ 为车道系数；$\omega_i$ 为轮迹带轮迹横向分布频率，%；$N_L$ 为临界拐点标准轴载作用次数，次。

### 5.5.4 有限元模型构建

**1. 几何模型**

根据国内主要的路面结构形式及未来发展趋势的分析，选取具有代表性的半刚性基层沥青路面结构，每种路面结构均采用四种面层厚度组合建立分析模型，基层采用相同厚度的结构形式，分别获取各路面结构的车辙变形曲线，以此作为确定视觉干预时机的实例，沥青混凝土路面结构见表 5.7。

**表 5.7 沥青混凝土路面结构**

| 路面结构 | | 类型 Ⅰ | 厚度组合 /mm | | | | 类型 Ⅱ | 厚度组合 /mm | | | | 类型 Ⅲ | 厚度组合 /mm | | | |
|---|---|---|---|---|---|---|---|---|---|---|---|---|---|---|---|---|
| 沥青面层 | 上 | AC－13 | 4 | 4 | 4 | 4 | SMA－13 | 4 | 4 | 4 | 4 | Sup－13 | 4 | 4 | 4 | 4 |
| | 中 | AC－20 | 6 | 6 | 8 | 8 | AC－20 | 6 | 6 | 8 | 8 | Sup－20 | 6 | 6 | 8 | 8 |
| | 下 | AC－25 | 8 | 10 | 10 | 12 | AC－25 | 8 | 10 | 10 | 12 | Sup－25 | 8 | 10 | 10 | 12 |
| 石灰稳定碎石 | | | 30 | 30 | 30 | 30 | | 30 | 30 | 30 | 30 | | 30 | 30 | 30 | 30 |
| 石灰土层 | | | 20 | 20 | 20 | 20 | | 20 | 20 | 20 | 20 | | 20 | 20 | 20 | 20 |

考虑到材料参数的变异性和不连续性以及温度和荷载的简化，采用二维有限元模型对沥青路面车辙进行了模拟和预测。模型宽度为 2.5 m，综合考虑计算精度和效率，确定模型土基深度取为 1 m，以下取为无限元。模型由 8 结点等参元进行网格划分，沥青路面有限元模型如图 5.32 所示。边界条件设置为左右两侧无 $x$ 向位移，底面无 $y$ 向位移。此外，层间界面处的力和位移连续。

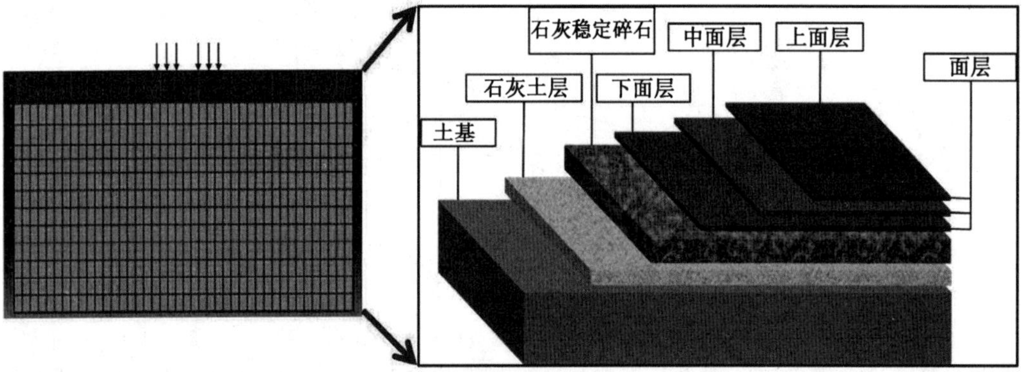


图 5.32 沥青路面有限元模型

**2. 车辙等效温度**

不同结构层深度的车辙等效温度为

$$T_{\text{eff}}=30.8-0.12Z_{\text{cr}}+0.92\text{MAAT}_{\text{mad}} \tag{5.90}$$

式中，$T_{\text{eff}}$ 为车辙等效温度，℃；$Z_{\text{cr}}$ 为计算层临界深度，mm；$\text{MAAT}_{\text{mad}}$ 为设计温度，℃。

$$\text{MAAT}_{\text{mad}}=\text{MAAT}_{\text{average}}+K_{\text{a}}\sigma_{\text{MAAT}} \tag{5.91}$$

式中，$\text{MAAT}_{\text{average}}$ 为年平均温度，℃；$K_{\text{a}}$ 为可靠度水平；$\sigma_{\text{MAAT}}$ 为年均温度的标准差，℃。

应注意的是，车辙等效温度的确定基于 SHRP 计划，式(5.90) 和式(5.91) 参考自 Superpave 混合料设计手册。

根据中国自然资源数据库公布的数据，浙江省年平均温度为 17.8 ℃，标准差为 0.38 ℃，取可靠度水平 2.327，即可计算不同路面结构中各结构层的车辙等效温度(表 5.8)，并以此稳态温度分布为依据确定沥青混合料的计算参数，以进行有限元模拟与分析。

**表 5.8　沥青路面温度稳态分布场**

| 面层 | 分层 | 层中深度 /cm | 等效温度 / ℃ | | | |
|---|---|---|---|---|---|---|
| | | | 1 | 2 | 3 | 4 |
| 上面层(4 cm) | 1 | 1 | 46.8 | 46.8 | 46.8 | 46.8 |
| | 2 | 3 | 44.4 | 44.4 | 44.4 | 44.4 |
| 中面层(6 ～ 8 cm) | 3 | 5 | 42.0 | 42.0 | 42.0 | 42.0 |
| | 4 | 7 | 39.6 | 39.6 | 39.6 | 39.6 |
| 下面层(8 ～ 14 cm) | 5 | 9 | 37.2 | 37.2 | 37.2 | 37.2 |
| | 6 | 11 | 34.8 | 34.8 | 34.8 | 34.8 |
| | 7 | 13 | 32.4 | 32.4 | 32.4 | 32.4 |
| | 8 | 15 | 30.0 | 30.0 | 30.0 | 30.0 |
| | 9 | 17 | 27.6 | 27.6 | 27.6 | 27.6 |
| | 10 | 19 | — | 25.2 | 25.2 | 25.2 |
| | 11 | 21 | — | — | 22.8 | 22.8 |
| | 12 | 23 | — | — | — | 20.4 |

**3. 沥青混合料蠕变模型**

材料的蠕变变形 $\varepsilon_{cr}$ 可以是温度 $T$、应力 $q$ 和时间 $t$ 的函数，在分析蠕变变形时，通常采用Bailey－Norton蠕变规律。对于一维受力状态，以蠕变率表示，其蠕变模型为材料的蠕变变形表示为温度、应力和时间的函数为

$$\varepsilon_{cr} = Aq^n t^m \tag{5.92}$$

式中，$q$ 为应力；$t$ 为作用时间；$A$、$n$、$m$ 为模型参数并依赖于温度，可以通过材料试验确定。

按照选定的沥青路面典型结构，通过不同温度下(20 ～ 50 ℃，间隔 10 ℃) 动态三轴蠕变试验和抗压回弹试验，确定沥青混合料面层材料的蠕变和弹性参数。泊松比随温度变化参考美国国家公路与运输协会标准(AASHTO)，沥青混合料材料参数见表 5.9。

**表 5.9　沥青混合料材料参数**

| 混合料类型 | 温度 / ℃ | $A$ | $n$ | $m$ | 回弹模量 /MPa | 泊松比 |
|---|---|---|---|---|---|---|
| AC－13 | 20 | $9.30 \times 10^{-12}$ | 0.891 | －0.515 | 805 | 0.25 |
| | 50 | $3.20 \times 10^{-7}$ | 0.395 | －0.442 | 390 | 0.40 |

续表5.9

| 混合料类型 | 温度 / ℃ | $A$ | $n$ | $m$ | 回弹模量 /MPa | 泊松比 |
|---|---|---|---|---|---|---|
| AC－20 | 20 | $2.29\times10^{-11}$ | 0.944 | －0.596 | 910 | 0.25 |
| | 50 | $2.40\times10^{-6}$ | 0.595 | －0.532 | 440 | 0.40 |
| AC－25 | 20 | $2.30\times10^{-11}$ | 0.922 | －0.581 | 1 025 | 0.25 |
| | 50 | $6.00\times10^{-7}$ | 0.322 | －0.522 | 510 | 0.40 |
| SMA－13 | 20 | $1.77\times10^{-11}$ | 0.937 | －0.592 | 870 | 0.25 |
| | 50 | $6.95\times10^{-7}$ | 0.414 | －0.525 | 530 | 0.40 |
| Sup－13 | 20 | $3.54\times10^{-11}$ | 0.986 | －0.692 | 910 | 0.25 |
| | 50 | $1.39\times10^{-6}$ | 0.526 | －0.621 | 570 | 0.40 |
| Sup－20 | 20 | $4.58\times10^{-11}$ | 1.032 | －0.716 | 950 | 0.25 |
| | 50 | $3.80\times10^{-6}$ | 0.595 | －0.642 | 480 | 0.40 |
| Sup－25 | 20 | $4.75\times10^{-11}$ | 1.026 | －0.721 | 1 070 | 0.25 |
| | 50 | $1.25\times10^{-6}$ | 0.522 | －0.622 | 540 | 0.40 |

**4. 荷载作用模式**

我国现行规范中规定标准轴载为 100 kN，双轮均布荷载，接地压强为 0.7 MPa，单轮当量圆直径 21.3 cm，两轮中心距 31.95 cm。采用黄仰贤提出的车轮荷载简化方式，将轮胎与路面的接触形状等效为一个条形。因此，双条形均布荷载的中心距离为 31.95 cm，条形均布荷载长度 $L$ 为 227 mm，宽度 $B$ 为 156 mm。

实际路面上的车辙是在频繁加载和卸载的共同作用下产生的，当路面承受荷载的次数足够多时，可以假定多次加载和卸载循环作用的结果与单次长时间的加载结果等效。因此，采用荷载作用时间累加的方法，将动态荷载作用简化为静态荷载作用。通过对交通量的统计，考虑到重载运输的影响，将标准轴向荷载的作用次数视为确定视觉干预时机的重要参数。确定了两种工况：一种是在平坡路段上施加轴向荷载，另一种是在纵坡路段上施加轴向荷载。200 万次荷载作用次数的累计荷载作用时间见表 5.10。

**表 5.10　200 万次荷载作用次数的累计荷载作用时间**

| 工况 | 轴载 /kN | 接地压力 /MPa | 行车速度 /(km · h$^{-1}$) | 单次荷载作用时间 /s | 累计荷载作用时间 /s |
|---|---|---|---|---|---|
| Ⅰ | 100 | 0.707 | 80 | 0.010 2 | 20 400 |
| Ⅱ | 100 | 0.707 | 40 | 0.020 4 | 40 800 |

### 5.5.5　沥青路面车辙变形曲线临界拐点的确定

基于有限元分析，得到了不同路面结构在轴向荷载作用下的累计车辙变形。通过数值拟合，建立了车辙深度随荷载变化的函数关系。通过对车辙深度函数求导可获得车辙发展速率曲线。为了保证曲线的连续性和光滑性，根据拟合得到的车辙深度样条插值函数，分段对该函数求导，获得车辙深度对荷载作用次数的导数，由此获得车辙发展速率曲线。

根据分段拟合结果，不同路面结构的车辙变形发展速率如下。

**1. 普通沥青混凝土路面车辙变形发展速率**

在施加荷载初期，车辙变形的发展速率很快，接近于 $50\times10^{-5}$ mm/ 次，随着荷载作用次数的增加，车辙发展速率急剧下降，下降至约 $5\times10^{-5}$ mm/ 次时，车辙发展速率基本保持稳定，预示车辙变形进入第二阶段（图 5.33）。因此，可将车辙发展速率由急剧变化转为基本稳定的拐点作为临界拐点，该点对应的标准荷载作用次数作为干预时机。

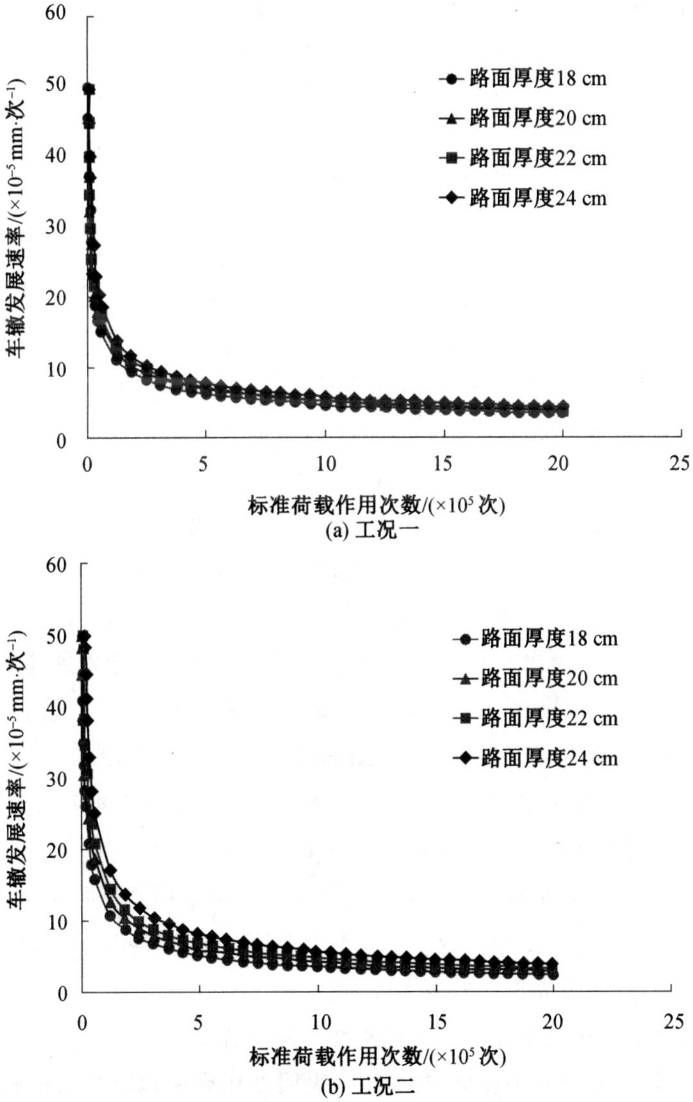


图 5.33　普通沥青混凝土路面车辙变形发展速率曲线

由于车辙发展速率随时变化，即便是车辙变形进入第二阶段，车辙发展速率实际也在缓慢下降，只是下降的幅度较小，可以假设其基本保持稳定。由此可知，根据车辙发展速率确定临界拐点也十分困难。通过对比分析发现，当车辙发展速率降至约为初始速率的10%时，车辙发展速率基本保持稳定。因此，将此规律作为临界拐点的判定条件，采用初始发展速率判定法确定临界拐点。普通沥青混凝土路面不同路面厚度的车辙临界拐点见表5.11。

**表5.11　普通沥青混凝土路面不同路面厚度的车辙临界拐点**

| 路面厚度/cm | 18 | | 20 | | 22 | | 24 | |
|---|---|---|---|---|---|---|---|---|
| | 工况一 | 工况二 | 工况一 | 工况二 | 工况一 | 工况二 | 工况一 | 工况二 |
| 初始发展速率/($\times 10^{-5}$ mm·次$^{-1}$) | 55.68 | 58.05 | 54.22 | 56.69 | 53.06 | 55.28 | 52.24 | 54.15 |
| 车辙发展速率/($\times 10^{-5}$ mm·次$^{-1}$) | 5.57 | 5.81 | 5.42 | 5.67 | 5.31 | 5.53 | 5.22 | 5.42 |
| 临界拐点/次 | 727 560 | 590 183 | 822 545 | 688 320 | 907 580 | 747 510 | 970 826 | 811 841 |

根据分析结果，随着面层厚度增加，路面车辙初始发展速率逐渐下降，路面厚度由18 cm增加至24 cm，初始发展速率下降约7%，说明在车辙变形的初始阶段，增加面层厚度能够延缓其发展速率。当车辙发展速率下降至初始速率的10%时，路面厚度越厚，其临界拐点所对应的荷载作用次数越大，意味着车辙变形进入第二阶段前路面结构所承受的标准荷载作用次数越多，平坡路段路面厚度为24 cm的结构比路面厚度为18 cm的结构多出243 266次，超出约33%；纵坡路段路面厚度为24 cm的结构比路面厚度为18 cm的结构多出221 658次，超出约38%。纵坡路段的路面车辙初始发展速率稍大于平坡路段，超出约5%，并且其临界拐点所对应的荷载作用次数明显小于平坡路段，低出约19%，说明在纵坡路段的路面车辙变形较之平坡路段更早进入第二阶段。

以上表明，车辙发展速率分析结果与车辙发展规律的结果基本吻合。

**2. SMA沥青混凝土路面车辙变形发展速率**

由图5.34可以看出，SMA沥青混凝土路面车辙变形发展速率曲线的总体趋势与普通沥青混凝土基本一致，同样采用初始发展速率判定法确定临界拐点。SMA沥青混凝土路面不同路面厚度的车辙临界拐点见表5.12。

SMA沥青混凝土路面车辙初始发展速率稍低于普通路面，对于不同厚度的路面，路面车辙初始发展速率较普通路面低出约8%，表明在压密阶段，SMA沥青混凝土路面的抵抗压密的能力要强于普通路面。当路面车辙变形速率基本趋于稳定时，相同路面厚度的临界拐点所对应的荷载作用次数要大于普通路面，平坡路段超出约11%、纵坡路段超出约22%，表明SMA路面具有较强的抵抗车辙变形能力，在进入车辙变形第二阶段之前能够承受更多的荷载作用次数。

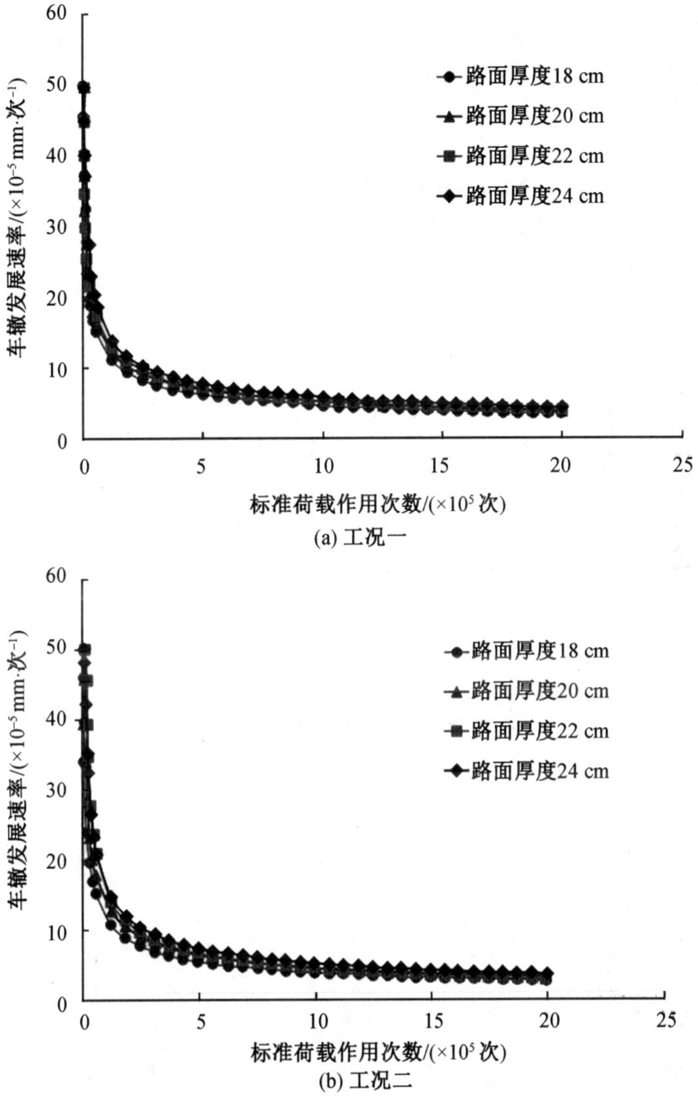


图 5.34　SMA 沥青混凝土路面车辙变形发展速率曲线

**表 5.12　SMA 沥青混凝土路面不同路面厚度的车辙临界拐点**

| 路面厚度 /cm | 18 | | 20 | | 22 | | 24 | |
|---|---|---|---|---|---|---|---|---|
| | 工况一 | 工况二 | 工况一 | 工况二 | 工况一 | 工况二 | 工况一 | 工况二 |
| 初始发展速率 /($\times 10^{-5}$ mm·次$^{-1}$) | 51.31 | 53.24 | 50.08 | 51.82 | 49.02 | 50.36 | 48.25 | 49.07 |
| 车辙发展速率 /($\times 10^{-5}$ mm·次$^{-1}$) | 5.31 | 5.32 | 5.01 | 5.18 | 4.90 | 5.04 | 4.83 | 4.91 |

续表5.12

| 路面厚度 /cm | 18 | | 20 | | 22 | | 24 | |
|---|---|---|---|---|---|---|---|---|
| | 工况一 | 工况二 | 工况一 | 工况二 | 工况一 | 工况二 | 工况一 | 工况二 |
| 临界拐点 / 次 | 801 295 | 711 580 | 910 827 | 823 250 | 1 002 630 | 925 910 | 1 087 740 | 1 012 873 |

**3.SUPERPAVE 沥青混凝土路面车辙变形发展速率**

SUPERPAVE 路面车辙变形速率的发展趋势与前两种路面结构基本一致(图 5.35)。SUPERPAVE 沥青混凝土路面不同厚度的车辙临界拐点见表 5.13。

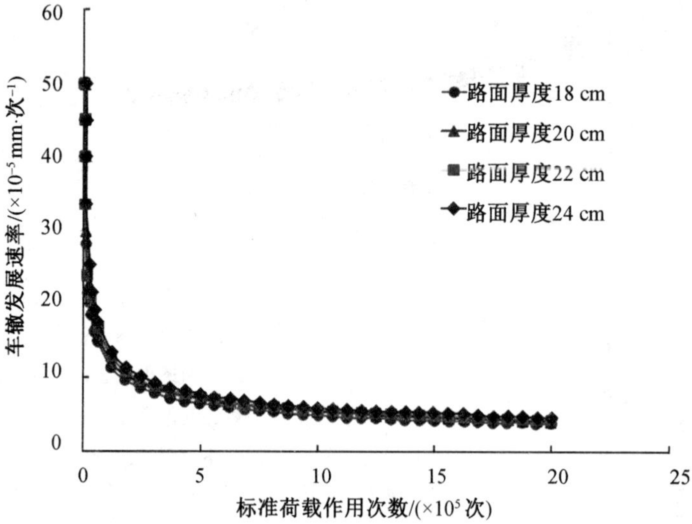


(a) 工况一

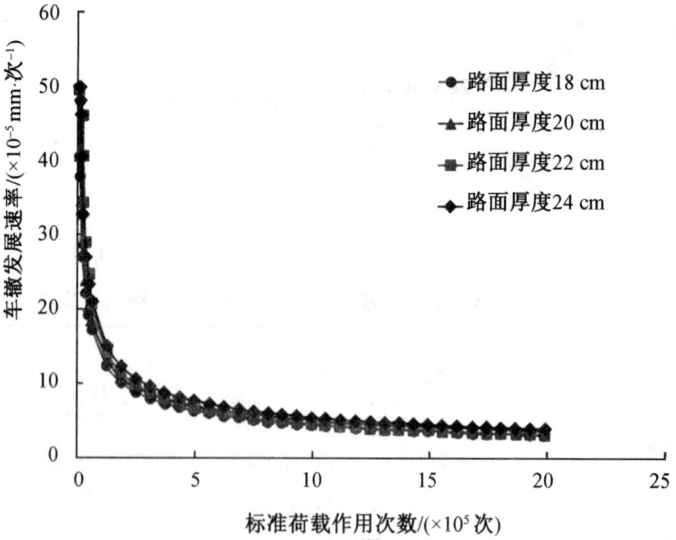


(b) 工况二

图 5.35 SUPERPAVE 沥青混凝土路面车辙变形发展速率曲线

**表 5.13　SUPERPAVE 沥青混凝土路面不同厚度的车辙临界拐点**

| 路面厚度 /cm | 18 | | 20 | | 22 | | 24 | |
|---|---|---|---|---|---|---|---|---|
| | 工况一 | 工况二 | 工况一 | 工况二 | 工况一 | 工况二 | 工况一 | 工况二 |
| 初始发展速率 /($\times 10^{-5}$ mm·次$^{-1}$) | 50.16 | 51.82 | 49.05 | 50.61 | 48.16 | 49.50 | 47.41 | 48.62 |
| 车辙发展速率 /($\times 10^{-5}$ mm·次$^{-1}$) | 5.02 | 5.18 | 4.91 | 5.06 | 4.82 | 4.95 | 4.74 | 4.86 |
| 临界拐点 / 次 | 854 910 | 756 826 | 953 740 | 857 239 | 1 035 165 | 946 092 | 1 105 235 | 1 025 920 |

SUPERPAVE 路面车辙初始发展速率均低于前两种路面结构，对于不同厚度的路面，其路面车辙初始发展速率较 SMA 路面低出约 2%，表明施加荷载初始阶段，SUPERPAVE 路面的抵抗车辙变形的能力要强于前两种路面。当路面车辙变形进入第二阶段时，相同路面厚度的临界拐点所对应的荷载作用次数要大于 SMA 路面，平坡路段超出约 5%、纵坡路段超出约 4%，表明 SUPERPAVE 路面在三种路面结构中抵抗车辙变形的能力最强，进入车辙变形第二阶段的时间点最晚。

### 5.5.6　不同路面结构干预时机的确定

以浙江省沪杭甬高速公路（杭州至宁波方向）为实例（车道系数为 0.3），根据其 2012 年的运营监测数据，统计汇总出 2012 年度标准轴载作用次数为 5 856 603 次。沪杭甬高速公路行车道轮迹带轮迹分布频率值为 37.13%。通过式(5.89) 计算得到的不同路面结构的视觉干预时机见表 5.14。

**表 5.14　不同路面结构的视觉干预时机**

| 路面厚度 /cm | 18 | | 20 | | 22 | | 24 | |
|---|---|---|---|---|---|---|---|---|
| | 平坡路段 / 年 | 纵坡路段 / 年 | 平坡路段 / 年 | 纵坡路段 / 年 | 平坡路段 / 年 | 纵坡路段 / 年 | 平坡路段 / 年 | 纵坡路段 / 年 |
| 普通沥青路面 | 1.12 | 0.91 | 1.27 | 1.06 | 1.40 | 1.15 | 1.49 | 1.25 |
| SMA 沥青路面 | 1.23 | 1.09 | 1.40 | 1.27 | 1.54 | 1.42 | 1.67 | 1.56 |
| SUPERPAVE 沥青路面 | 1.32 | 1.16 | 1.47 | 1.32 | 1.59 | 1.46 | 1.70 | 1.58 |

综上，普通沥青路面平坡路段的视觉干预时机为 1.12 ～ 1.49 年，纵坡路段的干预时机为 0.91 ～ 1.25 年；SMA 沥青路面平坡路段的视觉干预时机为 1.23 ～ 1.67 年，纵坡路段的干预时机为 1.09 ～ 1.56 年；SUPERPAVE 沥青路面平坡路段的视觉干预时机为 1.32 ～ 1.70 年，纵坡路段的干预时机为 1.16 ～ 1.58 年。

### 5.5.7　视觉干预对沥青路面使用寿命影响

本节进一步探讨了视觉干预对延长沥青路面使用寿命的作用。以标准轴向荷载的集中范围为参考位置，基于 Miner 法则，即 Palmgren－Miner 线性损伤假设，标准轴载作用在沥青路面计算基准位置产生的疲劳损伤量及 1 个干预周期内计算基准位置的累计损伤

量($D$)为

$$D=\sum_{i=1}^{k}\frac{p_i n_i t}{N_f(\varepsilon_i)} \tag{5.93}$$

式中,$k$ 为参考位置的横向划分数;$p_i$ 为标准轴向荷载的分布频率;$n_i$ 为施加在路面上的标准轴向荷载的年累积时间;$N_f(\varepsilon_i)$ 为达到疲劳寿命之前的标准轴向荷载的作用次数,根据路面底部的拉伸应变来预测;$t$ 为用来对比的时间,设置干预标记前 $t$ 取值为 2,设置标记后每个阶段 $t$ 值为 2/3。

表 5.15 记录了三种干预标线计算基准位置的累计疲劳损伤量。$D_L$ 和 $D_T$ 分别定义为路面底部纵向和横向拉伸应变引起的疲劳损伤。

**表 5.15　三种干预标线计算基准位置的累计疲劳损伤量**

| 标线类型 | 疲劳损伤量 | | 未设置干预标线 | 设置干预标线 | | | |
|---|---|---|---|---|---|---|---|
| | | | | 第一阶段 | 第二阶段 | 第三阶段 | 疲劳损伤总量 |
| 矩形 | 左侧轮迹 | $D_L$ | $2.78\times10^{-3}$ | $0.60\times10^{-3}$ | $0.93\times10^{-3}$ | $0.64\times10^{-3}$ | $2.17\times10^{-3}$ |
| | | $D_T$ | $6.47\times10^{-3}$ | $1.02\times10^{-3}$ | $2.16\times10^{-3}$ | $1.80\times10^{-3}$ | $4.98\times10^{-3}$ |
| | 右侧轮迹 | $D_L$ | $2.64\times10^{-3}$ | $0.55\times10^{-3}$ | $0.88\times10^{-3}$ | $0.73\times10^{-3}$ | $2.16\times10^{-3}$ |
| | | $D_T$ | $5.46\times10^{-3}$ | $0.89\times10^{-3}$ | $1.82\times10^{-3}$ | $1.90\times10^{-3}$ | $4.61\times10^{-3}$ |
| 菱形 | 左侧轮迹 | $D_L$ | $2.82\times10^{-3}$ | $0.61\times10^{-3}$ | $0.94\times10^{-3}$ | $0.48\times10^{-3}$ | $2.03\times10^{-3}$ |
| | | $D_T$ | $6.80\times10^{-3}$ | $1.13\times10^{-3}$ | $2.27\times10^{-3}$ | $1.61\times10^{-3}$ | $5.01\times10^{-3}$ |
| | 右侧轮迹 | $D_L$ | $2.72\times10^{-3}$ | $0.59\times10^{-3}$ | $0.91\times10^{-3}$ | $0.58\times10^{-3}$ | $2.08\times10^{-3}$ |
| | | $D_T$ | $6.53\times10^{-3}$ | $1.07\times10^{-3}$ | $2.18\times10^{-3}$ | $1.74\times10^{-3}$ | $4.99\times10^{-3}$ |
| 梳齿形 | 左侧轮迹 | $D_L$ | $2.81\times10^{-3}$ | $0.36\times10^{-3}$ | $0.94\times10^{-3}$ | $0.65\times10^{-3}$ | $1.95\times10^{-3}$ |
| | | $D_T$ | $6.59\times10^{-3}$ | $0.73\times10^{-3}$ | $2.20\times10^{-3}$ | $1.70\times10^{-3}$ | $4.63\times10^{-3}$ |
| | 右侧轮迹 | $D_L$ | $2.69\times10^{-3}$ | $0.58\times10^{-3}$ | $0.90\times10^{-3}$ | $0.74\times10^{-3}$ | $2.08\times10^{-3}$ |
| | | $D_T$ | $6.19\times10^{-3}$ | $0.98\times10^{-3}$ | $2.06\times10^{-3}$ | $1.76\times10^{-3}$ | $4.80\times10^{-3}$ |

根据对比结果,本书提出的三种干预标线均起到了减少路面标准轴载集中区域疲劳损伤的作用,减少标准轴载集中区域路面损伤量为 16% ~ 31%,不考虑其他因素对路面使用寿命的影响,减少路面损伤相当于延长了路面的使用寿命,则在一个干预周期内,实施视觉干预可延长路面 16% ~ 31% 的使用寿命。

在实施视觉干预前,路面标准轴载集中区域横向拉应变产生的疲劳损伤量为纵向拉应变的 2.1 ~ 2.5 倍,表明车轮荷载作用下路面产生的横向拉应变是造成路面疲劳损伤的主要原因,但纵向拉应变产生的疲劳损伤量也不容忽视。设置视觉干预标线后,视觉干预减少的横向拉应变产生的损伤量为 16% ~ 30%,减少纵向拉应变产生的损伤量为 18% ~31%,表明无论是纵向拉应变,还是横向拉应变产生的疲劳损伤,视觉干预减少路面疲劳损伤的效果基本相同。

根据不同干预阶段的损伤量对比结果,第一阶段由纵向拉应变产生的疲劳损伤量与第三阶段所产生的疲劳损伤量大致相当,但是第一阶段由横向拉应变产生的疲劳损伤量远小于第三阶段,表明干预标线设置在行车方向左侧,即靠近驾驶员一侧时,视觉干预减少的路面疲劳损伤要明显大于将干预标线设置在行车方向右侧时减少的损伤量。

### 5.5.8　基本框架

确定视觉干预时机的基本框架如图 5.36 所示。

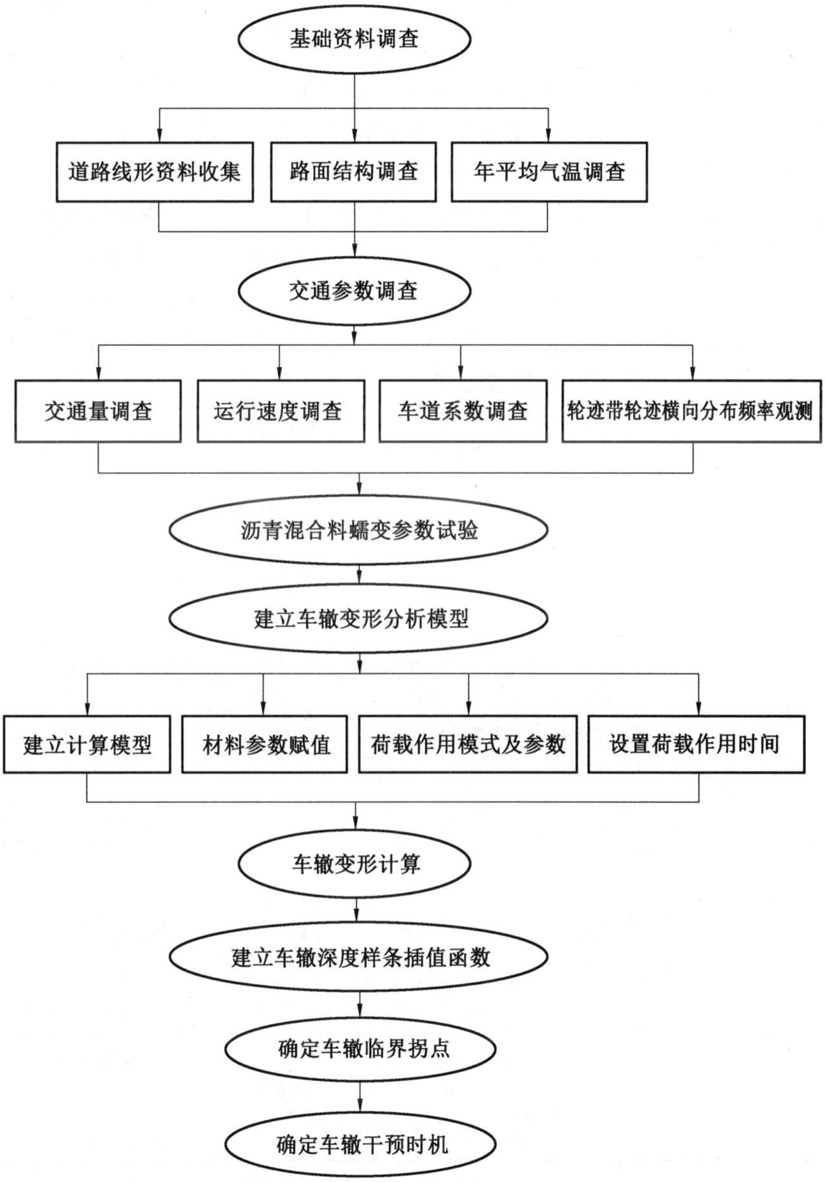


图 5.36　视觉干预时机的基本框架图

# 5.6 融雪化冰路面的数值模拟

## 5.6.1 计算模型

路面积雪结冰威胁行车安全,在弯道、纵坡、桥面、隧道进出口等特殊路段尤为严重。尤其当初冬和残冬季节昼夜温差大,雨雪时气温较高而雨雪后气温降低,路面极易形成薄冰,抗滑能力急剧下降。对于这种薄冰,人工、机械清扫无能为力,撒砂、撒盐只是滞后措施。超薄导电磨耗层具备电热转变能力,通过电加热可实现融雪化冰。

超薄导电磨耗层应满足基本行车荷载作用下的路面力学性能要求,尤其需要明确加热融雪化冰过程对路面力学性能的影响。为此,本节使用路面结构的简化模型,模型结构为:超薄导电磨耗层由 4 mm 玄武岩碎石层,2 ~ 3 mm 环氧树脂加 15% ~ 20%(质量分数)石墨,40 mm 细粒式改性沥青铺装层 SMA-13,60 mm 中粒式沥青混凝土 AC-20,80 mm 水泥混凝土层 C40,及 200 mm 的 C55 水泥混凝土模拟桥面板组成,桥面铺装结构示意图如图 5.37 所示,结构层材料参数见表 5.16。

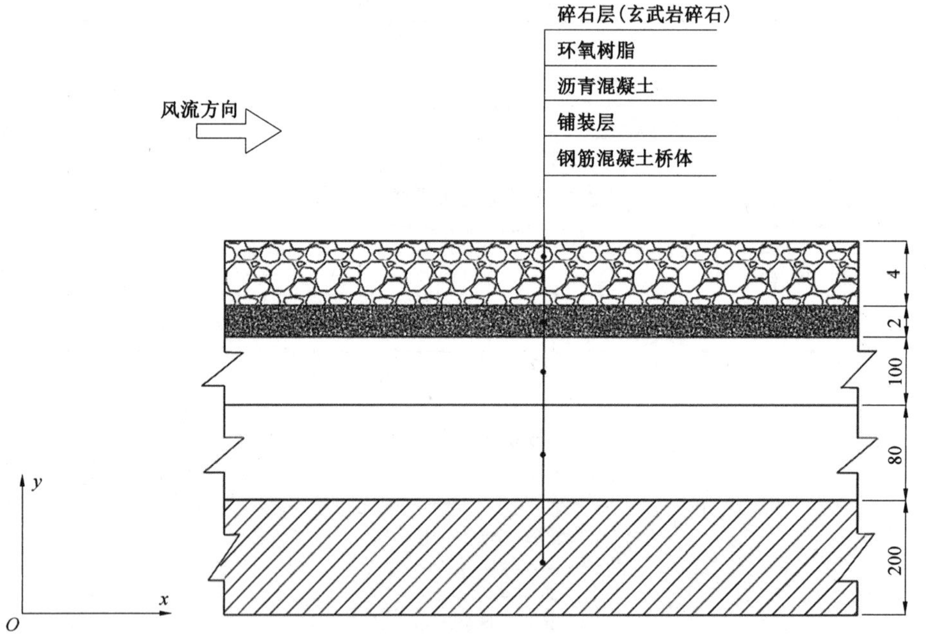


图 5.37 桥面铺装结构示意图

**表 5.16 结构层材料参数**

| 材料 | 弹性模量 /MPa | 泊松比 | 厚度 /mm |
|---|---|---|---|
| 玄武岩碎石层 | 160 | 0.28 | 4 |
| 环氧树脂层 | 10 000 | 0.34 | 2 |
| 玄武岩碎石层+环氧树脂层 | 2 128 | 0.29 | 5 |

**续表5.16**

| 材料 | 弹性模量 /MPa | 泊松比 | 厚度 /mm |
|---|---|---|---|
| 沥青混凝土层 | 1 300 | 0.32 | 100 |
| C40 水泥混凝土层 | 32 500 | 0.24 | 80 |
| C55 水泥混凝土层 | 35 500 | 0.17 | 200 |

假设路面各结构层为均匀、连续、各向同性的连续弹性体，层与层之间完全连续，考虑铺设方案为双向两车道铺筑，因此计算宽度取 4 m，行车方向计算长度为 10 m。

由于超薄导电磨耗层的制备工艺为在环氧树脂与石墨混合层上均匀铺撒玄武岩碎石，并将其压入，环氧树脂层和玄武岩碎石层的等效板如图 5.38 所示。因此，将环氧树脂层、石墨混合层与玄武岩碎石层合成一层，计算合成后的弹性模量及厚度分别为 2 128 MPa 和 4.85 mm (≈ 5 mm)，其计算式为

$$\begin{cases} E_x = \dfrac{h_1^2 E_1 + h_2^2 E_2}{h_1^2 + h_2^2} \\ h_x = \left(\dfrac{12 D_x}{E_x}\right)^{1/3} \\ D_x = \dfrac{E_1 h_1^3 + E_2 h_2^3}{12} + \dfrac{(h_1 + h_2)^2}{4}\left(\dfrac{1}{E_1 h_1} + \dfrac{1}{E_2 h_2}\right)^{-1} \end{cases} \tag{5.94}$$

式中，$E_x$ 为合成后的当量回弹模量，MPa；$h_1$、$h_2$ 分别为环氧树脂层和玄武岩碎石层的厚度，m；$E_1$、$E_2$ 分别为环氧树脂层和玄武岩碎石层的回弹模量，MPa；$h_x$ 为合成后的当量厚度，m；$D_x$ 为环氧树脂层和玄武岩碎石层的等效板的当量弯曲刚度，MN · m。

图 5.38　环氧树脂层和玄武岩碎石层的等效板

行车计算荷载采用规范规定的标准双轮轴载为 100 kN，胎压为 0.7 MPa。边界条件为各结构层法向方向约束，玄武岩碎石层＋环氧树脂层、SMA－13 层、AC－20 层、C40 层侧向自由，C55 水泥混凝土层侧向约束，其底部完全约束。模型如图 5.39 ～ 5.41 所示。

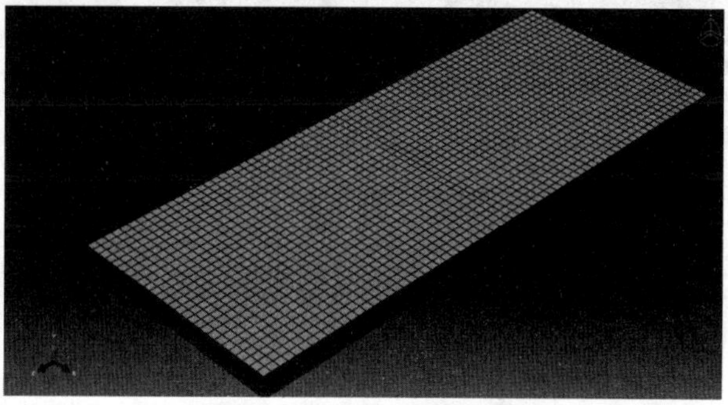

图 5.39　荷载应力整体模型

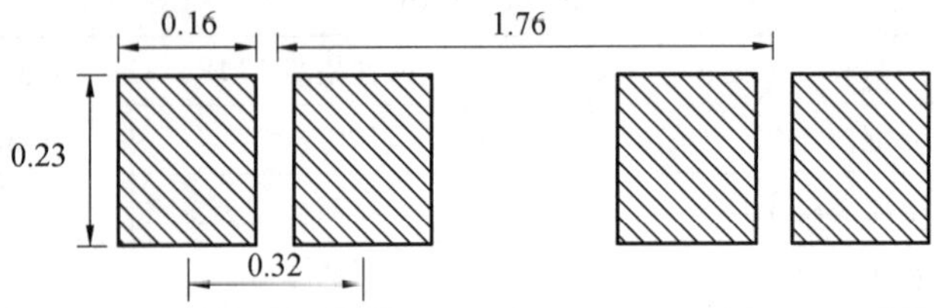


图 5.40　荷载布置形式

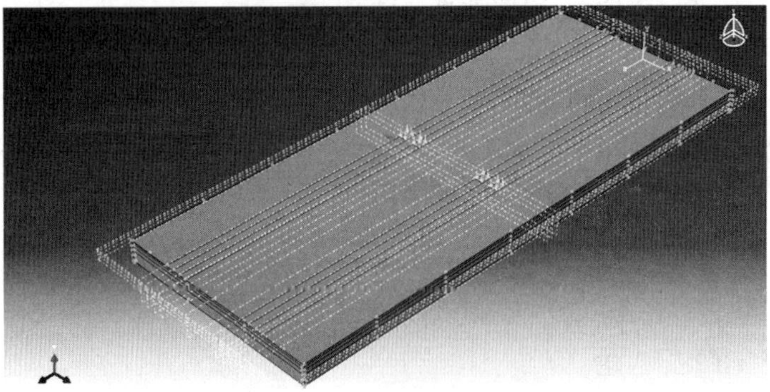

图 5.41　边界及加载模式

## 5.6.2　计算结果与讨论

分别选用铺装层最大剪应力、最大拉压应变、最大拉压应力作为路面结构的受力分析。通过计算得到路面 Mises 应力云图，如图 5.42 所示。最大应力为 0.227 9 MPa，融雪化冰路面有限元计算结果见表 5.17。

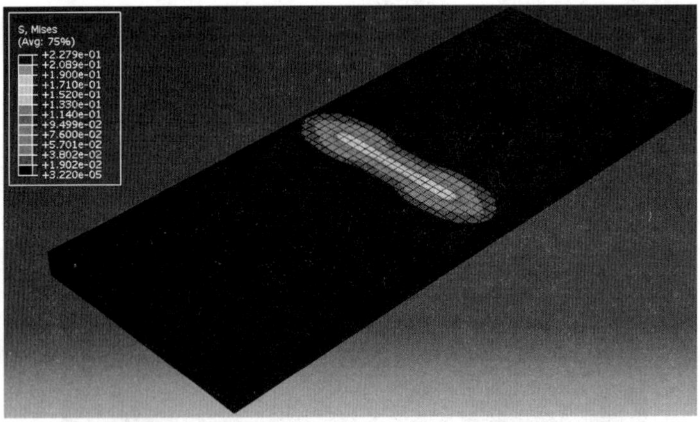


图 5.42　融雪化冰路面路面 Mises 应力云图

**表 5.17　融雪化冰路面有限元计算结果**

| 层内最大剪应力 /MPa | SMA 层底最大拉应变 /με | AC 层底最大拉应变 /με | 层内最大拉应力 /MPa | 桥面板顶面最大竖向应变 /με |
|---|---|---|---|---|
| 0.236 | 396 | 191 | 0.180 | 1 774 |

由上述的分析结果可知，超薄导电磨耗层路面在行车荷载的单独作用下能够满足路面结构要求。

### 5.6.3　温度作用下的路面力学响应

**1. 计算模型**

超薄导电磨耗层的融雪化冰主要依赖于导电磨耗层的电热效应。本节利用 Abaqus 进行有限元建模，考查发热功率、磨耗层厚度对融雪化冰效果的影响。两个计算模型的区别在于是否考虑了 1.2 mm 厚度的冰层的影响。

本节计算的环境温度为 −5 ℃，风速为 12 m/s，桥面模拟的计算长度及宽度均为 4 m，桥面结构如图 5.43 所示，超薄导电磨耗层路面各层材料热力学参数见表 5.18。

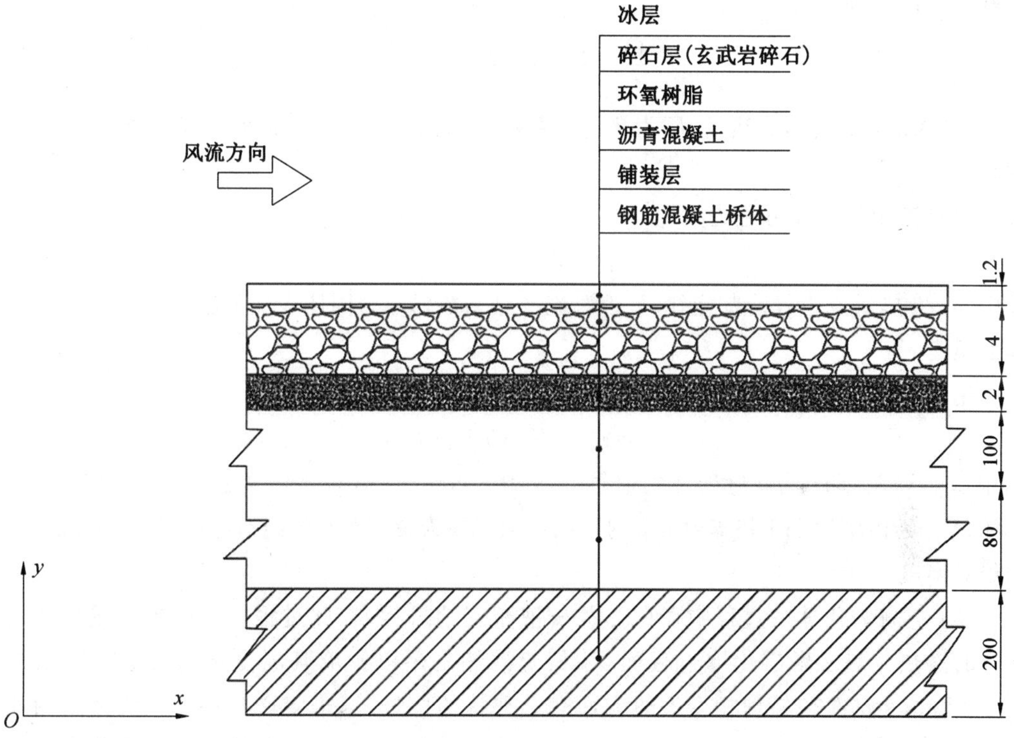


图 5.43　桥面结构

**表 5.18　超薄导电磨耗层路面各层材料热力学参数**

| 材料 | 密度 /(kg·m$^{-3}$) | 比热容 /(J·kg$^{-1}$·℃$^{-1}$) | 导热系数 /(W·m$^{-1}$·℃$^{-1}$) | 线膨胀系数 /(×10$^{-5}$ ℃$^{-1}$) |
|---|---|---|---|---|
| 冰层 | 917 | 2 050 | 2.2 | 5.1 |
| 环氧树脂导电覆层 | 1 191 | 468 | 1.2 | 1.24 |
| 沥青混凝土层 | 2 100 | 1 680 | 1.05 | 2.0 |
| 水泥混凝土铺装层 | 2 500 | 920 | 1.7 | 1.0 |
| 钢筋混凝土 | 2 500 | 920 | 1.74 | 1.1 |

(1) 在热量损失方面，由于水平方向的温度均一，模型的侧面为绝热。路表面顶层的冰雪与气候温度相同。按照前文的设计方案，玄武岩碎石镶嵌于环氧树脂导电覆层(简称导电覆层)的表面，但导电覆层与玄武岩碎石层的热力学参数相差较大，因此将玄武岩碎石层与导电覆层分为两层考虑。

(2) 传热过程由热传导、对流、辐射三种基本传热方式组成。在超薄导电磨耗层导电发热的过程中，热量通过这三种方式作用于结构，一般情况下，冷 / 热气流通过热辐射及对流传递给结构边界面，结构内部主要以导热方式传递热量，其中，导电磨耗层为持续发热层。考虑风速为 12 m/s 时的对流换热系数为 38 W/(m$^2$ · ℃)，冰的热辐射率为 0.98，Stefan－Boltzmann 常数为 $5.67\times10^{-8}$ W/(m$^2$ · ℃$^4$)，热传导、对流以及热辐射可用热传导基本定律来描述，即

$$\frac{Q}{t}=\frac{KA(T_{\text{hot}}-T_{\text{cold}})}{d} \tag{5.95}$$

式中，$Q$ 为时间 $t$ 内的传热量；$K$ 为热传导系数；$T$ 为温度；$A$ 为平面面积；$d$ 为两平面之间的距离。

热对流牛顿冷却方程为

$$q''=h(T_{\text{s}}-T_{\text{B}}) \tag{5.96}$$

式中，$q''$ 为热对流牛顿冷却定律；$h$ 为对流换热系数；$T_{\text{s}}$ 为固体表面的温度；$T_{\text{B}}$ 为周围流体的温度。

用 Stefan－Boltzmann 方程来描述两物体之间的热辐射，即

$$q=\varepsilon\sigma A_1F_{12}(T_1^4-T_2^4) \tag{5.97}$$

式中，$q$ 为热流率；$\varepsilon$ 为实际物体的辐射率；$\sigma$ 为 Stefan－Boltzmann 常数；$A_1$ 为辐射面 1 的面积；$F_{12}$ 为由辐射面 1 到辐射面 2 的形状系数；$T_1$ 为辐射面 1 的绝对温度；$T_2$ 为辐射面 2 的绝对温度。

(3) 在融雪化冰的过程中存在着固－液相变的过程，在此过程中将要吸收或释放出一定的潜热。对于融雪化冰过程而言，相变潜热是足以影响其温度场的最重要因素之一。Abaqus 软件在处理相变潜热方面有着独特的优势，只需定义材料液相线和固相线处的温度和潜热即可。由于环境温度为 －10 ℃，因此，冰从 －10 ℃ 变化到 0 ℃ 将会产生相变，即由 0 ℃ 的冰变成 0 ℃ 的水，在此过程中冰的潜热为 332.73 kJ/kg，假设相变温度由 －1 ℃ 到 0 ℃，对流换热系数仍为 38 W/(m$^2$ · ℃)，考虑 2 mm 厚冰层。

(4) 假设分析时不考虑桥墩与承台的变形，主要考虑在温度场作用下沥青混凝土层、水泥混凝土层等各层层内及各层层间的受力情况。因此，在设定荷载边界条件时，钢筋混凝土桥面板底部固结。

**2. 计算结果及讨论**

首先计算在发热功率为 300 W/m$^2$ 时的路面温度场，然后利用计算得到的温度场进一步分析在边界条件制约下所产生的温度应力。

通过有限元计算发现，当施加的发热功率为 300 W/m$^2$ 时，通电 150 min 后冰层顶面

温度已从 −5 ℃ 上升到 1.007 ℃，说明此时顶层的冰雪已经完全融化。图 5.44 所示为通电150 min 后融冰路面结构温度云图。

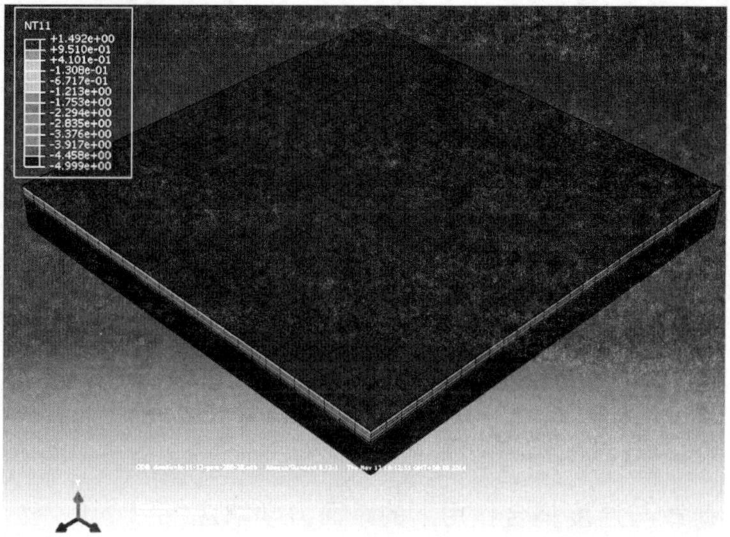


图 5.44　通电 150 min 后融冰路面结构温度云图

根据上述有限元计算得到的温度场，进一步计算在该温度场下导电沥青混凝土路面所产生的温度应力，其控制指标为：最大剪应力、最大竖向应变和最大拉应力。图 5.45 和图5.46 所示为整个路面温度场由 −5 ℃ 变化至图 5.44 所示温度场时温度荷载所产生的温度应力及应变。温度升高，四周又受到边界的约束，因此，从有限元分析结果来看，路面结构层内主要以压应力为主，最大压应力值为 − 0.21 MPa，而整体路面结构的最大主应力仅为 0.03 MPa，最大剪应力值为 0.012 MPa，而最大拉应变为 296.9 $\mu\varepsilon$。

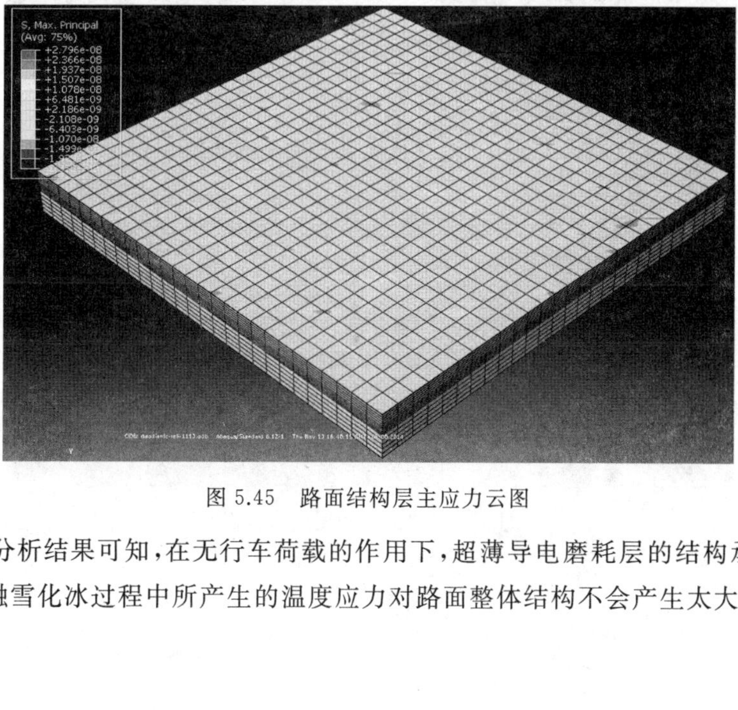


图 5.45　路面结构层主应力云图

由以上分析结果可知，在无行车荷载的作用下，超薄导电磨耗层的结构承载层（除功能层外）在融雪化冰过程中所产生的温度应力对路面整体结构不会产生太大影响。

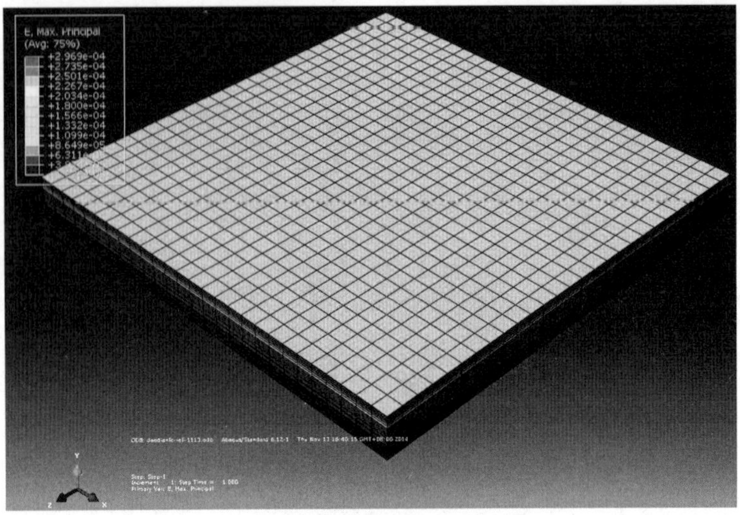


图 5.46　路面结构层应变云图

## 5.6.4　荷载与温度耦合作用下的路面力学响应

同时，考虑车辆荷载与温度场共同作用下的路面力学响应，车辆荷载形式同 5.6.1 节描述相同，温度场仍为发热功率 300 W/m$^2$，环境温度为 －5 ℃，对流换热系数为 38 W/(m$^2$ · ℃)的情形下得到，如图 5.44 所示。有限元模型同 5.6.1 节与 5.6.2 节描述，计算结果如图 5.47 ～ 5.49 和表 5.19 所示。图 5.47 和图 5.48 分别给出了各结构层的应力云图和剪应力云图。层内最大拉应力为 0.314 MPa，层内最大剪应力为 0.386 MPa，层内最大拉应变及竖向应变分别为 172.0 με 和377.9 με。

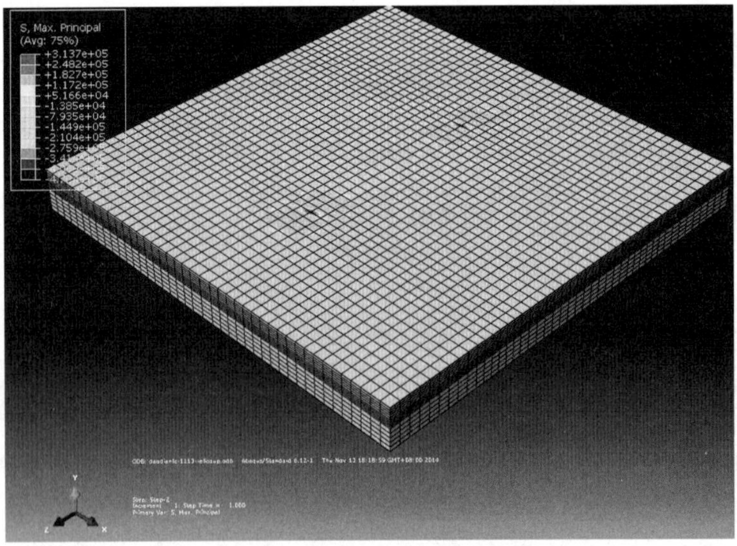


图 5.47　路面结构层应力云图

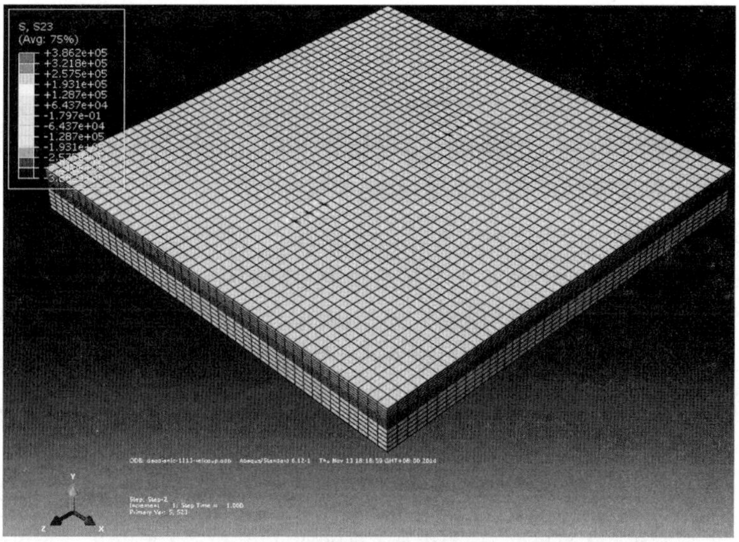


图 5.48　路面结构层剪应力云图

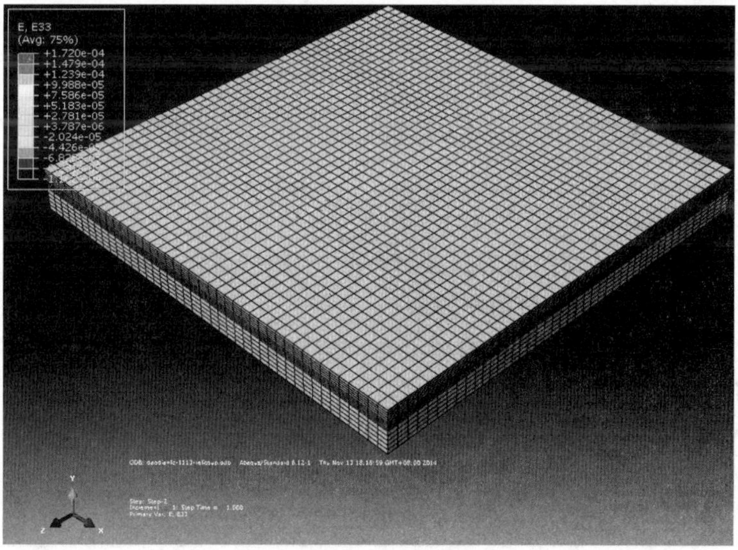


图 5.49　路面拉应变云图

**表 5.19　荷载与温度耦合作用有限元计算结果**

| 层内最大拉应力 /MPa | 层内最大拉应变 /με | 层内最大剪应力 /MPa | 层内最大竖向应变 /με |
|---|---|---|---|
| 0.314 | 172.0 | 0.386 | 377.9 |

由上述的分析结果可知，超薄导电磨耗层的结构承载层（除功能层外）在行车与温度的耦合作用下基本能够满足路面结构要求。

### 5.6.5 影响因素分析

考查不同参数(包括环境温度、发热功率、磨耗层厚度及对流换热系数)的影响下,温度应力及车辆荷载耦合作用下的路面力学分析。有限元模型及各材料参数同5.6.1节中描述相同。计算结果仅考虑结构承载层(除功能层外)。

**1. 环境温度的影响**

超薄导电磨耗层的路面结构形式及材料不变,发热功率为300 W/m$^2$,对流换热系数为38 W/(m$^2$·℃),考虑不同环境温度的影响,有限元计算结果见表5.20。从计算结果来看,环境温度的改变对路面整体结构的受力状态影响不大,仅对层内的最大竖向应变的影响较大。这是因为当环境温度降低,在相同的发热功率下,路表所能升至的最高温度也相应降低,路面整体的温度梯度变化大致相同,因而,计算得到的受力状态变化也不大。

**表5.20 不同环境温度下的有限元计算结果**

| 环境温度/℃ | 层内最大拉应力/MPa | 层内最大拉应变/με | 层内最大剪应力/MPa | 层内最大竖向应变/με |
|---|---|---|---|---|
| −10 | 0.313 | 172.0 | 0.386 | 379.1 |
| −8 | 0.313 | 172.0 | 0.386 | 378.6 |
| −5 | 0.314 | 172.0 | 0.386 | 377.9 |
| −2 | 0.314 | 172.0 | 0.386 | 898.6 |

**2. 发热功率的影响**

超薄导电磨耗层的路面结构形式及材料不变,环境温度为−5 ℃,对流换热系数为38 W/(m$^2$·℃),考虑不同发热功率的影响,有限元计算结果见表5.21。从计算结果来看,随着发热功率的增大,路表温度有所上升,最大增幅为3 ℃,因而,路面整体结构的温度场变化并不大,导致路面受力状态,尤其是最大拉应力及剪应力变化不大,但是随着发热功率的增大,层内最大竖向应变变化较大,而最大竖向应变主要出现在沥青混凝土层中,因此,发热功率的增大对路面结构有更高的要求。

**表5.21 不同发热功率下的有限元计算结果**

| 发热功率/(W·m$^{-2}$) | 层内最大拉应力/MPa | 层内最大拉应变/με | 层内最大剪应力/MPa | 层内最大竖向应变/με |
|---|---|---|---|---|
| 250 | 0.329 | 172.0 | 0.386 | 330.3 |
| 300 | 0.314 | 172.0 | 0.386 | 377.9 |
| 350 | 0.300 | 172.0 | 0.386 | 425.5 |

**3. 超薄磨耗层厚度的影响**

考虑环氧树脂层厚度变化,玄武岩碎石层及其他各结构层材料及厚度不变,环境温度为−5 ℃,对流换热系数为38 W/(m$^2$·℃),发热功率为300 W/m$^2$,有限元计算结果见表5.22。从计算结果来看,随着导电覆层厚度的增加,除层内最大竖向应变外,结构层内的应力水平都会有所缓解,因此,可适当考虑增加磨耗层厚度。

表 5.22　不同环氧树脂层厚度下的有限元计算结果

| 环氧树脂层厚度 /mm | 层内最大拉应力 /MPa | 层内最大拉应变 /με | 层内最大剪应力 /MPa | 层内最大竖向应变 /με |
|---|---|---|---|---|
| 3 | 0.526 | 295.9 | 0.386 | 388.7 |
| 5 | 0.314 | 172.0 | 0.386 | 377.9 |
| 7 | 0.278 | 169.6 | 0.380 | 504.5 |

**4. 对流换热系数的影响**

超薄导电磨耗层的路面结构形式及材料不变，环境温度为 −5 ℃，发热功率为 300 $W/m^2$（考虑对流换热系数的影响）。路表面的对流换热系数与风速有密切关系，风力等级越大，则对流换热系数越大，有限元计算结果见表 5.23。从计算结果来看，对流换热系数对路面结构有一定的影响，但影响并不大。对流换热系数越高，结构内部的温度梯度变化也相对变大，因此，结构层内的最大拉应力及剪应力会有所上升，但总体均能保证路面结构的可靠性。

表 5.23　不同对流换热系数下的有限元计算结果

| 对流换热系数 /($W \cdot m^{-2} \cdot ℃^{-1}$) | 层内最大拉应力 /MPa | 层内最大拉应变 /με | 层内最大剪应力 /MPa | 层内最大竖向应变 /με |
|---|---|---|---|---|
| 8 | 0.190 | 172.0 | 0.386 | 779.8 |
| 18 | 0.243 | 172.0 | 0.386 | 682.2 |
| 28 | 0.277 | 172.0 | 0.386 | 514.8 |
| 38 | 0.314 | 172.0 | 0.386 | 377.9 |

### 5.6.6　小结

本节考查了超薄导电磨耗层路面在行车荷载单独作用、导电加热单独作用，及荷载与温度耦合作用下的路面结构受力状态。从上述分析结果来看，在各受力状态下，结构承载层基本能够满足路面结构要求。还考查了不同参数（包括环境温度、发热功率、磨耗层厚度及对流换热系数）的影响下，温度应力及车辆荷载耦合作用下的路面受力状态。从分析结果来看，层内最大拉应力及剪应力对各参数的敏感性不强，在环境的变化下均能满足路面结构的可靠性。

## 本章小结

开发 SAFEM 算法是为了更好地预测沥青路面在静止或移动荷载作用下的力学响应。通过与 BISAR 软件和现场测量的数据比较，验证了该算法的准确性。解析法验证表明，由 SAFEM 和 BISAR 得出的路面响应高度一致。需要强调的是，SAFEM 比 BISAR 的适用范围更广。SAFEM 的预测值大部分都在现场测量的误差允许范围内，进一步证明了其有效性。SAFEM 在反算法中的应用实现了快速而精确地预测沥青路面力学响应的目标。

目前的SAFEM算法为后续开发提供了灵活可靠的基础。在下一步的开发中,更多的材料性质,例如路面底基层的非线性弹性等,都可以引入;为了模拟路面裂缝扩展的过程,可以将内聚力单元与有限元模型相结合。有了这些改进,SAFEM将能更合理地预测沥青路面的力学性能,以便适用于更加广泛的应用领域。

# 第 6 章　公路混合料的离散元数值仿真

公路混合料，顾名思义，是用于公路建设的混合物，主要成分包括矿质集料、黏结料及孔隙。矿质集料占据混合料的绝大部分体积，也决定了混合料的细观结构组成，是影响混合料性能的重要因素。显然，如何合理考虑集料形态和混合料细观结构特征成了数值仿真的关键问题。在公路混合料的离散元数值仿真方面，国内外研究者开展了很多尝试，取得了较大的研究进展。本章在总结国内外研究成果的基础上，从四个方面讨论公路混合料的离散元数值仿真，包括离散单元法及其商用软件基础、公路混合料的细观结构与离散元模型、公路混合料的力学特征与离散元模型和应用案例解析。

## 6.1　离散单元法及其商用软件基础

### 6.1.1　离散单元法

在传统力学理论中，基于连续、小变形假设的材料力学和弹性力学难以表征颗粒间的相互作用，因此，不能直接用于评价公路混合料的力学行为。由于公路混合料中的颗粒粒径较大，超出了有效应力原理的使用条件，因此，土力学理论也很难直接用于混合料设计与力学评价中。随着计算机和现代图像技术的快速发展，数值仿真方法得到了快速发展，也逐步应用到公路混合料性能预测与评价中。

离散单元法(Discrete element method，Distinct element method)是一种应用最为广泛的数值计算方法，主要用来计算大量颗粒在给定条件下如何运动。1971 年，Cundall 提出此方法时采用 Distinct element method 是为了与连续介质力学中的 Finite element method 相区别。后来用 Discrete element method 取代了 Distinct element method，以反映系统是离散的这一本质特征。1971 年，Cundall 提出适用于岩石力学的离散单元法，1979 年，Cundall 和 Strack 又提出适用于土力学的离散单元法，并推出二维圆盘(Disc)程序 BALL 和三维圆球程序 TRUBAL(后发展成商业软件 PFC－2D/3D)，形成较系统的模型与方法，被称为软颗粒模型。

离散单元法的核心是牛顿第二定律和基于有差分方程的松弛迭代(图 6.1)，根据块体的几何形状及其邻接块体的关系，建立运动方程，采用以时步渐进迭代的动态松弛显式解法，求出每一时步块体位置和接触力，反复迭代直到平衡状态。

ITASCA 是 1981 年由美国明尼苏达大学 5 位教师联合创办的岩石力学技术机构，因为这些创始人当初在北美首创了岩石力学学科，并组织创立了国际岩石力学学会，因此，ITASCA 在业界被认为是世界岩石力学学科的发源地之一。ITASCA 员工在英国、美国、瑞典获院士席位 4 席，历任国际岩石力学学会主席 1 期、副主席 2 期，1 人次获国际岩石力学学会最高奖 ——Muller 奖，多人获 Rocha 奖，造就了一批理论与实践高度结合的国际一流水平工程问题专家。该机构开发了3款离散单元法软件UDEC、3DEC和PFC。相对于其他两种软件,PFC在公路工程中应用较为广泛。

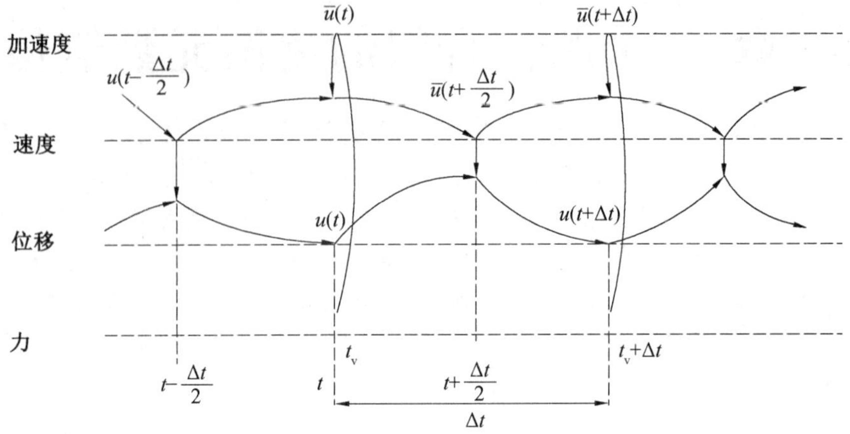


图 6.1 基于牛顿定律的松弛迭代过程

PFC是Particle Flow Code的简称,又名颗粒流。在PFC模型中,介质的基本构成为颗粒(Particle),可以增加黏结,介质的宏观力学特性(如本构)取决于颗粒和黏结的几何与力学特性。这与国内20世纪80年代岩石力学界比较流行的实验室"地质力学"模型试验很相似,该试验往往是用砂(颗粒)和石膏(黏结剂)混合,按照相似理论来模拟岩体的力学特性。颗粒之间的力学关系非常简单,即牛顿第二定律。颗粒之间的接触破坏可以分为剪切和张开两种形式,当介质中颗粒间的接触关系(如断开)发生变化时,介质的宏观力学特性受到影响,即介质内颗粒接触状态的变化决定了介质的本构关系。因此,在PFC计算中不需要给材料定义宏观本构关系和对应的参数,这些传统的力学特性和参数通过程序自动获得,而定义它们的是颗粒和黏结的几何和力学参数,如颗粒级配、刚度、摩擦力、黏结介质强度等微力学参数。

### 6.1.2 离散元软件 PFC 5.0 Suite 的基本概念

自20世纪90年代PFC问世以来,它已经更新到第6个版本,即PFC 6.0 Suite。由于PFC 5.0 Suite和PFC 6.0 Suite在程序架构上差异不大,且前者是后者的基础。因此,本书主要介绍PFC 5.0 Suite及其应用,本节内容包括构成几何模型的基本元件、描述相互作用的接触模型、控制仿真过程的循环计算与时间步长、表征模拟结果的测量区域与历史四个部分。

(1) 构成几何模型的基本元件是"实体"和"组元"。在PFC 5.0 Suite中,共有三类实体,它们是ball、clump和wall,对应的组元分别是ball、pebble和facet。ball既是实体,又是组元,不再赘述。pebble与ball的形状相同,都是球形的。clump是由多个pebble组成的实体,不同pebble之间可以相互嵌入,模拟具有特殊形状的颗粒。组元pebble构成实体clump如图6.2所示,用不同数量的pebble形成clump,模拟一个集料颗粒。显然,从左到右随着pebble数量的增加,clump的表面越来越光滑,形状也越来越接近真实形状。

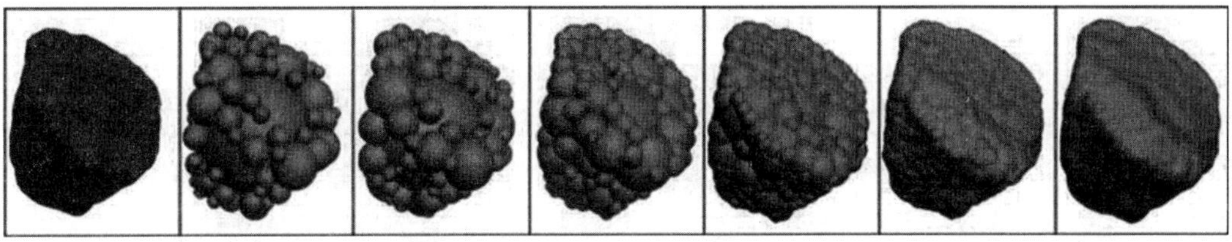

图 6.2　组元 pebble 构成实体 clump

在 2D 模型中，facet 是由两个顶点形成的线段；在 3D 模型中，facet 是由三个顶点形成的三角形平面。如图 6.3 所示，wall 是由多个 facet 组成的实体，facet 相连接可以构成复杂的 wall。如图 6.4 所示，随着 facet 数量的增加，被模拟实体的形状越来越真实。

(a) 拌和器　　(b) 齿轮

图 6.3　多个 facet 组合构成具有复杂形状的 wall 实体

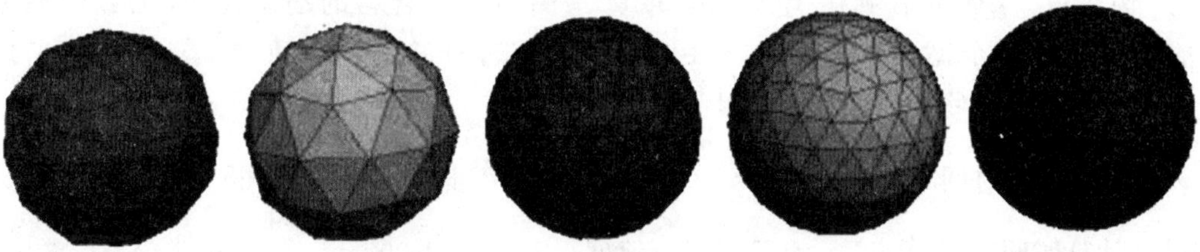

图 6.4　组元 facet 形成实体 wall

(2) 描述相互作用的接触模型有三类：刚度模型(Stiffness model)、滑移模型(Slip model) 和黏结模型(Bond model)。刚度模型表征力与位移之间的关系，代表材料的变形特征：

$$F_n = K_n S_n \tag{6.1}$$

$$F_s = K_s S_s \tag{6.2}$$

式中，$F_n$、$F_s$ 为接触点处的法向力和切向力；$S_n$、$S_s$ 为接触点处的法向位移和切向位移；$K_n$、$K_s$ 为接触点处的法向刚度和切向刚度。

滑移模型和黏结模型为接触点破坏提供判据，表征接触力与接触点极限承载能力之间的关系，代表材料的强度特征。滑移模型用于判别两个相互接触的颗粒是否滑移，黏结模型用于判别相互黏结的两个颗粒是否因黏结失效而分离。

**表 6.1　滑移模型和黏结模型对比描述**

| 模型种类 | 滑移或失效前 | 滑移或失效后 |
|---|---|---|
| 滑移模型 | 按照刚度模型计算接触力和相对位移 | 仍然按照刚度模型计算法向力和相对位移，但切向相对位移和接触力应按照动摩擦计算 |
| 黏结模型 | | 模型不再具有抗拉能力，接触力与位移由刚度模型确定 |

对于无黏结混合料，颗粒之间的相互作用可由刚度模型和滑移模型来表征，刚度模型代表变形特征，滑移模型代表强度特征。对于黏结混合料，颗粒之间的相互作用一般由三种模型组成，刚度模型代表变形特征，强度特征表现如下。

① 黏结模型失效之前，黏结模型代表强度特征，滑移模型处于待命状态。

② 黏结模型失效，滑移模型替代黏结模型表征接触点的强度特征。

(3) 控制仿真过程的循环计算与时间步长关乎 PFC 模型的计算效率与精度，是离散元数值仿真必须掌握的概念。如前所述，离散单元法的计算过程是基于牛顿定律和差分原理的动态松弛过程。动态松弛计算往往需要数以万计个循环步，因此，松弛计算过程也称为循环计算，每个循环步对应的真实物理时间定义为时间步长(简称时步)。

爱因斯坦在相对论中，把时间分为物理时间和心理时间，认为它们是人们认知同一事物的两个方面或两种渠道。在离散元数值仿真中，把时间分为物理时间和计算时间，它们是仿真者认知数值仿真的两个方面，具有重要意义。物理时间与现实世界对应，是指被模拟材料所经历的真实时间，是由时步和循环步数决定的。计算时间是计算机运行时间，是由循环步数和计算机运行速度决定的。

**例 6.1**　某研究者利用 PFC 5.0 Suite 预测沥青混合料的动态模量，加载频率为 0.1 Hz，加载 5 个循环。时步 $t_d = 10^{-8}$ s/ 循环步，计算机运行速度 $v_c = 1\ 000$ 循环步 /min。请计算物理时间和计算时间。

**解**　物理时间 $=5\times\dfrac{1}{0.1\ \text{Hz}}=50$ s＝时步×循环步数＝$10^8$ 循环步。循环步数 $=5\times 10^8$。计算时间＝循环步数 / 计算机运行速度 $=5\times10^8/1\ 000=5\times10^5$ min $=8\ 233.3$ h $=347.2$ 天。所以，此数值仿真对应的物理时间是 50 s，计算时间是 347.2 天。

通过例 6.1 不难发现，物理时间和计算时间差异较大，而时步和计算机运行速度是影响二者差异的两个参数。显然，347.2 天的计算时间是很难被接受的，如何才能缩短计算时间呢？

方法一：缩短物理时间。譬如在沥青混合料动态模量模拟中，利用加载频率与温度之间的等效原理，把实际温度和频率下的问题转化为高温高频问题，进而增加了频率，缩小了周期，减小了物理时间。如果时步和计算机运行速度不变，计算时间和物理时间成正比。假设通过频率－温度转换原理，原问题中的频率扩大 1 000 倍，物理时间缩短为原来的 1/1 000，计算时间也缩短为原来的 1/1 000。示例中的计算时间＝0.347 2 天是可以被接受的。

方法二:增大时步。把原问题中的时步扩大 1 000 倍,其他条件不变,循环步数就变为 $5\times10^5$,计算时间就变为 0.347 2 天,可以被接受。

值得注意的是,上述两种方法都是近似求解方法,都会影响计算精度,选择加速倍数时要慎重。时步影响计算精度与效率如图 6.5 所示。

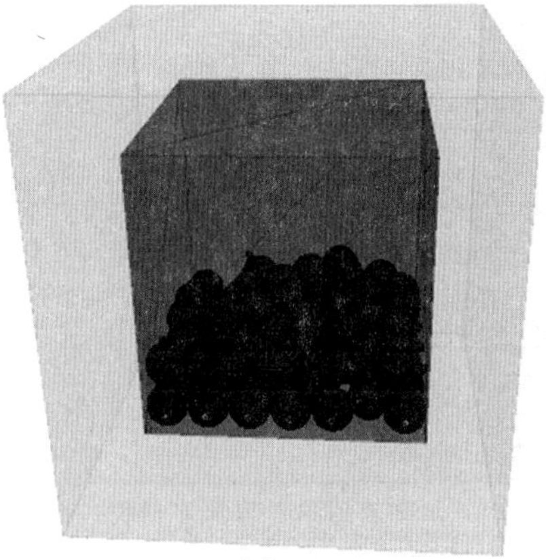

(a) 时步=0.001 s

(b) 时步=0.005 s

图 6.5　时步影响计算精度与效率

(4) 表征模拟结果的测量区域与历史是 PFC 5.0 Suite 仿真的重要环节之一。在离散单元法中,基本元件是离散的 ball 或 clump,它们之间通过接触模型相连接。边界扰动往往通过接触力链得以传递,并构建平衡体系。然而,在试验测试和传统力学理论中,人们习惯用应力和应变表征材料的力学行为或性能。如何建立 PFC 5.0 Suite 模型中的接触力或相对位移与传统的应力或应变之间的关联呢?于是,在 PFC 5.0 Suite 中就出现了计算平均应力和平均应变的方法:把包含在一定区域内的接触力加和,然后除以区域面积(2D 模型)或体积(3D 模型),求得平均应力;同理,把包含在一定区域内的相对位移或相对速度加和,然后除以区域盘面积或体积,求得平均应变或应变率。这种用于求解平均应力或应变的区域,就被称为测量区域。考虑到计算方便,测量区域形状选择圆盘(2D 模型)或球体(3D模型)。因此,测量区域也被称为测量圆或测量球。值得注意的是,测量圆(球)不仅用于求解平均应力或平均应变,还可以测试孔隙率、接触点个数、粒径分布等变量,具体参考 PFC 5.0 Suite 手册。

如前所述,离散单元法是基于牛顿定律和松弛迭代的数值方法,求解过程是从材料受到边界扰动到再平衡的整个过程。也就是说,离散单元法求解过程能够代表材料不同阶段的结构状态和力学行为。在 PFC 5.0 Suite 中用历史记录这一过程,并可以通过曲线、数据等形式输出,从而为材料设计与评价提供依据。测量区域和历史常常一起使用,测量区域协助计算,历史协助输出,为 PFC 5.0 Suite 仿真提供重要依据。

某单轴压缩试验仿真,圆柱形墙体(wall)作为侧向边界,上下两个平面墙体(wall)作为加载板,以 ball 为实体模拟碎石颗粒。为了求解上、中、下三个位置的平均应力、应变和孔隙率,设置三个测量球。通过测试球求得三个变量,并绘制曲线图,计算结果输出如

图 6.6 所示。

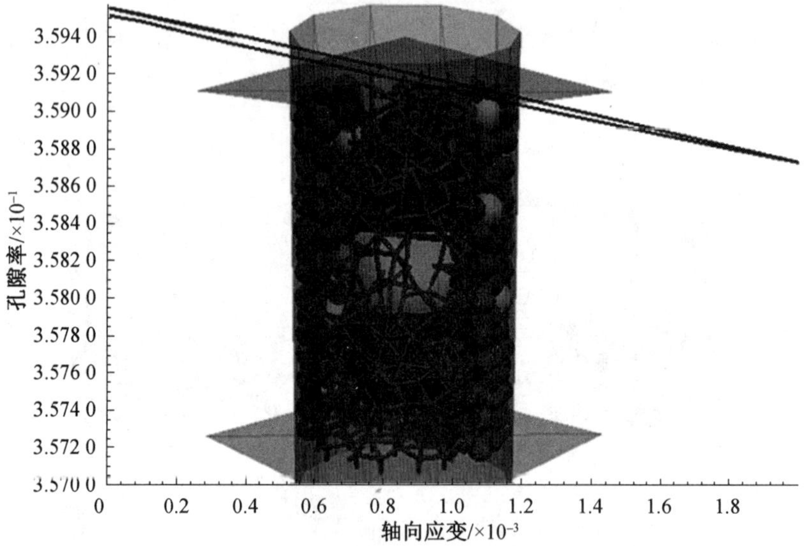


(a) 孔隙率随轴向应变变化曲线图

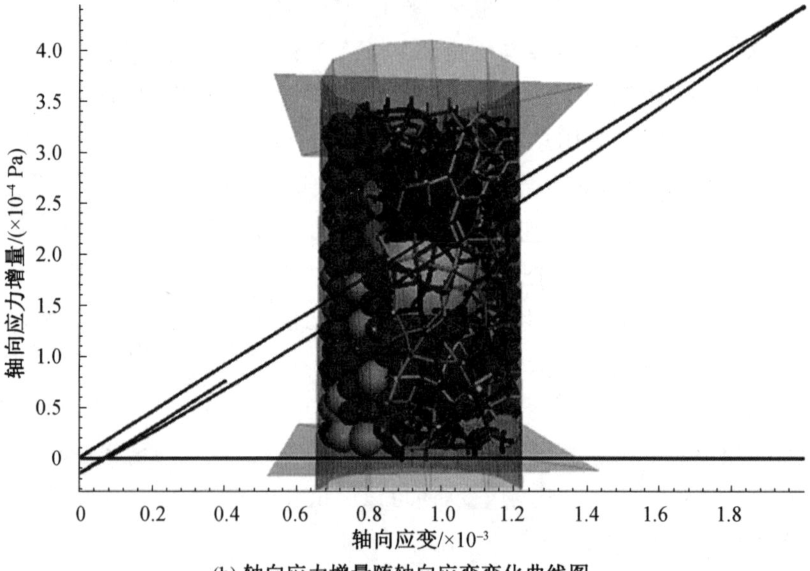


(b) 轴向应力增量随轴向应变变化曲线图

图 6.6　PFC 5.0 Suite 测量区域和历史应用示例

### 6.1.3　离散元软件 PFC 5.0 Suite 的语言

对人类而言，语言是心灵的窗口，通过语言，人与人之间能够相互沟通与理解。对软件而言，语言不仅仅是程序之间相互沟通的窗口，更是软件使用者与开发者之间的无声沟通与交流。正如人类可能掌握肢体语言、文字语言、口语等一样，PFC 5.0 Suite 也拥有多种语言，包括 Command、Fish、Python 等。其中，Fish 语言又分为内部 Fish 和自定义 Fish

两种。本节对它们简要介绍如下。

命令(Command) 是 PFC 5.0 Suite 的内置语言之一,格式简单,容易操作,但功能有限,用户只能按照命令格式实现一定的功能。命令由三部分组成,分别是对象、功能和关键词。譬如 ball create radius 0.5 x 0 y 0 z 0,对象是 ball,功能是 create,关键词是 radius、x、y 和 z,紧跟着关键词的数字是关键词的取值。这条命令执行结果是在坐标(0,0,0) 点产生一个半径为 0.5 的实体 ball。

内置 Fish 是 PFC 5.0 Suite 的另一种内置语言,格式也相对简单,功能相对命令更强大些,可以作为函数或参数使用,但对使用者的要求也较高。内置也由三部分给构成,分别是对象、功能和参数。譬如 b = ball.create(r,v1) 是个简单的内置函数,对象是 ball,功能是 create,参数包括自变量 r,v1 和因变量 b。利用该 Fish 函数,用户可以在位置 v1 产生一个半径为 r、ID 地址为 i 的球,球的地址为 b。

自定义 Fish 是 PFC 5.0 Suite 的一种用户自定义语言,应用灵活,功能自定。如图6.7所示,在自定义 Fish 中,用户可以自定义函数、参量和变量,可以直接利用内置 Fish,也可以应用 Command。

```
new  ;直接利用命令, 建立新程序
domain extent -10.0 10.0 ;直接利用命令, 建立domain
;ball create
define myfun (r,x,y,z) ;函数开始, 定义一个四参量函数
  v1 = vector(x,y,z) ;定义变量v1, 并利用内置Fish函数vector
  b=ball.create(r,v1);定义变量b, 并利用内置Fish函数ball.create
  i = ball.id(b);定义变量i, 并利用内置Fish函数ball.id
  myID=i+5;定义变量myID, 并做加法运算,
  command ;命令起点
     ball attribute density 2000   ;利用命令ball atribute
     list @i @myID                 ;利用命令list
  endcommand;命令结束点
end ;函数结束点                   ;
@myfun(4,0,0,0) ;执行函数
```

图 6.7　PFC 5.0 Suite 中语言的应用示例

Python 是 PFC 5.0 Suite 的另一种语言,应用灵活,计算速度较快,但用户需要花费较大的精力学习相关知识,因此,该语言不适合普通用户,应用也较少。

综上所述,Command、内置 Fish 和自定义 Fish 是 PFC 5.0 Suite 的三种语言,也是用户操纵该软件的三种基本方法。其中,Command 和内置 Fish 是软件所固有的,因此,用户只能按照固有的格式完成某项任务,而自定义 Fish 可以满足用户的多方面需求。关于三种语言的详细信息包含在 PFC 5.0 Suite 软件的 help 文件中,在此不做详细介绍。

### 6.1.4　Fish 函数范例 ——Fishtank

Fishtank 是自定义 Fish 函数组成,由 ITASCA 公司免费提供,用户可以通过该公司网站下载代码。用户可以根据具体项目需求,对源代码进行修改或补充。关于如何使用 Fishtank,用户可以参考相应的说明文件。本节主要介绍 Fishtank 的主要功能。

几何模型：通过 Fishtank，考虑试件的几何形状，可以构建长方体、圆柱体和球体三种虚拟试件（图 6.8 和图 6.9）；根据实体单元不同，可以构建两个大类模型：以 ball 为实体单元模拟颗粒的模型被称为 ball－based model，以 clump 为实体单元模拟颗粒的模型称为 clump－based model。图 6.8 所示的模型都是 ball－based model，而图 6.9 所示的模型为 clump－based model。

图 6.8　三种典型的 ball－based model

图 6.9　三种典型的 clump－based model

力学模型：在接触点处存在变形、滑移和分离三种情况，对应的三类接触模型分别是刚度模型、滑移模型和连接模型。刚度模型表征接触力与相对位移之间的关系，可以是线弹性模型、黏弹性模型等。在 Fishtank 中，刚度模型采用了线弹性模型。滑移模型定义参数是接触点的摩擦系数，仅有一种模型，不存在模型选择问题。连接模型也包含多种，在 Fishtank 中，可选的模型有 Flat joint model、Contact－bonded model 和 Parallel－bonded model。关于接触模型的具体信息与如何选择，请用户参考 PFC 5.0 Suite 帮助文件，在此不做赘述。

虚拟试验：通过 Fishtank 可以实现单轴压缩、三轴压缩、直接拉伸、间接拉伸试验；在试验过程中，可以监控应力、应变、孔隙、裂缝等关键参数；基本可以满足常规室内试验仿真需求。因此，对于大多数用户，不需要自主开发新程序，只需要在 Fishtank 代码基础上修改即可。

# 6.2　公路混合料的细观结构与离散元模型

## 6.2.1　公路混合料细观结构特征

公路混合料包括无黏结混合料、沥青混合料、无机结合料稳定类混合料、水泥混凝土混合料等，它们在细观结构组成上具有相似性和差异性。

**1.无黏结混合料**

无黏结混合料的主要成分是不同粒径的矿质颗粒（又称为集料），最大粒径可能超过80 mm，最小粒径比0.075 mm还小。三种典型粒径的颗粒混合料结构示意图如图6.10所示，按照三种粒径产生的混合料，在100 kPa围压条件下成型。可以看出，三种混合料的总体孔隙率几乎相等（约32%）；大颗粒混合料中，颗粒数目较少，孔隙较大，且分布不均匀；而小颗粒混合料中，颗粒数目较多，孔隙较小且分布均匀。

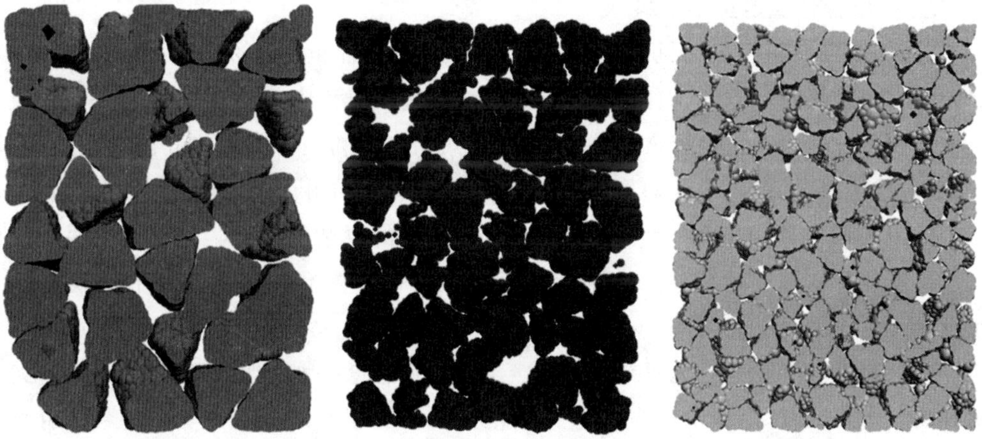

(a) 粒径16~19 mm　　(b) 粒径9.5~13.2 mm　　(c) 粒径4.75~9.5 mm

图 6.10　三种典型粒径的颗粒混合料结构示意图

在公路工程中，组合不同粒径的矿质颗粒，通过配比设计，形成不同类型的颗粒混合料，包括无黏结混合料，还包括级配碎石、级配砾石、级配砂砾、未筛分砂砾、土石混合物等。由于不同粒径的颗粒在混合料中发挥作用不同，把它们分为粗集料（大于2.36 mm）、细集料（小于2.36 mm）和填料（小于0.075 mm）。显然，粗集料具有较高的抗变形能力，容易形成强力链，是影响混合料骨架结构的主要因素，而细集料和填料具有相对较弱的抗变形能力，能够形成弱力链，起填充和稳定作用。故此，当粗集料多而细集料和填料少时，粗集料形成骨架，而细集料不足以填充粗集料间隙，形成骨架孔隙结构；当粗集料多而细集料和矿粉含量适中时，粗集料形成骨架，而细集料能够充分填充粗集料间隙，形成骨架密实结构；当粗集料少而细集料多时，粗集料形不成骨架，悬浮在细集料形成的介质中，形成悬浮密实结构。

**2.沥青混合料**

与无黏结混合料相比，沥青混合料增加了沥青作为黏结料。由于施工过程中沥青处于流动状态，比细集料和矿粉更容易填充孔隙。故此，就混合料细观结构组成而言，沥青具有两个身份：填料和黏结料。由于黏结作用，沥青与矿粉结合形成沥青胶浆，沥青胶浆与细集料结合形成沥青砂浆，沥青砂浆与粗集料结合形成沥青混合料。显然，沥青不能充当骨架，而是起到填充和黏结的作用：当粗集料多而沥青砂浆少时，粗集料形成骨架，而沥青砂浆不足以填充粗集料间隙，形成骨架孔隙结构；当粗集料多而沥青砂浆含量适中时，粗集料形成骨架，而沥青砂浆能够充分填充粗集料间隙，形成骨架密实结构；当粗集料少而沥青砂浆多时，粗集料形不成骨架，悬浮在沥青砂浆中，形成悬浮密实结构。

值得注意的是，沥青与矿质集料之间的可逆黏结：温度升高，黏结变弱，集料颗粒获得释放，沥青混合料类似于无黏结混合料；温度降低，黏结变强，集料颗粒获得约束，沥青混合料类似于水泥混凝土材料。

**3.无机结合料稳定类混合料**

与无黏结混合料相比，无机结合料稳定类混合料增加了水化物作为黏结料。产生水化物的原材料包括水、水泥、石灰、粉煤灰等。由于施工过程中，水处于流动状态且无机材料（水泥、石灰、粉煤灰）的颗粒粒径极小，比细集料和矿粉更容易填充孔隙。故此，就混合料细观结构组成而言，水化物具有两个身份：填料和黏结料。不同于沥青胶浆的形成过程，水化物的形成伴随着水、无机料和矿质填料之间的复杂物理化学反应。在通常条件下，水化反应是不可逆的，因此，获得黏结后，矿质集料颗粒不会重新获得自由（除非黏结断裂）。

按照颗粒粒径的大小，无机结合料稳定类混合料也可以划分为骨架孔隙结构、骨架密实结构和悬浮结构。由于水化物的抗变形能力很高，无机结合料稳定类混合料具有相对较高的抗变形能力，但容易产生环境引起的开裂。

**4.水泥混凝土混合料**

与以上混合料相比，水泥混凝土混合料以水泥为黏结料，颗粒材料仍然是矿质集料。由于施工方法大多采用浇筑成型，对施工和易性要求较高，粗集料含量相对较少，对级配的要求也相对较低。按照颗粒粒径的大小，水泥混凝土混合料也可以划分为骨架孔隙结构、骨架密实结构和悬浮结构。由于水化物的抗变形能力很高，水泥混凝土混合料抗变形能力很强，具有非常大的抗变形能力，主要矛盾转化为环境引起的开裂问题。

综上分析，矿质集料和黏结料含量对公路混合料的细观结构具有重要影响，具体表现如下。

① 粗集料含量决定骨架特征，可以划分为骨架型和悬浮型结构。

② 细集料、填料和黏结料决定密实度，可以划分为空隙型和密实型。

③ 黏结料决定混合料类型，即无黏结混合料、沥青混合料、无机结合料稳定类混合料和水泥混凝土混合料。

### 6.2.2　混合料的自定义数值模型

随着计算机和数值方法的快速发展,虚拟仿真技术成为了人类认识客观世界的一种不可或缺的重要手段,正在发挥越来越重要的作用。就混合料数值模型构建而言,自定义模型是指集料颗粒、黏结料、空隙等参数都由用户定义。当参数不能直接获取时,采用随机产生的方式获取,譬如颗粒形状可以通过随机多边形或多面体来模拟,颗粒的空间分布也可以通过随机产生来实现等。下面介绍几种自定义模型。

(1) 自定义离散元模型－Ⅰ:圆盘和圆球模型。

颗粒流计算软件的特点之一是基本计算单元为圆球(三维)或圆盘(二维),因此,仿真圆形颗粒集合体比较精确。早期研究者也用圆盘或圆球仿真集料,用以构建沥青混合料细观结构,称之为自定义离散元模型－Ⅰ(图 6.11)。显然,此类模型仿真精度较低,但计算效率很高,适用于对精度要求不高的定量分析和做复杂模型前的定性分析。

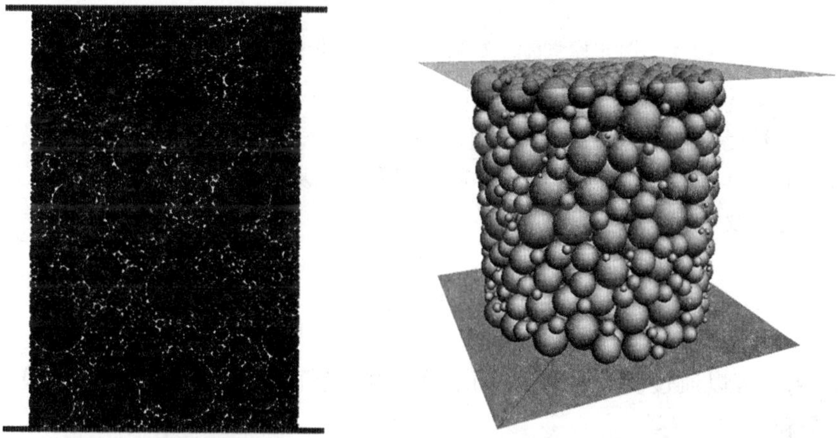

(a) 二维圆盘模型　　(b) 三维圆球模型

图 6.11　自定义离散元模型－Ⅰ:圆盘和圆球模型

(2) 自定义离散元模型－Ⅱ:椭球模型。

为了仿真不规则颗粒形成的混合料,颗粒流(PFC)中有两种方法:其一,由多个基本单元(圆球或圆盘)组成不规则形状的颗粒,颗粒内部的基本单元不参与循环计算,也不会产生位移或开裂,称为 clump(块)方法;其二,由多个基本单元(圆球或圆盘)组成不规则形状的颗粒,颗粒内部的基本单元参与计算,颗粒可变形和开裂,称为 cluster(簇)方法。两种方法各有优缺点,前者具有较高的计算效率,但不能仿真集料颗粒本身的变形和开裂问题;后者具有较低的计算效率,但能够真实地仿真颗粒内部的变形与开裂。

作者在 2011 年采用 cluster 方法,提出了椭球模型,也称为自定义离散元模型－Ⅱ,如图 6.12 所示。集料颗粒由椭球体仿真,由一簇相互结合的离散单元(圆球)形成的,其三个主轴的取值代表相应集料颗粒的最长、中间和最短的尺寸。该模型具有如下特点。

① 用户可以控制三个主轴的长度和方向,仿真集料的形状和方向角。

② 用户可以控制集料长边的大小,按一定级配产生集料颗粒。

③ 虽然椭球不能真实模拟集料颗粒,但能够代表集料颗粒的主要几何特征。

因此,在精度上明显高于自定义离散元模型－I。

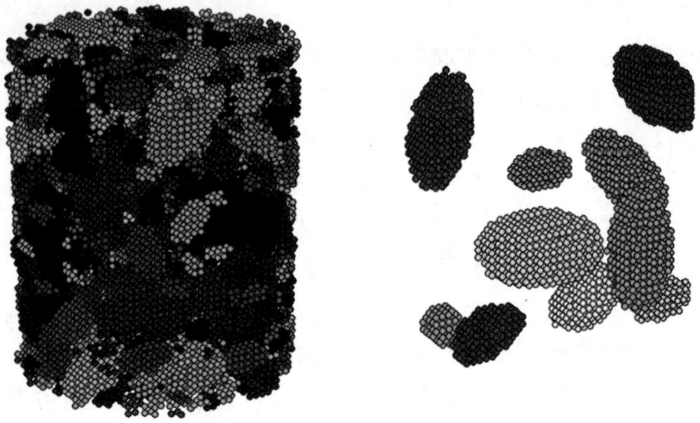

(a) 混合料模型　　(b) 代表性颗粒

图 6.12　自定义离散元模型－Ⅱ:椭球模型

(3) 自定义离散元模型－Ⅲ:破裂面模型。

破裂面个数是 Superpave 混合料设计中对集料的一个控制指标。破裂面模型是利用破裂表面的椭球体来模拟集料颗粒,并可以按照一定级配产生混合料,如图 6.13 所示。破裂面由平面定义,其数学表达式为

$$\frac{x}{m}+\frac{y}{n}+\frac{z}{p}=1 \tag{6.3}$$

式中,$m$、$n$、$p$ 分别为 $x$、$y$、$z$ 坐标轴上的取值。

显然,用户可以通过设定 $m$、$n$、$p$ 的取值控制破裂面的位置和尺寸,从而模拟不同形状的集料颗粒。

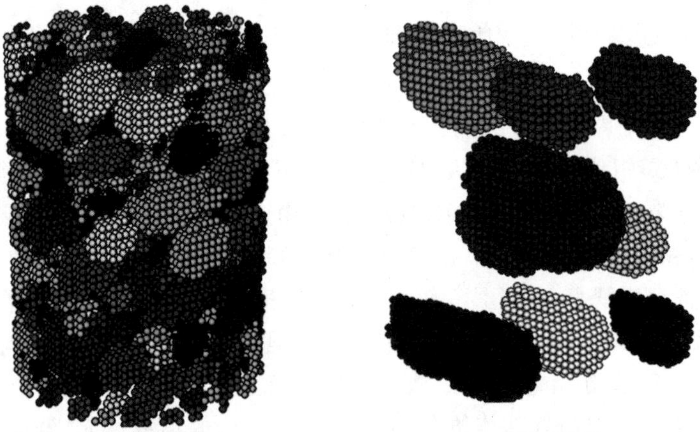

(a) 混合料模型　　(b) 代表性颗粒

图 6.13　自定义离散元模型－Ⅲ:破裂面模型

作者在 2011 年采用 cluster 方法，提出了破裂面模型，也称为自定义离散元模型－Ⅲ，如图 6.13 所示。集料颗粒由具有破裂面的椭球体仿真，由一簇相互结合的离散单元（圆球）形成的，其三个主轴的取值代表相应集料颗粒的最长、中间和最短的尺寸（破裂面位置可以切断短轴和中间轴，但不能切断长轴）。该模型具有如下特点。

① 用户可以控制三个主轴的长度和方向，仿真集料的形状和方向角。

② 用户可以控制集料长边的大小，按一定级配产生集料颗粒。

③ 虽然具有破裂面的椭球不能真实模拟集料颗粒，但能够代表集料颗粒的主要几何特征，而且能够模拟破裂面特征。

因此，在精度上高于自定义离散元模型－Ⅰ和自定义离散元模型－Ⅱ。

### 6.2.3　基于混合料图像的数值模型

显然，采用自定义数值模型能够在一定程度上仿真混合料的三个基本组分，但与真实混合料的差别较大，包括集料形状、空间分布、空隙等。为了更真实地仿真混合料，研究者们早在 21 世纪初就开始探索基于图像技术的沥青混合料数字重构技术，分别提出了二维和三维模型（图 6.14）。

(a) 二维模型

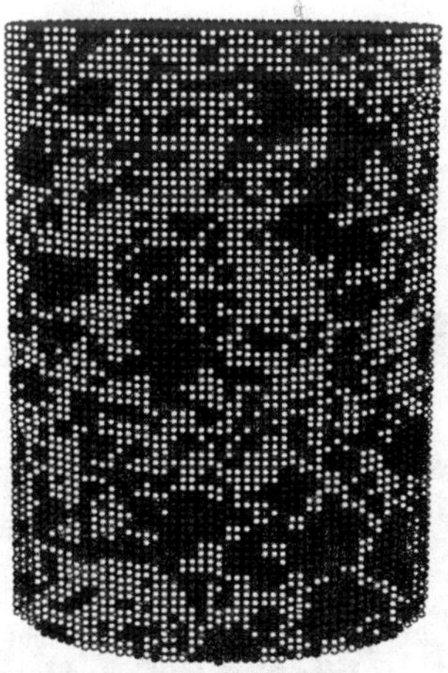

(b) 三维模型

图 6.14　基于混合料图像的离散元模

基于沥青混合料图像的离散元模型可以追溯到 21 世纪初，美国伊利诺伊大学著名教授 Buttlar 的研究团队采用的二维模型。在二维模型的基础上，他的学生尤占平教授在密歇根理工大学带领团队开发了三维模型并用于研究沥青混凝土的变形特性。2008 年以来，基于沥青混合料图像的离散元模型正在逐步成熟，得到了广泛关注，具有如下特点。

① 由于离散元模型直接来源于沥青混合料的图像，因此，不仅集料颗粒形状能够精确仿真，而且沥青和空隙分布能较为准确地仿真。

② 一般采用 cluster 方法建模，模型精度与单元大小直接相关，一般需要大量的离散

单元，严重影响计算效率。

③ 如何分离相邻集料颗粒，如何在建模时准确仿真集料－集料交界处、集料－沥青交界处和集料－空隙交界是难以解决的关键问题之一。

④ 由于离散元模型来源于沥青混合料的图像，必须在建模之前成型沥青混合料，所以，该类模型一般用于模型校正，很难用于进行大量计算分析。

### 6.2.4 基于集料图像的数值模型

如上所述，自定义离散元模型简单，精度低，但效率高，而且不依赖于试验测试，可以用于设计、机理分析和根据其他需要进行仿真分析；而基于混合料图像的模型虽然具有较高的精度，但计算效率低，而且依赖于试验，很难进行大量的仿真分析。在此背景之下，作者在开发与应用自定义离散元模型和基于混合料图像的模型之后，先后采用 X 射线 CT 和 3D 扫描仪扫描集料颗粒，提出基于集料图像的仿真模型，包括如下研究成果。

(1) 提出 X 射线 CT 扫描集料的载物装置（图 6.15）。通过该装置，一次性可以扫描 48 颗集料，大大提高了扫描速度。

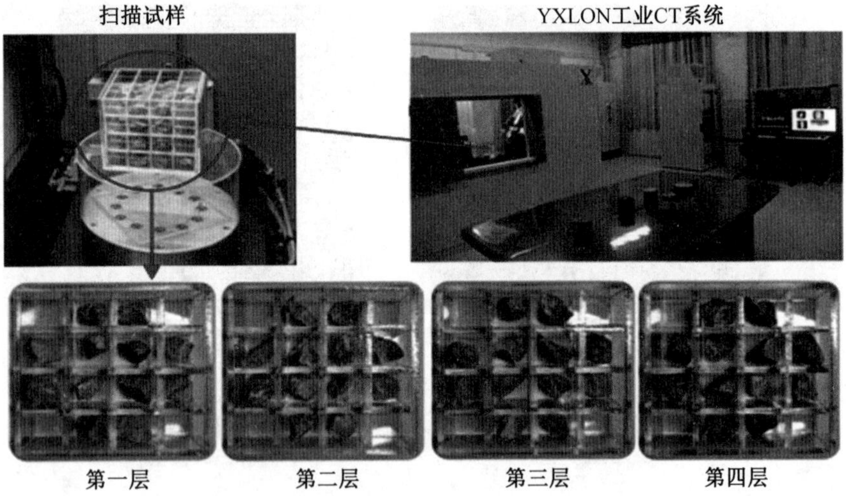


图 6.15 X 射线 CT 扫描集料的载物装置

(2) 基于MATLAB开发了二维和三维X射线CT图像分析方法(图6.16和图6.17)。通过图像分析，获取集料图像的傅里叶函数和球面调谐函数的基本参数，为数字重构集料颗粒提供基本参数。

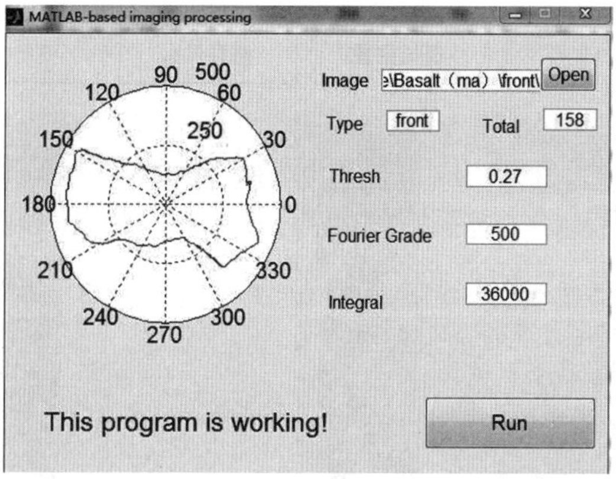


图 6.16　基于 MATLAB 的 X 射线 CT 二维图像处理方法

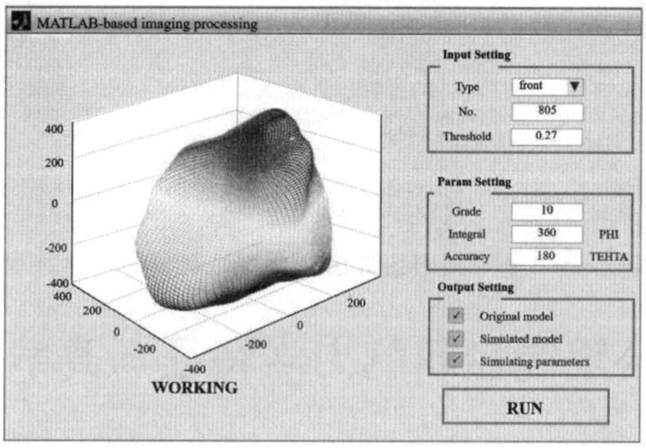


图 6.17　基于 MATLAB 的 X 射线 CT 三维图像处理方法

(3) 基于 3D 扫描的集料图像技术(图 6.18)。基于 3D 扫描，获取集料的基本几何信息，形成数据库，为数值仿真提供基础保障。

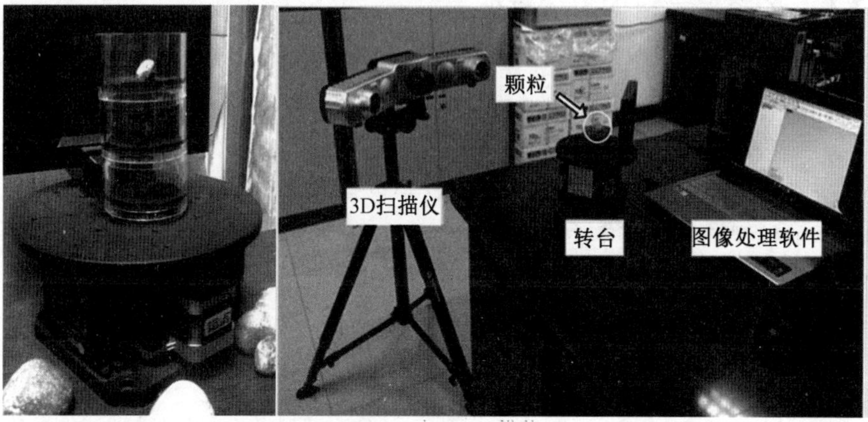


图 6.18　室内 3D 扫描装置

(4) 构建数据信息库，包括集料的 X 射线 CT 图像、3D 扫描图像、傅里叶函数、球面调谐函数等。

(5) 基于数据库信息，构建基于集料图像的混合料仿真模型，如图 6.19 所示。

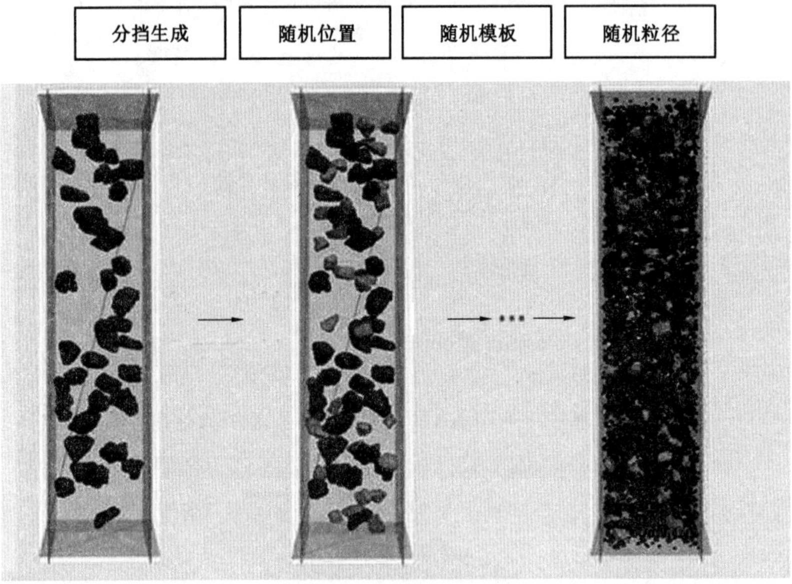


(a) 第1步：产生粒径19~26.5 mm颗粒　(b) 第2步：产生粒径16~19 mm颗粒　(c) 第6步：产生粒径0~2.36 mm颗粒

图 6.19　基于集料图像的混合料仿真模型构建过程

## 6.3　公路混合料的力学特征与离散元模型

如前所述，公路混合料的主要组分是颗粒，通过颗粒之间的相互作用传递边界效应。6.2 节描述了混合料的细观结构特征，并介绍了常见的数值模型。混合料颗粒具有哪些力学特征呢？在离散单元法中，有哪些力学模型呢？本节将对此进行讨论。

### 6.3.1　公路混合料的力学特征

在力学方面，公路混合料不仅表现为独特的变形、强度和疲劳特性，还拥有环境抗力、挤压膨胀和拱效应特征。本节将从如下 4 个方面分别介绍。

(1) 基本力学元件。

在连续介质力学背景下，弹、黏、塑性是认识材料力学特性的最基本单元，用于模拟三种基本单元的模型被称为基本力学元件。如图 6.20 所示，三种基本力学元件是弹簧、黏壶和滑块，用于模拟线弹性、线黏性和线塑性。

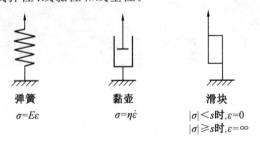

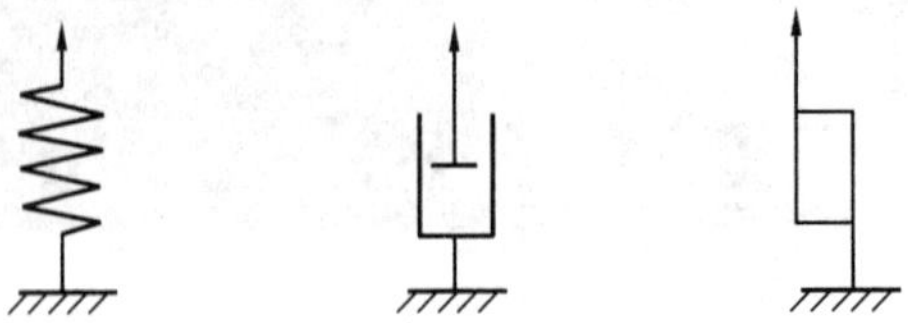

弹簧 $\sigma=E\varepsilon$　黏壶 $\sigma=\eta\dot{\varepsilon}$　滑块 $|\sigma|<s$时，$\varepsilon=0$；$|\sigma|\geqslant s$时，$\varepsilon=\infty$

图 6.20　三种基本力学元件

三种基本力学元件的合理组合可以形成复杂的组合模型或组合元件，用以最大程度地反映材料真实的力学特征。下面分析两种典型的组合元件。

① 麦克斯韦(Maxwell) 模型。

如图 6.21(a) 所示，弹簧和黏壶串联，作用在两个元件上的应力相同，而变形不同，总应变是两个元件的应变之和，即

$$\begin{cases}\sigma_1 = E\varepsilon_1 \\ \sigma_2 = \eta\dot{\varepsilon}_2 \\ \sigma_1 = \sigma_2 = \sigma \\ \varepsilon_1 + \varepsilon_2 = \varepsilon\end{cases} \rightarrow \begin{cases}\dfrac{\sigma}{E} = \dot{\varepsilon}_1 \\ \dfrac{\sigma}{\eta} = \dot{\varepsilon}_2\end{cases} \rightarrow \dot{\varepsilon} = \frac{\dot{\sigma}}{E} + \frac{\sigma}{\eta} \tag{6.4}$$

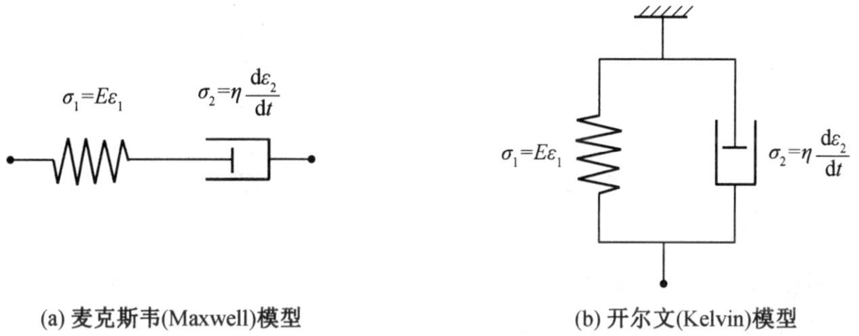


图 6.21　两种典型的黏－弹元件组合模型

② 开尔文(Kelvin) 模型。

如图 6.21(b) 所示，弹簧和黏壶并联，作用在两个元件上的应变相同，而应力不同，总应力是两个元件上的总应力之和，即

$$\begin{cases}\sigma_1 = E\varepsilon_1 \\ \sigma_2 = \eta\dot{\varepsilon}_2 \\ \sigma_1 = \sigma_2 = \sigma \\ \varepsilon_1 + \varepsilon_2 = \varepsilon\end{cases} \rightarrow \begin{cases}\sigma_1 = E\varepsilon \\ \sigma_2 = \eta\dot{\varepsilon}_2\end{cases} \rightarrow \sigma = E\varepsilon + \eta\dot{\varepsilon} \tag{6.5}$$

(2) 材料的变形特征。

对应三种基本力学元件的变形是弹性变形、塑性变形、黏性变形；对应组合元件的变形包括弹塑性变形、黏弹性变形、黏塑性变形、黏弹塑性变形等。图 6.22 所示是一个典型组合元件的时间－应变曲线。在加载阶段，弹性变形在加载的一瞬间产生，接着是其他时间依赖性的变形，包括黏性、黏弹性、塑性和黏塑性等。在卸载阶段，弹性变形也迅速恢复，而黏弹性变形随着时间逐步恢复，剩余的变形为不可恢复变形，包括塑性变形、黏性流动变形和没有来得及恢复的黏弹性变形。

变形表征材料抵抗外界作用的力学行为，代表材料的基本性质或“性格”，一般通过模量或刚度来表征。对于以弹性变形为主的材料，可以用弹性模量来表征，对于具有塑性变形的材料，一般用回弹模量来表征，而具有黏性特征的材料则可用劲度模量来表征。详细

内容请读者参考相关资料，在此不做赘述。

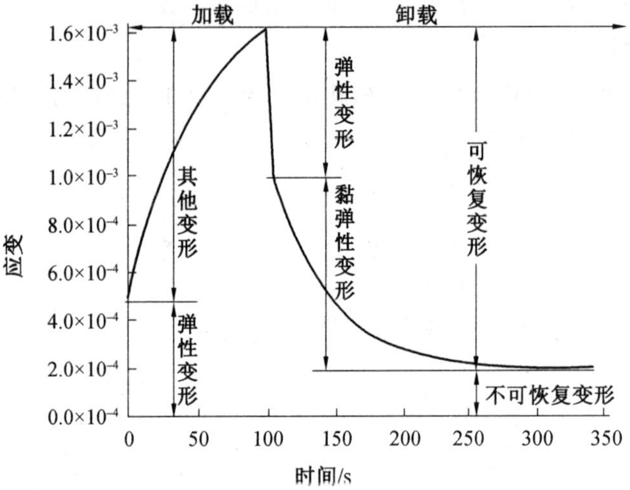


图 6.22　复杂组合元件的变形特征示意图

(3) 材料的强度特征。

强度是材料抵抗外部作用的能力。由于公路混合料的主要组分是颗粒，强度符合摩尔库仑定律，内摩擦力和黏聚力是材料内部的两种抵抗外部作用的重要能力。根据受力状态差异，材料强度可分为抗压、抗剪、抗弯、抗拉。因此，路面材料的强度特性可以总结为：四类强度、两类抗力。一切影响两类抗力的因素都可能影响四类强度。

(4) 材料的疲劳特征。

疲劳也是材料抵抗外部作用的一种能力，用以表征小应力和重复荷载作用下路面材料的抗力。疲劳问题可以用如下三个概念和一个曲线来描述。

疲劳强度：在较小荷载(一般比极限荷载小得多)作用下，材料内部的应力远小于极限强度，材料不会发生极限破坏。因此，经过很多次循环后，材料才会破坏。这个小应力就是疲劳强度。

疲劳寿命：在特定疲劳强度下，材料达到规定损伤所需要的加载次数。一般而言，疲劳强度越大，疲劳寿命越短，反之亦然。

疲劳极限：当疲劳强度足够小时，疲劳寿命就足够长。一般而言，路面的疲劳寿命超过 40 年，可以称之为长寿命路面。显然，为了让路面长寿，疲劳强度要足够小(沥青层应变应小于 70 微应变)，这个足够小的应变(或应力)称之为疲劳极限值。

疲劳曲线：疲劳强度与极限强度的比值称为强度比。疲劳寿命为横轴，强度比为纵轴的曲线，称为疲劳曲线。如图 6.23 所示，借助疲劳曲线，A、B 两种材料的抗疲劳特性一目了然：B 材料优于 A 材料。

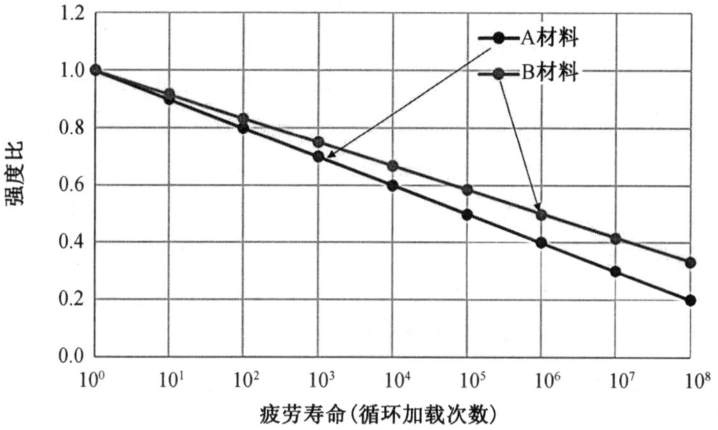


图 6.23　疲劳曲线

## 6.3.2　公路混合料的离散元模型

公路混合料的组分包括粗集料、细集料、填料、结合料和孔隙等。构建离散元模型需要考虑:① 合理描述混合料组分及其之间的相互作用;② 选择适合的接触模型,以匹配仿真需求和当前科技发展水平。考虑此两点,本节从力学角度阐述公路混合料离散元模型构建问题,包括如下两个方面。

**1.混合料内部的相互作用与接触类型**

混合料内部的相互作用包括集料之间的接触作用、胶浆与集料之间的相互作用、集料颗粒与边界的接触作用和胶浆与边界的相互作用等。其中,集料颗粒之间的接触作用起主导作用,对混合料的力学行为起着决定性作用。在公路混合料中,集料是一种典型的、随机的多面体结构,其几何形态特征对混合料的性能具有重要的作用。一般而言,集料颗粒具有丰富的棱角和破碎面,尺寸相近、近似正方体且表面粗糙,经压实后易形成相互嵌挤的稳定骨架结构,使混合料具有较高的抗剪强度和更好的稳定性。如图 6.24 所示,集料颗粒之间的接触相互作用有六种类型,分别是点 — 点接触、点 — 面接触、面 — 面接触、点 — 线接触、线 — 线接触和线 — 面接触。

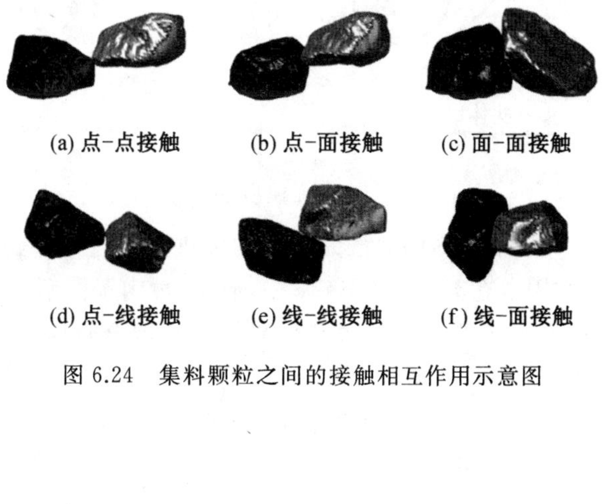


图 6.24　集料颗粒之间的接触相互作用示意图

如图 6.24(a) 所示，点－点接触是两颗集料棱角处顶点相互接触，集料的棱角结构是十分丰富的，棱角处顶点之间的接触时有发生。如图 6.24(b) 所示，点－面接触是一颗集料的棱角顶点与另一颗集料的破碎面相互接触，集料的棱角丰富且为多面体结构，此类型接触在混合料中也较为常见。如图 6.24(c) 所示，面－面接触为两颗集料破碎面之间相互接触，集料是一种典型的随机的多面体结构，在混合料内部面－面接触占有相当大的比例。如图 6.24(d) 所示，点－线接触是一颗集料棱角的顶点与另一颗集料的棱边接触，由于此类接触不易形成稳定结构，在混合料压密成型过程中也不易形成，因此，这类接触在混合料中较为少见。如图 6.24(e) 所示，线－线接触为两颗集料的棱边相互接触，有可能平行接触，也有可能成一定角度接触，此类型接触较为常见。如图 6.24(f) 所示，线－面接触为一颗集料的棱边与另一个集料的破碎面的接触，此类型接触也较为常见。

**2.离散元模型中的接触类型**

如上所述，混合料内部存在复杂的相互作用，尤其是集料颗粒之间的接触作用。如何模拟这些相互作用是离散元模型构建的一个关键问题。接下来，我们来探讨一下离散元模型中的接触类型。

PFC 5.0 Suite 模型由 ball、clump 和 wall 三类实体组成，实体又由 ball、pebble 和 facet 三种组元构成。如图 6.25 所示，在离散单元法中，接触点是组元之间接触。由于 ball 和 pebble 都是球体(3D 模型)或圆盘(2D 模型)，而 facet 是平面，所以，在离散元模型中，接触类型有两种，即：点－点接触和点－面接触(3D 模型)或点－线接触(2D 模型)。点－点接触是 ball－ball、ball－facet、pebble－pebble、pebble－facet、pebble－ball 之间的接触，而点－面或点－线接触是指 ball－facet 和 pebble－facet 之间的接触。

显然，离散元模型中的接触类型与混合料内部的接触类型存在一定差异。所以，我们在做离散元仿真时，时刻谨记二者之间的差异，以保证模型的合理性。

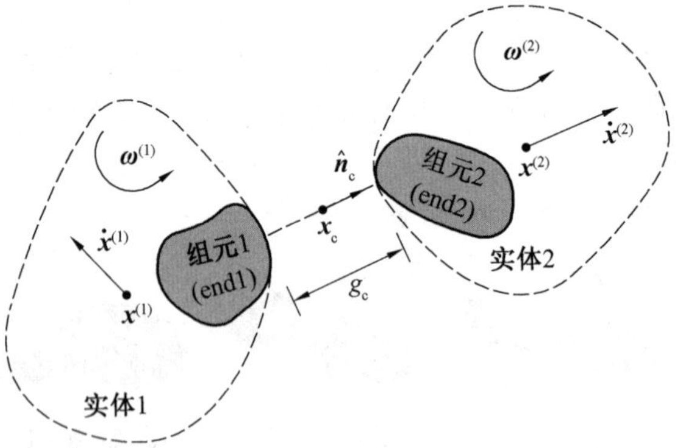


图 6.25　离散元模型中的接触

构建离散元模型：构建混合料的离散元模型的关键是通过选择合适的接触模型模拟如上所述的四种相互作用。在 PFC 5.0 Suite 中，有 10 种内置模型，用户还可以根据需求自定义离散元模型，读者可以参考 help 文件。针对公路混合料离散元仿真，建议按如下方法选择接触类型。

(1) 模拟拌和、重力密实、压实成型等过程中，建议采用 Linear model 即可。即使模拟沥青混合料，在这些过程中也建议采用 Linear model。一方面，黏弹性模型计算时间较长；另一方面，黏弹性模型具有时间依赖性特征，而拌和、重力密实、压实成型等过程中，黏弹性特征很难体现出来。

(2) 当沥青混合料处于小变形状态下，尽量采用黏弹性模型(Burger model) 模拟其时间依赖性。

(3) 结合料一般采用 Contact－bond model 或 Parallel－bond model。在满足基本精度要求的前提下，优先选择 Contact－bond model。

## 本章小结

本章围绕公路混合料的力学问题及离散元数值仿真，介绍了离散单元法及其商业软件。6.2 节和 6.3 节分别从结构构成和力学特征两个方面介绍公路混合料的离散元仿真的关键问题。

# 第 7 章　沥青材料的分子动力学模拟①

## 7.1　概　述

石油，是有机物在地面下经过数百万年的时间，在非常高的压力和各种极端温度条件下形成的。沥青材料作为石油精炼的副产品，其具有良好的路用性能，因而被道路工作者广泛应用于包括路面在内的各项土木基础工程。沥青中 90% ～ 95%(按质量计) 的成分是由碳和氢组成，其余的成分由各种杂质原子和金属元素构成，如氮、氧和硫等。这些原子间的相互作用决定了沥青的物理和化学性质。具体地讲，沥青的含碳量在82.9% ～ 86.8% 之间，含氢量在 9.9% ～ 10.9% 之间，含氮、硫、氧量分别为0.2% ～1.1%、1.0% ～ 5.4%、0.2% ～ 0.8%。此外，沥青中还含有镍、铁、钒等金属原子，一般来说，这些金属成分的含量都小于沥青质量的 1%，其存在方式取决于沥青的化学组分、微观结构和老化状态。目前，对于沥青本质构成的化学组分，其分离方法有若干，比如 Corbett 法和 Rostler 法。Corbett 法采用不同的吸附和解吸技术分离沥青组分，可获得四种组分，分别为沥青质、饱和烃、环烷芳烃和极性芳烃。而 Rostler 法采用硫酸分离沥青，可获得五种组分，分别为沥青质、石蜡、二次酸、一次酸和氮基。此外，沥青中还含有三种分子：脂肪族、环族和芳香族。这些分子之间的相互作用直接影响沥青的物理化学行为。总体而言，沥青材料微观的化学组分和微观结构从根本上决定了沥青材料的宏观性质。近年来，土木工作者通过各种技术手段和试验模拟，对包括相分离、微摩擦、磨损等在内的沥青微观和宏观力学行为进行了深入的研究和探讨。

Bazlamit 等利用室内试验研究了沥青路面摩擦性能的变化。Fischer 等用扫描近场光学显微镜评价了化学组成与沥青微机械性能的关系。Al－Rub 等提出了一种微损伤愈合模型，使沥青混合料疲劳寿命预测更加准确。Kanafi 等研究了公路路面的宏观和微观纹理演化及其与轮胎摩擦的关系。这些学者的研究成果表明，沥青和沥青混合料的微观力学行为可能影响其宏观力学性能。同时，研究人员通过使用先进的测试技术发现，沥青的化学成分和微观结构将显著影响微观力学性能，包括微观摩擦性能。随着显微镜技术的进步，发展了一系列包括原子力显微镜(AFM) 在内的试验装置，研究人员能够以更小的尺度分析沥青的微观结构。原子力显微镜能够提供测试样品表面的轮廓，并能提升沥青表面结构解析精度到几纳米。

Loeber 等利用扫描电镜和原子力显微镜观察了沥青蜜蜂结构的微观结构，发现原子力显微镜试验可以显示沥青表面结构。Pauli 等和 Jager 等发现了同样的蜜蜂结构，他们的研究成果表明，在 AFM 观测下，部分蜜蜂结构是沥青质。Masson 等研究发现，不同沥

① 本章的部分内容来自于作者已发表论文，具体见书后参考文献[86] ～ [88]。

青的性能区别可以归因于它们特定的沥青组分。Allen 等利用原子力显微镜研究了沥青的微观结构组成及荷载作用下微观结构相的响应。他们发现，长期老化导致沥青的微观结构产生显著变化。McCarron 等得出结论，温度对沥青的蜜蜂结构的大小和形状有影响，并证实蜡能导致蜜蜂结构的形成。Masson 等、De Mores 等和 Pauli 等利用原子力显微镜研究了沥青的表面微观结构。Dourado 等进行了有限元模拟和原子力显微镜试验，发现施加应变导致的损伤集中在相邻蜜蜂结构间的空隙区。他们还认为，对沥青微观结构和微观流变性的评价是了解沥青损伤演化机理的关键。

为研究沥青微观结构和化学组分对其微观性能乃至宏观性能的影响，一种先进的计算手段和工具 —— 分子动力学模拟(Molecular dynamics simulation)，被引入到沥青微观结构模拟与分析中。分子动力学模拟是根据原子和分子的根本物理原理，对 $n$ — 体粒子的分子运动进行计算机模拟。在分子动力学模拟中，其原子和分子的运动轨迹由牛顿定律以及原子 / 分子之间的作用力决定，研究人员给予一定的计算时间，计算这段时间内原子和分子之间的相互作用。当前，利用分子动力学模拟，研究人员对沥青材料的微观特性、根本机理进行了一些相关性研究，加深了对沥青性能的基本认识。目前对沥青进行分子模型建立，可基于大规模原子 / 分子并行模拟软件(Large - scale Atomic/Molecular Massively Parallel Simulator，LAMMPS) 和蒙特卡罗法模拟(Monte Carlo method) 等。当前的研究结果表明，基于 Artok 等和 Groenzin 与 Mullins 等的研究结果，可以建立多种沥青质结构(沥青质 1 和沥青质 2) 的分子模型。比如，可采用正二十二烷($n$ - docosane，$n-C_{22}H_{46}$) 和 1,7 — 二甲基萘(1,7 — dimethylnaphthalene) 分别模拟沥青结合料中的饱和组分和芳香组分，然后计算沥青结合料模型中的分子数、质量分数和原子质量百分比，拟合材料参数，参照参考文献加以修正。

到目前为止，已经有大量学者从试验方法和模拟方法等多个层面研究了沥青的微观结构与分子模型，分析了沥青的微观力学行为与微观结构 / 化学组分之间的复杂关系。本章就沥青材料的微观结构观测、微观结构建模、分子动力学模拟的基本理论 / 方法和常用软件建模操作方法进行初步的介绍。

### 7.1.1　沥青微观结构观测

当前的众多试验表明，沥青独特的微观结构与形貌会进一步影响其宏观性质。在多种先进材料测试装置中，AFM 由于其简便的操作方式与精确的表征手段，被广泛用于对沥青样品微观结构进行研究和表征。在某次试验中，原子力显微镜样品采用针入度指数为 90 的沥青配制，如图 7.1 所示。用甲苯在搅拌装置中溶解沥青，在密闭的锥形烧瓶中搅拌 24 h 后，得到 20% 质量的沥青甲苯溶液(沥青质量 : 甲苯质量 =1 : 4)。用塑料头滴管将沥青甲苯液从锥形烧瓶中移到玻璃片上。在恒温烘箱中留一滴玻璃片，避免粉尘污染。最终测试样品是在甲苯完全蒸发(约 7 天) 后，留下一层沥青黏附在玻璃片上。

AFM 试验中，可选择轻敲模式测试沥青的微观形态。某次试验中，AFM 的悬臂端名义共振频率为 75 Hz，名义弹性常数为 3 N/m。尖端材料是硅，其高度为 15 ～ 20 μm，标称尖端半径为 8 nm。沥青样本典型的形态特征如图 7.2 所示。在图 7.2 中，沥青形态有两种类型：Ⅰ 型相和 Ⅱ 型相。原子力显微镜结果图表明，在一定的热力学条件下，沥青样品

图 7.1　用于某次 AFM 试验测试的沥青样本

中会发生复杂的微观结构演化。样品中存在不同的相，表明微尺度上发生了微观物质分离或不均匀的物质重新排列。在目前的结果中，观察到的是双相系统（Ⅰ 型相和 Ⅱ 型相）。Ⅰ 型相是蜜蜂结构，Ⅱ 型相是背景矩阵。目前各相的准确化学组成和微观性质难以确定。

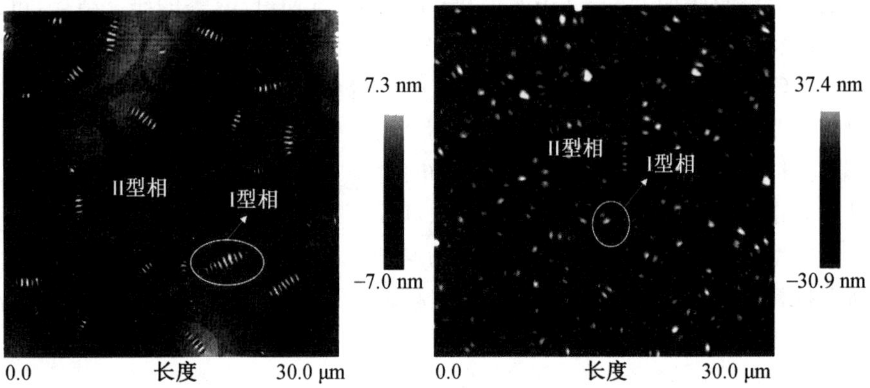


(a) $\alpha$　　(b) $\beta$

图 7.2　沥青样本的 AFM 照片

图 7.3 显示了沥青样本的 Derjaguin－Muller－Toporov(DMT) 模量。为了获得材料的弹性模量，可以采用不同的接触力学模型拟合曲线，其中 DMT 模量最适合于低黏附力的刚性材料。据观察，与常用沥青的宏观模量相比，沥青的微观模量在一些局部位置非常大，这主要是由于尺寸效应。根据 AFM 试验结果，很容易得出这样的结论：沥青样本微观结构的不均匀性会影响沥青的微观力学性能，甚至影响宏观力学性能。这也是众多科研工作者研究沥青微观性质的原因之一。本章中，采用分子动力学模拟进行沥青微观结构的分析与研究。

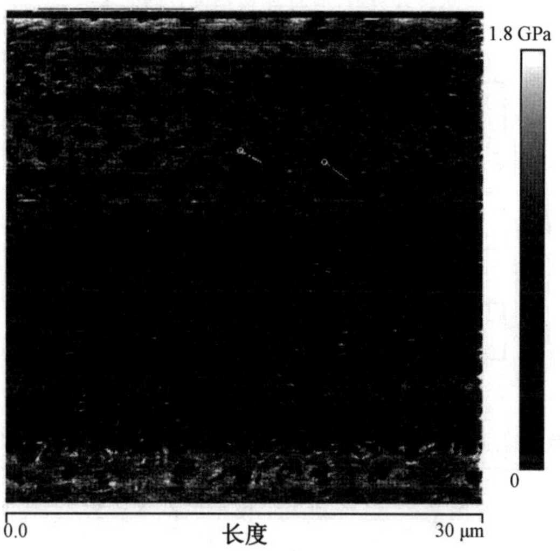


图 7.3　沥青样本的 DMT 模量

此外，在 AFM 试验中发现不同的相分布在沥青样本表面，这种现象将明显影响沥青的细观力学行为。注意到 AFM 只测量试样的表面性质，而不是体积属性。在开始分析之前，必须排除一种可能性。这个相分离的大黄蜂结构是来源于表面张力的作用而不是相分离效应。Schmets 等进行了小角中子散射(SANS)试验，将 SANS 响应与表面和体积模型进行了比较，证明了在沥青样本表面观察到的相分离特征也出现在体积中。因此，微观试验发现的沥青独特微观结构，激发了研究人员采用微观数值分析工具研究沥青材料微观性能的兴趣。

### 7.1.2　分子动力学模拟

图 7.2 和图 7.3 揭示了沥青的一些特殊的微观结构和形貌特征。通常，沥青材料的分子模型建立是基于分子动力学模拟的参考文献中常见的组分，按照一定的质量比例混合后，在给定的势能场作用下经过一段时间，达到并形成稳定的分子结构，用于预测沥青材料的宏微观物理性质。在分子动力学模拟中，可采用五种模拟，包括微正则系综(NVE 系综)、正则系综(NVT 系综)、等温等压系综(NPT 系综)、等焓等压系综(NPH 系综)和广义系综等。能量最小化(也称为几何优化)也是一种仿真途径，模型的几何变化导致系统能量取得一个较低的状态。普通模拟中，可将能量最小化、NVT 和 NPT 等模拟结合，用来使系统达到一种热力学平衡的状态。通常，可在 LAMMPS 软件或商业软件 Materials Studio 中建立 MD 分子模型，并进行计算、分析。分子动力学模拟的基本流程如图 7.4 所示。

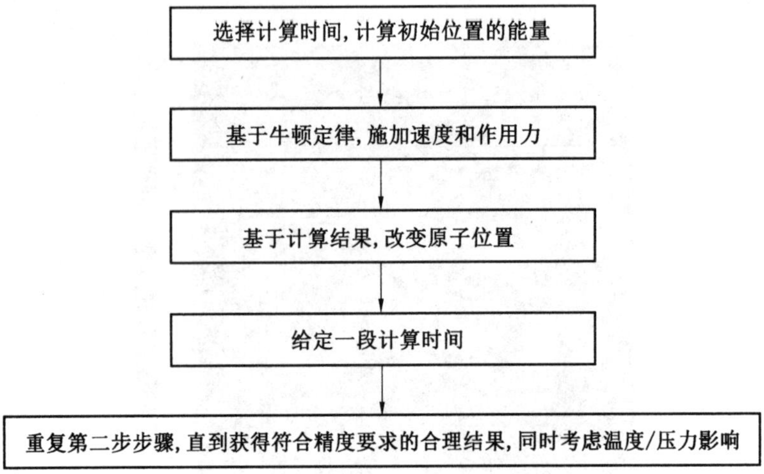


图 7.4　分子动力学模拟的基本流程

## 7.2　沥青材料分子模型

### 7.2.1　沥青分子体系

如概述所说，沥青是由各种碳氢化合物、杂质原子，以及极其少量的金属成分组成的成分极其复杂的混合物。因此，在实际模拟中不可能精确获知每种成分的分子式和分子结构，并全部在模型中体现。为简便计算，参考美国罗德岛大学的 Greenfield 课题组的研究成果，选取沥青材料中对沥青性能有较大影响的典型分子，按照一定的计算原则构建整体分子模型。

基于 Greenfield 课题组的研究成果，可发现沥青分子的选择是基于其化学组分的建立，例如三组分分析法，包括沥青质(Asphaltene)、饱和酚($n$ − docosane) 和环烷芳烃(Nephthene aromatics)，其分子结构三维示意图如图 7.5 所示。三种不同类型的分子被用来代表相应的组成物种，然后三个分子一起形成一个类似沥青的分子集合。

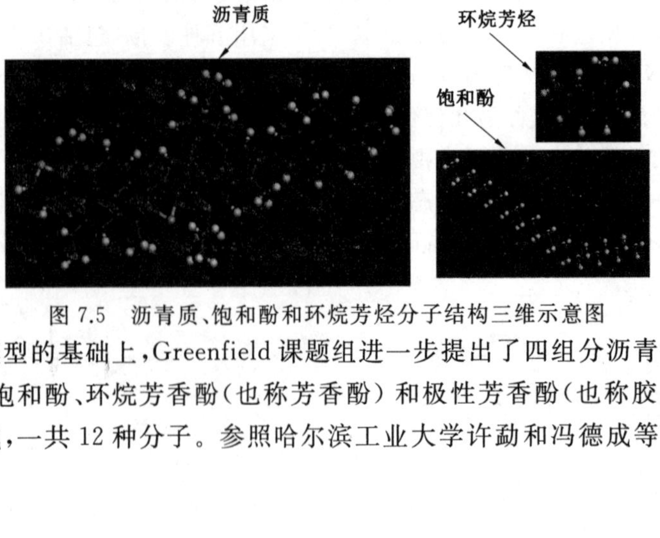


图 7.5　沥青质、饱和酚和环烷芳烃分子结构三维示意图

在三组分模型的基础上，Greenfield 课题组进一步提出了四组分沥青分子模型，即沥青包含沥青质、饱和酚、环烷芳香酚(也称芳香酚) 和极性芳香酚(也称胶质)。每个组分由若干分子组成，一共 12 种分子。参照哈尔滨工业大学许勐和冯德成等的研究成果，沥

青质分子可以有三种典型结构：沥青质甲，分子名称为 Asphaltene－phenol，分子式为 $C_{42}H_{54}O$；沥青质乙，分子名称为 Asphaltene－pyrrole，分子式为 $C_{66}H_{81}N$；沥青质丙，分子名称为 Asphaltene－thiophene，分子式为 $C_{51}H_{62}S$。这三种典型沥青质分子对应的分子结构如图 7.6 所示。

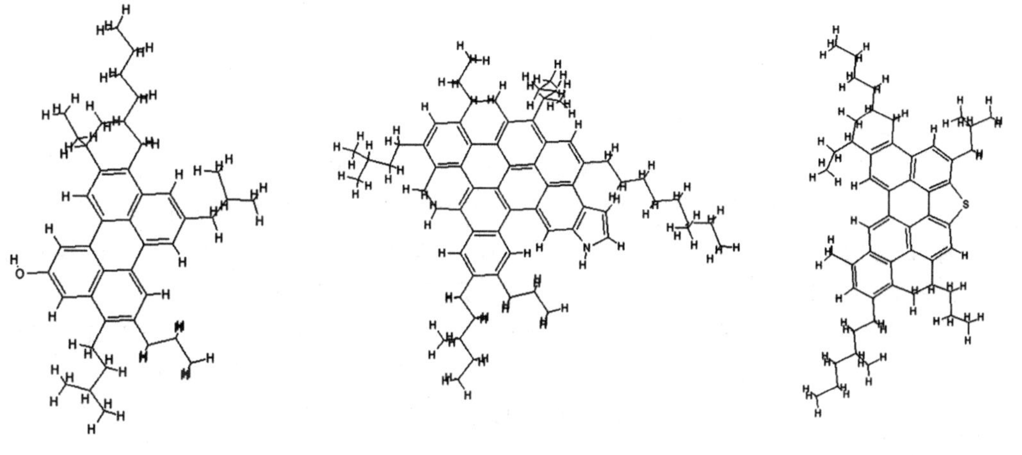

(a) $C_{42}H_{54}O$　　(b) $C_{66}H_{81}N$　　(c) $C_{51}H_{62}S$

图 7.6　三种典型沥青质分子结构

饱和酚是沥青复杂成分中的非极性轻质组分。参照参考文献，饱和酚的典型结构可以有两种：饱和酚甲，分子名称为 Squalane，分子式为 $C_{30}H_{62}$；饱和酚乙，分子名称为 Hopane，分子式为 $C_{35}H_{62}$。这两种典型的饱和酚分子对应的分子结构如图 7.7 所示。

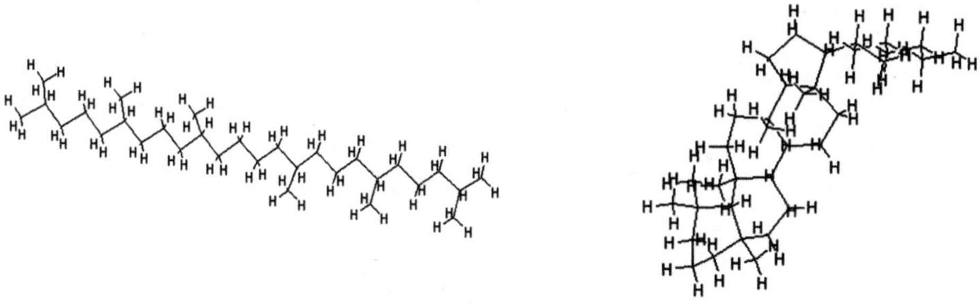

(a) $C_{30}H_{62}$　　(b) $C_{35}H_{62}$

图 7.7　两种典型饱和酚分子结构

芳香酚是一类弱极性烃类的芳香族化合物。参照参考文献，芳香酚的典型分子结构可以有两种；芳香酚甲，分子名称为 Perhydrophe－nanthrene－naphthalene(PHPN)，分子式为 $C_{35}H_{44}$；芳香酚乙，分子名称为 Dioctyl－cyclohexane－naphthalene(DOCHN)，分子式为 $C_{30}H_{46}$。这两种典型的芳香酚分子对应的分子结构如图 7.8 所示。

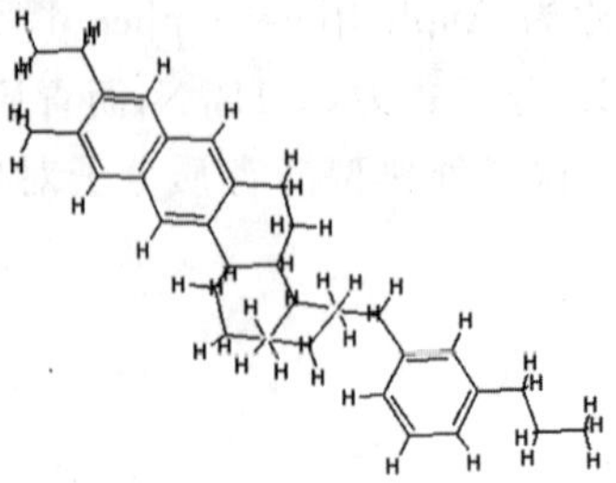

(a) $C_{35}H_{44}$

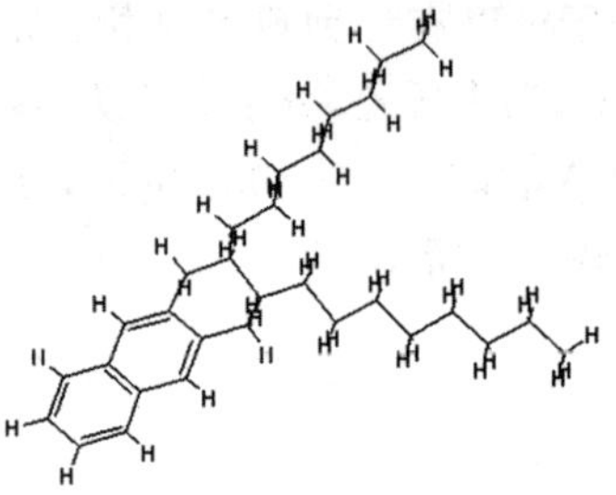

(b) $C_{30}H_{46}$

图 7.8　两种典型的芳香酚分子结构

沥青是沥青质、饱和酚、芳香酚、胶质等的稳定混合物，其中，胶质起到连接的作用。参照参考文献，五种典型分子可用于代表胶质组分：胶质甲，分子名称为Quinolinohopane，分子式为 $C_{40}H_{59}N$；胶质乙，分子名称为 Thioisorenieratane，分子式为 $C_{40}H_{60}S$；胶质丙，分子名称为 Benzobisbenzothiophene，分子式为 $C_{18}H_{10}S_2$；胶质丁，分子名称为 Pyridinohopane，分子式为 $C_{36}H_{57}N$；胶质戊，分子名称为 Trimethylbenzeneoxane，分子式为 $C_{29}H_{50}O$。这五种典型的胶质分子对应的分子结构如图 7.9 所示。

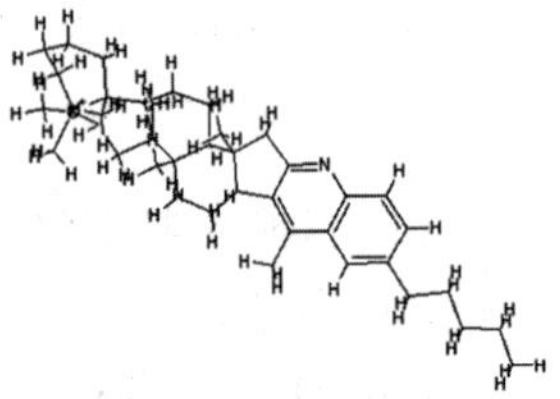

(a) $C_{40}H_{59}N$

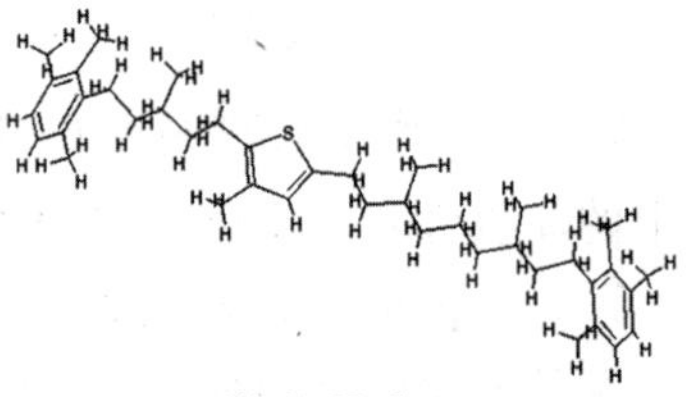

(b) $C_{40}H_{60}S$

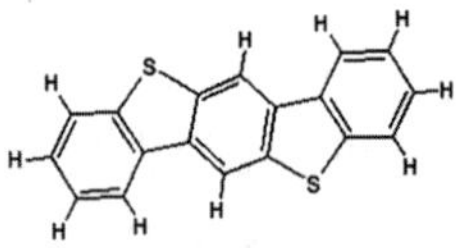

(c) $C_{18}H_{10}S_2$

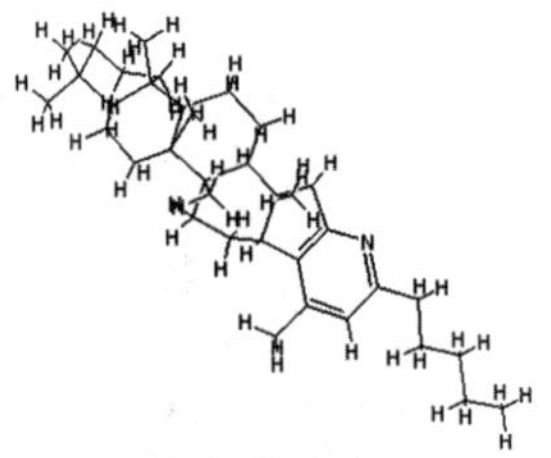

(d) $C_{36}H_{57}N$

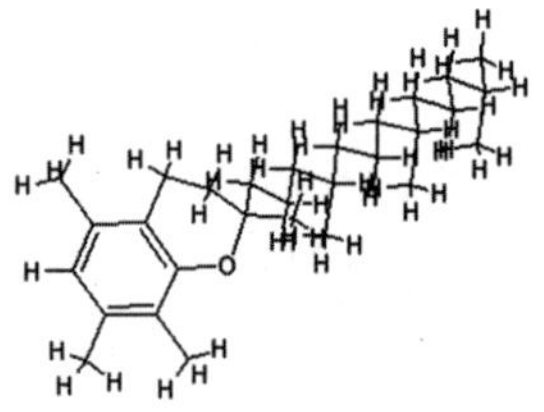

(e) $C_{29}H_{50}O$

图 7.9　五种典型的胶质分子结构

### 7.2.2　分子力场(势能函数)

分子力场是用于描述分子之间相互作用的势能函数。在进行材料的分子动力学模拟过程中，因根据可用力场的适用范围和特点，选用最合适的力场进行研究分析。常见的力场(势能函数)有如下几种。

(1)L－J 势能函数。

L－J 势能函数是最简单和最经典的分子间势能关系表达式，其计算方法为

$$E_{LJ}=4\varepsilon\left[\left(\frac{\sigma}{r}\right)^{12}-\left(\frac{\sigma}{r}\right)^{6}\right] \tag{7.1}$$

式中，$\varepsilon$ 为势壁的深度；$\sigma$ 为粒子间势等于零的有限距离；$r$ 为距离。

(2)COMPASS 势能函数。

COMPASS 势能函数可用来描述有机物的分子间势能关系，其表达式为

$$
\begin{aligned}
E_{\text{total}} = & \sum_b [K_2(b-b_0)^2 + K_3(b-b_0)^3 + K_4(b-b_0)^4] + \\
& \sum_\theta [K_{2\theta}(\theta-\theta_0)^2 + K_{3\theta}(\theta-\theta_0)^3 + K_{4\theta}(\theta-\theta_0)^4] + \\
& \sum_\phi [K_{1\phi}(1-\cos\phi) + K_{2\phi}(1-\cos 2\phi) + K_{3\phi}(1-\cos 3\phi)] + \\
& \sum_\chi K_{2\chi}(\chi-\chi_0)^2 + \sum_{b,\theta} K_{b\theta}(b-b_0)(\theta-\theta_0) + \\
& \sum_{b,\phi}(b-b_0)[K_{1b}\cos\phi + K_{2b}\cos 2\phi + K_{3b}\cos 3\phi] + \\
& \sum_{\theta,\phi}(b-b_0)[K_{1\theta\phi}\cos\phi + K_{2\theta\phi}\cos 2\phi + K_{3\theta\phi}\cos 3\phi] + \\
& \sum_{b,\theta}(\theta'-\theta'_0)(\theta-\theta_0) + \sum_{\theta,\phi} K_{\theta\phi}(\theta'-\theta'_0)(\theta-\theta_0)\cos\phi + \\
& \sum_{ij} \frac{q_i q_j e}{r_{ij}} + \sum_{ij} \varepsilon_{ij}\left[2\left(\frac{r_{ij}^0}{r_{ij}}\right)^9 - 3\left(\frac{r_{ij}^0}{r_{ij}}\right)^6\right]
\end{aligned}
\tag{7.2}
$$

式中，$\sum_b[K_2(b-b_0)^2+K_3(b-b_0)^3+K_4(b-b_0)^4]$ 和键能相关；$\sum_\theta[K_{2\theta}(\theta-\theta_0)^2+K_{3\theta}(\theta-\theta_0)^3+K_{4\theta}(\theta-\theta_0)^4]$ 和角能量相关；$\sum_\phi[K_{1\phi}(1-\cos\phi)+K_{2\phi}(1-\cos 2\phi)+K_{3\phi}(1-\cos 3\phi)]$ 和扭转能相关；$\sum_{b,\theta}K_{b\theta}(b-b_0)(\theta-\theta_0)$，$\sum_{b,\phi}(b-b_0)[K_{1b}\cos\phi+K_{2b}\cos 2\phi+K_{3b}\cos 3\phi]$，$\sum_{\theta,\phi}(b-b_0)[K_{1\theta\phi}\cos\phi+K_{2\theta\phi}\cos 2\phi+K_{3\theta\phi}\cos 3\phi]$ 和 $\sum_{b,\theta}(\theta'-\theta'_0)(\theta-\theta_0)$ 为交叉耦合内部坐标的能量；$\sum_{\theta,\phi}K_{\theta\phi}(\theta'-\theta'_0)(\theta-\theta_0)\cos\phi$ 和 $\sum_{ij}\frac{q_iq_je}{r_{ij}}+\sum_{ij}\varepsilon_{ij}\left[2\left(\frac{r_{ij}^0}{r_{ij}}\right)^9-3\left(\frac{r_{ij}^0}{r_{ij}}\right)^6\right]$ 为原子间的非键能相互作用能。

(3)AMBER 势能函数。

AMBER 势能函数，全称为 Assisted Model Building with Energy Refinement force field。其改进后可用于计算沥青分子势能关系的函数表达式为

$$
\begin{aligned}
E_{\text{total}} = & \sum_{\text{bonds}} K_r(r-r_{\text{eq}})^2 + \sum_{\text{angle}} K_\theta(\theta-\theta_{\text{eq}})^2 + \\
& \sum_{\text{dihedrals}} \frac{V_n}{2}[1+\cos(n\phi-\gamma)] + \\
& \sum_{i<j}\left[\frac{A_{ij}}{R_{ij}^{12}} - \frac{B_{ij}}{R_{ij}^6} + \frac{q_i q_j}{\epsilon R_{ij}}\right]
\end{aligned}
\tag{7.3}
$$

式中，第一项键能为共价键合原子（两个原子）之间的能量；第二项角能量为电子轨道几何结构（三个原子）引起的能量；第三项为扭曲键（四个原子）引起的能量；第四项为范德瓦耳斯力和静电能（原子对）；$r_{\text{eq}}$、$\theta_{\text{eq}}$ 为平衡结构参数；$K_r$、$K_\theta$ 为力常数；$n$、$\gamma$ 为扭转角参数的重数和相角；$A$、$B$、$q$ 为所有原子对之间的非键电位；$R_{ij}$、$\epsilon$ 为用于范德瓦耳斯力计算的原子和井深之间的距离。

(4) Tersoff 势能函数。

Tersoff 势能函数表达式为

$$E_{ij}^{\text{Tersoff}} = \frac{1}{2} f_c(r_{ij})[f_R(r_{ij}) + b_{ij} f_A(r_{ij})] \tag{7.4}$$

$$f_R(r_{ij}) = A_{ij}\exp(-\lambda_{ij} r_{ij}), \quad f_A(r_{ij}) = -B_{ij}\exp(-\mu_{ij} r_{ij}) \tag{7.5}$$

$$f_c(r_{ij}) = \begin{cases} 1 & (r_{ij} < R_{ij}) \\ \dfrac{1}{2} + \dfrac{1}{2}\cos\left[\dfrac{\pi(r_{ij} - R_{ij})}{S_{ij} - R_{ij}}\right] & (R_{ij} < r_{ij} < S_{ij}) \\ 0 & (r_{ij} > S_{ij}) \end{cases} \tag{7.6}$$

式中，$r_{ij}$ 为原子 $i$ 和 $j$ 之间的距离；$f_R(r_{ij})$、$f_A(r_{ij})$ 为排斥和吸引的作用力；$f_c(r_{ij})$ 为截断函数。

# 7.3 分子模型建立与软件操作

## 7.3.1 分子动力学模拟软件

通常，最常见的两种分子动力学模拟软件为开源软件 LAMMPS 和商业软件 Materials Studio。其中 Materials Studio 是一个用于材料模拟和建模的软件，由 Accelrys 公司开发，具有直观的用户界面及方便快捷的操作指令，被众多学者采用。本节介绍采用 Materials Studio 建立沥青分子模型及基本计算的步骤和流程。

## 7.3.2 分子结构建立

本节介绍建立沥青模型的过程。首先建立一个新的项目，本书新建项目的名称为 "Test"。建立新项目界面如图 7.10 所示。

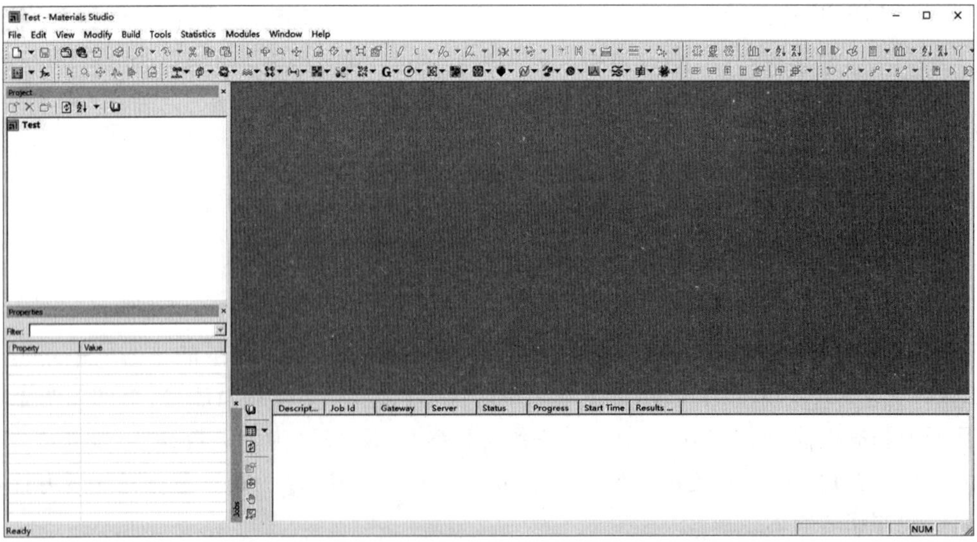


图 7.10 Materials Studio 软件新建项目界面

接下来，在 Project 区域内点击右键 → New → 3D Atomistic Document，然后就可以输入沥青各个组分的分子结构，操作步骤如图 7.11 所示。

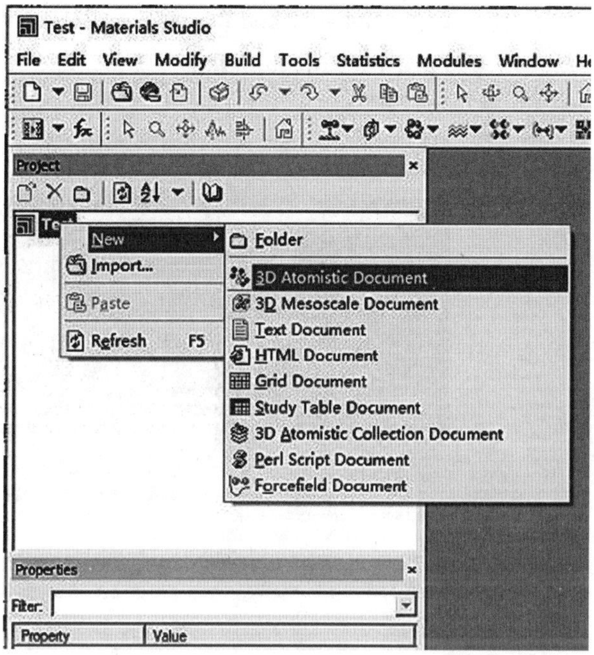


图 7.11　新建分子结构示意图

采用软件功能区域中模块即可绘制不同分子结构的模型。根据文献结果，建立各个分子结构，如图 7.12 所示。(本例中采用的是 Zhang 和 Greenfield 于 2007 年提出的三组分沥青模型)

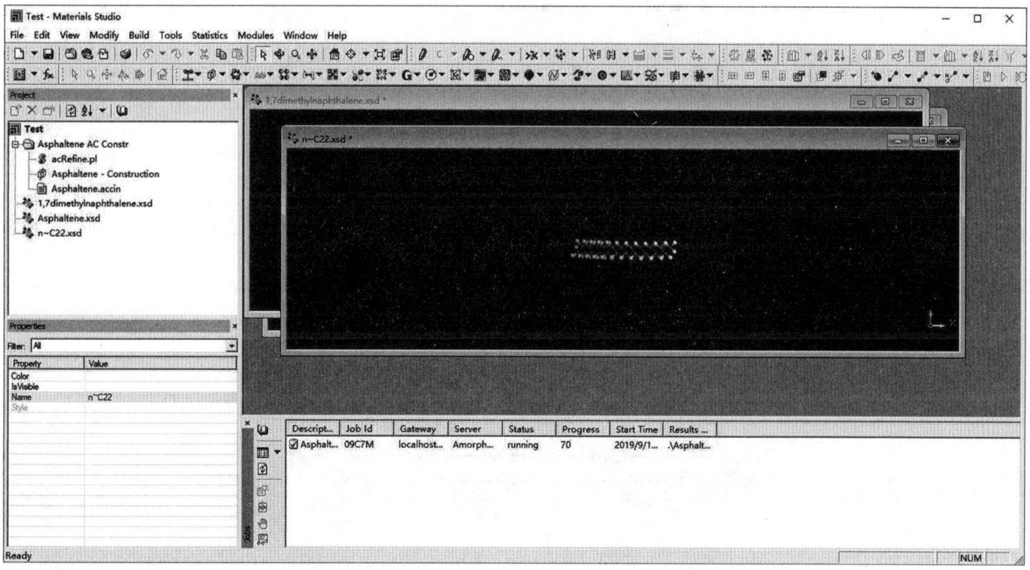


图 7.12　建立的 $n$ — docosane 分子结构图

### 7.3.3 沥青分子的建立

待全部分子建立完成后,采用菜单栏中 Modules → Amorphous Cell → Construction (Legacy) 功能进行沥青结构的建立,如图 7.13 所示。

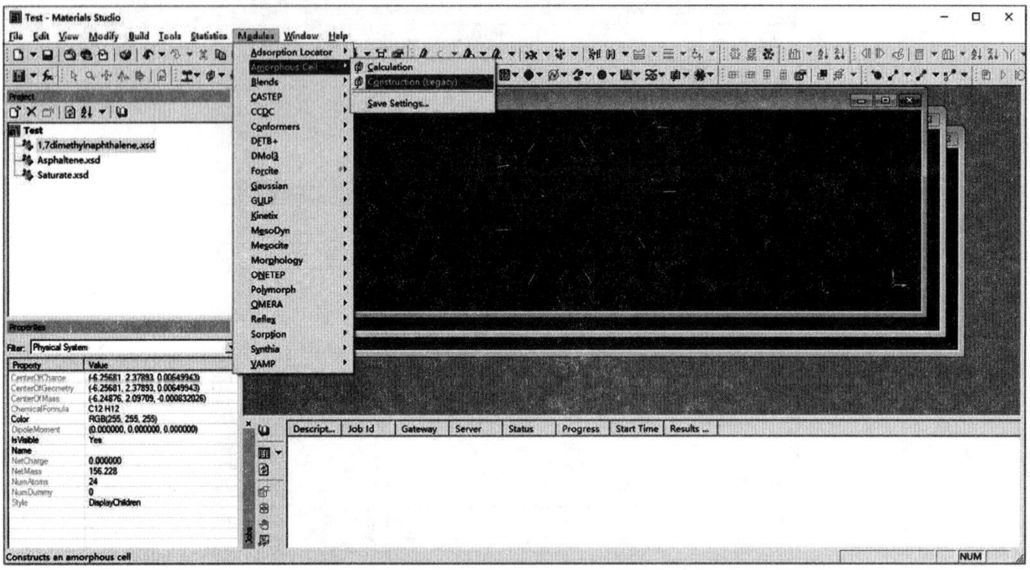

图 7.13 新建沥青分子操作

建立沥青分子的对话框如图 7.14 所示,Number栏输入分子个数,Molecule栏显示分子的名称。

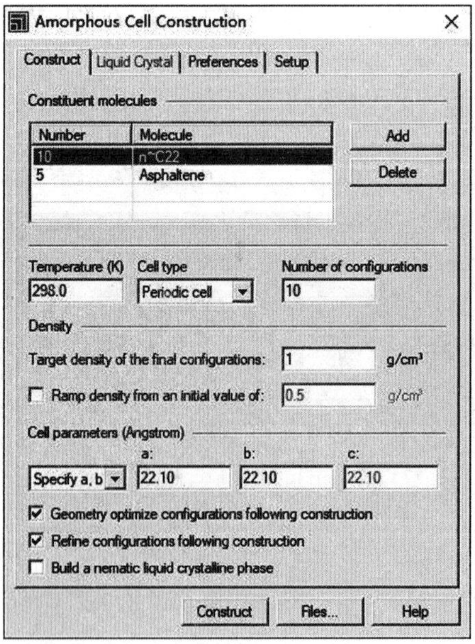


图 7.14 输入各个分子结构对应的个数

根据文献研究,COMPASS 力场适用于沥青材料,故在 Setup 界面中 Energy

evaluation 选择 compass 力场(图 7.15)。

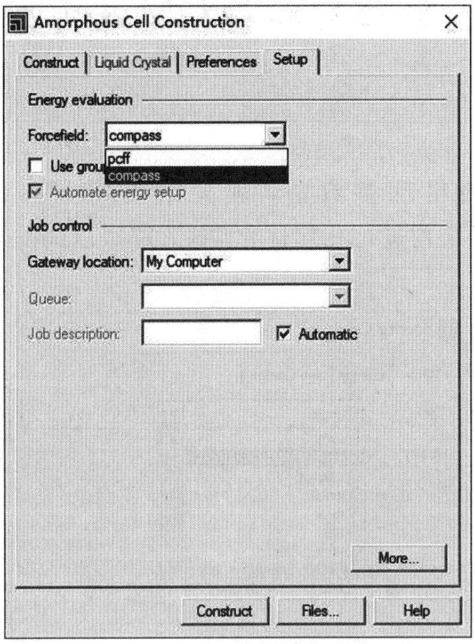


图 7.15　选取合适的力场

输入各个沥青组分分子数量和力场参数后,点击 Run 按钮即可生成沥青模型。计算结束后,建立的沥青分子模型如图 7.16 所示。

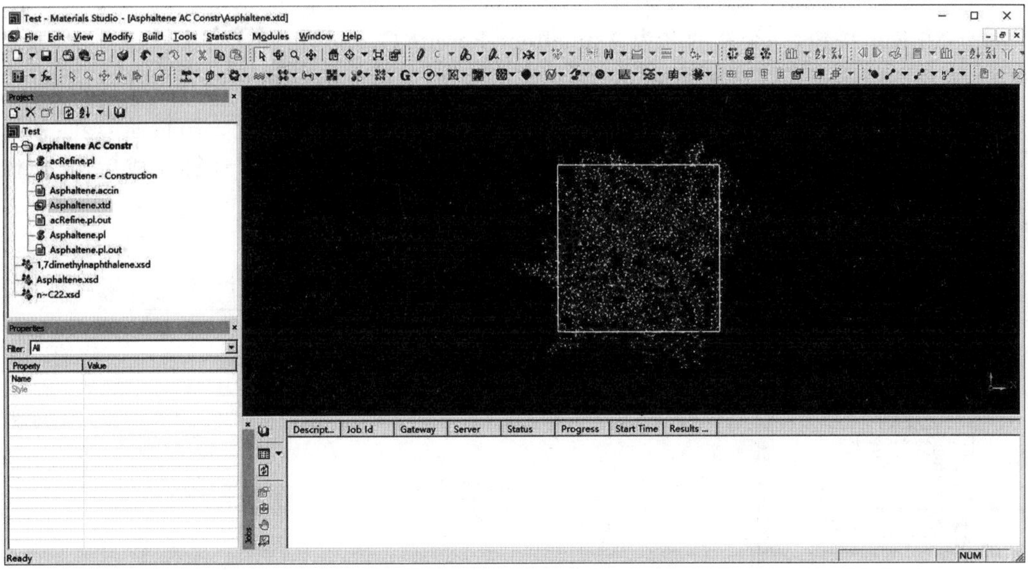


图 7.16　沥青分子建立完成

# 7.4 沥青材料微观物理参数计算

## 7.4.1 几何优化

在计算沥青模型的物理参数前，须先采用 Forcite Calculation → Geometry Optimization 对沥青分子结构进行几何优化（图 7.17），以消除结构中分子重叠或者其他不合理的分子布局情况。

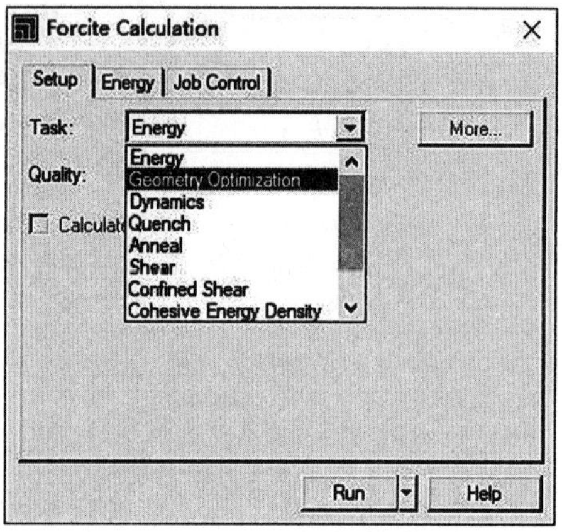


图 7.17 Forcite Calculation 对话框

点击 Run 按钮，一个新的名为 Asphaltene Forcite GeomOpt 的文件夹将会产生，如图 7.18 所示。里面包含一个名为 input 的文件夹，复制了输入的结构文件。当计算结束，最终的沥青分子结构名称为 Asphaltene.xtd，即为几何优化后的沥青分子结构。另外，几何优化的结果文件还包括密度曲线图、能量图、收敛图和结果文件等。计算完成后，几何优化后的沥青分子将会生成（图 7.19）。

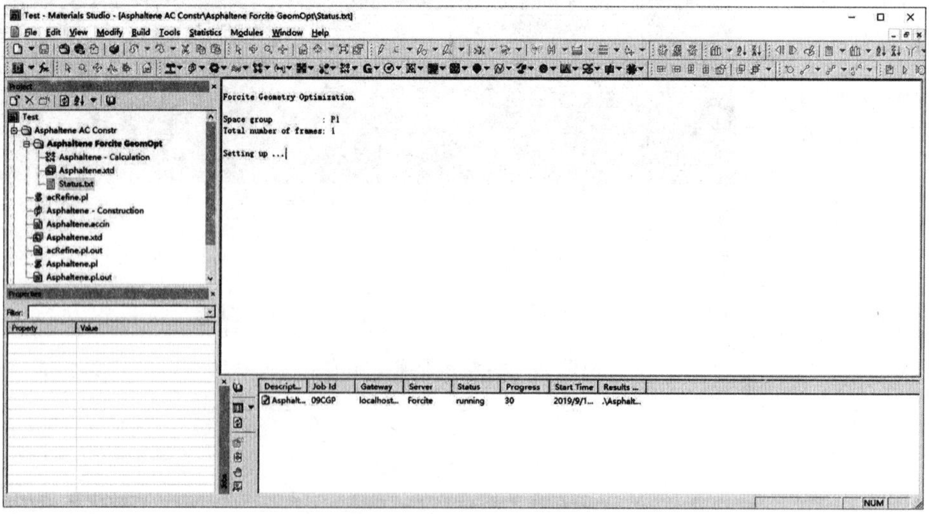


图 7.18 几何优化计算中

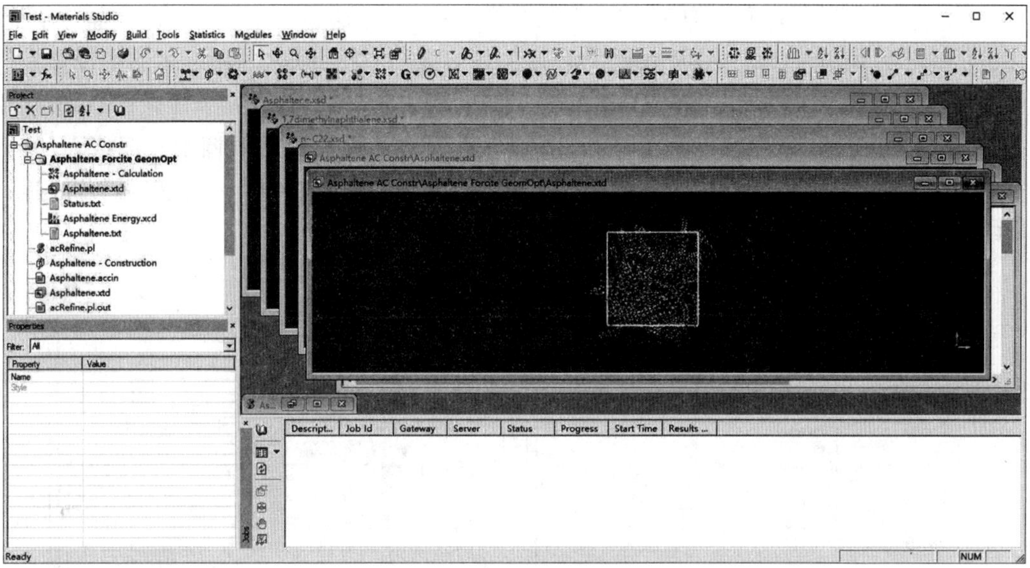


图 7.19　几何优化完成后

几何优化后将进行沥青模型的分子动力学模拟，操作步骤为 Forcite Calculation → Dynamics，然后显示对话框如图 7.17 所示。点击右侧的 More 按钮，以设置具体的动力学模拟参数。

### 7.4.2　NVT 系综下动力学计算

首先采用正则(NVT) 系综，以便让沥青分子在一个空间中自由弛豫，以达到一个更合理的拓扑结构；另外，Total simulation time 根据研究精度以及工作站计算能力设置成合适的大小，本书中设置为 100.0 ps。操作界面如图 7.20 所示。

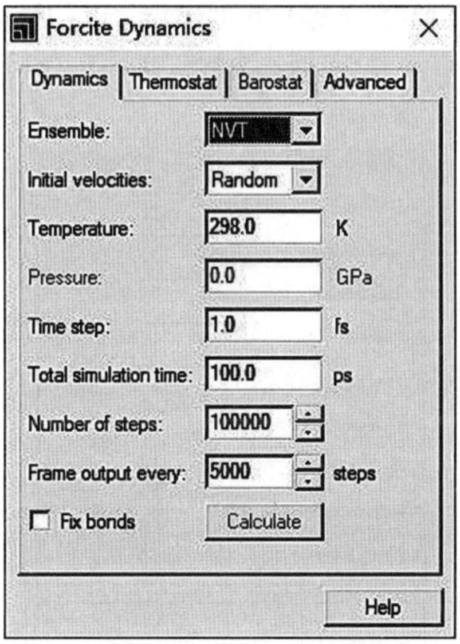


图 7.20　NVT 系综下动力学计算参数设置

设置结束后，关掉对话框再次回到 Dynamics 对话框，在 Energy 界面中设置 Forcefield 力场为 COMPASS 或者 COMPASS II(图 7.21)；Job Control 界面中设置平行计算的核心数，本书中 Run in parallel on 4 of 8 指的是电脑一共有 8 个计算核心，该计算将调动其中的 4 个核心参与计算(图 7.22)。一般设置的原则是不要调动全部核心，因为这样 CPU 的计算压力很大，容易造成无响应甚至死机的情况；同时，核心数调动得越多，计算越快，所以得根据计算机的计算能力设置合适的 CPU 核心数。

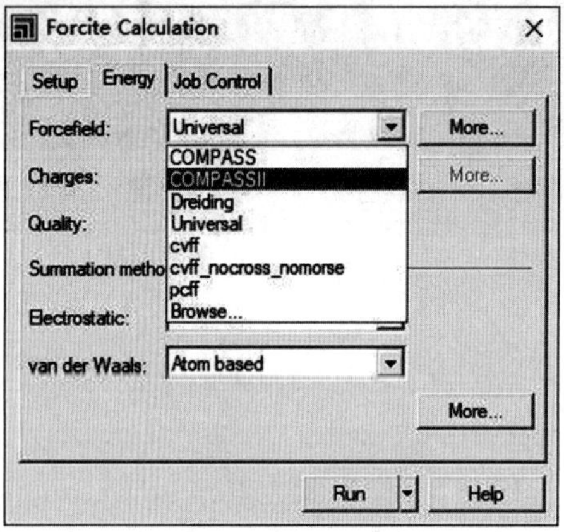


图 7.21　动力学计算力场设置

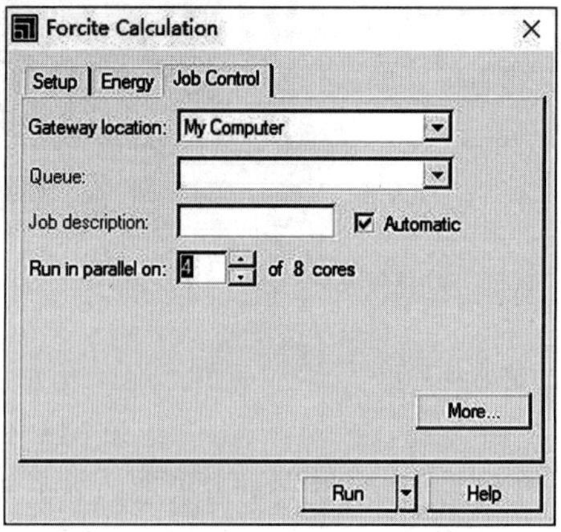


图 7.22　计算机调动核心数设置

设置完以上参数后，点击 Run 即可进行 NVT 系综下的动力学计算。

### 7.4.3　NPT 系综下动力学计算

NVT 计算结束后，再进行 NPT 系综下的动力学计算。NPT 指的是恒压恒温环境，即可以将参数设置为自然环境下，可模拟沥青材料在常温常压下的性能。设置细节与 NVT 的操作步骤和对话框基本类似(图 7.23)，在 Dynamics → Ensemble 对话框中选择 NPT，Pressure 对话框中输入 0.000 1 GPa，即一个大气压。

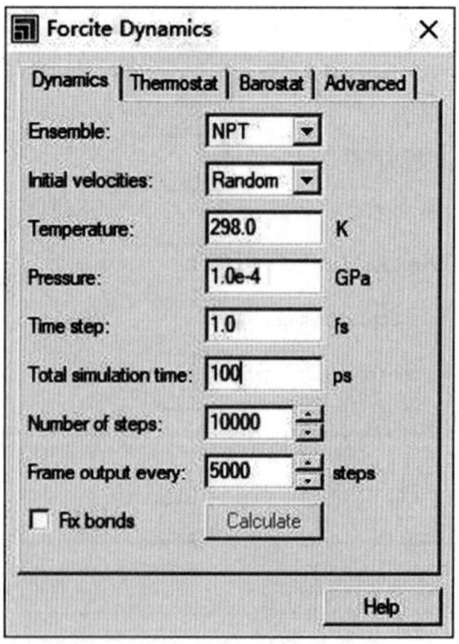


图 7.23　NPT 系综下动力学计算参数设置

NPT 系综计算得到的数据包括密度曲线图、能量图、温度图和单胞尺寸图等(图 7.24)。

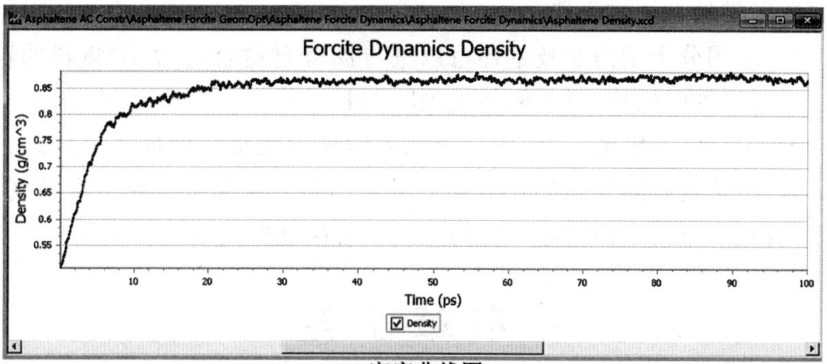


(a) 密度曲线图

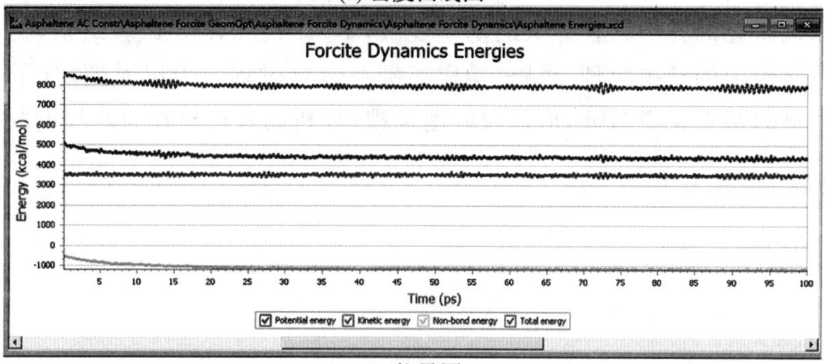


(b) 能量图

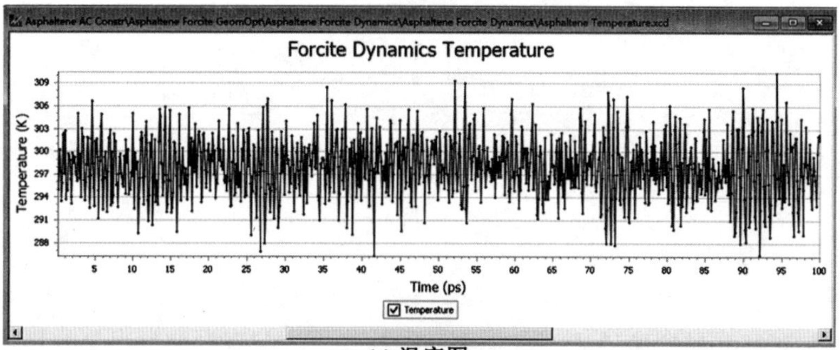


(c) 温度图

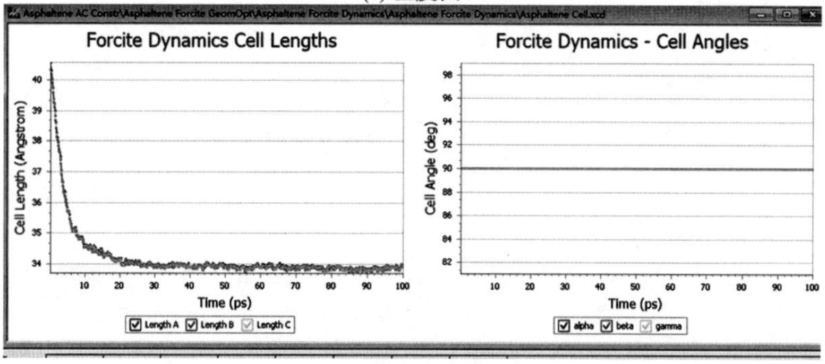


(d) 单胞尺寸图

图 7.24　分子动力学计算结果

以上就是从各个分子结构绘制，到沥青模型建立，再到沥青模型的基本物理参数计算的过程，涵盖了大量分子动力学模拟的重要操作，细节操作可参阅 Materials Studio 软件公司提供的学习材料与操作手册。

此外，深入采用分子动力学技术还可以进行沥青自愈合行为、与集料的黏附性行为、沥青微观开裂行为等的模拟，可查阅相关国际期刊进行进一步学习，本书不再赘述。可以看到，和 AFM 试验结果相比，目前的分子动力学模拟无法精确描述相分离、蜜蜂结构等众多微观行为，尽管这些问题是启发学者采用分子动力学模拟研究沥青微观结构和性质的动机之一，因此该学科还需要进一步的发展以解决这些问题。

## 本章小结

为了深入研究沥青材料在微观的基本性质，本章结合 AFM 试验结果，提出了沥青材料分子动力学模拟的基本原理、思路、操作实例与计算过程。可以看到，分子动力学模拟基于沥青材料的基本化学组分，可以较好地模拟、分析沥青材料在微观尺度的各种性质。

# 第8章　数值流形模拟方法

## 8.1 概　述

道路工程中使用的很多材料都带有非连续力学特征，比如碎石、砂砾、土体、砌体结构等，甚至沥青混凝土、水泥混凝土也都带有明显的非连续性。这类材料在材料学分类上属于颗粒加强类材料，由于其包含多种组分，其力学行为常常极为复杂。颗粒属于该类材料的受力骨架，而颗粒间的胶凝材料起到黏结和协调工作的作用。受颗粒互相接触、分离、滑移、错动等行为的影响，颗粒类材料往往会一直处在大变形和多裂纹的受力状态。此时，材料的受力过程不再是一味地连续或单调变化，而是不断地发生间断性的跳跃。由于颗粒材料有较强的自组织能力，应力和应变也总会随着时间的推移，忽大忽小地不断调整和发展。

基于常规连续介质力学的模拟方法（比如解析法、层状（黏）弹性理论、有限差分法、边界元法、有限元法、有限体积法等），在准确模拟这种材料的微观力学特征时面临着巨大困难。为了避免连续力学计算方法的根本缺陷，非连续力学计算方法应运而生。目前，适合进行非连续力学计算的方法主要包括：离散单元法、刚体弹簧元法、无网格法、非连续变形分析（DDA）及数值流形法（Numerical Manifold Method，NMM）。

数值流形法简称流形法，是美籍华人石根华教授于1991年利用现代数学中流形分析的有限覆盖技术而建立起来的一种全新的数值方法。本质上，数值流形法是一种高度统一的数值方法，它的核心思想是用连续的和非连续的有限覆盖系统把连续和非连续的变形问题分析融为一体，是其他方法的集大成者。理论上，数值流形法可以很容易地处理混合材料非连续计算中常见的大变形，裂纹开展，动力反应，以及石料、胶结料、空隙水、空气等多种材料的耦合计算问题。另外，它可以通过退化，推导得到其他各类方法，因而也是其他各种方法进行多场耦合和协调计算的最佳（框架）选择（图8.1）。

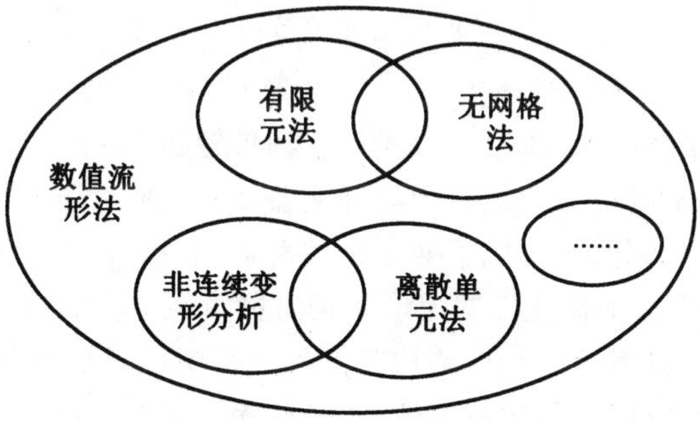


图8.1　数值流形法与其他方法的包含关系

本章主要介绍数值流形法的基本理论，也会涉及有限元法、无网格法及 DDA 方法的部分概念。

## 8.2 数值流形法的基本思想

### 8.2.1 一般流形覆盖系统

数值流形法的流形来源于拓扑流形和微分流形，它的基本结构是有限覆盖系统和覆盖间的接触函数。但它又是区别于传统拓扑流形和微分流形的一种数值意义上的流形：微分流形的总体函数是高度可微的，且完全可被定义成与覆盖无关；而流形元法中的流形总体函数是定义在有限覆盖基础上的，它是分段可微，在接触面上几乎都是非连续的。

数值流形法采用两套网格来定义局部函数。物理网格由物体的边界、裂缝、块体和不同材料交界面等组成，用以定义物理区域和积分区域。数学网格又称为数学覆盖系统，数学覆盖只定义近似解的精度，可以是任意形状，但必须覆盖整个物理区域。

数学覆盖和物理区域的交集称为物理覆盖，物理覆盖的交集定义为流形元，它是数值流形法的基本计算单位，其形状可以是任意的。

如图 8.2 所示为这种覆盖系统在二维上的示意图。

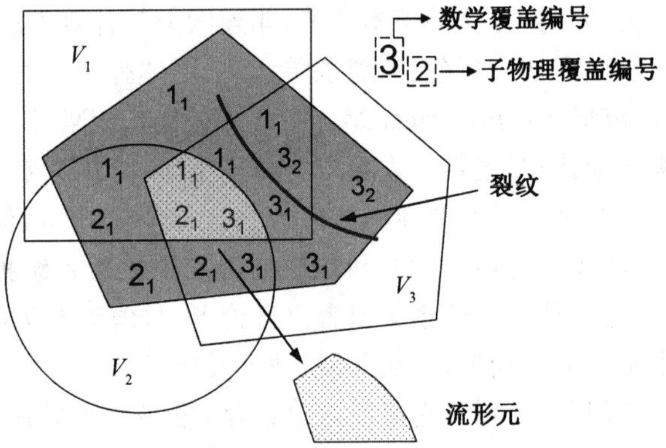


图 8.2 流形覆盖系统

图 8.2 中，计算域被三个数学覆盖——多边形 $V_1$ 和 $V_3$ 及圆 $V_2$ 所完全覆盖，其中 $V_1$ 内阴影部分未被裂纹完全穿透，所以只构成一个物理覆盖 $1_1$；$V_2$ 为只被边界所分割，阴影部分不包含任何裂纹，所以也只构成一个物理覆盖 $2_1$；$V_3$ 除了被边界分割外，还被裂纹完全分割成两个不连续的部分，即构成了两个物理覆盖 $3_1$ 和 $3_2$。几个物理覆盖共同包围的区域形成流形单元，图 8.2 中标注出的流形元是由覆盖 $1_1$、$2_1$、$3_1$ 所重叠而构成的。

数值流形法自提出以来，在岩土、结构等工程分析中已经得到了广泛的应用和发展。该方法在道路材料中的应用一直比较欠缺，周长红第一次完整地讨论了数值流形法在沥青混合料非连续计算中的应用，并给出了计算模型生成、接触判断与施加、数据存储格式及求解方案等问题。

关于数值流形法更广泛的内容可以参考：Lin、骆少明、武杰及张慧华等在不同数学网格方面的研究，骆少明、林绍忠等在数值积分方面的研究，田荣、Lu 及邓安福等在高阶覆盖函数的研究，姜清辉、周小义等在三维数值流形法的研究，陈泽宇在复合型裂纹的发展过程模拟的研究，苏海东等在大变形问题求解的研究，林绍忠、明峥嵘等在混凝土结构的温度场仿真的研究，姜清辉等在有自由面渗流问题方面的研究。

### 8.2.2　最小势能变分原理

(1) 位移近似函数的构造。

覆盖位移函数是对各个物理覆盖独立定义的；局部位移函数可连接起来形成整个材料体上的总体位移函数。

定义在物理覆盖 $\boldsymbol{U}_i$ 的位移函数 $(u_i(x,y,z), v_i(x,y,z), w_i(x,y,z))$ 可以表示成级数形式：

$$\boldsymbol{U}_i = \begin{Bmatrix} u_i(x,y,z) \\ v_i(x,y,z) \\ w_i(x,y,z) \end{Bmatrix} = \boldsymbol{S} \cdot \boldsymbol{D}_i \tag{8.1}$$

式中，$\boldsymbol{S}$ 为基本级数；$\boldsymbol{D}_i$ 为物理覆盖 $U_i$ 的自由度，其维数取决于基函数的阶次。

例如，如果基本级数可以选取零阶基函数，则有

$$\begin{Bmatrix} u_i(x,y,z) \\ v_i(x,y,z) \\ w_i(x,y,z) \end{Bmatrix} = \begin{bmatrix} 1 & 0 & 0 \\ 0 & 1 & 0 \\ 0 & 0 & 1 \end{bmatrix} \begin{Bmatrix} d_{i,1} \\ d_{i,2} \\ d_{i,3} \end{Bmatrix} \tag{8.2}$$

为常量函数。

如果基本函数为线性基函数，则函数可以近似为

$$\begin{Bmatrix} u_i(x,y,z) \\ v_i(x,y,z) \\ w_i(x,y,z) \end{Bmatrix} = \begin{bmatrix} 1 & 0 & 0 & x & 0 & 0 & y & 0 & 0 & z & 0 & 0 \\ 0 & 1 & 0 & 0 & x & 0 & 0 & y & 0 & 0 & z & 0 \\ 0 & 0 & 1 & 0 & 0 & x & 0 & 0 & y & 0 & 0 & z \end{bmatrix} \begin{Bmatrix} d_{i,1} \\ d_{i,2} \\ d_{i,3} \\ d_{i,4} \\ d_{i,5} \\ d_{i,6} \\ d_{i,7} \\ d_{i,8} \\ d_{i,9} \\ d_{i,10} \\ d_{i,11} \\ d_{i,12} \end{Bmatrix} \tag{8.3}$$

(2) 单位位移向量。

假设空间一点 $(x,y,z)$ 被 $q$ 个物理覆盖所包含，则这一点的位移函数可以通过对这 $q$ 个物理覆盖所定义的位移近似函数加权平均得到：

$$\begin{Bmatrix} u(x,y,z) \\ v(x,y,z) \\ w(x,y,z) \end{Bmatrix} = \sum_{i=1}^{q} N_i(x,y,z) \begin{Bmatrix} u_i(x,y,z) \\ v_i(x,y,z) \\ w_i(x,y,z) \end{Bmatrix} = \sum_{i=1}^{q} N_i(x,y,z) \cdot \boldsymbol{S} \cdot \boldsymbol{D}_i = \boldsymbol{T} \cdot \boldsymbol{D} \tag{8.4}$$

式中，$N_i(x,y,z)$ 为覆盖的权函数，满足

$$\begin{cases} N_i(x,y,z) > 0 \quad ((x,y,z) \in U_i) \\ N_i(x,y,z) = 0 \quad ((x,y,z) \notin U_i) \\ \sum\limits_{(x,y,z) \in U_i} N_i(x,y,z) = 1 \end{cases} \tag{8.5}$$

$\boldsymbol{T} = [N_1 S \quad N_2 S \quad \cdots \quad N_q S]$ 为形函数；$\boldsymbol{D} = [\boldsymbol{D}_1^{\mathrm{T}} \quad \boldsymbol{D}_2^{\mathrm{T}} \quad \cdots \quad \boldsymbol{D}_q^{\mathrm{T}}]^{\mathrm{T}}$ 为整体自由度向量。

式(8.4)便是数值流形法整个物理覆盖系统上的总位移函数。

① 如果选取

$$\boldsymbol{T} = \begin{bmatrix} 1 & 0 & 0 & 0 & (z-z_0) & -(y-y_0) & (x-x_0) & 0 & 0 & (y-y_0)/2 & 0 & (z-z_0)/2 \\ 0 & 1 & 0 & -(z-z_0) & 0 & (x-x_0) & 0 & (y-y_0) & 0 & (x-x_0)/2 & (z-z_0)/2 & 0 \\ 0 & 0 & 1 & (y-y_0) & -(x-x_0) & 0 & 0 & 0 & (z-z_0) & 0 & (y-y_0)/2 & (x-x_0)/2 \end{bmatrix} \tag{8.6}$$

$$\boldsymbol{D}_i = [u_0 \quad v_0 \quad w_0 \quad \alpha_0 \quad \beta_0 \quad \gamma_0 \quad \varepsilon_x \quad \varepsilon_y \quad \varepsilon_z \quad \gamma_{xy} \quad \gamma_{yz} \quad \gamma_{zx}]^{\mathrm{T}} \tag{8.7}$$

式中，$(u_0, v_0, w_0)$ 为单元形心的平动位移；$(\alpha_0, \beta_0, \gamma_0)$ 为形心的转角；$[\varepsilon_x \quad \varepsilon_y \quad \varepsilon_z \quad \gamma_{xy} \quad \gamma_{yz} \quad \gamma_{zx}]^{\mathrm{T}}$ 为单元的 3 个正应变和 3 个剪应变。

此时数值流形法退化为 DDA 方法。DDA 的子矩阵的表达式见 8.5 节。

② 如果选取 $S$ 为 0 阶基函数，此时

$$\boldsymbol{T} = \{N_1 \quad N_2 \quad \cdots \quad N_q\} \tag{8.8}$$

流形法退化为有限元法。

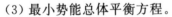

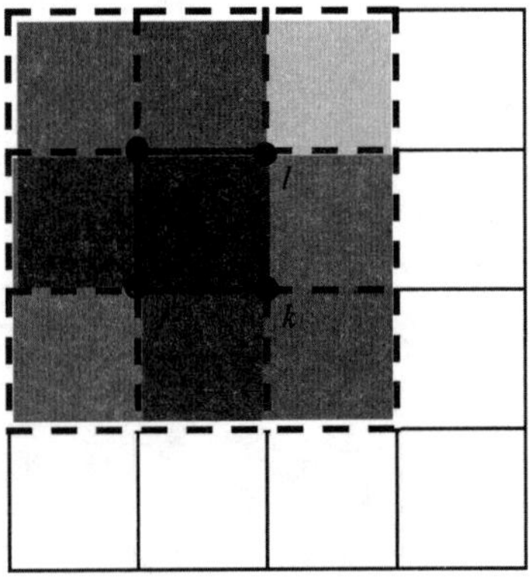


图 8.3　有限元的流形覆盖系统

图 8.3 给出了一个四结点有限元法的实例，在数值流形法覆盖系统下，单元 $ijkl$ 其实是由四个物理覆盖 $i$、覆盖 $j$、覆盖 $k$、覆盖 $l$ 共同重叠形成的区域。有限元覆盖的一般做法是将与有限元结点相连的所有单元的并集作为数学覆盖，并在其上定义近似函数。比如，覆盖 $i$ 指左上角包含结点 $i$ 的四个网格区域，其他覆盖定义相同。

由于每个覆盖上采用相同的单位线性插值函数，四个覆盖重叠起来的流形元(有限单元)自然具有式(8.8)表示的插值型函数，也是一个线性单元。

(3) 最小势能总体平衡方程。

设整个系统共有 $n$ 个物理覆盖，则系统的总势能可表示为

$$\Pi = \sum_{j=1}^{n} \Pi_j = \sum_{j=1}^{n} (\Pi_{\mathrm{e}} + \Pi_{\sigma} + \Pi_{\mathrm{p}} + \Pi_{\mathrm{w}} + \Pi_{\mathrm{i}} + \Pi_{\mathrm{f}}) \tag{8.9}$$

式中，$\Pi_e$ 为单元应变能；$\Pi_\sigma$ 为初应力势能；$\Pi_p$ 为点荷载势能；$\Pi_w$ 为体荷载势能；$\Pi_i$ 为惯性力势能；$\Pi_f$ 为边界条件产生的势能。

代入位移近似函数，总势能可以表示为

$$\Pi=\frac{1}{2}\{\boldsymbol{D}_1^{\mathrm{T}}\quad \boldsymbol{D}_2^{\mathrm{T}}\quad \boldsymbol{D}_3^{\mathrm{T}}\quad \cdots\quad \boldsymbol{D}_n^{\mathrm{T}}\}\begin{bmatrix}\boldsymbol{K}_{11} & \boldsymbol{K}_{12} & \boldsymbol{K}_{13} & \cdots & \boldsymbol{K}_{1n}\\ \boldsymbol{K}_{21} & \boldsymbol{K}_{22} & \boldsymbol{K}_{23} & \cdots & \boldsymbol{K}_{2n}\\ \boldsymbol{K}_{31} & \boldsymbol{K}_{32} & \boldsymbol{K}_{33} & \cdots & \boldsymbol{K}_{3n}\\ \vdots & \vdots & \vdots & & \vdots\\ \boldsymbol{K}_{n1} & \boldsymbol{K}_{n2} & \boldsymbol{K}_{n3} & \cdots & \boldsymbol{K}_{nn}\end{bmatrix}\begin{Bmatrix}\boldsymbol{D}_1\\ \boldsymbol{D}_2\\ \boldsymbol{D}_3\\ \vdots\\ \boldsymbol{D}_n\end{Bmatrix}+$$

$$\{\boldsymbol{D}_1^{\mathrm{T}}\quad \boldsymbol{D}_2^{\mathrm{T}}\quad \boldsymbol{D}_3^{\mathrm{T}}\quad \cdots\quad \boldsymbol{D}_n^{\mathrm{T}}\}\begin{Bmatrix}\boldsymbol{F}_1\\ \boldsymbol{F}_2\\ \boldsymbol{F}_3\\ \vdots\\ \boldsymbol{F}_n\end{Bmatrix}+C \tag{8.10}$$

这样根据最小势能原理，在所有的几何可能位移中，真实位移使系统总势能取极小值，即

$$\frac{\partial \Pi}{\partial d_{mj}}=\sum_{m=1}^{n}\left(\frac{\partial \Pi_e}{\partial d_{mj}}+\frac{\partial \Pi_\sigma}{\partial d_{mj}}+\frac{\partial \Pi_p}{\partial d_{mj}}+\frac{\partial \Pi_w}{\partial d_{mj}}+\frac{\partial \Pi_i}{\partial d_{mj}}+\frac{\partial \Pi_f}{\partial d_{mj}}\right)=0 \tag{8.11}$$

便可得到总体方程组为

$$\begin{bmatrix}\boldsymbol{K}_{11} & \boldsymbol{K}_{12} & \boldsymbol{K}_{13} & \cdots & \boldsymbol{K}_{1n}\\ \boldsymbol{K}_{21} & \boldsymbol{K}_{22} & \boldsymbol{K}_{23} & \cdots & \boldsymbol{K}_{2n}\\ \boldsymbol{K}_{31} & \boldsymbol{K}_{32} & \boldsymbol{K}_{33} & \cdots & \boldsymbol{K}_{3n}\\ \vdots & \vdots & \vdots & & \vdots\\ \boldsymbol{K}_{n1} & \boldsymbol{K}_{n2} & \boldsymbol{K}_{n3} & \cdots & \boldsymbol{K}_{nn}\end{bmatrix}\begin{Bmatrix}\boldsymbol{D}_1\\ \boldsymbol{D}_2\\ \boldsymbol{D}_3\\ \vdots\\ \boldsymbol{D}_n\end{Bmatrix}=\begin{Bmatrix}\boldsymbol{F}_1\\ \boldsymbol{F}_2\\ \boldsymbol{F}_3\\ \vdots\\ \boldsymbol{F}_n\end{Bmatrix} \tag{8.12}$$

式中，$d_{mj}$ 为第 $m$ 个单元的第 $j$ 个未知量（每个物理覆盖有 $3m$ 个未知量）；$\boldsymbol{F}_i$ 为物理覆盖 $U_i$ 上的荷载向量；$\boldsymbol{K}_{ii}$ 只与物理覆盖 $U_i$ 的材料有关；$\boldsymbol{K}_{ij}\,(i\neq j)$ 为物理覆盖 $U_j$ 对 $U_i$ 的影响矩阵，这个子矩阵在非连续分析中具有很重要的地位，接触矩阵和流固耦合矩阵都是这种矩阵，而且这个矩阵的特点将直接影响到方程的求解方法与难易程度。

### 8.2.3　基于规则网格覆盖的缺陷

虽然数值流形法的数学覆盖可以选择任意形状，但不规则的数学覆盖却给插值函数的选择和单元的数值积分带来很大的麻烦。为了避免这种麻烦，目前大部分领域采用现有的有限元网格来代替覆盖网格。这样的好处在于可以利用已知的有限元网格的形函数，如果想提高插值函数的精度也是轻而易举的事情。图 8.4 和图 8.5 分别描述了二维下有限元覆盖系统对裂纹和材料交界面的处理方法。

然而，道路材料大多是多材质复合的颗粒材料，不但会包含多种材料的交界面，而且其空隙和裂纹也非常发达。用有限元网格作为覆盖网格容易导致大量形状奇异的单元，对这些单元的积分将是非常困难和复杂的，而且精度也不会高。鉴于无网格方法不需要积分网格，或者仅需要辅助积分网格。辅助网格是独立于单元的临时的网格，流形单元

(其实根本用不到流形单元)的形状对积分是没有任何影响的,所以利用无网格法进行覆盖定义和运算是道路材料数值流形法的一大进步。

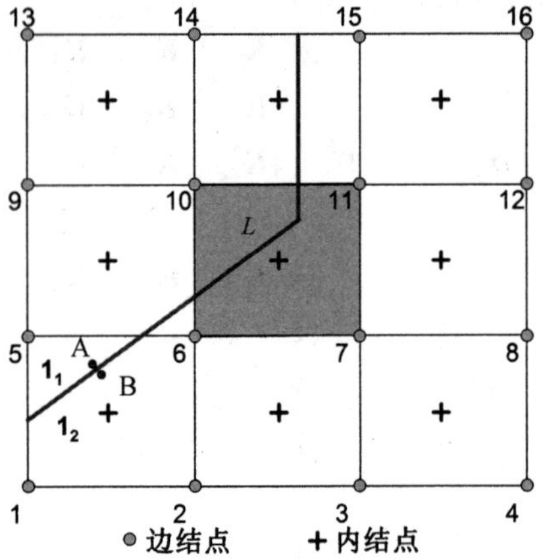


图 8.4 数值流形法中裂纹的处理

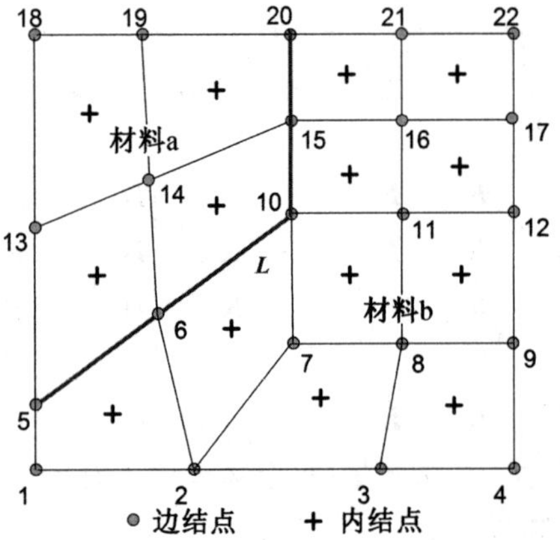


图 8.5 数值流形法中材料交界面的处理

## 8.3 与无网格法的结合

无网格(单元)法是一种具有潜力的新的大变形数值模拟方法,它仅用一系列的离散点对求解域进行剖分,而无须单元连接,因此不仅具有前处理简单的特点,而且更适合裂纹扩展的计算分析。无网格法从产生到现在已有30多年,各种各样形式的无网格法如雨后春笋涌现出来,主要包括:光滑质点流体动力学(SPH)、模糊单元法(DEM)、无网格伽辽金法(EFGM)、无网格局部伽辽金法(MLPGM)、局部边界积分方程无网格法(MLBIEM)、小波伽辽金法(WGM)、再生核质点法(RKPM)、多尺度再生核质点法(MSRKPM)、小波质点法(WPM)、移动最小二乘积分核法(MLSRKM)、多象限法(MQM)、HP云团法(HPCM)、HP无网格云团法(HPMCM)、单元分解法(PUM)、有限点法(FPM)、自然单元法(NEM)以及有限覆盖无单元法(FCEFM)等。

流形法和无网格法都有着传统方法所不可替代的突出优点。流形法解决了材料连续与非连续性的数学统一表述的问题,使得连续变形分析与非连续变形分析的统一成为可能。无网格法实现了无单元插值,极大地简化了有限元法和流形法单元积分。但同时,这两种方法也存在一些困难与不足:流形法的双重覆盖一方面是流形法本身的一大优势,同时它也不可避免地带来积分上的困难;而无网格法对于非连续变形问题的分析却力不从心。所以说,流形法与无网格法的结合无疑是最佳的选择。

无网格法根据离散方案的不同可以分为配点型、伽辽金型以及最小二乘法型。配点型无网格法不需要积分网格,但数值不稳定,特别是在边界和接触点处。最小二乘法型无网格法也不需要积分网格,是用最小二乘方法控制方程残量的一种方法,但它较多地使用到近似函数的高阶量,数值有时也不稳定。

作者建议使用伽辽金型,原因是伽辽金型所建立的求解方程的系数矩阵是对称的,而且当微分方程存在相应的泛函数时,伽辽金型与变分法往往导致同样的结果。书中所使用的力学控制方程就满足这样的条件,所以,这时伽辽金型无网格法与数值流形法中应用最小势能原理得出的方程形式是完全相同的。

### 8.3.1　紧支域上的近似方案

(1) 单位分解近似和广义形函数的构造。

定义一个在紧支集 $\Omega_I$ 上的权函数:

$$w_I:\Omega_I \to \mathbf{R} \quad (w_I \in C_0^s(\Omega_I), s \geqslant 0) \tag{8.13}$$

此处,所有这些紧支集 $\Omega_I (I=1,\cdots,N)$ 构成一组开覆盖。在每个覆盖上,均可定义相应的权函数。利用权函数,由直观而简明的 Shepard 公式,定义于各覆盖区域的单位分解函数可表示为

$$\varphi_I = \frac{w_I}{\sum_J w_J} \quad (J \in \{K \mid w_K(x) \neq 0\}) \tag{8.14}$$

依据单位分解法的理论,若一个局部逼近空间:

$$\boldsymbol{U}_I^h(\Omega_I) = \operatorname{span}\{f_{Ii}\}_{i=1}^{m_I} \tag{8.15}$$

在覆盖 $\Omega_I$ 上能较好地逼近真实问题,那么在满足一定条件的前提下,利用单位分解函数可构成一个整体逼近空间:

$$\boldsymbol{U}^h = \operatorname{span}\{f_{Ii}\cdot\varphi_I \mid i=1,2,\cdots,m_I, I=1,2,\cdots,N\} \tag{8.16}$$

可将 $f_{Ii}\cdot\varphi_I$ 视为广义形函数。

局部逼近函数 $\{f_{Ii}\}_{i=1}^{m_I}$ 的选取有着很大的自由,最直接的选择是多项式系,可以很好地逼近光滑函数。本章中采用了一阶和二阶多项式函数。

(2) 移动最小二乘法函数的构造。

移动最小二乘法是 Lanscaster 和 Salkamkas 在 1982 年提出的,其主要特征为:① 构造出的近似函数具有连续和光滑特征;② 能够保证高阶一致性。移动最小二乘法的近似

方法如图 8.6 所示。

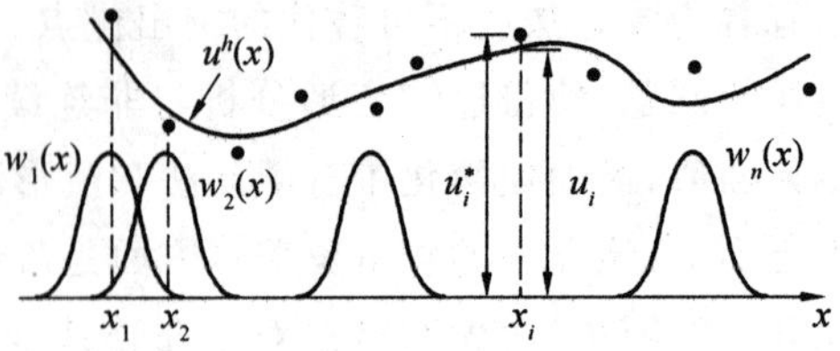


图 8.6　移动最小二乘法的近似方法

这里以函数 $u(x)$ 为例来说明移动最小二乘法的基本原理。考虑包含点 $x$ 的子域 $\Omega_x$，它位于整体计算域 $\Omega$ 内，并有一系列自由布置的结点 $\{x\}, i=1,2,\cdots,n$。函数 $u(x)$ 可以通过移动最小二乘法近似为

$$u^h(x)\quad (\forall x \in \Omega_x)$$

$$u(x) \approx u^h(x) = \boldsymbol{p}^{\mathrm{T}}(x)\boldsymbol{a}(x) = \sum_{j=1}^{m} p_j(x) a_j(x) \quad (\forall x \in \Omega_\tau) \tag{8.17}$$

式中，基函数 $\boldsymbol{p}^{\mathrm{T}}(x) = [p_1(x) \quad p_2(x) \quad \cdots \quad p_m(x)]$ 为 $m$ 次完备单项式；$\boldsymbol{a}(x)$ 为包含空间坐标 $x$ 的系数向量；$m$ 表示基函数的个数。

1－D 问题：

$$\boldsymbol{p}^{\mathrm{T}}(x) = \{1 \quad x \quad x^2 \quad \cdots \quad x^s\} \tag{8.18}$$

2－D 问题：

$$\boldsymbol{p}^{\mathrm{T}}(x) = \boldsymbol{p}^{\mathrm{T}}(x,y) = \{1 \quad x \quad y \quad x^2 \quad xy \quad y^2 \quad \cdots \quad xy^{s-1} \quad y^s\} \tag{8.19}$$

3－D 问题：

$$\boldsymbol{p}^{\mathrm{T}}(x) = \boldsymbol{p}^{\mathrm{T}}(x,y,z) = \{1 \quad x \quad y \quad z \quad x^2 \quad y^2 \quad z^2 \quad \cdots \quad x^s \quad y^s \quad z^s \quad \cdots\} \tag{8.20}$$

基函数的个数 $m$ 可以表示为完备多项式的阶数 $s$ 与求解域的维数 $n_{\mathrm{d}}$ 的关系：

$$m = \frac{(s+1)(s+2)\cdots(s+n_{\mathrm{d}})}{n_{\mathrm{d}}!} \tag{8.21}$$

假设计算点 $x$ 的邻域 $\Omega_x$ 包含 $n$ 个结点，近似函数 $u^h(x)$ 在这些结点 $\bar{x}=x_i$ 的误差的加权平方范数 $L_2$ 为

$$\begin{aligned} J &= \sum_{i=1}^{n} w_i(x-x_i)\,[u^h(x)-u(x_i)]^2 \\ &= \sum_{i=1}^{n} w_i(x-x_i)\,[\boldsymbol{p}^{\mathrm{T}}(x_i)\boldsymbol{a}_i(x)-u(x_i)]^2 \\ &= (\boldsymbol{Pa}-\boldsymbol{u}_i)^{\mathrm{T}} \cdot \boldsymbol{W} \cdot (\boldsymbol{Pa}-\boldsymbol{u}_i) \end{aligned} \tag{8.22}$$

式中，$w_i(x) = w(x-x_i)$ 表示点 $x_i$ 在 $x$ 处的权函数；$\boldsymbol{u}_i = [u_1 \quad u_2 \quad \cdots \quad u_n]^{\mathrm{T}}$ 表示名义结点值。

(3) 无网格形函数。

令式(8.22) 取得最小值，即

$$\frac{\partial J}{\partial \boldsymbol{a}}=\boldsymbol{A}(x)\cdot\boldsymbol{a}(x)-\boldsymbol{B}(x)\boldsymbol{u}=0 \tag{8.23}$$

式中，

$$\boldsymbol{A}(x)=\boldsymbol{P}^{\mathrm{T}}\boldsymbol{W}(x)\boldsymbol{P}=\sum_{i=1}^{n}w_i(x)\boldsymbol{p}(x_i)\boldsymbol{p}^{\mathrm{T}}(x_i) \tag{8.24}$$

$$\boldsymbol{B}(x)=\boldsymbol{P}^{\mathrm{T}}\boldsymbol{W}(x)=[w_1(x)p(x_1)\quad w_2(x)p(x_2)\quad\cdots\quad w_n(x)p(x_n)] \tag{8.25}$$

$$\boldsymbol{W}(x)=\begin{bmatrix} w(x-x_1) & 0 & \cdots & 0\\ 0 & w(x-x_2) & \cdots & 0\\ \vdots & \vdots & & \vdots\\ 0 & 0 & \cdots & w(x-x_n)\end{bmatrix} \tag{8.26}$$

$$\boldsymbol{P}=\begin{bmatrix} p_1(x_1) & p_2(x_1) & \cdots & p_m(x_1)\\ p_1(x_2) & p_2(x_2) & \cdots & p_m(x_2)\\ \vdots & \vdots & & \vdots\\ p_1(x_n) & p_2(x_n) & \cdots & p_m(x_n)\end{bmatrix} \tag{8.27}$$

由此，可以得到

$$\boldsymbol{a}(x)=\boldsymbol{A}^{-1}(x)\boldsymbol{B}(x)\boldsymbol{u} \tag{8.28}$$

将式(8.28) 代入式(8.17)，有

$$u^h(x)=\sum_{i=1}^{n}\boldsymbol{N}_i(x)\boldsymbol{u}_i=\boldsymbol{N}(x)\boldsymbol{u} \tag{8.29}$$

$$\boldsymbol{N}(x)=\boldsymbol{p}^{\mathrm{T}}(x)\boldsymbol{A}^{-1}(x)\boldsymbol{B}(x) \tag{8.30}$$

$\boldsymbol{N}(x)$ 称为形函数：

$$\boldsymbol{N}(x)=[\boldsymbol{N}_1(x)\quad \boldsymbol{N}_2(x)\quad\cdots\quad \boldsymbol{N}_n(x)] \tag{8.31}$$

$$\boldsymbol{N}_i(x)=\sum_{j=1}^{m}\boldsymbol{p}_j(x)[\boldsymbol{A}^{-1}(x)\boldsymbol{B}(x)]_{ji} \tag{8.32}$$

由此可见，形函数 $\boldsymbol{N}_i(x)$ 的光滑性由基函数和权函数决定。假设 $\boldsymbol{C}^k(\Omega)$ 是 $k$ 阶连续可微函数空间，若 $\boldsymbol{w}_i(x)\in\boldsymbol{C}^k(\Omega)$ $(i=1,2,\cdots,n)$，$\boldsymbol{p}_j(x)\in\boldsymbol{C}^l(\Omega)$ $(j=1,2,\cdots,m)$，那么 $\boldsymbol{N}_i(x)\in\boldsymbol{C}^r(\Omega)$，$r=\min(k,l)$。

形函数的导数可以通过下式计算：

$$\boldsymbol{N}_{i,k}(x)=\sum_{j=1}^{m}[\boldsymbol{p}_{j,k}(\boldsymbol{A}^{-1}\boldsymbol{B})_{ji}+\boldsymbol{p}_j(\boldsymbol{A}^{-1}\boldsymbol{B}_{,k}+\boldsymbol{A}^{-1}_{,k}\boldsymbol{B})_{ji}] \tag{8.33}$$

式中，

$$\boldsymbol{A}^{-1}_{,k}=-\boldsymbol{A}^{-1}\boldsymbol{A}_{,k}\boldsymbol{A}^{-1} \tag{8.34}$$

通常情况下形函数具备一致性，即

$$\sum_{i=1}^{n}\boldsymbol{N}_i(x)=1 \tag{8.35}$$

$$\sum_{i=1}^{n}\boldsymbol{N}_i(x)x_i=x \tag{8.36}$$

但是形函数一般不满足 Kronecker $\delta$ 性质：

$$\boldsymbol{N}_i(x_j)\neq\boldsymbol{\delta}_{ij} \tag{8.37}$$

这个性质使得本质边界条件不能像有限元法那样轻易实现。

(4) 权函数的选择。

由移动最小二乘法的基本原理，可以看到权函数的选取对于无网格法的计算精度和复杂性起到至关重要的作用。通常情况下，权函数必须满足下列条件：

① 非负性，即在支撑域 $\Omega_x$ 内 $w(x)>0$，支撑域外 $w_i(x)=0$。

② 结点的权函数应在结点自身取最大值，由近及远单调递减。

③ 权函数应足够光滑，尤其在支撑域边界上。

通常采用的权函数有以下几种。

Gauss 权函数：

$$w(r)=\begin{cases}\dfrac{e^{-r^2\beta^2}-e^{-\beta^2}}{1-e^{-\beta^2}} & (r\leqslant 1)\\ 0 & (r>1)\end{cases} \tag{8.38}$$

指数型权函数：

$$w(r)=\begin{cases}e^{-(r/\alpha)^2} & (r\leqslant 1)\\ 0 & (r>1)\end{cases} \tag{8.39}$$

三次样条权函数：

$$w(r)=\begin{cases}2/3-4r^2+4r^3 & (r\leqslant 1/2)\\ 4/3-4r+4r^2-4r^3/3 & (1/2<r\leqslant 1)\\ 0 & (r>1)\end{cases} \tag{8.40}$$

四次样条权函数：

$$w(r)=\begin{cases}1-6r^2+8r^3-3r^4 & (r\leqslant 1)\\ 0 & (r>1)\end{cases} \tag{8.41}$$

其他权函数：

$$w(r)=\begin{cases}\dfrac{1}{r^2+\varepsilon^2}(1-r^2) & (r\leqslant 1)\\ 0 & (r>1)\end{cases} \tag{8.42}$$

$$w(r)=\begin{cases}1-10r^3+15r^4-6r^5 & (r\leqslant 1)\\ 0 & (r>1)\end{cases} \tag{8.43}$$

$$w(r)=\begin{cases}1-3r^2+2r^3 & (r\leqslant 1)\\ 0 & (r>1)\end{cases} \tag{8.44}$$

$$w(r)=\begin{cases}1-2r^2 & (r\leqslant 1/2)\\ 2(1-r)^2 & (1/2<r\leqslant 1)\\ 0 & (r>1)\end{cases} \tag{8.45}$$

式中，$\alpha$、$\beta$ 为权函数形状参数；

$$r=\frac{d_i}{d_{mi}}=\frac{|x-x_i|}{d_{mi}} \tag{8.46}$$

$d_i = |x - x_i|$ 为结点 $x_i$ 与采样点 $x$ 之间的距离，$d_{mi}$ 为第 $i$ 个结点的支撑域半径。

支撑域可以为圆形支撑域，也可为矩形支撑域(图 8.7)。

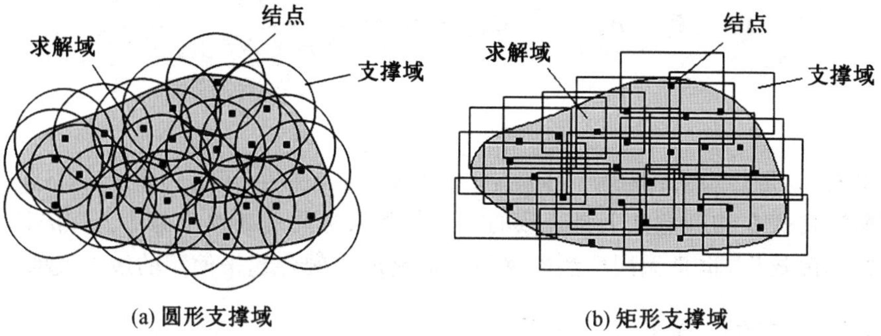


图 8.7　结点的支撑域形式

### 8.3.2　伽辽金无网格格式

设问题的基本控制方程如下。

平衡方程：

$$\sigma_{ij,j} + \bar{f}_i = 0 \quad (\text{在 } \Omega \text{ 内}) \tag{8.47}$$

力边界条件：

$$\sigma_{ij} n_j - \bar{t}_i = 0 \quad (\text{在 } \Gamma_t \text{ 上}) \tag{8.48}$$

位移边界条件：

$$u_i = \bar{u}_i \quad (\text{在 } \Gamma_u \text{ 上}) \tag{8.49}$$

几何方程：

$$\varepsilon_{ij} = \frac{1}{2}(u_{i,j} + u_{j,i}) \quad (\text{在 } \Omega \text{ 内}) \tag{8.50}$$

物理方程：

$$\sigma_{ij} = D_{ijkl} \varepsilon_{kl} \quad (\text{在 } \Omega \text{ 内}) \tag{8.51}$$

式中，$\bar{f}_i$ 为给定的体力；$\bar{t}_i$ 为边界 $\Gamma_t$ 上给定的面力；$\bar{u}_i$ 为边界 $\Gamma_u$ 上给定的位移。

对平衡方程式(8.47) 和力边界条件式(8.48) 应用伽辽金加权余量法得

$$\delta \Pi(u_i) = \int_\Omega \delta u_i (\sigma_{ij,j} + \bar{f}_i) \mathrm{d}\Omega - \int_{\Gamma_t} \delta u_i (\sigma_{ij} n_j - \bar{t}_i) \mathrm{d}\Gamma_t = 0 \tag{8.52}$$

对第一项应用分部积分可得

$$\delta \Pi(\boldsymbol{u}) = \int_\Omega \delta \boldsymbol{\varepsilon}^{\mathrm{T}} \boldsymbol{\sigma} - \delta \boldsymbol{u}^{\mathrm{T}} \bar{\boldsymbol{f}} \mathrm{d}\Omega - \int_{\Gamma_t} \delta \boldsymbol{u}^{\mathrm{T}} \bar{\boldsymbol{t}} \mathrm{d}\Gamma_t = 0 \tag{8.53}$$

然后将式(8.29) 中的无网格近似函数代入上式，可得

$$\boldsymbol{K}\boldsymbol{d} = \boldsymbol{P} \tag{8.54}$$

其中，

$$\boldsymbol{K} = \int_\Omega \boldsymbol{B}^{\mathrm{T}} \boldsymbol{D} \boldsymbol{B} \mathrm{d}\Omega$$

$$\boldsymbol{P} = \int_\Omega \boldsymbol{N}^{\mathrm{T}} \bar{\boldsymbol{f}} \mathrm{d}\Omega + \int_{\Gamma_t} \boldsymbol{N}^{\mathrm{T}} \bar{\boldsymbol{t}} \mathrm{d}\Gamma_t$$

$$\boldsymbol{B}=[\boldsymbol{B}_1 \quad \boldsymbol{B}_2 \quad \cdots \quad \boldsymbol{B}_n],\quad \boldsymbol{B}_i=\begin{bmatrix} N_{i,x} & 0 & 0 \\ 0 & N_{i,y} & 0 \\ 0 & 0 & N_{i,z} \\ N_{i,y} & N_{i,x} & 0 \\ 0 & N_{i,z} & N_{i,y} \\ N_{i,z} & 0 & N_{i,x} \end{bmatrix}$$

可以看出，伽辽金无网格格式同有限元格式非常相似，同时它也同式(8.12)所表示的数值流形法格式在物理意义上是一致的。这种现象主要是来源于伽辽金方法具有同变分法相同的离散效果，也是无网格法能够与数值流形法融合起来使用的最本质的原因。

### 8.3.3 本质边界条件的处理

无网格法的一个难点就是本质边界条件的实现。由于无网格法的形函数一般不满足 Kronecker $\delta$ 条件，即 $N_i(x_j)\neq\delta_{ij}$。为了使用伽辽金弱形式，必须用其他方法引入位移约束条件。

目前，实现本质边界条件的方法主要有拉格朗日乘子法、修正变分原理、罚函数法、变换法以及位移约束方程法等。

(1) 拉格朗日乘子法(Lagrange multiplier method)。

拉格朗日乘子法被广泛用于实现无网格伽辽金法的本质边界条件。拉格朗日乘子法是通过式(8.53)的变分式中引入变分项：

$$\delta W_{\mathrm{u}}=\int_{\Gamma_{\mathrm{u}}}\delta\lambda(x)(u-\bar{u})\,\mathrm{d}\Gamma_{\mathrm{u}}+\int_{\Gamma_{\mathrm{u}}}\delta w(x)\lambda(x)\,\mathrm{d}\Gamma_{\mathrm{u}} \tag{8.55}$$

修改后的能量变分为

$$\delta\overline{\Pi}=\delta\Pi+\delta\Delta W_{\mathrm{u}} \tag{8.56}$$

将式(8.54)代入式(8.56)中并写成矩阵形式：

$$\begin{bmatrix} \boldsymbol{K} & \boldsymbol{C}^{\mathrm{T}} \\ \boldsymbol{C} & 0 \end{bmatrix}\begin{Bmatrix} \boldsymbol{d} \\ \boldsymbol{\Lambda} \end{Bmatrix}=\begin{Bmatrix} \boldsymbol{P} \\ \boldsymbol{Q} \end{Bmatrix} \tag{8.57}$$

其中，

$$\boldsymbol{C}=\int_{\Gamma_{\mathrm{u}}}\boldsymbol{N}_{\lambda}^{\mathrm{T}}\boldsymbol{N}\,\mathrm{d}\Gamma_{\mathrm{u}}$$

$$\boldsymbol{Q}=\int_{\Gamma_{\mathrm{u}}}\boldsymbol{N}_{\lambda}^{\mathrm{T}}\bar{\boldsymbol{u}}\,\mathrm{d}\Gamma_{\mathrm{u}}$$

$$\boldsymbol{N}_{\lambda}=\begin{bmatrix} N_1^{\lambda} & 0 & 0 & N_2^{\lambda} & 0 & 0 & \cdots & N_{n_u}^{\lambda} & 0 & 0 \\ 0 & N_1^{\lambda} & 0 & 0 & N_2^{\lambda} & 0 & \cdots & 0 & N_{n_u}^{\lambda} & 0 \\ 0 & 0 & N_1^{\lambda} & 0 & 0 & N_2^{\lambda} & \cdots & 0 & 0 & N_{n_u}^{\lambda} \end{bmatrix}$$

$$\boldsymbol{\Lambda}=[\lambda_{1x} \quad \lambda_{1y} \quad \lambda_{1z} \quad \lambda_{2x} \quad \lambda_{2y} \quad \lambda_{2z} \quad \cdots \quad \lambda_{n_u x} \quad \lambda_{n_u y} \quad \lambda_{n_u z}]^{\mathrm{T}}$$

用拉格朗日乘子法施加位移边界条件的精度高，但它增加了未知量的数量，并且由它而产生的刚度矩阵不再是带状和正定的。

(2) 罚函数法(Penalty method)。

罚函数法的实现较为简单,通过在式(8.53) 中引入一个罚参数 $\alpha$ 来实现本质边界条件:

$$\delta \Pi_{\mathrm{p}} = \delta \Pi(u) + \alpha \int_{\Gamma_{\mathrm{u}}} \delta u (u - \bar{u}) \, \mathrm{d}\Gamma_{\mathrm{u}} = 0 \tag{8.58}$$

将无网格法近似函数式(8.29) 代入式(8.58) 得

$$(\boldsymbol{K} + \boldsymbol{K}_{\mathrm{p}}) \boldsymbol{d} = \boldsymbol{P} + \boldsymbol{P}_{\mathrm{p}} \tag{8.59}$$

其中,

$$\boldsymbol{K}_{\mathrm{p}} = \alpha \int_{\Gamma_{\mathrm{u}}} \boldsymbol{N}^{\mathrm{T}} \boldsymbol{N} \mathrm{d}\Gamma_{\mathrm{u}}$$

$$\boldsymbol{P}_{\mathrm{p}} = \alpha \int_{\Gamma_{\mathrm{u}}} \boldsymbol{N}^{\mathrm{T}} \bar{\boldsymbol{u}} \mathrm{d}\Gamma_{\mathrm{u}}$$

(3) 关于两种方法的讨论。

通常来说,罚函数法和拉格朗日乘子法都能获得较高的计算精度,但是对式(8.59) 而言,矩阵是正定的。罚函数法中主要考虑的是选择适当的罚参数,注意到罚参数不仅影响到 $\boldsymbol{K}_{\mathrm{p}}$、$\boldsymbol{P}_{\mathrm{p}}$ 项的对角线元素,还影响到非对角线元素。当非对角线元素用非常大的数相乘时,矩阵可能变为病态。计算中选择罚参数至关重要。

由于使用数值流形法模拟非连续问题时,较多处理间断点处的位移协调问题,如果采用拉格朗日乘子法必然会带来大量的多余自由度,对于沥青混合料是非常不利的。为此,建议在无网格数值流形法中采用罚函数法来处理非连续面上的接触问题。用罚函数法处理接触的主要优缺点如下。

① 罚弹簧的加入不会增加总体方程数目。

② 总体方程仍为对称正定。

③ 接触问题解的精度依赖于罚弹簧刚度系数的选取。

④ 罚函数法仅使接触条件得到近似满足,接触力为近似值。

# 8.4　流形单元子矩阵

## 8.4.1　弹性刚度矩阵

无网格流形法的刚度矩阵的积分域是整个求解域 $\Omega$,假设其中的任意一点被 $q$ 个物理覆盖 $U_{0(1)}, U_{0(2)}, \cdots, U_{0(q)}$ 覆盖,由无网格法的近似函数可得

$$\begin{Bmatrix} \boldsymbol{u}(x,y) \\ \boldsymbol{v}(x,y) \\ \boldsymbol{w}(x,y) \end{Bmatrix} = \sum_{i=1}^{q} \boldsymbol{N}_i \boldsymbol{u}_i = \sum_{i=1}^{q} \boldsymbol{N}_i (\boldsymbol{S} \cdot \boldsymbol{D}_i) = \boldsymbol{T} \cdot \boldsymbol{D} = \sum_{i=1}^{q} \boldsymbol{T}_{\mathrm{e}(r)} \boldsymbol{D}_{\mathrm{e}(r)}$$

$$= [\boldsymbol{T}_{\mathrm{e}(1)}, \boldsymbol{T}_{\mathrm{e}(2)}, \cdots, \boldsymbol{T}_{\mathrm{e}(q)}] \begin{Bmatrix} \boldsymbol{D}_{\mathrm{e}(1)} \\ \boldsymbol{D}_{\mathrm{e}(2)} \\ \vdots \\ \boldsymbol{D}_{\mathrm{e}(q)} \end{Bmatrix} \tag{8.60}$$

应变与位移之间的关系由几何方程给出：

$$\boldsymbol{\varepsilon}=[\varepsilon_x \quad \varepsilon_y \quad \varepsilon_z \quad \gamma_{xy} \quad \gamma_{yz} \quad \gamma_{zx}]^{\mathrm{T}}=\boldsymbol{L}\cdot\boldsymbol{U}=\boldsymbol{L}\cdot\boldsymbol{T}\cdot\boldsymbol{D}=\boldsymbol{B}\cdot\boldsymbol{D} \tag{8.61}$$

式中，$\boldsymbol{B}$ 称为应变矩阵；$\boldsymbol{L}$ 为三维问题的微分算子。

$$\begin{Bmatrix}\varepsilon_x\\ \varepsilon_y\\ \varepsilon_z\\ \gamma_{xy}\\ \gamma_{yz}\\ \gamma_{zx}\end{Bmatrix}=\begin{bmatrix}\frac{\partial}{\partial x} & 0 & 0\\ 0 & \frac{\partial}{\partial y} & 0\\ 0 & 0 & \frac{\partial}{\partial z}\\ \frac{\partial}{\partial y} & \frac{\partial}{\partial x} & 0\\ 0 & \frac{\partial}{\partial z} & \frac{\partial}{\partial y}\\ \frac{\partial}{\partial z} & 0 & \frac{\partial}{\partial x}\end{bmatrix}\begin{Bmatrix}u\\ v\\ w\end{Bmatrix}=\begin{Bmatrix}\frac{\partial u}{\partial x}\\ \frac{\partial v}{\partial y}\\ \frac{\partial w}{\partial z}\\ \frac{\partial u}{\partial y}+\frac{\partial v}{\partial x}\\ \frac{\partial v}{\partial z}+\frac{\partial w}{\partial y}\\ \frac{\partial u}{\partial z}+\frac{\partial w}{\partial x}\end{Bmatrix} \tag{8.62}$$

或

$$\begin{Bmatrix}\varepsilon_x\\ \varepsilon_y\\ \varepsilon_z\\ \gamma_{xy}\\ \gamma_{yz}\\ \gamma_{zx}\end{Bmatrix}=[\boldsymbol{B}_{e(1)} \quad \boldsymbol{B}_{e(2)} \quad \boldsymbol{B}_{e(3)} \quad \cdots \quad \boldsymbol{B}_{e(q)}]\begin{Bmatrix}\boldsymbol{D}_{e(1)}\\ \boldsymbol{D}_{e(2)}\\ \boldsymbol{D}_{e(3)}\\ \vdots\\ \boldsymbol{D}_{e(q)}\end{Bmatrix}=\boldsymbol{B}_{(e)}\boldsymbol{D}_{(e)} \tag{8.63}$$

(1) 当取零阶覆盖位移函数时，对覆盖矩阵 $\boldsymbol{i}$，应变矩阵可表示为

$$\boldsymbol{B}_i=\boldsymbol{L}\cdot\boldsymbol{T}_i=\boldsymbol{L}\cdot N_i\cdot\boldsymbol{S}=\begin{bmatrix}\frac{\partial}{\partial x} & 0 & 0\\ 0 & \frac{\partial}{\partial y} & 0\\ 0 & 0 & \frac{\partial}{\partial z}\\ \frac{\partial}{\partial y} & \frac{\partial}{\partial x} & 0\\ 0 & \frac{\partial}{\partial z} & \frac{\partial}{\partial y}\\ \frac{\partial}{\partial z} & 0 & \frac{\partial}{\partial x}\end{bmatrix}\cdot N_i\cdot\begin{bmatrix}1 & 0 & 0\\ 0 & 1 & 0\\ 0 & 0 & 1\end{bmatrix}=\begin{bmatrix}\frac{\partial N_i}{\partial x} & 0 & 0\\ 0 & \frac{\partial N_i}{\partial y} & 0\\ 0 & 0 & \frac{\partial N_i}{\partial z}\\ \frac{\partial N_i}{\partial y} & \frac{\partial N_i}{\partial x} & 0\\ 0 & \frac{\partial N_i}{\partial z} & \frac{\partial N_i}{\partial y}\\ \frac{\partial N_i}{\partial z} & 0 & \frac{\partial N_i}{\partial x}\end{bmatrix} \tag{8.64}$$

(2) 当取全一阶近似的覆盖位移函数时，对覆盖矩阵 $\boldsymbol{i}$，应变矩阵可表示为

$$
\boldsymbol{B}_i=\boldsymbol{L}\cdot\boldsymbol{T}_i=\boldsymbol{L}\cdot N_i\cdot\boldsymbol{S}=\begin{bmatrix}\frac{\partial}{\partial x} & 0 & 0\\ 0 & \frac{\partial}{\partial y} & 0\\ 0 & 0 & \frac{\partial}{\partial z}\\ \frac{\partial}{\partial y} & \frac{\partial}{\partial x} & 0\\ 0 & \frac{\partial}{\partial z} & \frac{\partial}{\partial y}\\ \frac{\partial}{\partial z} & 0 & \frac{\partial}{\partial x}\end{bmatrix}\cdot N_i\cdot
$$

$$
\begin{bmatrix}1 & 0 & 0 & x & 0 & 0 & y & 0 & 0 & z & 0 & 0\\ 0 & 1 & 0 & 0 & x & 0 & 0 & y & 0 & 0 & z & 0\\ 0 & 0 & 1 & 0 & 0 & x & 0 & 0 & y & 0 & 0 & z\end{bmatrix}
$$

$$
=\begin{bmatrix}
\frac{\partial N_i}{\partial x} & 0 & 0 & N_i+x\frac{\partial N_i}{\partial x} & 0 & 0 & y\frac{\partial N_i}{\partial x} & 0 & 0 & z\frac{\partial N_i}{\partial x} & 0 & 0\\
0 & \frac{\partial N_i}{\partial y} & 0 & 0 & x\frac{\partial N_i}{\partial y} & 0 & 0 & N_i+y\frac{\partial N_i}{\partial y} & 0 & 0 & z\frac{\partial N_i}{\partial y} & 0\\
0 & 0 & \frac{\partial N_i}{\partial z} & 0 & 0 & x\frac{\partial N_i}{\partial z} & 0 & 0 & y\frac{\partial N_i}{\partial z} & 0 & 0 & N_i+z\frac{\partial N_i}{\partial z}\\
\frac{\partial N_i}{\partial y} & \frac{\partial N_i}{\partial x} & 0 & x\frac{\partial N_i}{\partial y} & N_i+x\frac{\partial N_i}{\partial x} & 0 & N_i+y\frac{\partial N_i}{\partial y} & y\frac{\partial N_i}{\partial x} & 0 & z\frac{\partial N_i}{\partial y} & z\frac{\partial N_i}{\partial x} & 0\\
0 & \frac{\partial N_i}{\partial z} & \frac{\partial N_i}{\partial y} & 0 & x\frac{\partial N_i}{\partial z} & x\frac{\partial N_i}{\partial y} & 0 & y\frac{\partial N_i}{\partial z} & N_i+y\frac{\partial N_i}{\partial y} & 0 & N_i+z\frac{\partial N_i}{\partial z} & z\frac{\partial N_i}{\partial y}\\
\frac{\partial N_i}{\partial z} & 0 & \frac{\partial N_i}{\partial x} & x\frac{\partial N_i}{\partial z} & 0 & N_i+x\frac{\partial N_i}{\partial x} & y\frac{\partial N_i}{\partial z} & 0 & y\frac{\partial N_i}{\partial x} & N_i+z\frac{\partial N_i}{\partial z} & 0 & z\frac{\partial N_i}{\partial x}
\end{bmatrix}
\tag{8.65}
$$

求解域的总弹性应变能 $\Pi_e$ 为

$$
\begin{aligned}
\Pi_e&=\iiint_{\Omega}\frac{1}{2}\left[\varepsilon_x\quad\varepsilon_y\quad\varepsilon_z\quad\gamma_{xy}\quad\gamma_{yz}\quad\gamma_{zx}\right]\begin{Bmatrix}\sigma_x\\ \sigma_y\\ \sigma_z\\ \tau_{xy}\\ \tau_{yz}\\ \tau_{zx}\end{Bmatrix}\mathrm{d}x\,\mathrm{d}y\,\mathrm{d}z\\
&=\frac{1}{2}\iiint_{\Omega}\boldsymbol{D}_{(e)}^{\mathrm{T}}\boldsymbol{B}_{(e)}^{\mathrm{T}}\boldsymbol{E}\boldsymbol{B}_{(e)}\boldsymbol{D}_{(e)}\,\mathrm{d}x\,\mathrm{d}y\,\mathrm{d}z\\
&=\frac{1}{2}\boldsymbol{D}_{(e)}^{\mathrm{T}}\left[\iiint_{\Omega}\boldsymbol{B}_{(e)}^{\mathrm{T}}\boldsymbol{E}\boldsymbol{B}_{(e)}\,\mathrm{d}x\,\mathrm{d}y\,\mathrm{d}z\right]\boldsymbol{D}_{(e)}
\end{aligned}
\tag{8.66}
$$

因此，

$$\iiint_{\Omega} \boldsymbol{B}_{e(r)}^{T} \boldsymbol{E}\boldsymbol{B}_{e(s)} \mathrm{d}x\mathrm{d}y\mathrm{d}z \to \boldsymbol{K}_{e(r)e(s)} \quad (r,s=1,2,3,\cdots,q) \tag{8.67}$$

是弹性刚度矩阵。

### 8.4.2　初应力矩阵

由于数值流形法是按时步迭代计算的，前一时步计算的应力须作为下一步的初始应力添加到荷载向量中去。假定求解域中的任意一点的初始应力为

$$\boldsymbol{\sigma}^0 = [\sigma_x^0 \quad \sigma_y^0 \quad \sigma_z^0 \quad \tau_{xy}^0 \quad \tau_{yz}^0 \quad \tau_{zx}^0]^{T} \tag{8.68}$$

则总势能 $\Pi_\sigma$ 为

$$\Pi_\sigma = \iiint_{\Omega} [\varepsilon_x \quad \varepsilon_y \quad \varepsilon_z \quad \gamma_{xy} \quad \gamma_{yz} \quad \gamma_{zx}] \begin{Bmatrix} \sigma_x^0 \\ \sigma_y^0 \\ \sigma_z^0 \\ \tau_{xy}^0 \\ \tau_{yz}^0 \\ \tau_{zx}^0 \end{Bmatrix} \mathrm{d}x\mathrm{d}y\mathrm{d}z$$

$$= \iiint_{\Omega} \boldsymbol{D}_{(e)}^{T} \boldsymbol{B}_{(e)}^{T} \boldsymbol{\sigma}^0 \mathrm{d}x\mathrm{d}y\mathrm{d}z \tag{8.69}$$

通过对上式求偏导可得初应力矩阵为

$$-\iiint_{\Omega} \boldsymbol{B}_{e(r)}^{T} \begin{Bmatrix} \sigma_x^0 \\ \sigma_y^0 \\ \sigma_z^0 \\ \tau_{xy}^0 \\ \tau_{yz}^0 \\ \tau_{zx}^0 \end{Bmatrix} \mathrm{d}x\mathrm{d}y\mathrm{d}z \to \boldsymbol{F}_{e(r)} \quad (r=1,2,3,\cdots,q) \tag{8.70}$$

### 8.4.3　点荷载矩阵

数值流形法中的点荷载可加在求解域中的任一点。假设点荷载力 $(F_x, F_y, F_z)^{T}$ 作用在点 $(x_0, y_0, z_0)$ 上，产生的位移是

$$\begin{Bmatrix} u \\ \nu \\ w \end{Bmatrix} = \begin{Bmatrix} u(x_0, y_0, z_0) \\ \nu(x_0, y_0, z_0) \\ w(x_0, y_0, z_0) \end{Bmatrix} \quad (r=1,2,3,\cdots,q) \tag{8.71}$$

点荷载引起的势能 $\Pi_{p}$ 可表示为

$$\Pi_{p} = -[u(x_0, y_0, z_0) \quad \nu(x_0, y_0, z_0) \quad w(x_0, y_0, z_0)] \begin{Bmatrix} F_x \\ F_y \\ F_z \end{Bmatrix}$$

$$= -\boldsymbol{D}_{(e)}^{T} [\boldsymbol{T}_{(e)}(x_0, y_0, z_0)]^{T} \begin{Bmatrix} F_x \\ F_y \\ F_z \end{Bmatrix} \quad (r=1,2,3,\cdots,q) \tag{8.72}$$

对上式求极值，可得点荷载矩阵为

$$[\boldsymbol{T}_{e(r)}(x_0,y_0,z_0)]^{\mathrm{T}}\begin{Bmatrix}F_x\\F_y\\F_z\end{Bmatrix}\to\boldsymbol{F}_{e(r)}\quad(r=1,2,3,\cdots,q)\tag{8.73}$$

### 8.4.4　体荷载矩阵

设$(f_x\quad f_y\quad f_z)^{\mathrm{T}}$是求解域内任意一点的受到的恒定体积力，则由体荷载引起的势能$\Pi_{\mathrm{w}}$为

$$\begin{aligned}\Pi_{\mathrm{w}}&=-\iiint\limits_{\Omega}[u(x,y,z)\quad v(x,y,z)\quad w(x,y,z)]\begin{Bmatrix}f_x\\f_y\\f_z\end{Bmatrix}\mathrm{d}x\,\mathrm{d}y\,\mathrm{d}z\\&=-\boldsymbol{D}_{(e)}^{\mathrm{T}}\left\{\iiint\limits_{\Omega}[\boldsymbol{T}_{(e)}(x,y,z)]^{\mathrm{T}}\mathrm{d}x\,\mathrm{d}y\,\mathrm{d}z\right\}\begin{Bmatrix}f_x\\f_y\\f_z\end{Bmatrix}\end{aligned}\tag{8.74}$$

因此，体荷载矩阵可表示为

$$\iiint\limits_{\Omega}[\boldsymbol{T}_{e(r)}(x,y,z)]^{\mathrm{T}}\mathrm{d}x\,\mathrm{d}y\,\mathrm{d}z\begin{Bmatrix}f_x\\f_y\\f_z\end{Bmatrix}\to\boldsymbol{F}_{e(r)}\quad(r=1,2,3,\cdots,q)\tag{8.75}$$

### 8.4.5　惯性力矩阵和速度矩阵

惯性力矩阵相当于有限元的质量矩阵，是动力学计算的关键。在每一时间步中，应当保证产生足够小的位移以使最后结果与具体时间步的选择无关。

考虑当前的时间步，求解域中任一点$(x,y,z)$与时间相关的位移为$\begin{Bmatrix}u(x,y,z,t)\\v(x,y,z,t)\\w(x,y,z,t)\end{Bmatrix}$，由牛顿第二定律得单位体积的惯性力为

$$\begin{Bmatrix}f_x(x,y,z,t)\\f_y(x,y,z,t)\\f_z(x,y,z,t)\end{Bmatrix}=-\rho\frac{\partial^2}{\partial t^2}\begin{Bmatrix}u(x,y,z,t)\\v(x,y,z,t)\\w(x,y,z,t)\end{Bmatrix}=-\rho[\boldsymbol{T}_{(e)}(x,y,z)]\frac{\partial^2\boldsymbol{D}_{(e)}(t)}{\partial t^2}\tag{8.76}$$

式中，$\rho$为材料的密度。

总的惯性力势能$\Pi_i$为

$$\begin{aligned}\Pi_i&=-\iiint\limits_{\Omega}[u(x,y,z,t)\quad v(x,y,z,t)\quad w(x,y,z,t)]\begin{Bmatrix}f_x(x,y,z,t)\\f_y(x,y,z,t)\\f_z(x,y,z,t)\end{Bmatrix}\mathrm{d}x\,\mathrm{d}y\,\mathrm{d}z\\&=\iiint\limits_{\Omega}\rho[u(x,y,z,t)\quad v(x,y,z,t)\quad w(x,y,z,t)][\boldsymbol{T}_{(e)}(x,y,z)]\frac{\partial^2\boldsymbol{D}_{(e)}(t)}{\partial t^2}\mathrm{d}x\,\mathrm{d}y\,\mathrm{d}z\end{aligned}\tag{8.77}$$

设 $\boldsymbol{D}_{(e)}(0)=0$ 是起始时刻点的位移，$\boldsymbol{D}_{(e)}(\Delta t)=\boldsymbol{D}_{(e)}$ 是在时间步终了时的位移，$\Delta t$ 是时间步长。由 Taylor 级数，

$$\begin{aligned}\boldsymbol{D}_{(e)}&=\boldsymbol{D}_{(e)}(\Delta t)=\boldsymbol{D}_{(e)}(0)+\Delta t\frac{\partial \boldsymbol{D}_{(e)}(0)}{\partial t}+\frac{\Delta t^2}{2}\frac{\partial^2 \boldsymbol{D}_{(e)}(0)}{\partial t^2}\\&=\Delta t\frac{\partial \boldsymbol{D}_{(e)}(0)}{\partial t}+\frac{\Delta t^2}{2}\frac{\partial^2 \boldsymbol{D}_{(e)}(0)}{\partial t^2}\end{aligned}\tag{8.78}$$

有

$$\begin{aligned}\frac{\partial^2 \boldsymbol{D}_{(e)}(0)}{\partial t^2}&=\frac{2}{\Delta t^2}\boldsymbol{D}_{(e)}-\frac{2}{\Delta t}\frac{\partial \boldsymbol{D}_{(e)}(0)}{\partial t}\\&=\frac{2}{\Delta t^2}\boldsymbol{D}_{(e)}-\frac{2}{\Delta t}\boldsymbol{V}_{(e)}(0)\end{aligned}\tag{8.79}$$

式中，$\boldsymbol{V}_{(e)}(0)=\dfrac{\partial \boldsymbol{D}_{(e)}(0)}{\partial t}$ 是时间步开始时的单元速度，而该时间步终了时的速度 $\boldsymbol{V}(\Delta t)$ 为

$$\begin{aligned}\boldsymbol{V}_{(e)}(\Delta t)&=\boldsymbol{V}_{(e)}(0)+\Delta t\frac{\partial \boldsymbol{V}_{(e)}(0)}{\partial t}\\&=\boldsymbol{V}_{(e)}(0)+\Delta t\frac{\partial^2 \boldsymbol{D}_{(e)}(0)}{\partial t^2}\\&=\frac{2}{\Delta t}\boldsymbol{D}_{(e)}-\boldsymbol{V}_{(e)}(0)\end{aligned}\tag{8.80}$$

则总势能为

$$\begin{aligned}\Pi_i=&\boldsymbol{D}_{(e)}(\Delta)^{\mathrm{T}}\left[\iiint_{\Omega}\rho\,[\boldsymbol{T}_{(e)}(x,y,z)]^{\mathrm{T}}[\boldsymbol{T}_{(e)}(x,y,z)]\,\mathrm{d}x\,\mathrm{d}y\,\mathrm{d}z\right]\cdot\\&\left[\frac{2}{\Delta t^2}\boldsymbol{D}_{(e)}(\Delta t)-\frac{2}{\Delta t}\boldsymbol{V}_{(e)}(0)\right]\\=&\boldsymbol{D}_{(e)}^{\mathrm{T}}\left[\iiint_{\Omega}\rho\,[\boldsymbol{T}_{(e)}(x,y,z)]^{\mathrm{T}}[\boldsymbol{T}_{(e)}(x,y,z)]\,\mathrm{d}x\,\mathrm{d}y\,\mathrm{d}z\right]\cdot\frac{2}{\Delta t^2}\boldsymbol{D}_{(e)}-\\&\boldsymbol{D}_{(e)}^{\mathrm{T}}\left[\iiint_{\Omega}\rho\,[\boldsymbol{T}_{(e)}(x,y,z)]^{\mathrm{T}}[\boldsymbol{T}_{(e)}(x,y,z)]\,\mathrm{d}x\,\mathrm{d}y\,\mathrm{d}z\right]\cdot\frac{2}{\Delta t}\boldsymbol{V}_{(e)}(0)\end{aligned}\tag{8.81}$$

这样，惯性矩阵为

$$\frac{2}{\Delta t^2}\iiint_{\Omega}\rho(x,y,z)\,[\boldsymbol{T}_{e(r)}(x,y,z)]^{\mathrm{T}}[\boldsymbol{T}_{e(s)}(x,y,z)]\,\mathrm{d}x\,\mathrm{d}y\,\mathrm{d}z\rightarrow\boldsymbol{K}_{e(r)e(s)}\qquad(r,s=1,2,3,\cdots,q)\tag{8.82}$$

速度矩阵为

$$\frac{2}{\Delta t^2}\iiint_{\Omega}\rho(x,y,z)\,[\boldsymbol{T}_{e(r)}(x,y,z)]^{\mathrm{T}}[\boldsymbol{T}_{e(s)}(x,y,z)]\,\mathrm{d}x\,\mathrm{d}y\,\mathrm{d}z\,\{\boldsymbol{V}_{e(s)}(0)\}\rightarrow\boldsymbol{F}_{e(r)}\qquad(r,s=1,2,3,\cdots,q)\tag{8.83}$$

### 8.4.6 本质边界矩阵

此处按照 8.3.3 节的罚函数法来处理此位移边界条件，在实施上用三个刚度为 $p$ 的刚

性弹簧把固定点约束住。假定固定点 $(x_0, y_0, z_0)$ 的位移为

$$\begin{Bmatrix} u(x_0, y_0, z_0) \\ v(x_0, y_0, z_0) \\ w(x_0, y_0, z_0) \end{Bmatrix} = \begin{Bmatrix} 0 \\ 0 \\ 0 \end{Bmatrix} \tag{8.84}$$

则弹簧的应变能 $\Pi_f$ 为

$$\begin{aligned} \Pi_f &= \frac{p}{2}[u\ (x_0, y_0, z_0)^2 + v\ (x_0, y_0, z_0)^2 + w\ (x_0, y_0, z_0)^2] \\ &= \frac{p}{2}\boldsymbol{D}_{(e)}^{T}\ [\boldsymbol{T}_{e(r)}(x, y, z)]^{T}[\boldsymbol{T}_{e(s)}(x, y, z)]\boldsymbol{D}_{(e)} \end{aligned} \tag{8.85}$$

所以，本质边界矩阵为

$$p\ [\boldsymbol{T}_{e(r)}(x_0, y_0, z_0)]^{T}[\boldsymbol{T}_{e(s)}(x_0, y_0, z_0)] \rightarrow \boldsymbol{K}_{e(r)e(s)} \quad (r, s = 1, 2, 3, \cdots, q) \tag{8.86}$$

## 8.5　沥青胶浆的生成

为了使数值流形法能够用来模拟沥青混合料或水泥混凝土，同时亦不失去骨料的骨架作用，最简单的方法是将独立的颗粒假想成裹覆着沥青胶浆的夹心体(图 8.8)，每个颗粒夹心体通过表面裹覆的沥青胶浆与其他颗粒夹心体产生联系。而这种联系正好可以借助数值流形法中覆盖系统的重叠算法加以实现。

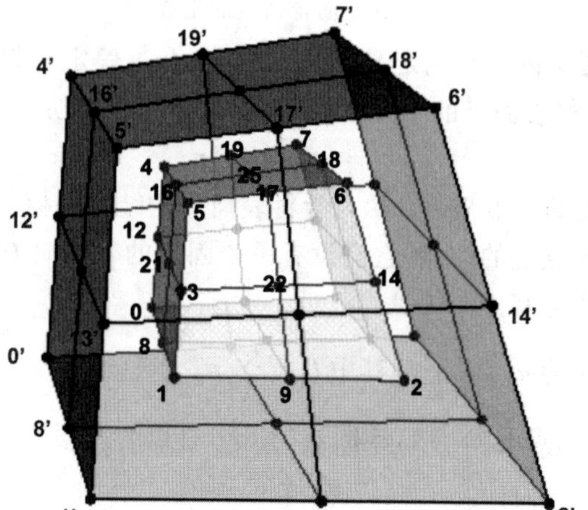


图 8.8　沥青混凝土颗粒裹覆体示意图

沥青混凝土中的集料按照粒径大小和功能可以分为两类：以形成骨架作用为主的粗颗粒和主要起黏结作用及填充作用的细集料。本书将形成骨架的粗骨料专称为骨料，将形成计算模型的颗粒单元，而除粗骨料以外的所有细料及沥青或纤维均划归为沥青胶浆，为颗粒单元之间的黏结材料。不过，需要注意的是，此处的沥青胶浆是一个相对的概念，与需要考虑的问题密切相关。

颗粒裹覆体中沥青胶浆的生成有两种方法：一种是以骨料表面为基准面，沿外法向向外扩大 $d_e$ 个尺寸，所有扩大后的平面交接形成沥青胶浆的外表面，这种方式不妨称之为绝对扩大；另一种是以骨料的形心为基准，将所有的骨料表面向外按比例扩大 $\lambda_e$，其中 $\lambda_e \geqslant 1$，这种方法以下称之为比例扩大。

### 8.5.1 绝对扩大方法

由于三维图形复杂并且不够直观，以下用二维图像示意来介绍其原理(图 8.9)。

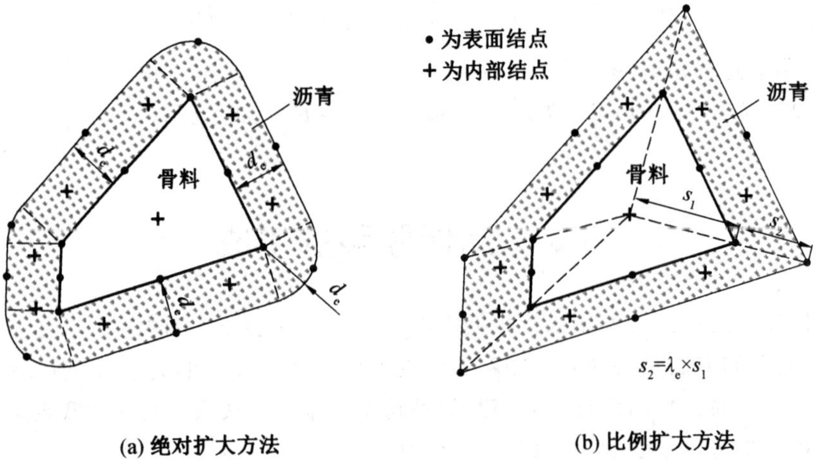


图 8.9 沥青结点的生成

对于绝对扩大方法，必须首先定义沥青层厚度 $d_e$。假定骨料表面的外法向矢量为 $\boldsymbol{n}_i^f$，则对于任意一个骨料表面上的结点，均可以映射到相应的沥青表面上：

$$x_i^a = x_i^s + d_e \cdot \boldsymbol{n}_i^f \tag{8.87}$$

式中，$x_i^a$ 为沥青表面上的结点坐标；$x_i^s$ 为骨料表面上的结点坐标。

不过对于棱上和角点上的结点，它们没有一个固定的外法向矢量，可以取相邻各面的外法向的矢量平均值作为其方向矢量。

定义平均外法矢量为 $\bar{\boldsymbol{n}}_i^f = \dfrac{L}{|L|}$，其中 $L = \sum\limits_{j=1}^{m} \boldsymbol{n}_j^f$，棱上结点 $m=2$，角点上结点 $m=3$，这样，如果再定义面上结点的 $m=1$，连同式(8.87) 可以合并写为

$$x_i^a = x_i^s + d_e \cdot \bar{\boldsymbol{n}}_i^f \tag{8.88}$$

绝对扩大方法可以产生均匀厚度的沥青胶浆膜，但这种方式，由于在角点和棱上也要保持相同的厚度，所以，生成的沥青轮廓不再保持骨料表面的形状，对于面数较多的多面体，沥青表面更趋向于球面。

另外，这种方法生成的沥青表面具有连续的一阶导数，不会出现棱和角点处外法线方向奇异的问题，这同接触判断中的角边修圆法具有相同的效果。

### 8.5.2 比例扩大方法

比例扩大方法的示意图如图 8.9(b) 所示。

这种方法计算上要比绝对扩大方法简单，需要定义沥青表面相对于骨料表面的比例扩大系数$\lambda_e$，一般$\lambda_e>1$；还需要已知骨料的形心位置（当然不绝对如此，也可以取骨料内的任意一点，只是这样计算出的沥青多面体的质心与骨料多面体的质心不重合而已）。

骨料的形心坐标是很容易求出的，对于六面体单元，通过等参变换来计算，局部坐标为 (0,0,0) 的 Gauss 点便是形心坐标，在数值计算模型中一般建议将形心作为一个结点参与运算。

假定已知了形心坐标 $x_i^o$ 和$\lambda_e$，沥青表面的结点坐标可表示为

$$x_i^a=x_i^o+\lambda_e\cdot(x_i^s-x_i^o) \tag{8.89}$$

比例扩大方法形成的沥青表面不够圆滑，是有棱有角的多面体，沥青膜的厚度也不均匀，但与骨料多面体同形。

## 8.6　非连续计算中的接触判断

非连续计算方法的一个核心问题是必须解决颗粒间的接触问题，包括接触判断和接触施加。为了模拟某一个颗粒与其他颗粒的接触作用（接触力或接触内能），非连续计算一般可以分成三步来完成：

(1) 邻居搜索，即采用某种方法确定与该颗粒较为接近（称为邻居）的颗粒或边界。

(2) 接触判定，即采用某种方法判定该颗粒与邻居颗粒或边界是否真正接触，以及接触的类型。

(3) 接触施加，即采用某种方法限制该颗粒与相邻颗粒或边界互相进入的操作，如添加刚度弹簧等。对于块体单元，主要是对点、线、面相互接触的处理。

常用的颗粒邻居搜索方法主要有三种，即邻居链表法、边界盒法和网格法（亦称分格检索法）。对于紧密嵌挤的沥青混合料骨架来说，网格法搜索效率将明显高于前两者，所以一般建议使用网格法。

网格法是 Alder 和 Wainwright 提出的一种方法，其基本思想是以一定尺寸 $L$ 为边长，把分析区域划分成规则的网格，则每一个颗粒均在某一个网格内。对于某一个颗粒来说，其所在的网格及其邻接的 8 个（二维）或 26 个（三维）网格内的颗粒或边界均作为该颗粒的邻居元，这样，要想检查该颗粒是否与其他颗粒或边界接触，只需检查该颗粒与邻接元是否接触即可。当系统颗粒直径相同，而且 $L$ 选取适当时，该方法的计算复杂度为 $O(N)$；当系统颗粒尺寸差异较大或非球形颗粒长短径比值较大时，计算复杂度为 $O(N^2)$。

本节将主要介绍分格检索法的相关知识。

### 8.6.1　块体的轮廓空间

根据块体的角点坐标，找出块体上所有角点坐标中的最小值和最大值（$\min X_i$，$\max X_i$，$\min Y_i$，$\max Y_i$，$\min Z_i$，$\max Z_i$，其中 $i$ 表示块体上的所有角点），由此可作出六个分别垂直于三个坐标轴的平面，这六个平面将块体紧紧包围起来，形成一个长方体轮廓，称为块体的轮廓空间，轮廓空间的每个内表面必定与块体的某些角、边或面接触，如

图 8.10 所示。

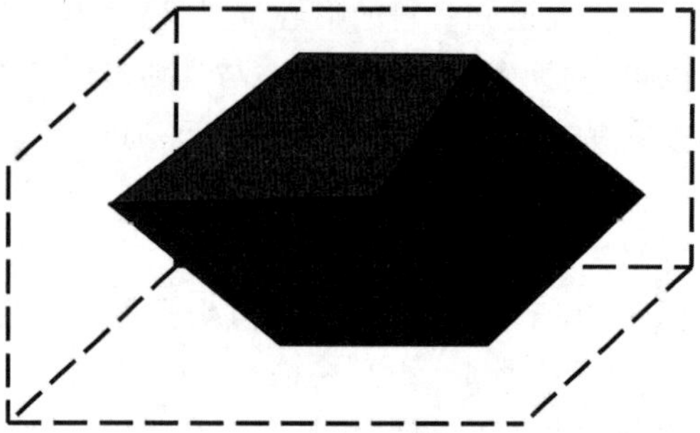

图 8.10 块的轮廓空间

### 8.6.2 分格映射

将沥青混合料模型的计算空间分割成一些有序的长方体盒，这样，每个块体的轮廓空间可以映射到(占据)一个或几个盒子。如果为每一个盒子定义一个块体链表，则上述方法也可以表述为：一个盒子链表中保存有轮廓空间落在此盒子空间中的所有块体，即链表中记录它的所有相邻块体。这样只要在比轮廓空间稍大的范围内搜索，即可找到此块体的所有相邻块体；寻找块体邻居的过程也就演变为遍历盒子列表中所有块体的过程。由于三维空间中很难描述这种思想，此处仅用二维空间解释这种分格检索方法(图 8.11)。

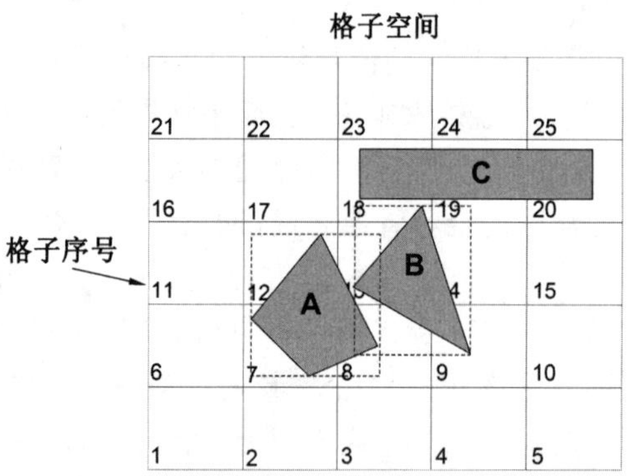


图 8.11 二维分格映射示意图

### 8.6.3 格子尺寸的确定

如果盒子体积与块体的平均体积成正比，那么查找块体所耗机时就与块体的总个数成正比。考虑极限情况，如果只有一个盒子，那么所有的块体都被装入其中，查找相邻块体的时间将是块体数目平方的倍数。当盒子密度增大时，对某个块体检索到的非相邻块体的数目将减少。所以，一般认为，盒子的最佳密度应在每个块体平均占有一个盒子的量级上，即格子的尺寸应大于最大块体轮廓空间尺寸，但为了有效查找接触点，格子的尺寸还应小于最大轮廓空间尺寸的 2 倍。对沥青混合料的级配碎石来说，格子尺寸应大于最大公称粒径。

图 8.12 链表描述了图 8.11 所示块体间的映射关系。

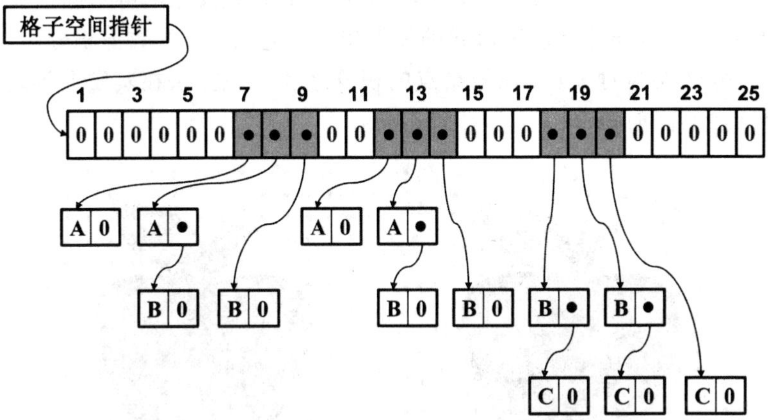


图 8.12　格子链表数据结构

### 8.6.4　块体的重映射

随着迭代计算，块体颗粒可能会发生运动，块体在格子中的位置也会随之而发生变化。此时，应重新确定块体的映射链表，以反映块体最新的接触关系。当块体离开某个格子进入另一个格子时，此块体的编号将从前者的链表中删除，并添加到后者的链表中去。

### 8.6.5　轮廓空间的扩大

从以上分析可以看出，如果轮廓空间正好是颗粒的最小包络体，那么位于两个相邻格子内的两个块体仍有可能接触。为了避免这种判断的失误，可以将轮廓空间的尺寸向外扩大 $2\mathrm{CTOL}+\varepsilon$，其中 CTOL 为上一时步块体的最大位移，$\varepsilon$ 为允许误差。

## 8.7　数值积分方法

不同计算方法中的数值积分方法是不同的，有限元法是将求解域离散为一个个细小的单元，将对整个求解域的积分转化为对每个细小单元的积分之和。数值流形法通常是将流形单元划分为单纯形，通过累加每个单纯形上的积分之和求取求解域总积分，或者采用有限元背景网格转化为类似于有限元单元积分的方式。无网格法由于没有网格限制，在求解积分时也多是借助有限元网格求解。

对于任意的多质混合材料体系，由于求解区域形状非常复杂，难以直接采用类似于有限元的网格积分。考虑到蒙特卡罗积分的灵活性，可以采用随机点积分的方式进行积分计算(图 8.13(a))。将求解域用大量的结点离散，总体积分值可由下式计算，即

$$\iiint_{\Omega} f(x)\mathrm{d}\Omega=\sum_{i=1}^{np}\iiint_{\Omega_i} f(x)\mathrm{d}\Omega_i=\sum_{i=1}^{np} w_i f(x_i) \tag{8.90}$$

式中，$np$ 为积分点的个数；$x_i$ 为积分点的坐标；$\Omega_i$ 为积分点 $X_i$ 的邻域；$w_i$ 为相应的权系数。

不同数值积分方法只是积分点位置和权系数存在差别而已。

结点积分方法也可以采用图 8.13(b) 的求解方法。假设在求解空间内布设足够数量的规则排列的离散点，任意不规则形状的流形单元 e 包含 $np$ 个数值积分点，则可将对流形单元 e 的积分转换为对 $np$ 个离散结点的积分之和。该方法在实质上等效于积分网格内只有一个结点的高斯积分。

(a) 蒙特卡罗积分　　(b) 单点高斯积分

图 8.13　两种不同的点积分方法

假设被积函数在积分点 $X_i$ 的邻域 $\Omega_i$ 内取积分点 $X_i$ 处的值：

$$\iiint_{\Omega} f(x)\mathrm{d}\Omega = \sum_{i=1}^{np}\iiint_{\Omega_i} f(x)\mathrm{d}\Omega_i = \sum_{i=1}^{np} f(x_i)V_i \tag{8.91}$$

式中，$V_i$ 为在总体积为 $V$ 的域内积分点 $X_i$ 所对应的体积，并且满足

$$\sum_{i=1}^{np} V_i = V \tag{8.92}$$

# 本章小结

道路中的大部分材料都是颗粒类材料，为了反映这种材料在计算时呈现的非连续状态，本章介绍了适合连续及非连续力学计算的数值流形法的基本理论，主要包括数值流形法的基本思想、无网格流形法的基本操作、数值流形单元的子矩阵等。本章也给出了利用数值流形法求解沥青混合料时常常面临的几个问题，包括沥青胶浆的生成方法、颗粒间的接触判断方法、数值积分方法的选择等。

# 第 9 章　多尺度模拟方法

## 9.1　概　述

沥青混合料及水泥混凝土等道路工程材料均是由集料、矿粉、胶结料、纤维、化合物添加剂以及各种形状的空隙、裂隙组成。一般认为它们在宏观上是均匀的，而在微观上是异质(不均匀)的。微观结构对道路建筑材料的宏观行为有着非常重要的影响：材料的宏观行为都是由其微观结构的物理和力学性质决定的，而材料的微观形态和性质也会随着宏观热－力学的作用发生根本改变。因此，考虑微观－细观－宏观多尺度效应是目前道路材料学科至关重要的议题。

按照路面材料的组成结构，其特征尺度可划分为以下四个层次(图 9.1)或者五个层次(图 9.2)。

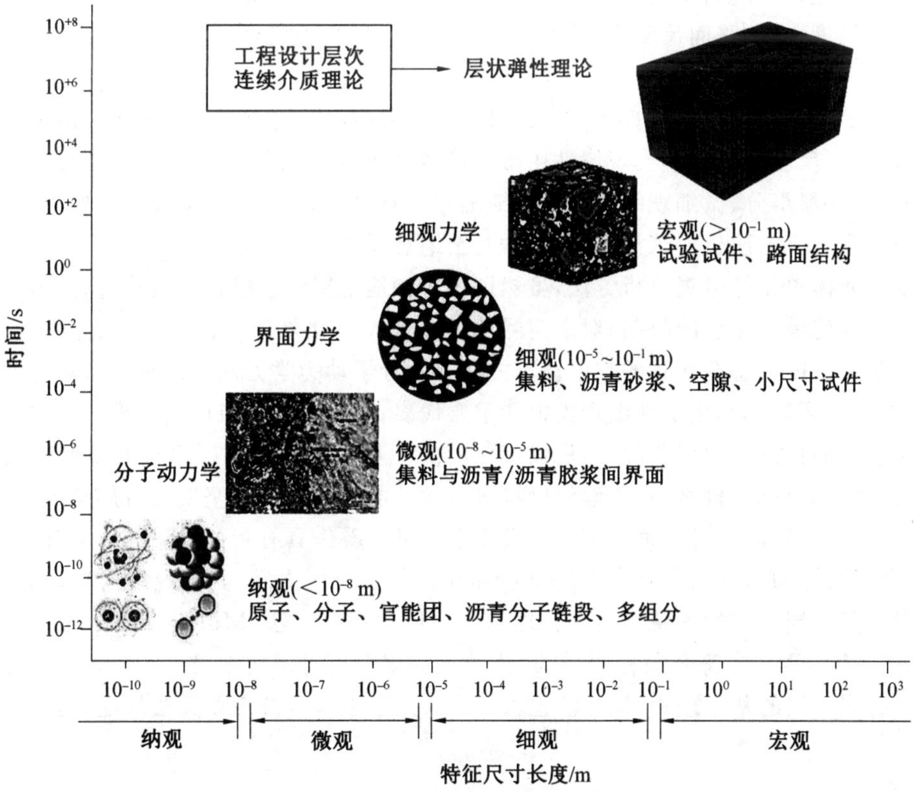


图 9.1　沥青混合料的四层次划分方法

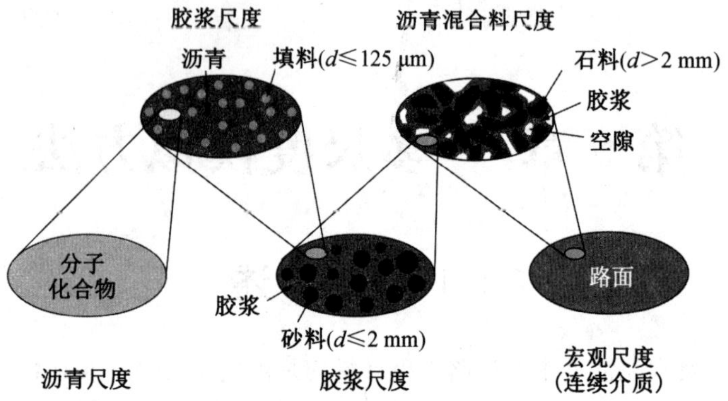


图 9.2　沥青混合料的五层次划分方法

纳观尺度:也称沥青尺度,该尺度下沥青路面材料的研究对象为矿物原子及分子、沥青官能团、分子链段及其多组分。

微观尺度:也称胶浆尺度,由沥青、纤维和嵌入的填料($d \leqslant 125\ \mu m$)组成。

介观尺寸:也称胶浆尺度,由胶浆材料和砂料($d \leqslant 2$ mm)组成,该层次有时同细观尺度合称为细观尺度。

细观尺度:也称沥青混合料尺度,它由胶浆、石料($d > 2$ mm)和空隙组成。

宏观尺度:也称路面尺度,该尺度下沥青路面材料的研究对象为室内试验试件及路面结构。

为了简化研究和节约计算成本,长久以来,路面材料一直被看作是宏观尺度上的均匀材料(即单一尺度材料),其宏观属性用微观参数的统计平均值来表示。随着材料科学研究的深入,材料组分、微细观结构及各种缺陷对宏观性质的影响越来越不能被忽视,单一的宏观尺度研究方法也要求深入到细、微乃至纳观尺度。

基于实体单元的微观分析方法,虽然可以很好地把握微观结构的变化过程,但由于计算机能力和建模工作量的限制,对于实际工程这种大尺寸复杂结构是不现实的。鉴于在不同的材料尺度上总有适宜的数值计算方法,如:分子动力学方法是纳观和微观尺度模拟的重要方法;离散单元法是微细观模拟的重要代表;有限元法是目前宏观模拟的主力。将不同尺度上的数值方法串联起来,形成相邻层次上互相沟通和层层递进的多尺度数值模拟方法,可以为全面、科学、系统地评价材料力学性能提供广泛而坚实的应用基础。

一般来说,路面材料在每个不同的尺度上均可以看作具有相似的结构。例如在 RVE 内,沥青混凝土的微观结构是不同的,但不同的 RVE 分区之间,其微观结构是相似的,即假定材料具有周期性的细观结构是合理的。多尺度有限元法(Multiscale Finite Elemem Method,MsFEM)是符合该种假设的、最重要的多尺度计算方法之一,本章将主要介绍多尺度有限元法的基本理论,该方法也可以推广用于多尺度离散单元法的建立。

# 9.2　多尺度有限元法

## 9.2.1　基本思想

对于多尺度问题，宏观尺度往往比微观尺度要大很多倍。例如，路面结构约是沥青混合料或半刚性材料的细观构造的 100 万倍。如果用常规有限元法来求解这类问题，就必须将网格划分得非常细（小于微观结构的最小特征尺度），这样才能得到比较准确的计算结果。然而这样势必会消耗巨大的计算资源，有些情况下也是做不到的。多尺度有限元法可以很好地解决这个问题，节省大量的计算资源和计算时间。

多尺度有限元法的思想最早是由 Babuska 等提出的，后来由 Hou 等将这一思想推广到二维带有高振荡系数的二阶椭圆边界值问题中。该方法可以认为是对有限元中子结构方法的推广，但在思想上却有本质上的区别。多尺度有限元法的核心思想是建立粗细两套网格（图 9.3），用数值方法构造粗网格单元的基函数，使原问题只在粗网格上求解即可。

MsFEM 的计算过程可以分为三步：(1) 通过数值方法构造出每个粗单元的数值基函数；(2) 利用该数值基函数将子网格上的微观非均质信息代到粗单元上，得到每个粗单元的等效矩阵；(3) 在粗网格上对原问题进行高效的求解。

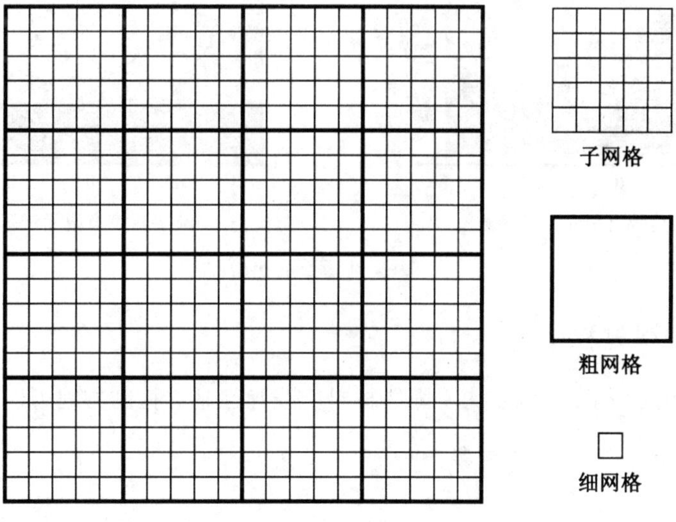


图 9.3　多尺度有限元示意图

传统有限元法与多尺度有限元法的基函数（2D）的比较如图 9.4 所示，从图中可以看出，多尺度基函数具有振荡特性，可以很好地反映出细网格上材料的微观非均质特性。因此，多尺度有限元法可以在粗尺度（宏观尺度）上对原非均质问题进行求解，以达到提高计算精度并节省计算资源的目的。

除了基函数的求解不同之外，多尺度有限元法与传统有限元法的计算流程十分相似，这有利于利用成熟的有限元求解技术实现计算方法的稳定性。同时，多尺度有限元法的每个粗单元之间是相互独立的，这也有利于做并行计算。

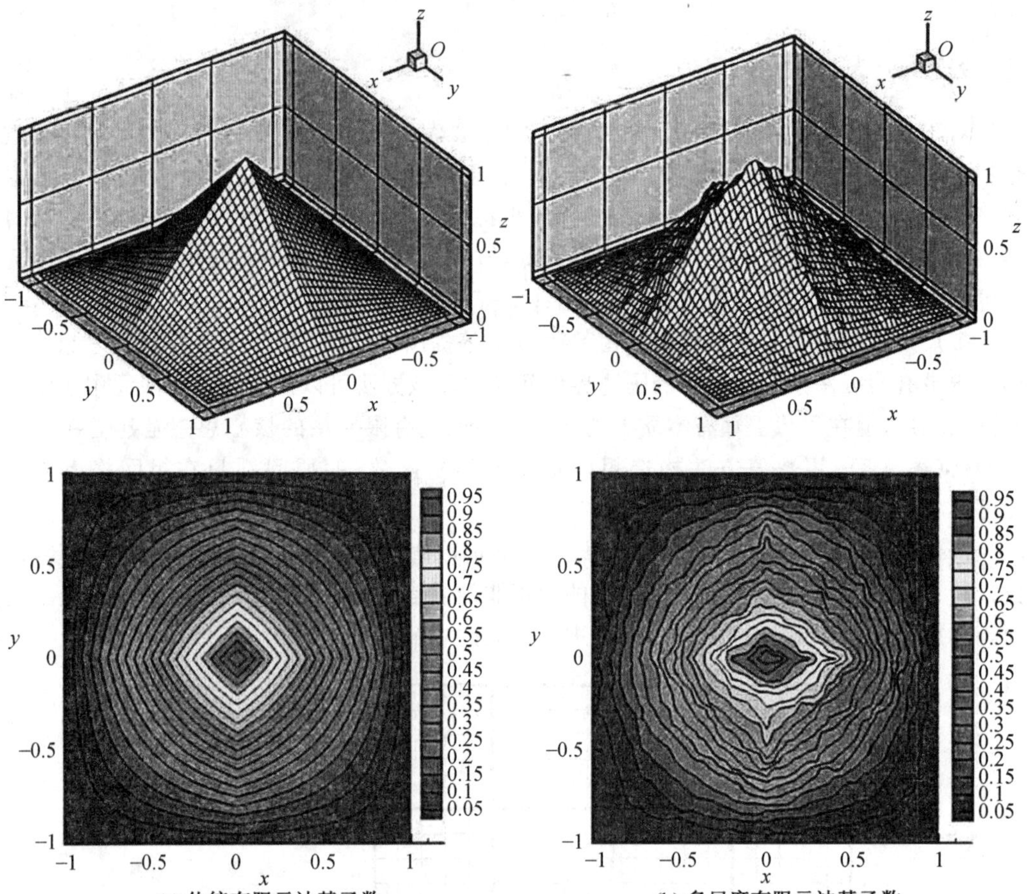

(a) 传统有限元法基函数　　(b) 多尺度有限元法基函数

图 9.4　基函数的比较

### 9.2.2　实现过程

按照连续介质力学理论，非均质固体材料的线弹性基本控制方程可以表示为

$$\frac{\partial \sigma_{ij}^{\varepsilon}}{\partial x_j^{\varepsilon}} + f_i = 0 \quad (\text{在 } \Omega \text{ 内}) \tag{9.1}$$

$$\varepsilon_{ij}^{\varepsilon} = \frac{1}{2}\left(\frac{\partial u_i^{\varepsilon}}{\partial x_j^{\varepsilon}} + \frac{\partial u_j^{\varepsilon}}{\partial x_i^{\varepsilon}}\right) \quad (\text{在 } \Omega \text{ 内}) \tag{9.2}$$

$$\sigma_{ij}^{\varepsilon} = D_{ijkl}^{\varepsilon} \varepsilon_{kl}^{\varepsilon} \quad (\text{在 } \Omega \text{ 内}) \tag{9.3}$$

式中，$\sigma_{ij}$、$\varepsilon_{ij}$ 分别表示微观尺度下的应力张量和应变张量；$f_i$、$u_i$ 分别代表体力和微观位移；上标 $\varepsilon$ 是表征材料多尺度特征的一个小参数。

上述问题的 Dirichlet 和 Neumann 边界条件可以分别表达为

$$u_i = \bar{u}_i \quad (\text{在 } \Gamma_{\mathrm{u}} \text{ 上}) \tag{9.4}$$

$$\sigma_{ij}^{\varepsilon} n_j = \bar{\tau}_i \quad (\text{在 } \Gamma_\sigma \text{ 上}) \tag{9.5}$$

式中，$\bar{u}_i$、$\bar{\tau}_i$ 是施加到边界上的位移值和外力值；$n_j$ 是力边界条件处的外法线方向。

位移边界和力边界亦满足 $\Gamma_u \cup \Gamma_\sigma = \Gamma$ 和 $\Gamma_u \cap \Gamma_\sigma = \varphi$。

图 9.5 是多尺度有限元法示意图，其中粗线表示的是粗网格(Coarse－scale mesh)，细线表示的是细网格(Fine－scale mesh)，粗单元内的细网格称为子网格(Sub grids)，粗网格对应的单元为粗单元(Coarse element) 或者宏观单元(Macroscopic element)，细网格对应的单元为细单元(Fine element) 或者微观单元(Microscopic element)，单个粗单元有时也称为单胞(Unit cell)，超样本域是一个以目标粗单元为中心的且比子网格域要大的一个区域，是为了改善基函数的边界振荡性而采用的一个区域，也称为超样本单元(Oversampling element)。为了便于表达，本书约定下标‘s’‘c’ 和‘o’ 分别表示子网格、粗单元和超样本单元。

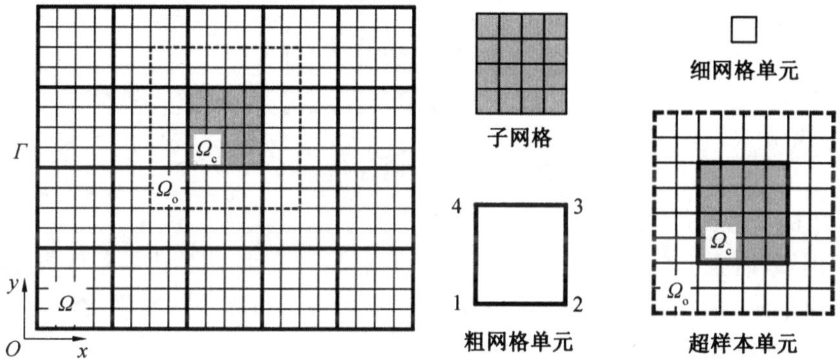


图 9.5　多尺度有限元法示意图

对于非均质材料，欲要将微观尺度的材料非均质特性反映到粗网格尺度(宏观尺度)上，就要求多尺度有限元法不能采用同常规有限元法一样的基函数构造方法。因为常规有限元法基函数的构造是在均匀介质的假设下采用非线性拟合获得的。

多尺度有限元法的基函数是连接微观与宏观物理量的一个桥梁，是由微观材料的构型所决定的，必须采用数值的方法得到。

### 9.2.3　数值基函数构造

对固体力学问题，多尺度数值基函数可以利用常规有限元法在带有指定边界条件 $\Gamma_c$ 的子域 $\Omega_c$ 上求解静力平衡方程得到，即

$$\boldsymbol{L}\boldsymbol{N}_i = \boldsymbol{0} \quad (\text{在 } \Omega_c \text{ 内}) \tag{9.6}$$

$$\boldsymbol{N}_i \big|_{\partial \Omega_c} = \Gamma_c \quad (\text{在 } \partial\Omega_c \text{ 上}) \tag{9.7}$$

式中，$\boldsymbol{L}$ 是弹性微分算子，它满足 $\boldsymbol{L}\boldsymbol{u} = \mathrm{div}\left[\boldsymbol{D} : \frac{1}{2}(\nabla \boldsymbol{u} + \nabla \boldsymbol{u}^{\mathrm{T}})\right]$，这里 $\boldsymbol{D}$ 是材料特性张量；$i$ 代表粗单元的结点编号，对二维问题 $i = 1 \sim 4$。

对不同的数值基函数构造方式，边界条件 $\Gamma_c$ 也是不同的。本书主要介绍四种常用的边界条件：线性边界条件、超样本振荡边界条件、周期边界条件及超样本周期边界条件。

需要指出的是，对不同的实际问题应该选择合适的边界条件来构造数值基函数。譬

如对于周期性材料，选用周期边界条件计算效果更好，这里仅以粗单元的第一个结点的 $x$ 方向的数值基函数 $\boldsymbol{N}_1^x$ 的构造为例来阐释具体过程。

(1) 线性边界条件。

线性边界条件如图 9.6 所示。边界 12(从结点 1 到结点 2) 和边界 14(从结点 1 到结点 4) 在 $y$ 方向固定，而 $x$ 方向的位移按线性变化从 1 减小至 0。其他两条边界上的 $x$ 方向和 $y$ 方向的位移均完全约束。利用这样的线性边界条件，并结合方程式(9.6) 和式(9.7)，按照一般有限元法的求解方法就可以得到粗单元第一个结点 $x$ 方向的数值基函数 $\boldsymbol{N}_1^x$。其他结点的数值基函数采用同样的方法，逐个求出。

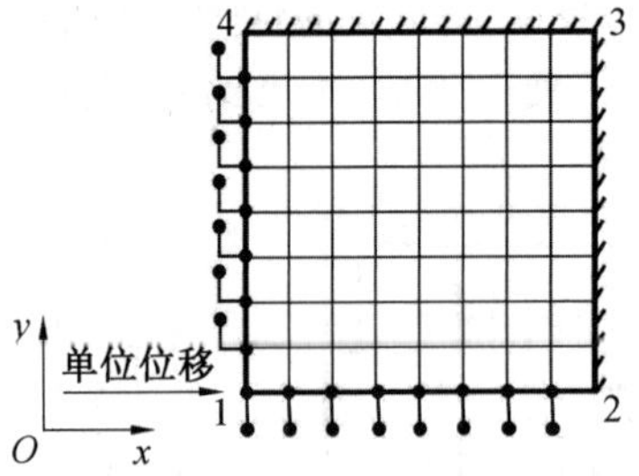


图 9.6 $\boldsymbol{N}_1^x$ 的线性边界条件

(2) 超样本振荡边界条件。

不难理解，因为没有考虑粗单元边界处的材料非均质性，线性边界条件构造出的数值基函数在粗单元的边界处都是呈线性变化的。为了考虑边界处的非均质性，一般采用图 9.7 所示的超样本技术。其求解步骤如下。

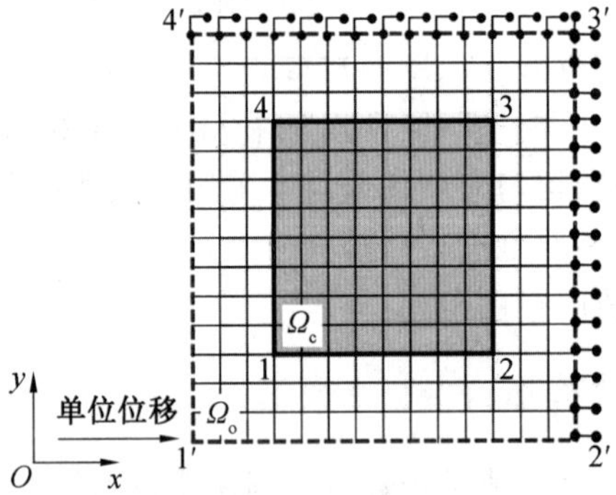


图 9.7 超样本技术示意图

① 将粗网格的定义域扩大至超样本域 $\Omega_o$。

② 定义 $\Gamma_o$ 的边界条件如下：固定边界 $2'3'$ 和边界 $3'4'$ 的 $x$ 方向位移，令边界 $1'2'$ 和边界 $1'4'$ 的 $x$ 方向位移从 1 线性变化到 0，所有边界的 $y$ 方向保持自由。不过为了避免超样本域的刚体运动，可以将结点 $3'$ 的 $y$ 方向约束住。

③ 求解该超样本域 $\Omega_o$ 的静力平衡方程，得到一个相对于超样本角点的临时基函数 $\boldsymbol{\Psi}_o$。临时基函数可以表达为

$$\boldsymbol{\Psi}_{o}=\begin{bmatrix}\boldsymbol{\Psi}_{1'xx} & \mathbf{0} & \boldsymbol{\Psi}_{2'xx} & \mathbf{0} & \boldsymbol{\Psi}_{3'xx} & \mathbf{0} & \boldsymbol{\Psi}_{4'xx} & \mathbf{0}\\ \mathbf{0} & \boldsymbol{\Psi}_{1'yy} & \mathbf{0} & \boldsymbol{\Psi}_{2'yy} & \mathbf{0} & \boldsymbol{\Psi}_{3'yy} & \mathbf{0} & \boldsymbol{\Psi}_{4'yy}\end{bmatrix} \tag{9.8}$$

式中，$\boldsymbol{\Psi}_{i'xx}$ 和 $\boldsymbol{\Psi}_{i'yy}$ 分别表示超样本单元的结点 $i'$ 在 $x$ 和 $y$ 方向的数值插值函数。

④ 通过临时基函数的线性组合可以得到目标粗单元边界的基函数信息，即

$$\varphi_{ixx}=\sum_{j=1}^{4}c_{ij}^{x}\boldsymbol{\Psi}_{j'xx} \tag{9.9}$$

$$\varphi_{iyy}=\sum_{j=1}^{4}c_{ij}^{y}\boldsymbol{\Psi}_{j'xx} \tag{9.10}$$

式中，$c_{ij}^{x}$、$c_{ij}^{y}$ 是线性组合系数，它们可以分别由条件 $\varphi_{ixx}(\boldsymbol{X}_j)=\delta_{ij}$ 和 $\varphi_{iyy}(\boldsymbol{X}_j)=\delta_{ij}$ 来确定，这里 $\boldsymbol{X}_j$ 表示的是目标粗单元 $\Omega_c$ 的宏观结点坐标($j=1,2,3,4$)。

⑤ 通过求解如下方程得到目标粗单元的数值基函数 $\boldsymbol{N}_1^x$，

$$\boldsymbol{LN}_1^x=\mathbf{0}\quad(\text{在 } \Omega_c \text{ 内}) \tag{9.11}$$

$$\boldsymbol{N}_{1xx}^{x}\big|_{\partial\Omega_c}=\varphi_{1xx}\big|_{\partial\Omega_c},\quad \boldsymbol{N}_{1yx}^{x}\big|_{\partial\Omega_c}=\mathbf{0}\quad(\text{在 } \partial\Omega_c \text{ 上}) \tag{9.12}$$

这里 $\boldsymbol{N}_{1xx}^{x}$ 和 $\boldsymbol{N}_{1xy}^{x}$ 分别是 $\boldsymbol{N}_1^x$ 在 $x$ 和 $y$ 方向上的基函数分量。粗单元其他结点的数值基函数可以通过类似的方法来计算得到。

(3) 周期边界条件。

如图 9.8 所示，在相对的边界上分别指定一对特殊的位移约束条件，就可以形成周期边界条件。比如，在上下两个边界上，令 $A-$ 和 $A+$ 两点的 $x$(或 $y$) 方向位移分别为 $u_{A-}$ (或 $v_{A-}$) 和 $u_{A+}$ (或 $v_{A+}$)，同时它们之间满足 $u_{A+}=u_{A-}+\Delta x$ 和 $v_{A+}=v_{A-}$。另外的两个相对的边界也设置类似的位移约束。此处，$\Delta x$ 是结点 $A+$ 和结点 $A-$ 在 $y$ 方向的位移差，它沿着边界 12 从 1 线性变化到 0；$\Delta y$ 是结点 $B+$ 和结点 $B-$ 在 $x$ 方向的位移之差，沿着边界 14 从 1 线性变化到 0。

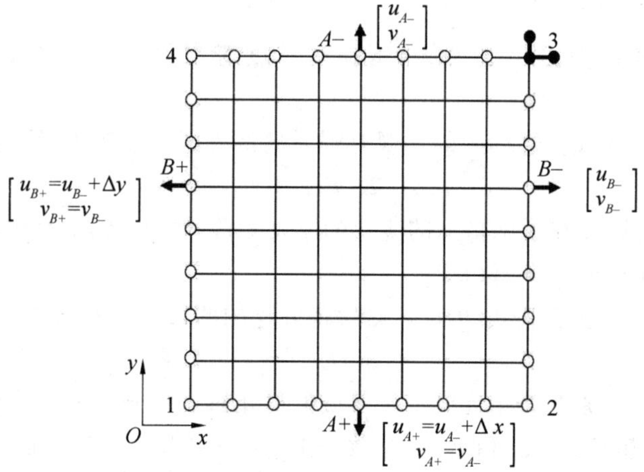


图 9.8　构造 $\boldsymbol{N}_1^x$ 的周期边界条件

为了避免刚体运动，也需要将宏观结点 3 在 $x$ 和 $y$ 方向都固定。用常规有限元法求解上述边界问题，即可求得粗单元的数值基函数 $\boldsymbol{N}_1^x$。

(4) 超样本周期边界条件。

基于上述分析，可以将超样本振荡边界条件与周期边界条件结合起来，形成超样本周期边界条件。它大致可以分为两大步。

首先，由超样本技术得到超样本单元的临时基函数，并从该临时基函数中提取出目标粗单元边界的位移值。然后，将这些边界位移值施加到周期边界条件中。通过这种处理，周期边界条件中的$\Delta x$ 和$\Delta y$ 的值不再是严格的线性变化了，它们可以表达为

$$\Delta x = \varphi_{1xx}\big|_{A+} - \varphi_{1xx}\big|_{A-} \tag{9.13}$$

$$\Delta y = \varphi_{1xx}\big|_{B+} - \varphi_{1xx}\big|_{B-} \tag{9.14}$$

式中，$\varphi_{1xx}$ 可以由上述的超样本技术得到。

利用式(9.13) 和式(9.14) 所示的位移约束条件可得到超样本周期边界条件下的数值基函数 $\boldsymbol{N}_{1}^{x}$。类似地，粗单元其他宏观结点的数值基函数也可以得到。最终，粗单元的数值基函数 $\boldsymbol{N}$ 可以写为

$$\boldsymbol{N} = \begin{bmatrix} N_{1xx}^{x} & N_{1xy}^{y} & N_{2xx}^{x} & N_{2xy}^{y} & N_{3xx}^{x} & N_{3xy}^{y} & N_{4xx}^{x} & N_{4xy}^{y} \\ N_{1yx}^{x} & N_{1yy}^{y} & N_{2yx}^{x} & N_{2yy}^{y} & N_{3yx}^{x} & N_{3yy}^{y} & N_{4yx}^{x} & N_{4yy}^{y} \end{bmatrix} \tag{9.15}$$

式中，$N_{ixx}^{x}$（或 $N_{iyy}^{y}$）是粗单元在 $x$ 方向(或 $y$ 方向) 的数值位移形函数；$N_{iyx}^{x}$ 和 $N_{ixy}^{y}$ 为附加耦合项，体现了不同方向之间的泊松效应。在多尺度计算中，附加耦合项可以明显地提高计算精度。数值构造粗单元的基函数之后，那么宏观位移(粗网格结点位移) 与微观位移(子网格结点位移) 之间的关系为

$$\boldsymbol{u}_{s} = \boldsymbol{N}\boldsymbol{U}_{c} \tag{9.16}$$

式中，$\boldsymbol{U}_{c}$、$\boldsymbol{u}_{s}$ 分别表示单个粗单元的宏观位移向量和该粗单元所对应的子网格的微观位移向量。

### 9.2.4 宏观分析与降尺度计算

这里仅以线弹性静力问题为例，阐释多尺度有限元法中的宏观分析以及降尺度计算。

在子网格域上的线弹性问题的常规有限元离散方程写成矩阵形式为

$$\boldsymbol{K}_{s}\boldsymbol{u}_{s} = \boldsymbol{F}_{s} \tag{9.17}$$

式中，$\boldsymbol{K}_{s}$ 是常规有限元在子网格上的集成的刚度矩阵；$\boldsymbol{F}_{s}$ 是子网格的结点外力向量。$\boldsymbol{K}_{s}$ 和 $\boldsymbol{F}_{s}$ 的维数分别为 $\boldsymbol{n}_{s} \times \boldsymbol{n}_{s}$ 和 $\boldsymbol{n}_{s} \times 1$。

将式(9.16) 代入到方程式(9.17)，然后将方程的两边同时左乘 $\boldsymbol{N}^{\mathrm{T}}$ 可得

$$\boldsymbol{K}_{c}\boldsymbol{U}_{c} = \boldsymbol{F}_{s} \tag{9.18}$$

这里 $\boldsymbol{K}_{c}$ 和 $\boldsymbol{F}_{c}$ 分别为粗单元的宏观等效刚度矩阵和宏观等效外力向量。在固体力学中，对二维 4 结点粗单元，$\boldsymbol{K}_{c}$ 和 $\boldsymbol{F}_{c}$ 的维数分别为 $8 \times 8$ 和 $8 \times 1$，它们的表达式分别为

$$\boldsymbol{K}_{c} = \boldsymbol{N}^{\mathrm{T}}\boldsymbol{F}_{s}\boldsymbol{N} \tag{9.19}$$

$$\boldsymbol{F}_{c} = \boldsymbol{N}^{\mathrm{T}}\boldsymbol{F}_{s} \tag{9.20}$$

当单个粗单元的刚度矩阵和外力向量得到之后，可以通过与常规有限元法类似的组装方法得到整个结构的粗网格上集成的总体宏观等效刚度矩阵和外力向量，即

$$\boldsymbol{K}_{c} = A_{c=1}^{N_c}\boldsymbol{K}_{c}, \quad \boldsymbol{F}_{c} = A_{c=1}^{N_c}\boldsymbol{F}_{c} \tag{9.21}$$

式中，$\boldsymbol{K}_c$、$\boldsymbol{F}_c$ 分别为宏观总体刚度矩阵和外力向量；$A$ 为常规有限元法中的矩阵集成算子；$N_c$ 为粗单元的个数。

得到宏观总体刚度矩阵和外力向量之后，就可以在宏观上求解原问题的离散方程：

$$\boldsymbol{K}_c\boldsymbol{U}_c = \boldsymbol{F}_c \tag{9.22}$$

通过求解方程式(9.22)可得到粗网格的结点位移(宏观位移)向量 $\boldsymbol{U}_c$，此过程称为宏观分析。宏观分析完成后，从 $\boldsymbol{U}_c$ 可以得到粗单元 c 的结点位移向量 $\boldsymbol{U}_c$，然后利用粗单元宏观变量与子网格微观变量之间的关系式(9.16)可以得到子网格上的结点位移向量 $\boldsymbol{u}_s$。因而，子网格上的每个细网格单元 e 的应力 $\sigma_e$ 和应变 $\varepsilon_e$ 都可以计算出来，这种由宏观量来计算微观量的过程称为降尺度计算。

### 9.2.5　算例：沥青混合料单轴压缩试验

假设单轴压缩试验的圆柱体的直径为 100 mm，高度为 100 mm，沥青混凝土细观构造分布不均匀导致该圆柱体的材料参数呈现如图 9.9 所示的材料分布规律。以下通过三种方法分别计算该模型的位移分布：按细网格计算、按多尺度有限元法计算、按粗网格计算。

图 9.9　细网格内的材料分布规律

(1) 按细网格计算。

该工况比较简单，直接针对图 9.9 的细网格建立传统的有限元模型，共 36 个单元，每个单元的材料参数按照给定模型的参数分别设置。通过计算可以得到模型 $x$ 方向和 $y$ 方向位移云图(图 9.10)。由于采用了较细的网格，可以认为其结果非常接近该单轴压缩模型的理论解。

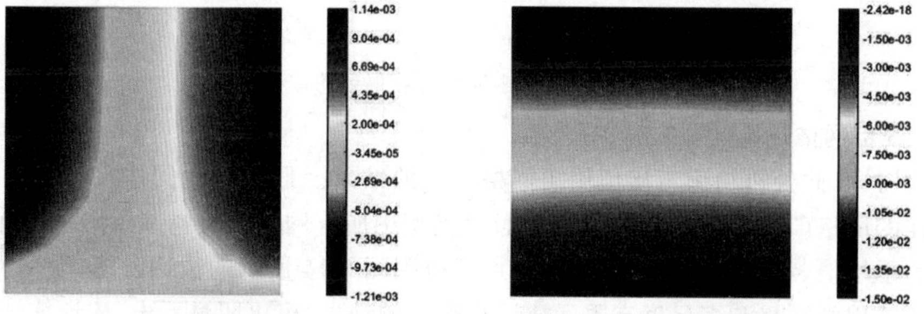


(a) $x$方向位移云图　　(b) $y$方向位移云图

图 9.10　细网格上计算得到的位移云图

(2) 按多尺度有限元法计算。

如果按照本章所讲的多尺度有限元法建立如图 9.11 所示的 $2\times2=4$ 个粗网格单元，在每一个粗网格内再划分 $3\times3=9$ 个细网格单元，所有粗网格均采用相同构型的细网格。如此一来，整个模型的材料参数分布同图 9.9 保持一致。

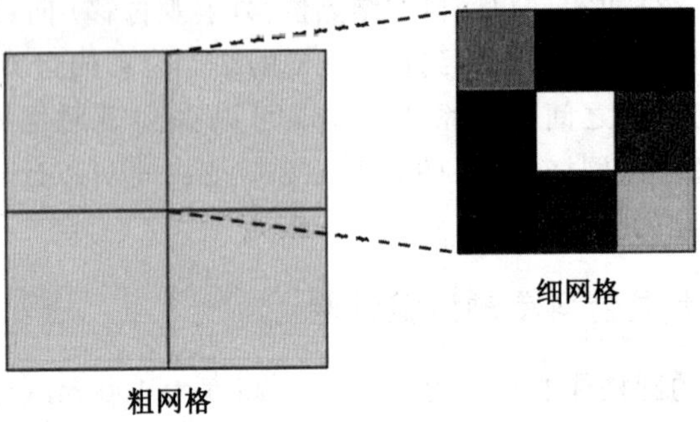


图 9.11　多尺度有限元法计算中使用的粗网格和细网格

简单起见，此处采用线性边界条件计算粗网格的数值基函数。经过计算，可以得到如图 9.12 所示的位移云图。对比图 9.12 和图 9.10 不难看出，其结果同直接采用细网格计算的结果非常接近。计算误差主要来自于该模型，只是简单使用了线性边界条件，如果采用超样本边界条件，粗网格单元边界处的振荡误差将大大降低，其结果也会更加逼近理论解。尽管如此，相比于细网格计算模型，多尺度有限元法的单元数只有 4 个，相当于细网格计算模型的 1/9。如果计算模型非常复杂、非常大，其综合运算效率则会提高数十倍甚至上百倍。

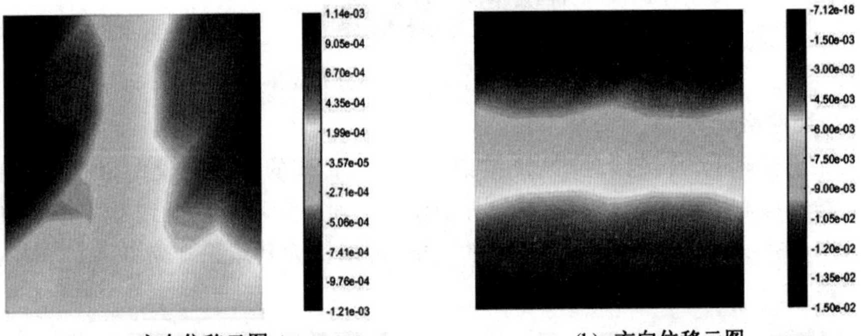


(a) $x$方向位移云图　　(b) $y$方向位移云图

图 9.12　多尺度有限元法计算得到的位移云图

(3) 按粗网格计算。

作为对比，此处再给出直接使用粗网格计算的结果。假设采用同多尺度有限元法粗网格一样的网格(2×2)，如图 9.13 所示，且该模型中所有网格的材料参数均采用 9 个细网格单元的平均值，利用常规有限元法计算可以得到图 9.14 所示的位移云图。

对比采用细网格和多尺度有限元法计算得到的结果，可以明显看出，该计算结果非常粗糙，与前两者都有较大的误差。这也间接说明了多尺度有限元法的强大优势。

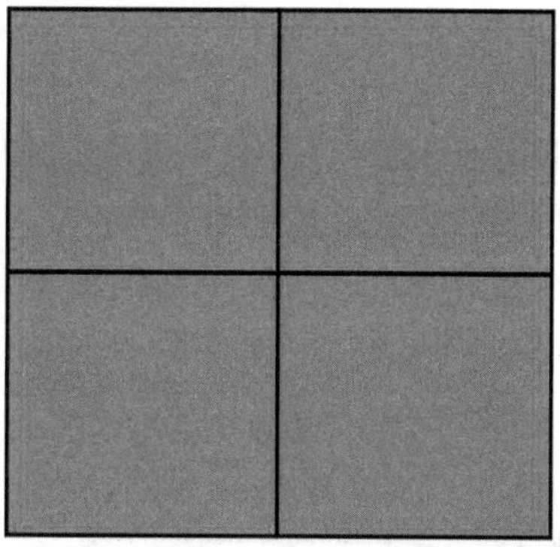

图 9.13　粗网格计算模型采用的网格

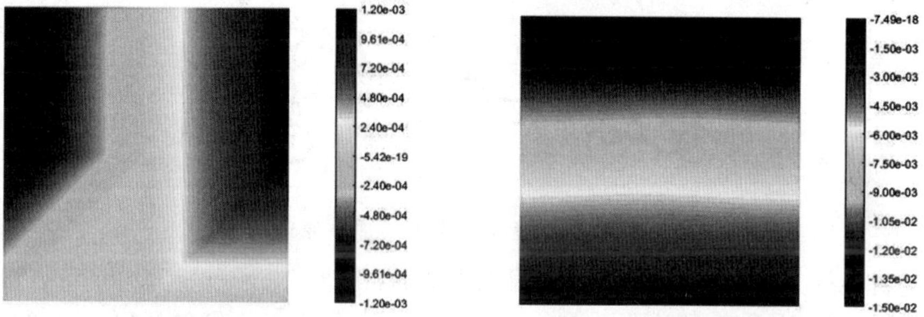


(a) $x$方向位移云图　　(b) $y$方向位移云图

图 9.14　采用粗网格计算得到的位移云图

# 9.3　多尺度离散单元法

有限元法除了在处理微观结构计算时力不从心，它在宏观尺度模拟方面具有天生的计算效率，这也是它在数值计算方法中使用最多、应用最广的原因。

借鉴上一节多尺度有限元法的介绍不难推断出，如果利用离散单元法来刻画微观结构行为，也可以形成离散单元型的多尺度格式。另外，由于离散单元需要构造大量的颗粒来反映材料的群体效应，在计算大尺寸结构时，如路面结构，受计算机计算能力的限制，用海量的颗粒单元来实现宏观力学计算是不现实的。因此，离散单元也必须依靠一种宏观上高效的计算方案形成多尺度格式，以减少运算量。多尺度离散单元法是满足这种需求的最好选择。

目前，多尺度离散单元法的研究还非常初步，本章只介绍一种一阶多尺度的求解方法。

## 9.3.1　计算原理

在一阶多尺度模拟方法中，求解域首先用有限元网格进行离散和剖分，其网格同传统有限元法及多尺度有限元法没有任何区别。但不同于传统有限元法的是，其单元网格积分点上所需的材料本构模型将被离散元模型所替代。

具体来讲,每一个有限元的积分点上都镶嵌有一个独立的离散单元代表单元体,材料的应力—应变关系完全由这些独立的离散单元代表单元体(RVE)所提供(图9.15)。有限元通过结点位移求解每个积分点上的应变,并将该应变作为边界条件加载到各自的离散单元代表单元体上。离散单元代表单元体则相应地将应力及切线模量返回给有限元来求解整体平衡方程。由于每个积分点上的加载路径都不一样,而颗粒材料受剪行为依赖于加载路径及加载历史,离散单元可以很好地反映这些特征。

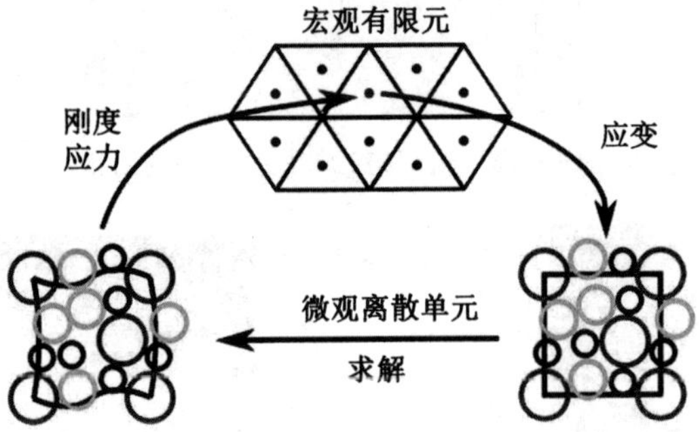


图9.15　多尺度离散单元基本原理

由于材料行为的非线性,该多尺度模拟方法通常使用Newton—Raphson方法进行循环迭代,以求解每个加载步的收敛解。归纳起来,每个循环迭代包括以下几个步骤(图9.16)。

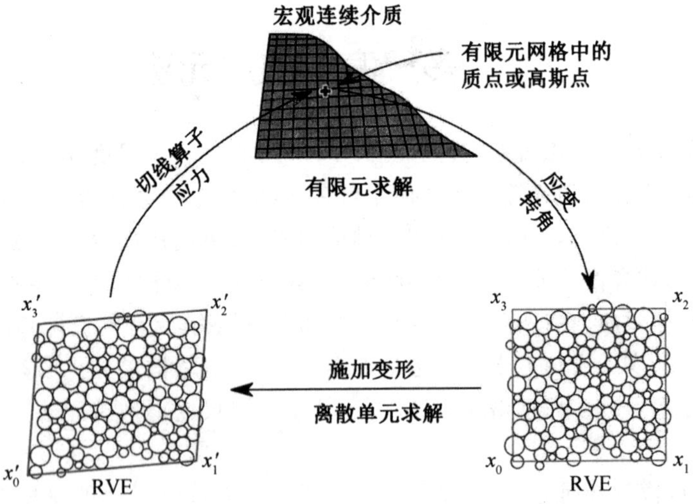


图9.16　多尺度离散单元迭代过程

(1) 有限元求解整体平衡方程。

$$\boldsymbol{K}\boldsymbol{u}=\boldsymbol{f}$$

式中,$\boldsymbol{K}$为总体刚度矩阵;$\boldsymbol{u}$为待求解的结点位移向量;$\boldsymbol{f}$为外结点荷载向量。

系统刚度阵

$$\boldsymbol{K}=\int_{\Omega}\boldsymbol{B}^{\mathrm{T}}\boldsymbol{D}\boldsymbol{B}\,\mathrm{d}\Omega$$

式中，$\Omega$ 为求解域；$\boldsymbol{B}$ 为应变矩阵；$\boldsymbol{D}$ 为材料的切线模量。

由于材料为非线性，切线模量将随受力状态变化，求得的 $\boldsymbol{u}$ 将是试探解。

(2) 将每个积分点的变形 $\nabla u$ 作为边界条件加载到各自的离散元模型上，由离散单元代表单元体返回更新的应力 $\sigma$ 和切线模量。

(3) 由残余力 $\boldsymbol{R}=\int_{\Omega}\boldsymbol{B}^{\mathrm{T}}\sigma\,\mathrm{d}\Omega-\boldsymbol{f}$ 判断数值解是否收敛。如 $\boldsymbol{R}$ 小于某个设定的容许残差，则 $\boldsymbol{u}$ 为最终收敛解；否则，重复上述步骤。

由上可以看出，离散单元模拟中的材料应力 $\sigma$ 及切线模量 $\boldsymbol{D}$ 为计算中的两个关键变量。

对离散元模型做均一化处理，其张量形式分别表示如下：

$$\sigma_{ij}=\frac{1}{V}\sum_{N_{\mathrm{c}}}\boldsymbol{d}_i^c f_j^c,\quad D_{ijkl}=\frac{1}{V}\sum_{N_{\mathrm{c}}}(\boldsymbol{k}_{\mathrm{n}}n_i^c\boldsymbol{d}_j^c n_k^c\boldsymbol{d}_l^c+\boldsymbol{k}_{\mathrm{t}}n_i^c\boldsymbol{d}_j^c n_k^c\boldsymbol{d}_l^c) \tag{9.23}$$

式中，$V$ 为离散元模型的体积；$N_c$ 为颗粒间接触数目；$f^c$ 为颗粒间接触力；$\boldsymbol{d}^c$ 为连接两个接触颗粒质心的向量；$\boldsymbol{n}^c$、$\boldsymbol{t}^c$ 分别为接触的法向及切向向量；$\boldsymbol{k}_{\mathrm{n}}$、$\boldsymbol{k}_{\mathrm{t}}$ 则为颗粒间接触的法向及切向刚度模量。此处离散单元可以采用线性接触模型，其中法向及切向接触力分别由接触刚度模量 $\boldsymbol{k}_{\mathrm{n}}$ 和 $\boldsymbol{k}_{\mathrm{t}}$ 算出：

$$\begin{aligned}&f_{\mathrm{n}}^c=-\boldsymbol{k}_{\mathrm{n}}\delta_{\mathrm{n}}^c\\&f_{\mathrm{t}}^c=\begin{cases}-\boldsymbol{k}_{\mathrm{t}}\boldsymbol{u}_{\mathrm{t}} & (\text{当}\,|f_{\mathrm{t}}^c|\leqslant|f_{\mathrm{n}}^c|\mu)\\|f_{\mathrm{n}}^c|\mu_{\mathrm{t}}^c & (\text{其他})\end{cases}\end{aligned} \tag{9.24}$$

式中，$\delta$ 为接触颗粒间重叠距离；$u_{\mathrm{t}}$ 为接触点累积切线位移；$\mu$ 为接触点的摩擦系数。

### 9.3.2　算例：砂土双轴压缩试验

该算例模拟一个 50 mm 宽、100 mm 高的中密度砂土试样，受到平面应变下的排水双轴压缩。试样先等向固结到 100 kPa 的有效应力，接着在竖向施加匀速位移荷载，同时水平方向围压保持不变，竖向荷载板与试样接触表面假设为光滑。

整个求解域被离散成 10×15 的四边形有限元网格，每个网格单元采用 4 个结点，4 个积分点。因此，整个求解域上分配有 600 个离散元模型。每个离散元模型(二维) 包含 400 个不同粒径的圆形颗粒。

(1) 轴向应力－应变关系。

试样在受压过程中轴向应力应变曲线如图 9.17 所示。可以看到，试样在 1.6% 轴向应变时达到最高应力 280 kPa，之后出现明显的软化过程。当轴向变形达到 10% 时，试样强度趋于稳定的残余应力 210 kPa。

(2) 局部化剪切带的形成。

砂土试样的软化往往伴随局部失稳及应变集中等现象。图 9.18(a)、(b) 分别展示了试样在 1.6% 和 10% 轴向应变时的剪应变及孔隙率分布图。由图中可以看出，在试验的过程中，试样形成了一条明显的局部化剪切带。大部分剪应变都发生在该剪切带中，且剪切带中发生明显的剪涨现象(剪切带内孔隙率远大于剪切带外)。

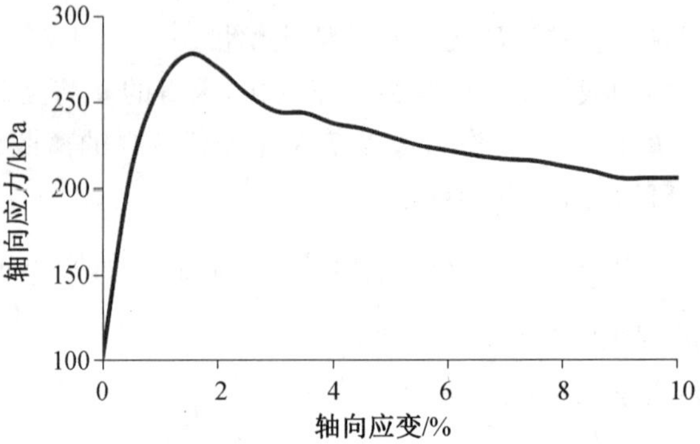


图 9.17　加载试验的应力－应变曲线

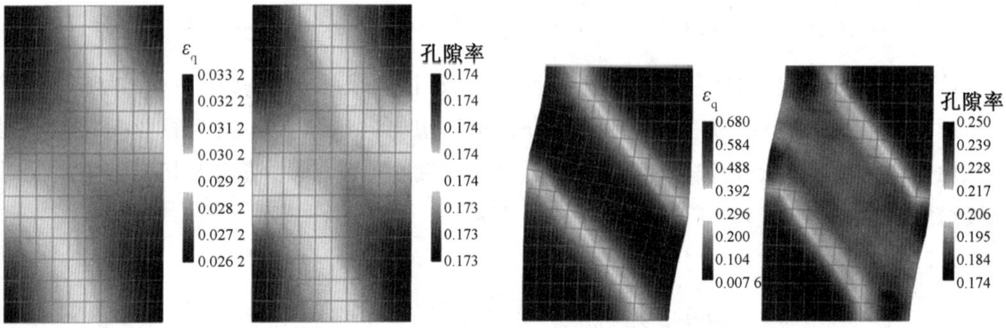


(a) 应力峰值时$\varepsilon_{11}$=1.6%　　(b) 加载结束时刻$\varepsilon_{11}$=10%

图 9.18　双轴压缩试验剪应变及孔隙率分布图

(3) 材料微细观结构变化。

利用该多尺度计算模型,还可以进一步分析材料微细观结构的演变机理。该部分可以通过降尺度的方法来获得,图 9.19 展示了高斯积分点上镶嵌的离散单元代表单元体在加载初始和结束时的细微观特征与接触力链结构。

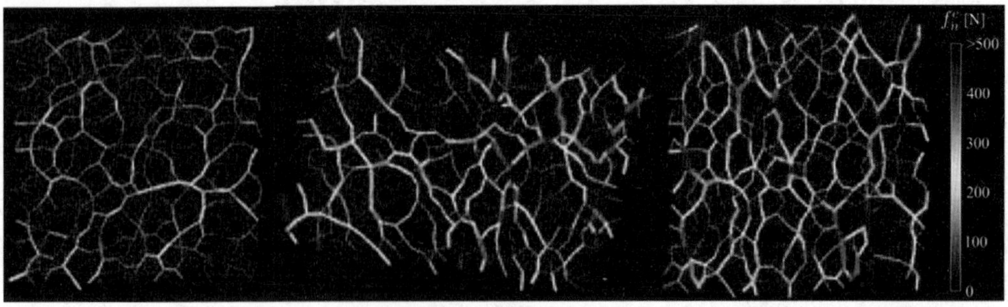

(a) 初始状态　　(b) 加载结束时剪切带内　　(c) 加载结束时剪切带外

图 9.19　加载初始及结束时剪切带内外力链结构

# 本章小结

本章首先简要地介绍了多尺度有限元法的基本计算思想，然后介绍了四种常用的构造数值基函数的边界条件：线性边界条件、超样本振荡边界条件、周期边界条件和超样本周期边界条件，最后又针对线弹性静力问题，简要地介绍了多尺度有限元法的宏观分析和降尺度计算过程。单轴压缩算例可以方便地帮助读者深入理解多尺度理论的基本知识。

本章最后又给出了一种简单的多尺度离散单元法，通过砂土双轴压缩试验算例介绍了多尺度离散单元模拟结果的宏观和微观特征。

# 第10章　多场耦合模拟方法

## 10.1　概　述

作为一个复杂的工程结构，道路始终处在多种物理场的作用下。除直接承受车轮荷载作用外，还直接受水、温度、空气、阳光等环境因素的影响(图 10.1)。

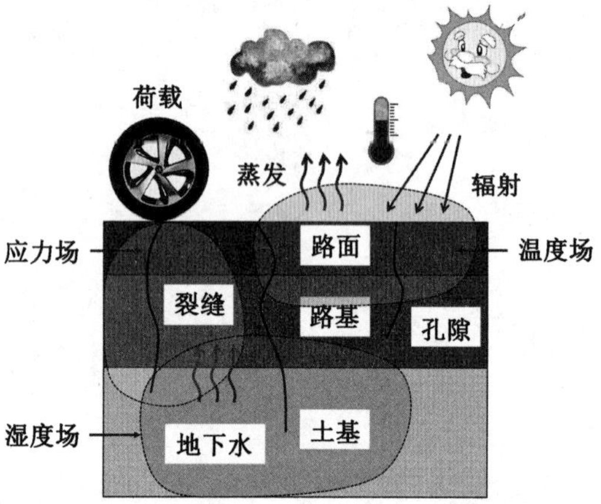


图 10.1　路面受到的多物理场作用

温度和湿度是道路服役环境中最主要的两个外在因素。一方面，它们同外荷载一起共同造成了路面结构的不断变化和路面材料性能的不断衰变；另一方面，材料和结构的变化又会引起热力学和水力学参数的不均匀变化。因而，应力场、温度场和湿度场是相互耦合在一起的，无法采用独立的求解方案分别考察。

路面结构是由不同材料组成的复杂层状结构，温度、湿度沿不同方向上呈现不均匀梯度变化，不同材料在不同温度、湿度下的胀缩及其相互约束，也将在路面结构内部造成附加的不均匀应力和应变场。这些作用进一步加剧了道路结构受力的复杂性。实践表明，很多路面受到的自然力的破坏比遭受所施加的车轮荷载的破坏力更为严重。

水损坏是目前沥青混凝土路面早期病害中最常见，也是破坏力最大的一种病害。它对道路工程的破坏作用包括：① 造成材料性能的变化(模量降低，整体性变差)；② 水的剥蚀作用(破坏沥青与集料之间的黏附性，细集料流失)；③ 干缩湿涨循环造成开裂，冻融循环造成强度降低等。

本章主要以沥青混凝土的流固耦合计算为例，分析和介绍多场分析的基本原理和方法。

# 10.2 基于渗流理论的流固耦合有限元法

按照有限元法的计算格式，如果将沥青混合料看作连续介质（固相），流体则是贯穿整个连续体而进行流动的（液相）。为了考虑空隙水与骨架固体间的相互耦合作用，可以利用有效应力原理结合渗流理论进行计算。

本节将利用伽辽金弱势有限元法建立沥青路面饱和水状态下的有效应力（或动水压力）计算格式，作用荷载为动力荷载，采用变温黏弹性本构关系。

约定变量下标 s 表示骨料和沥青材料组成的骨架（固相），变量下标 ω 表示孔隙水（液相）。

## 10.2.1 数值计算控制方程

（1）骨架本构方程。

假设沥青混凝土是一种三维变温黏弹性体，其应力历史可以离散为 $n$ 个时间段，根据玻尔兹曼线性叠加原理，从 0 时刻到 $t_n$ 时刻，经历了温度历史 $T(t)$、应变历史 $\varepsilon(t)$ 及线膨胀，在 $t_n$ 时刻的松弛剩余应力为

$$\sigma_{ij}(t_n)=\int_0^{t_n}G_{ijkl}(t_n-\tau)\left\{\frac{\mathrm{d}\varepsilon_{kl}(\tau)}{\partial\tau}-\alpha[T(\tau)]\frac{\mathrm{d}T(\tau)}{\mathrm{d}\tau}\delta_{kl}\right\}\mathrm{d}\tau \tag{10.1}$$

如果用 $t$ 代替 $t_n$ 表示终态时刻，则有

$$\begin{cases}S_{ij}(t)=\int_0^{t}G_1(t-\tau)\dfrac{\mathrm{d}e_{ij}(\tau)}{\mathrm{d}\tau}\mathrm{d}\tau\\ \sigma_{kk}(t)=\int_0^{t}G_2(t-\tau)\left\{\dfrac{\mathrm{d}\varepsilon_{kk}(\tau)}{\mathrm{d}\tau}-3\alpha[T(\tau)]\dfrac{\mathrm{d}T(\tau)}{\mathrm{d}\tau}\right\}\mathrm{d}\tau\end{cases} \tag{10.2}$$

其中，$S_{ij}=\sigma_{ij}-\frac{1}{3}\delta_{ij}\sigma_{kk}$，$S_{kk}=0$；$e_{ij}=\varepsilon_{ij}-\frac{1}{3}\delta_{ij}\varepsilon_{kk}$，$e_{kk}=0$。

式中，$G_1(t)$、$G_2(t)$ 分别为终态温度等效剪切、拉伸松弛函数；$\alpha(T)$ 是温度为 $T$ 时刻的线膨胀系数。

（2）Biot 动力固结方程。

$$\begin{cases}\sigma'_{ij,i}+p_{,i}\delta_{ij}+\rho g_j=\rho\ddot{u}_j\\ \dot{u}_{i,j}-\boldsymbol{k}_{ij}^{*}p_{,ij}-\boldsymbol{k}_{ij}^{*}p_{\omega}g_{i,j}-\boldsymbol{k}_{ij}^{*}p_{\omega}\ddot{u}_{i,j}=0\end{cases} \tag{10.3}$$

式中，$\rho=(1-n)\rho_s+n\rho_\omega$ 为沥青混合料的平均密度；$\rho_s$ 和 $\rho_\omega$ 分别为固相（骨料和沥青材料的包裹体）和液相（孔隙水）密度；$n$ 为孔隙率；$\boldsymbol{k}_{ij}^{*}$ 为渗透系数矩阵。

## 10.2.2 流固耦合有限元格式

（1）骨架本构方程的时间离散。

将时间区间$[0,t]$分成 $N$ 等分，则 $t_n=n\dfrac{1}{N}$，此时单元结点位移和孔压分别为 $\delta_n^e$、$p_n^e$；令时段 $\Delta t=t_{n+1}-t_n$ 内的单元结点位移和孔压增量分别为 $\Delta\delta^e$、$\Delta p^e$。对式(10.3)进行离

散，由 Euler 积分公式可得矩阵形式的增量本构方程：

$$\Delta\bar{\sigma}'(t_n)=\boldsymbol{H}^{-1}\Delta\tilde{\varepsilon}(t_n)-\boldsymbol{H}^{-1}\boldsymbol{Q}=-\boldsymbol{DB}\Delta\delta^e-\boldsymbol{E} \tag{10.4}$$

其中，

$$\boldsymbol{D}=\boldsymbol{H}^{-1}$$

$$\boldsymbol{B}=\partial\boldsymbol{N}$$

$$\boldsymbol{E}=\boldsymbol{H}^{-1}\boldsymbol{Q}$$

$$\boldsymbol{Q}=\sum_{i=0}^{n-1}H_i\Delta\sigma(t_i)+\boldsymbol{\Phi}_n$$

$$\boldsymbol{H}=\frac{1}{3}\begin{bmatrix}2B_0^I+B_0^{II} & B_0^{II}-B_0^I & B_0^{II}-B_0^I & 0 & 0 & 0\\ & 2B_0^I+B_0^{II} & B_0^{II}-B_0^I & 0 & 0 & 0\\ & & 2B_0^I+B_0^{II} & 0 & 0 & 0\\ & & & B_0^I & 0 & 0\\ & & & & B_0^I & 0\\ & & & & & B_0^I\end{bmatrix}$$

$$\boldsymbol{H}_i=\frac{1}{3}\begin{bmatrix}2A_i^I+A_i^{II} & A_i^{II}-A_i^I & A_i^{II}-A_i^I & 0 & 0 & 0\\ & 2A_i^I+A_i^{II} & A_i^{II}-A_i^I & 0 & 0 & 0\\ & & 2A_i^I+A_i^{II} & 0 & 0 & 0\\ & & & A_i^I & 0 & 0\\ & & & & A_i^I & 0\\ & & & & & A_i^I\end{bmatrix}$$

$$A_i^I=\frac{1}{2}[J_1(t_{n+1}-t_i)-J_1(t_n-t_{i+1})]$$

$$B_0^I=\frac{1}{2}[J_1(\Delta t)+J_1(0)]$$

$$\boldsymbol{\Phi}_n=\boldsymbol{M}\theta(t_n)$$

$$\theta(t_n)=\frac{1}{2}\Delta T_n\cdot[\alpha(T_{n+1})+\alpha(T_n)]$$

(2)Biot 方程的空间离散。

取常见边界条件：

$$\begin{cases}\boldsymbol{L}^{\mathrm{T}}\tilde{\boldsymbol{\sigma}}+\boldsymbol{F}=\boldsymbol{0}\\ -\boldsymbol{L}^{\mathrm{T}}\boldsymbol{k}\boldsymbol{\partial}^{\mathrm{T}}\boldsymbol{M}p=V_n\end{cases} \tag{10.5}$$

对式(10.4) 应用伽辽金加权余量法，并代入边界条件式(10.5)，写成增量式可得

$$\begin{cases}\boldsymbol{K}_m^I\Delta\ddot{\boldsymbol{\delta}}^e-\boldsymbol{K}_c^I\Delta\dot{\boldsymbol{\delta}}^e-\boldsymbol{K}_p^I\Delta\boldsymbol{p}^e=\Delta\boldsymbol{R}_q^e\\ \boldsymbol{K}_m^{II}\Delta\ddot{\boldsymbol{\delta}}^e-\boldsymbol{K}_k^{II}\Delta\dot{\boldsymbol{\delta}}^e-\boldsymbol{K}_p^{II}\Delta\boldsymbol{p}^e=\Delta\boldsymbol{R}_s^e\end{cases} \tag{10.6}$$

其中，$\boldsymbol{K}_m^I=\rho_\omega\iiint\limits_{\Omega^e}\overline{\boldsymbol{N}}^{\mathrm{T}}\boldsymbol{M}^{\mathrm{T}}\partial\boldsymbol{k}\boldsymbol{N}\mathrm{d}\Omega$；$\boldsymbol{K}_c^I=\iiint\limits_{\Omega^e}\overline{\boldsymbol{N}}^{\mathrm{T}}\boldsymbol{M}^{\mathrm{T}}\partial\boldsymbol{N}\mathrm{d}\Omega$；$\boldsymbol{K}_p^I=\iiint\limits_{\Omega^e}\overline{\boldsymbol{N}}^{\mathrm{T}}\ \nabla^{\mathrm{T}}\boldsymbol{k}\ \nabla\overline{\boldsymbol{N}}\mathrm{d}\Omega$；$\nabla=\begin{bmatrix}\dfrac{\partial}{\partial x} & \dfrac{\partial}{\partial y} & \dfrac{\partial}{\partial z}\end{bmatrix}^{\mathrm{T}}$；$\boldsymbol{R}_q^e=\rho_\omega\iiint\limits_{\Omega^e}\overline{\boldsymbol{N}}^{\mathrm{T}}\boldsymbol{M}^{\mathrm{T}}\partial\boldsymbol{k}\boldsymbol{G}\mathrm{d}\Omega+\iint\limits_{\Phi^e}\overline{\boldsymbol{N}}^{\mathrm{T}}V_n\mathrm{d}\Phi$；$\boldsymbol{K}_m^{II}=-\iiint\limits_{\Omega^e}\rho\boldsymbol{N}^{\mathrm{T}}\boldsymbol{N}\mathrm{d}\Omega$，$\boldsymbol{K}_k^{II}=-\iiint\limits_{\Omega^e}\boldsymbol{B}^{\mathrm{T}}\boldsymbol{D}\boldsymbol{B}\mathrm{d}\Omega$，$\boldsymbol{K}_p^{II}=\iiint\limits_{\Omega^e}\boldsymbol{B}^{\mathrm{T}}\boldsymbol{M}\overline{\boldsymbol{N}}\mathrm{d}\Omega$；$\Delta\boldsymbol{R}_q^e=\iiint\limits_{\Omega^e}\rho\boldsymbol{N}^{\mathrm{T}}\boldsymbol{G}\mathrm{d}\Omega+\iiint\limits_{\Phi^e}\boldsymbol{B}^{\mathrm{T}}\boldsymbol{E}\mathrm{d}\Phi-\iint\limits_{\Phi^e}\boldsymbol{N}^{\mathrm{T}}\Delta\boldsymbol{F}\mathrm{d}\Phi$；$\Delta\boldsymbol{F}=[\Delta F_x\quad\Delta F_y\quad\Delta F_z]^{\mathrm{T}}$，$\boldsymbol{M}=[1\quad 1\quad 1\quad 0\quad 0\quad 0]^{\mathrm{T}}$；$\boldsymbol{B}=\partial\boldsymbol{N}$，$\boldsymbol{N}=[\boldsymbol{I}N_1\quad\boldsymbol{I}N_2\quad\cdots\quad\boldsymbol{I}N_8]$；$N_i$ 为单元形函数。

为了方便，将 $\boldsymbol{K}_{m8\times24}^I$、$\boldsymbol{K}_{c8\times24}^I$、$\boldsymbol{K}_{m24\times24}^{II}$ 和 $\boldsymbol{K}_{k24\times24}^{II}$ 分割为 8×8 个子阵，记每个子阵为 $\boldsymbol{K}_{m(ij)}^I$、$\boldsymbol{K}_{c(ij)}^I$、$\boldsymbol{K}_{m(ij)}^{II}$ 和 $\boldsymbol{K}_{k(ij)}^{II}$；$\boldsymbol{K}_{p8\times8}^I$ 和 $\boldsymbol{K}_{p24\times8}^{II}$ 也分割为 8×8 个子阵，记每个子阵为 $\boldsymbol{K}_{p(ij)}^I$ 和 $\boldsymbol{K}_{p(ij)}^{II}$；而 $\Delta\boldsymbol{R}_{q8\times1}^e$ 和 $\Delta\boldsymbol{R}_{s24\times1}^e$ 可分割为 8×1 个子阵，记每个子阵为 $\Delta\boldsymbol{R}_{q(i)}^e$ 和 $\Delta\boldsymbol{R}_{s(i)}^e$。

合并式(10.6)，然后将单元控制方程组成动力问题的增量式有限元整体控制方程：

$$\overline{\boldsymbol{M}}^e\Delta\boldsymbol{A}^e+\overline{\boldsymbol{C}}^e\Delta\dot{\boldsymbol{A}}^e+\overline{\boldsymbol{K}}^e\Delta\boldsymbol{A}^e=\Delta\overline{\boldsymbol{F}}^e\tag{10.7}$$

其中，$\boldsymbol{A}^e=[\boldsymbol{A}_1\quad\boldsymbol{A}_2\quad\cdots\quad\boldsymbol{A}_8]^{\mathrm{T}}$；$\boldsymbol{A}_i=[u_i\quad v_i\quad w_i\quad p_i]^{\mathrm{T}}$。

每个单元的系数矩阵 $\overline{\boldsymbol{M}}_{32\times32}^e$，$\overline{\boldsymbol{C}}_{32\times32}^e$，$\overline{\boldsymbol{K}}_{32\times32}^e$，$\Delta\overline{\boldsymbol{F}}^e$ 可由子阵表示为

$$\overline{\boldsymbol{M}}_{(ij)4\times4}^e=\begin{bmatrix}\boldsymbol{K}_{m(ij)}^{II} & \boldsymbol{0}\\ \boldsymbol{K}_{m(ij)}^{I} & \boldsymbol{0}\end{bmatrix},\quad \overline{\boldsymbol{C}}_{(ij)4\times4}^e=\begin{bmatrix}\boldsymbol{0} & \boldsymbol{0}\\ -\boldsymbol{K}_{c(ij)}^{I} & \boldsymbol{0}\end{bmatrix}$$

$$\overline{\boldsymbol{K}}_{(ij)4\times4}^e=\begin{bmatrix}-\boldsymbol{K}_{k(ij)}^{II} & \boldsymbol{K}_{p(ij)}^{II}\\ \boldsymbol{0} & \boldsymbol{K}_{p(ij)}^{I}\end{bmatrix},\quad \Delta\overline{\boldsymbol{F}}_{(i)4\times1}^e=\begin{bmatrix}\Delta\boldsymbol{R}_{s(t)}\\ \Delta\boldsymbol{R}_{q(t)}\end{bmatrix}$$

### 10.2.3　算例一：静载下的压力消散

取图 10.2 所示沥青混凝土模型(30 cm×30 cm×20 cm)，采用 Burgers 黏弹性本构关系进行计算，已知 $E_1$=1 664 MPa，$\eta_1$=1.795×10⁶ Pa·s，$E_2$=10 877 MPa，$\eta_2$=9.576×10⁴ Pa·s，泊松比 0.3，渗透系数 $k_x=k_y=k_z$=0.000 1 cm/s(孔隙率为 5%～8%)，混凝土顶面和底面不透水。上表面施加峰值为 0.7 MPa 的均布荷载(图 10.3)，按以下两种情况加载。

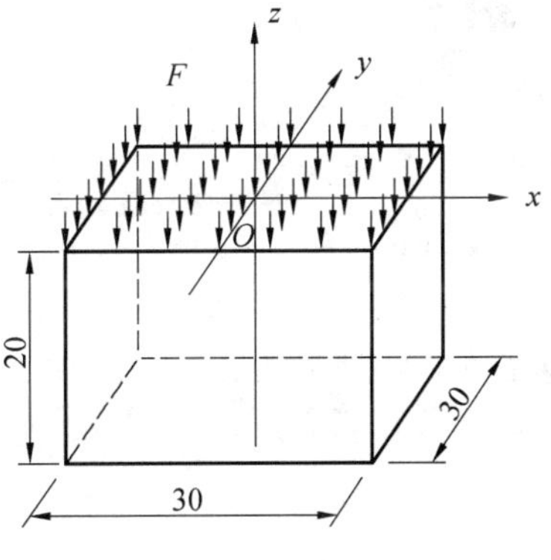


图 10.2　计算模型

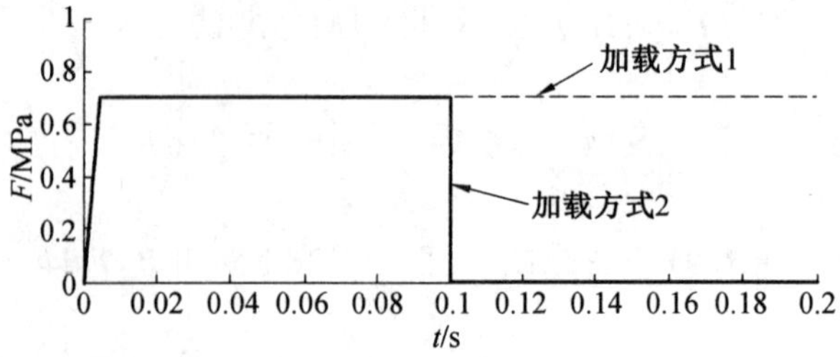


图 10.3　两种均布加载方式

(1) 按加载方式 1 加载，侧面排水。计算结果如图 10.4 ～ 10.6 所示，图中变量 $S_z$ 和 $p_w$ 分别表示竖向有效应力和孔隙水压力，系列 22 ～ 25 依次为荷载边沿至中心等间距的 4 个结点。

(2) 按加载方式 2 加载，侧面不排水。计算结果如图 10.7 所示。

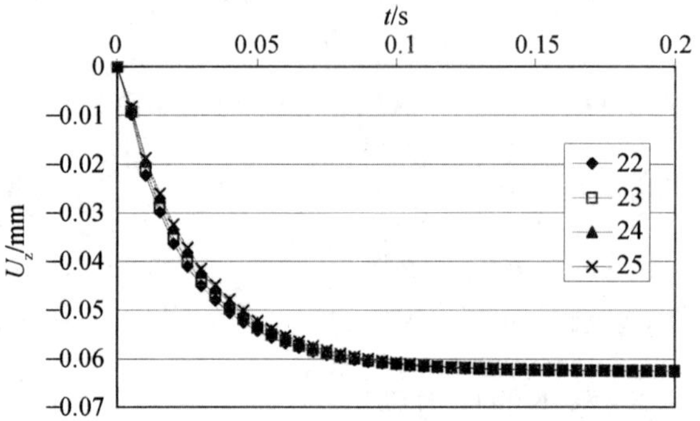


图 10.4　表面竖向位移随时间变化图(单位：mm)

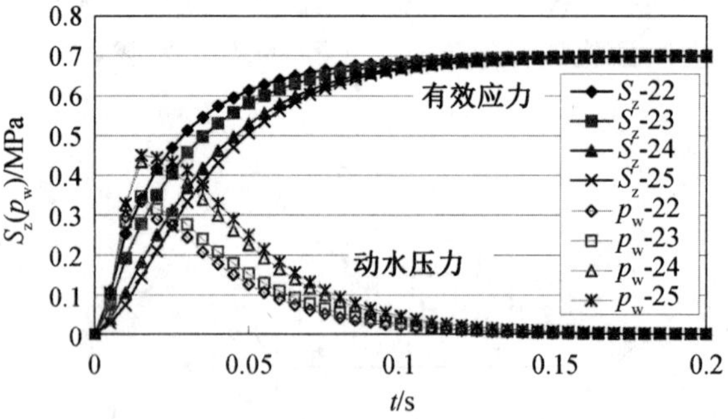


图 10.5　表面竖向应力与孔隙水压力随时间变化图(排水)

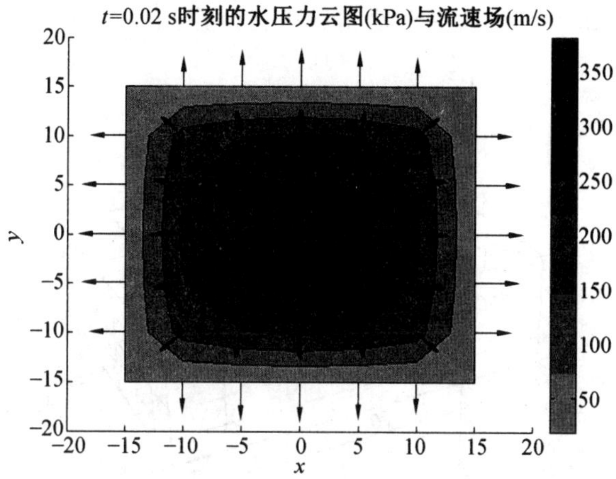


图 10.6　0.02 s 时刻 $z=-5$ cm 处水压力云图与流速场

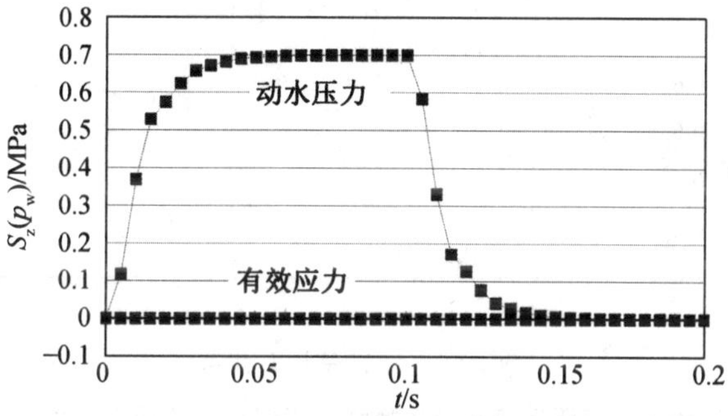


图 10.7　表面竖向应力与动水压力随时间变化图（不排水）

从以上计算结果可以看出，在冲击荷载的作用下，按排水与不排水计算有很大区别：排水时，有效应力不断增大，直到 0.7 MPa 为止，动水压力则瞬间达到 0.45 MPa，之后逐渐衰减至 0；而不排水时，有效应力几乎为零，大部分荷载由孔隙水压力承担，这导致了孔隙水压力的持续增大，最终升至 0.7 MPa，卸载时，残余水压力则迅速减为 0。由图 10.6 还可以看到，当上下表面均不排水时，排水边界处水压力梯度较大。

### 10.2.4　算例二：周期荷载下的动水压力反应

选取道路工程中常用的双圆荷载计算模型，计算范围取 140 cm×110 cm，假设沥青混凝土面层厚度为 20 cm。由于荷载和结构的对称性，此处取模型的 1/4 进行计算（图 10.8）。

沥青混凝土的本构关系采用 Burgers 模型，参数同 10.2.3 节算例一。圆面内施加峰值为 0.7 MPa 均布荷载，并按照半正弦方式变化（图 10.9）。

假定沥青面层与基层间不透水，即模型底面不透水，而顶面除双圆面外均透水。由于面层施工时骨料的离析以及压实的不均匀往往会造成孔隙率分布不均匀，因此，本算例假定模型侧面（除两个对称面）不透水。

鉴于渗透系数和加载速率是影响动水压力最主要的两个因素，此处选四种半正弦荷载历时（$t_0=0.005$ s、0.01 s、0.1 s 和 1.0 s）和三种渗透系数（$k_x=k_y=k_z=0.000\ 1$ cm/s、

0.001 cm/s 和 0.01 cm/s）共 12 种组合情况进行计算，结果见表 10.1 及图 10.10。

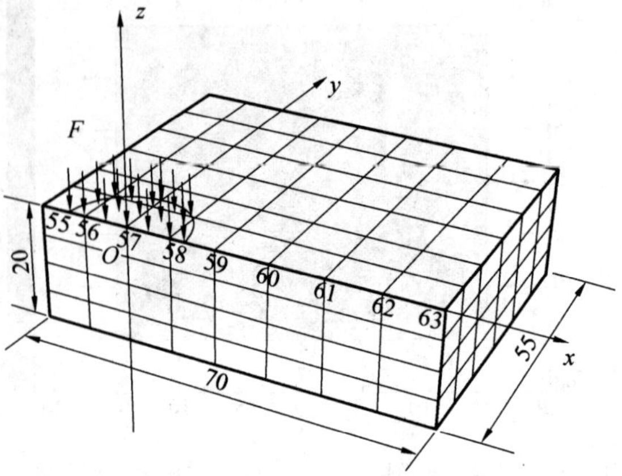


图 10.8　双圆荷载计算模型

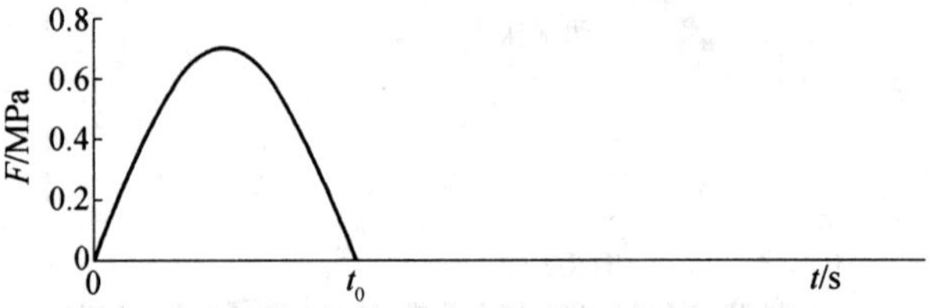


图 10.9　半正弦均布荷载

**表 10.1　不同渗透系数和加载速率组合下的动水压力峰值**　　kPa

| 渗透系数 /$(\mathrm{cm \cdot s^{-1}})$ | 荷载历时 $t_0$/s | | | |
|---|---|---|---|---|
| | 0.005 | 0.01 | 0.1 | 1.0 |
| 0.000 1 | 566.35 | 465.29 | 160.61 | 31.695 |
| 0.001 | 231.22 | 160.55 | 31.688 | 3.521 9 |
| 0.01 | 55.581 | 31.686 | 3.521 | 0.354 76 |

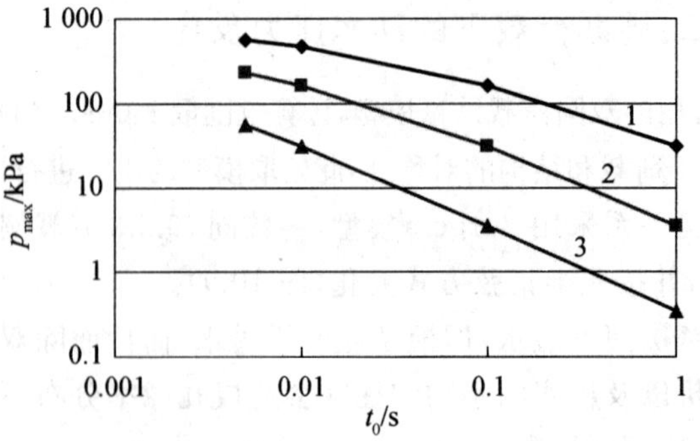


**渗透系数**/$(\mathrm{cm \cdot s^{-1}})$:1—0.000 1;2—0.001;3—0.01

图 10.10　动水压力峰值随渗透系数和半正弦历时变化曲线图

取 $Y=\ln p_{max}$，$K=\ln p_{max}$，$K=\ln k_w$，$K=\ln t_0$，对表 10.1 中数据进行拟合。

双线性关系方程：

$$Y=-5.5608-0.9976K-1.3855T-0.0899KT \tag{10.8}$$

双二次关系方程：

$$Y=-5.9440-1.1090K-0.0778T-0.009K^2+0.1861T^2+0.3364KT+0.0277K^2T+0.0615KT^2+0.0038K^2T^2 \tag{10.9}$$

受篇幅所限，此处只给出渗透系数为 0.000 1 cm/s，半正弦荷载历时 0.1 s 情况下动水压力随时间变化图，以及达到峰值时的水压力云图和流速场，如图 10.11 ~ 10.13 所示。

由图 10.11 可以看出，在半正弦荷载作用下，沥青混凝土内动水压力也呈现出半正弦的波动状态，不同的是外荷载撤除以后，动水压力并未立即消失，而是相应地延迟一段时间后，逐渐消散至 0(负的水压力指水压力低于标准大气压)。另外，计算区域内的动水压力峰值出现在外荷载作用点处，并且在此点附近，水压力反应与外力的波动几乎是同时。而离荷载作用点越远的地方，水压力数值越小，相位越滞后，表现为曲线更加平缓，具有明显的波传递属性。

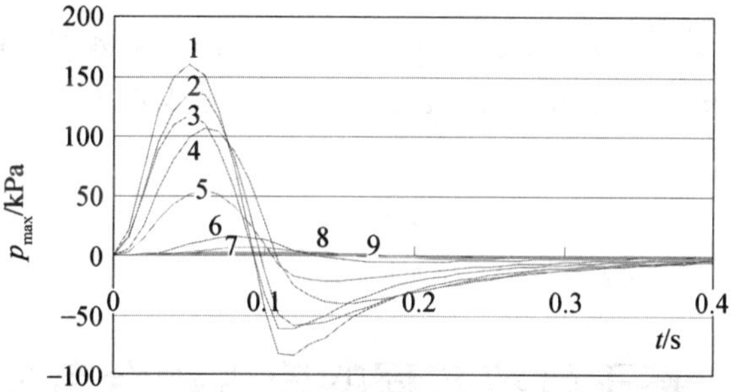


图 10.11　结点 55 ~ 63 处动水压力随时间变化图(结点号同图 10.8)

1—57；2—56；3—58；4—55；5—59；6—60；7—61；8—62；9—63

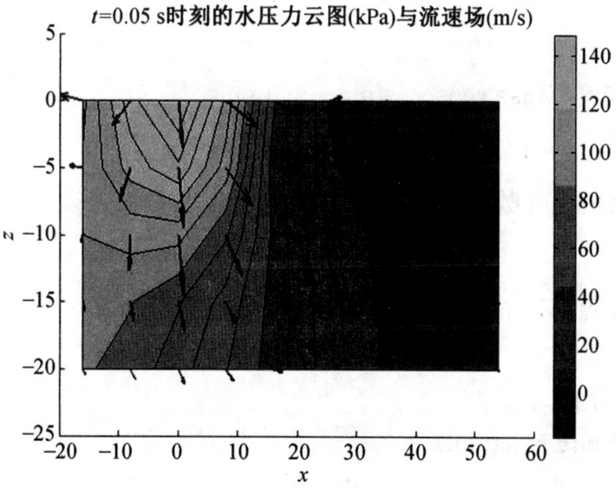


图 10.12　0.05 s 时刻 $y=0$ 竖直面水压力云图与流速场

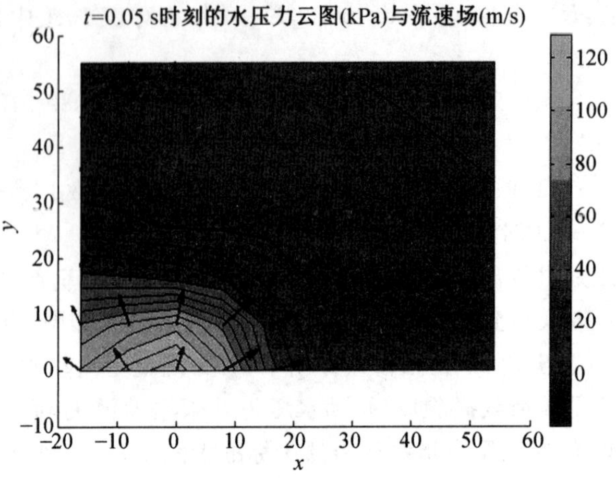


图 10.13　0.05 s 时刻 $z=-5$ cm 水平面水压力云图与流速场

由图 10.12 和图 10.13 可以看出，荷载作用下方压力梯度和水流速度最大，而边缘处由于不排水限制，水压力略有增大。

此外，由图 10.10、式(10.8) 和式(10.9) 还能得出，渗透系数和半正弦荷载历时对动水压力峰值的影响具有相似性。如果假定它们都可以近似表示为 $\ln p \approx a - b\ln x$（$x$ 为 $k_w$ 或 $t_0$，$b>0$），则有

$$p \approx e^a \cdot x^{-b} \tag{10.10}$$

即每种因素是近似于负指数影响的。

## 10.3　基于欧拉方程的流固耦合有限元法

### 10.3.1　无黏小扰动流动的基本方程

(1) 动力学控制方程。

① 质量守恒方程(Mass conservation equation)。

$$\dot{\rho} + \rho_0 v_{i,j} = 0 \tag{10.11}$$

式中，$\dot{\rho}$ 表示对时间的偏导数，$\dot{\rho} = \rho_{,t} = \dfrac{\partial p}{\partial t}$，此方程也常称为连续方程(Continuity equation)。

② 动量守恒方程(Momentum conseravation equation)。

$$\rho_0 \dot{v}_i = -p_{,i} \tag{10.12}$$

此方程也称为运动方程。

③ 状态方程(State equation)。

$$p = c_0^2 \rho \tag{10.13}$$

式中，$v_i$ 是流体扰动的流动速度分量；$\rho_0$ 是扰动前流体的质量密度；$\rho$、$p$ 分别是质量密度和流场压力；$c_0$ 是流体中的声速，可以表示为

$$c_0^2 = \frac{k}{\rho_0} \tag{10.14}$$

式中，$k$ 是体积模量。

如果有体积变化 $u_{i,i}$，则压力变化 $p$ 的表达式为

$$p = -ku_{i,i} \tag{10.15}$$

式中，$u$ 是流体扰动引起的位移变化。

(2) 求解域边界条件。

① 压力边界。

$$p = 0 \quad (\text{对于水平液面}) \tag{10.16}$$

$$p = \rho_0 g u_3 \quad (\text{对于波动液面}) \tag{10.17}$$

② 刚性固体边界。

$$u_3 = u_i n_i = 0 \tag{10.18}$$

若不考虑液面的波动，可令 $p=0$。若考虑表面的波动，则有 $p=\rho_0 g u_3$。$u_3$ 为垂直方向的位移，$g$ 为重力加速度。式(10.18) 表示在固定液面($S_b$) 上流体的法向位移为零，式中的 $n_i$ 是固定边界外法线的方向余弦。

### 10.3.2　以压力为变量的方程形式

联立式(10.11)、式(10.12) 和式(10.13)，消去 $v_i$ 和 $\rho$，可以得到以 $p$ 为变量的方程：

$$p_{,ii} - \frac{1}{c_0^2}\ddot{p} = 0 \tag{10.19}$$

该式表明无黏小扰动流动问题可以归结为求解以压力 $p$ 为场变量的波动方程。同理，边界条件也可以改写为如下形式。

(1) 自由液面。

$$p = 0 \quad (\text{对于水平液面}) \tag{10.20}$$

$$\ddot{p} = -g p_{,3} \quad (\text{对于波动液面}) \tag{10.21}$$

(2) 刚性固体边界面液面。

$$p_{,n} = 0 \tag{10.22}$$

可以看出，小扰动流体动力学方程和边界条件均可以表示为只包含压力 $p$ 的形式，这在流固耦合计算中是很有用的。

书中就是利用此种形式进行计算的，经验证明其计算效率很高。

### 10.3.3　流固耦合的无网格流形格式

沥青混合料的无网格流形格式中，骨料和沥青的力学控制方程均是以位移 $u_i$ 作为基本未知量的(本书第 8 章)。如果流体域采用流场压力作为基本未知量，而固体域仍然以位移为未知量，耦合格式便是我们熟悉的位移－压力($u_i$，$p$) 格式。

(1) 流固耦合模型的描述。

为了简化问题，此处假设流体为无黏、可压缩和小扰动的，并假定流体自由液面为小波动，流固耦合计算模型示意图如图 10.14 所示。

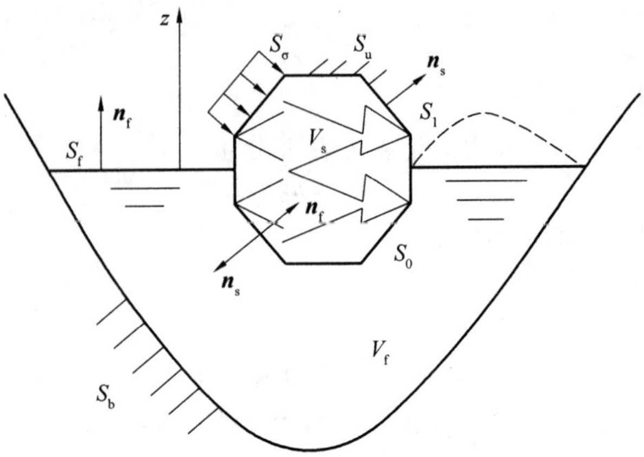


图 10.14　流固耦合计算模型示意图

定义 $V_s$ 和 $V_f$ 分别为固体域和流体域，$S_0$ 为流固交界面，$S_b$ 为流体刚性固定面边界，$S_f$ 为流体自由表面边界，$\varepsilon$ 为流体自由表面波高，$S_u$ 为固体位移边界，$S_\sigma$ 为固体的力边界，$\boldsymbol{n}_f$ 为流体边界单位外法线向量，$\boldsymbol{n}_s$ 为固体边界单位外法线向量，并且有 $\boldsymbol{n}_f=\boldsymbol{n}_s$。

① 流体域($V_f$ 域)。

流体场方程：
$$p_{,ii}-\frac{1}{c_0^2}\ddot{p}=0 \tag{10.23}$$

刚性固定边界($S_b$ 边)：
$$\frac{\partial p}{\partial n_f}=0 \tag{10.24}$$

自由液面($S_f$ 边)：
$$\frac{\partial p}{\partial z}+\frac{1}{g}\ddot{p}=0 \tag{10.25}$$

② 固体域($V_s$ 域)。

固体场方程：
$$\sigma_{ij,j}+f_i=\rho_s\ddot{u}_i \tag{10.26}$$

力边界条件($S_\sigma$ 边)：
$$\sigma_{ij,j}n_{sj}=\overline{T}_i \tag{10.27}$$

位移边界条件($S_u$ 边)：
$$u_i=\bar{u}_i \tag{10.28}$$

式中，$\rho_s$ 为固体质量密度；$\overline{T}$、$\bar{u}$ 分别为面力分量和位移分量。

③ 流固交界面边界条件。

首先，流固交界面($S_0$)上法向速度应保持连续，即
$$v_{fn}=\boldsymbol{v}_f\cdot\boldsymbol{n}_f=\boldsymbol{v}_s\cdot\boldsymbol{n}_f=-\boldsymbol{v}_s\cdot\boldsymbol{n}_s=v_{sn} \tag{10.29}$$

利用方程式(10.12)，可以将上式改写为
$$\frac{\partial p}{\partial n_f}+\rho_f\ddot{\boldsymbol{u}}\cdot\boldsymbol{n}_f=0\quad(\text{在 } S_0 \text{ 界面}) \tag{10.30}$$

其次，流固交界面($S_0$)上法向力也需要保持连续，即
$$\sigma_{ij}\boldsymbol{n}_{sj}=\tau_{ij}\boldsymbol{n}_{fj}=-\tau_{ij}\boldsymbol{n}_{sj} \tag{10.31}$$

式中，$\tau_{ij}$ 代表流体应力张量的分量，对于无黏流体，$\tau_{ij}$ 表示为

$$\tau_{ij} = -p\delta_{ij} \tag{10.32}$$

联合式(10.31)，则得到

$$\sigma_{ij}\boldsymbol{n}_{sj} = p\boldsymbol{n}_{si} \quad (\text{在 } S_0 \text{ 界面}) \tag{10.33}$$

(2) 流固耦合的伽辽金型无网格格式。

流体结点的压力和固体结点的位移应用无网格近似，即

$$\boldsymbol{p}(x,y,z,t) \approx \sum_{i=1}^{m_f} N_i(x,y,z)p_t(t) = N\boldsymbol{p}^e \tag{10.34}$$

$$\boldsymbol{u}(x,y,z,t) = \begin{pmatrix} u \\ v \\ w \end{pmatrix} \approx \sum_{i=1}^{m_s} \overline{N}_i(x,y,z)\begin{pmatrix} u_i \\ v_i \\ w_i \end{pmatrix} = \sum_{i=1}^{m_s} \overline{N}_i(x,y,z)\boldsymbol{a}_i(t) = \overline{N}\boldsymbol{a}^e \tag{10.35}$$

式中，$m_f$、$m_s$ 为流体和固体的支撑结点数；$\boldsymbol{p}^e$、$\boldsymbol{a}^e$ 为流体压力和固体结点位移向量；$N_i$、$\overline{N}_i$ 为流体和固体上结点 $i$ 的形函数。

对式(10.23)、式(10.24)、式(10.25) 和式(10.30) 应用加权余量法可得到流体域的等效积分形式：

$$\int_{V_f}\delta p\left(p_{,ii} - \frac{1}{c_0^2}\ddot{p}\right)\mathrm{d}V - \int_{S_b}\delta p\left(\frac{\partial p}{\partial n_f}\right)\mathrm{d}S - \int_{S_f}\delta p\left(\frac{1}{g}\ddot{p} + \frac{\partial p}{\partial z}\right)\mathrm{d}S - \int_{S_0}\delta p\left(\frac{\partial p}{\partial n_f} + \rho_f\ddot{\boldsymbol{u}}\cdot\boldsymbol{n}_f\right)\mathrm{d}S = 0 \tag{10.36}$$

同理，对式(10.26)、式(10.27) 和式(10.33) 应用加权余量法得到固体域的等效积分形式：

$$\int_{V_s}\delta u_i(\sigma_{ij,j} + f_i - \rho_s\ddot{u}_i)\mathrm{d}V - \int_{S_\sigma}\delta u_i(\sigma_{ij}\boldsymbol{n}_{sj} - \overline{T}_i)\mathrm{d}S - \int_{S_0}\delta u_i(\sigma_{ij}\boldsymbol{n}_{sj} + p\boldsymbol{n}_{si})\mathrm{d}S = 0 \tag{10.37}$$

对式(10.36) 的第一项$\int_{V_f}\delta p(p_{,ii})\mathrm{d}V$ 进行分部积分，则可得

$$\int_{V_f}\delta p_{,i}\left(p_{,i} + \frac{1}{c_0^2}\ddot{p}\right)\mathrm{d}V + \int_{S_f}\delta p\left(\frac{1}{g}\ddot{p}\right)\mathrm{d}S + \int_{S_0}\delta p(\rho_f\ddot{\boldsymbol{u}}\cdot\boldsymbol{n}_f)\mathrm{d}S = 0 \tag{10.38}$$

对式(10.37) 的第一项$\int_{V_s}\delta u_i(\sigma_{ij,j})\mathrm{d}V$ 进行分部积分，并代入物理方程，则可得

$$\int_{V_s}\delta\varepsilon_{ij}D_{ijkl}\varepsilon_{kl} - f_i + \delta u_i(\rho_s\ddot{u}_i)\mathrm{d}S - \int_{S_\sigma}\delta u_i\overline{T}_i\mathrm{d}S + \int_{S_0}\delta u_i(p\boldsymbol{n}_{si})\mathrm{d}S = 0 \tag{10.39}$$

将无网格近似函数式(10.35) 代入式(10.38)、式(10.39)，并考虑 $\delta p$ 和 $\delta u_i$ 的任意性，则可以得到如下流固耦合系统的无网格格式：

$$\begin{bmatrix} \rho_s\boldsymbol{M}_s & \boldsymbol{0} \\ -\rho_f\boldsymbol{M}^{\mathrm{T}} & \boldsymbol{M}_f \end{bmatrix}\begin{Bmatrix} \ddot{\boldsymbol{a}} \\ \ddot{\boldsymbol{p}} \end{Bmatrix} + \begin{bmatrix} \boldsymbol{K}_s & \boldsymbol{Q} \\ \boldsymbol{0} & \boldsymbol{K}_f \end{bmatrix}\begin{Bmatrix} \boldsymbol{a} \\ \boldsymbol{p} \end{Bmatrix} = \begin{Bmatrix} \boldsymbol{F}_s \\ \boldsymbol{0} \end{Bmatrix} \tag{10.40}$$

其中，$\boldsymbol{M}_{s}^{e}=\int_{V_{s}^{e}}\overline{\boldsymbol{N}}^{T}\overline{\boldsymbol{N}}\mathrm{d}V$；$\boldsymbol{K}_{s}^{e}=\int_{V_{s}^{e}}\boldsymbol{B}^{T}\boldsymbol{D}\boldsymbol{B}\mathrm{d}V$；$\boldsymbol{F}_{s}=\int_{V_{s}^{e}}\overline{\boldsymbol{N}}^{T}\boldsymbol{f}\mathrm{d}V+\int_{S_{\sigma}^{e}}\overline{\boldsymbol{N}}^{T}\overline{\boldsymbol{T}}\mathrm{d}S$；$\boldsymbol{M}_{f}^{e}=\int_{V_{f}^{e}}\frac{1}{c_{0}^{2}}\boldsymbol{N}^{T}\boldsymbol{N}\mathrm{d}V+\int_{S_{f}^{e}}\frac{1}{g}\boldsymbol{N}^{T}\boldsymbol{N}\mathrm{d}S$；$\boldsymbol{K}_{f}^{e}=\int_{V_{f}^{e}}\frac{\partial\boldsymbol{N}^{T}}{\partial x_{i}}\frac{\partial\boldsymbol{N}}{\partial x_{i}}\mathrm{d}V$；$\boldsymbol{Q}^{e}=\int_{S_{0}^{e}}\overline{\boldsymbol{N}}^{T}\boldsymbol{n}_{s}\boldsymbol{N}\mathrm{d}S$。
式中，$\boldsymbol{p}$ 为流体结点压力向量；$\boldsymbol{a}$ 为固体结点位移向量；$\boldsymbol{Q}$ 为流固耦合矩阵；$\boldsymbol{M}_{f}$、$\boldsymbol{K}_{f}$ 分别为流体质量矩阵和流体刚度矩阵；$\boldsymbol{M}_{s}$、$\boldsymbol{K}_{s}$ 分别为固体质量矩阵和固体刚度矩阵；$\boldsymbol{F}_{s}$ 为固体外荷载向量。

### 10.3.4 流固耦合矩阵的计算

如果只考虑流体是不可压缩的情况，同时又不考虑流体自由液面波动的影响，则有

$$\boldsymbol{M}_{f}=\boldsymbol{0} \tag{10.41}$$

利用 8.4.5 节级数展开方法(式(8.79))，固体的位移加速度向量可以表示为

$$\ddot{\boldsymbol{a}}=\frac{2}{\Delta t^{2}}\boldsymbol{a}-\frac{2}{\Delta t}\boldsymbol{V}_{0} \tag{10.42}$$

将式(10.41) 和式(10.42) 代入方程式(10.40) 可得

$$\begin{bmatrix}\boldsymbol{K}_{s}\ \frac{2\rho_{s}}{\Delta t^{2}}\boldsymbol{M}_{s} & \boldsymbol{Q}\\ -\frac{2\rho_{f}}{\Delta t^{2}}\boldsymbol{Q}^{T} & \boldsymbol{K}_{f}\end{bmatrix}\begin{Bmatrix}\boldsymbol{a}\\ \boldsymbol{p}\end{Bmatrix}=\begin{Bmatrix}\boldsymbol{F}_{s}+\frac{2\rho_{s}}{\Delta t}\boldsymbol{M}_{s}\boldsymbol{V}_{0}\\ -\frac{2\rho_{f}}{\Delta t}\boldsymbol{Q}^{T}\boldsymbol{V}_{0}\end{Bmatrix} \tag{10.43}$$

这样，在原来固体无网格流形基础上，只添加如下项即可。
流体刚度阵：

$$\iiint\frac{\partial\boldsymbol{N}_{e(r)}^{T}}{\partial x_{i}}\frac{\partial\boldsymbol{N}_{e(r)}}{\partial x_{i}}\mathrm{d}x\,\mathrm{d}y\mathrm{d}z\rightarrow\boldsymbol{K}_{e(r)e(r)}\quad(r,s=1,2,3,\cdots,q) \tag{10.44}$$

流固交界面耦合向量：

$$\int_{S_{0}^{e}}\boldsymbol{N}_{e(r)}^{T}\boldsymbol{n}_{s}\boldsymbol{N}_{e(r)}\mathrm{d}S\rightarrow\boldsymbol{K}_{e(r)e(r)} \tag{10.45}$$

$$-\frac{2\rho_{f}}{\Delta t^{2}}\int_{S_{0}^{e}}\boldsymbol{N}_{e(r)}^{T}\boldsymbol{n}_{s}^{T}\overline{\boldsymbol{N}}_{e(s)}\mathrm{d}S\rightarrow\boldsymbol{K}_{e(r)e(s)} \tag{10.46}$$

$$-\frac{2\rho_{f}}{\Delta t}\int_{S_{0}^{e}}\boldsymbol{N}_{e(r)}^{T}\boldsymbol{n}_{s}^{T}\overline{\boldsymbol{N}}_{e(s)}\mathrm{d}S\boldsymbol{V}_{e(s)}(0)\rightarrow\boldsymbol{F}_{e(r)} \tag{10.47}$$

### 10.3.5 算例：水对沥青混合料应力分布的影响

由于流固耦合计算较固体计算复杂，并且需要添加很多额外的液体结点，也需要更多内存和时间进行计算，所以此处仅选取由 4 个颗粒嵌挤生成的简单模型来讨论动水压力的计算问题。

模型外观尺寸为 31 mm × 31 mm × 27 mm，骨料颗粒共有 4 个，颗粒粒径在13.2 ~ 16 mm 范围内随机选取，其详细信息见表 10.2，沥青骨料扩大系数为 1.8。在 $x\in$

[−0.001,0.030]，$y\in$[−0.001,0.030]，$z\in$[−0.001,0.026]所围成的空间内，除骨料沥青颗粒之外的所有区域，均认为被水填充。该模型的矿料间隙率约为 65%。

**表 10.2　计算模型的颗粒信息**

| 形心坐标 /m | | | 粒径 $D$/mm |
|---|---|---|---|
| $x$ | $y$ | $z$ | |
| 0.019 18 | 0.007 13 | 0.007 13 | 14.26 |
| 0.021 06 | 0.021 06 | 0.006 94 | 13.87 |
| 0.016 65 | 0.014 92 | 0.018 57 | 13.89 |
| 0.007 49 | 0.016 22 | 0.007 49 | 14.98 |

取骨料的弹性模量 $E$ = 40 GPa，泊松比 0.25；沥青胶浆弹性模量 $E$ = 130 MPa，泊松比 0.3。模型底端施加固定约束，顶端施加垂直向下的荷载，荷载按半正弦方式加载，随时间的变化曲线如图 10.15 所示，时间步长取 0.01 s。流体域的边界均认为是不透水的。

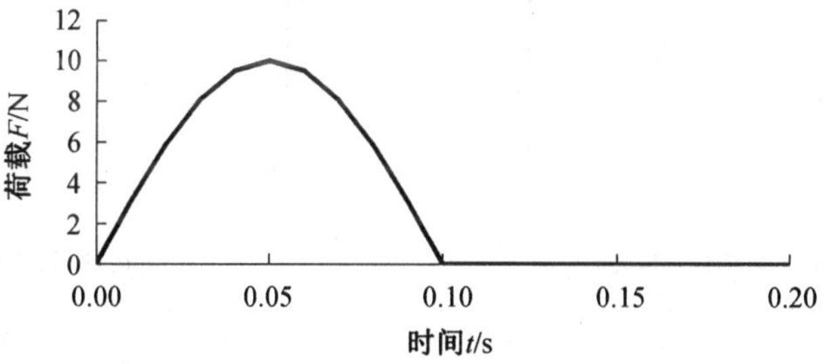


图 10.15　半正弦荷载随时间的变化曲线

经过计算，固体颗粒的等效应力分布随时间的变化如图 10.16 所示，水体的速度矢量随时间的变化如图 10.17 所示。

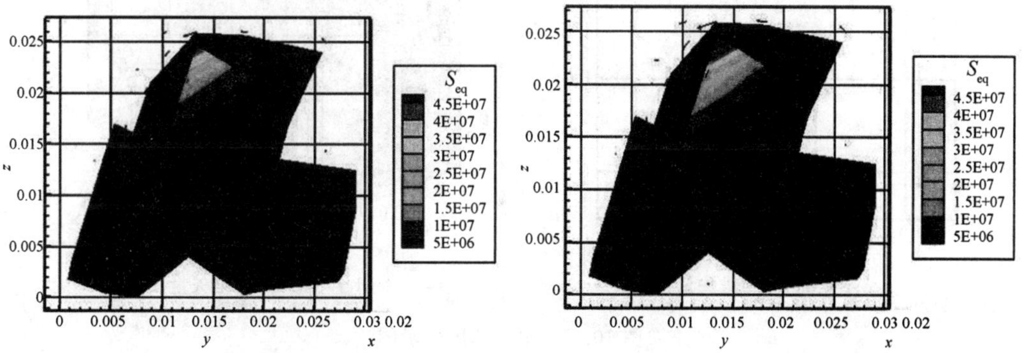


(a) $t$=0.02 s时等效应力切片图　　(b) $t$=0.05 s时等效应力切片图

图 10.16　流固耦合作用下固体颗粒的等效应力

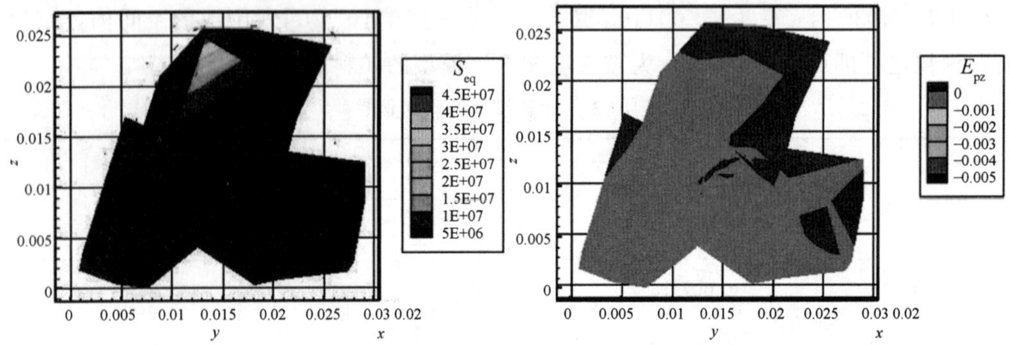


(c) $t$=0.08 s时等效应力切片图　　(d) $t$=0.05 s时竖向应力切片图

续图 10.16

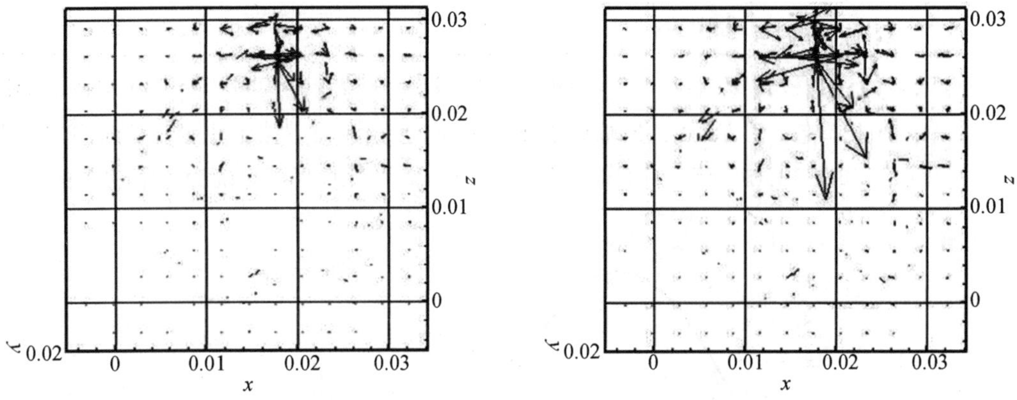


(a) $t$=0.02 s时二维矢量图　　(b) $t$=0.05 s时二维矢量图

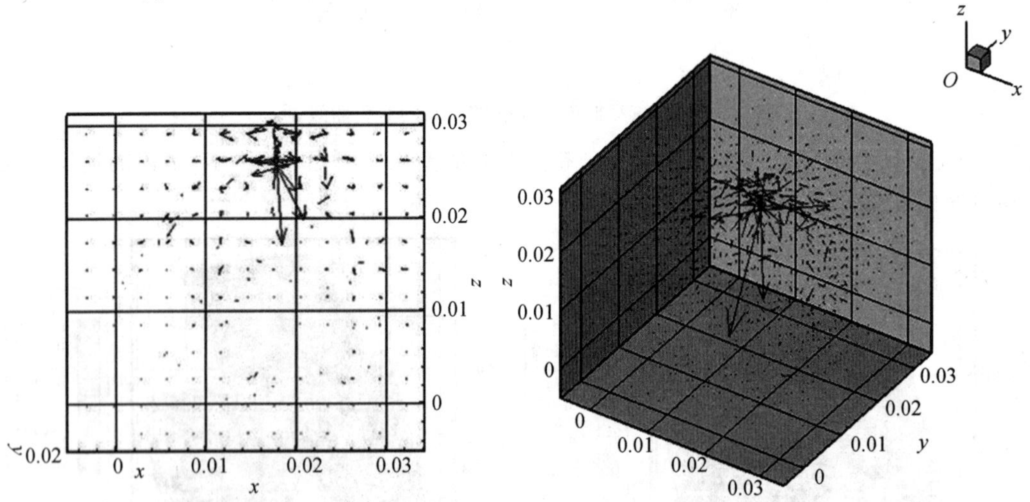


(c) $t$=0.08 s时二维矢量图　　(d) $t$=0.05 s时三维矢量图

图 10.17　水流速度矢量图

为了考察水对沥青混合料应力分布的影响，还计算了同一个模型在同样的荷载和约束边界条件下无水作用时的受力情况（图 10.18）。并选取有水作用和无水作用这两种情况在荷载最大值时，即 $t=0.05$ s 时，每个颗粒的竖向位移 $U_z$、竖向应力 $S_z$ 和等效应力 $S_{eq}$ 三个指标作为对比量，按骨料和沥青分别求平均值后列在表 10.3 中。同时还给出了两种材料的平均等效应力的对比示意图（图 10.19 和图 10.20）。

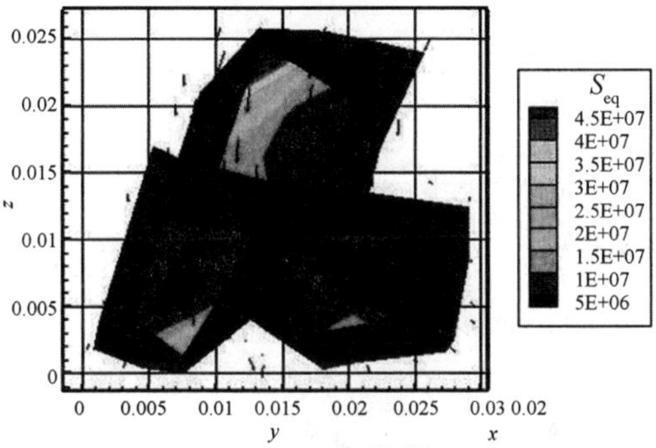

(a) $t$=0.02 s时等效应力切片图

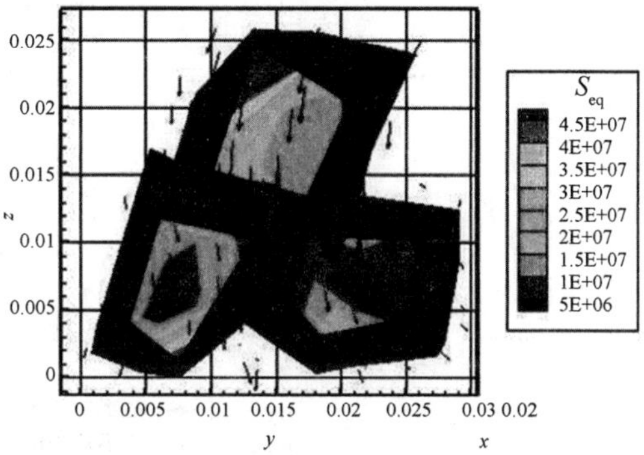

(b) $t$=0.05 s时等效应力切片图

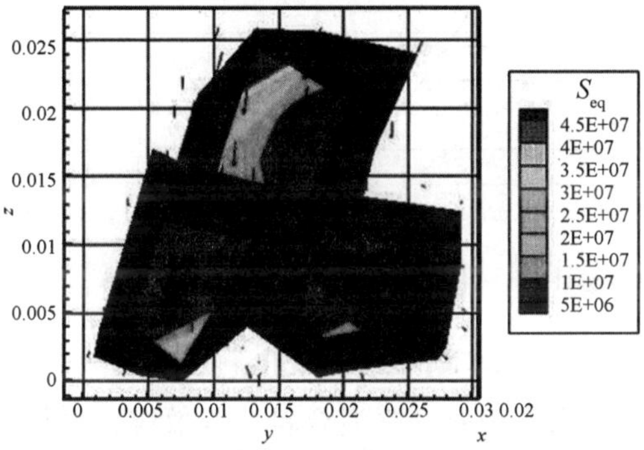

(c) $t$=0.08 s时等效应力切片图

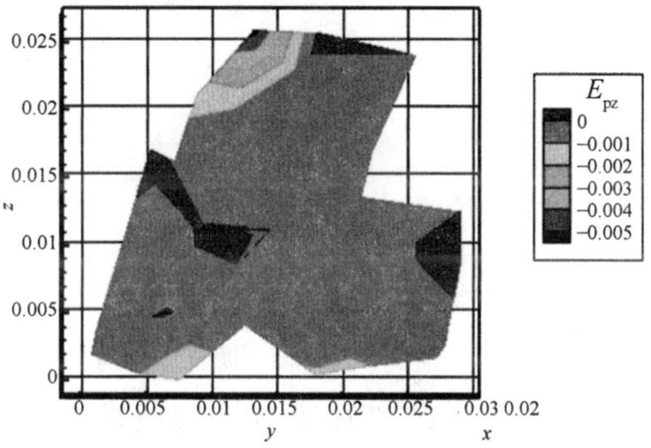

(d) $t$=0.05 s时竖向应力切片图

图 10.18　无水作用时颗粒的等效应力（箭头表示结点位移矢量）

**表 10.3　有无水作用时颗粒位移和应力的对比**

| | | 无水影响时 | | | 有水影响时 | | |
|---|---|---|---|---|---|---|---|
| | | $U_z$/mm | $S_z$/MPa | $S_{eq}$/MPa | $U_z$/mm | $S_z$/MPa | $S_{eq}$/MPa |
| 颗粒 1 | 骨料 | −4.724 9 | −11.237 2 | 14.626 9 | −0.382 4 | −1.354 3 | 2.046 3 |
| | 沥青 | −4.569 9 | −0.049 4 | 0.059 9 | −0.331 6 | −0.005 9 | 0.009 9 |
| 颗粒 2 | 骨料 | −4.658 0 | −7.312 6 | 9.918 9 | −0.224 4 | −0.294 3 | 1.816 3 |
| | 沥青 | −4.474 6 | −0.035 1 | 0.044 9 | −0.236 2 | −0.003 7 | 0.007 9 |
| 颗粒 3 | 骨料 | −9.637 6 | −20.387 9 | 21.832 2 | −0.939 3 | −1.616 3 | 9.160 2 |
| | 沥青 | −9.164 0 | −0.078 4 | 0.084 5 | −0.730 4 | −0.003 9 | 0.037 9 |
| 颗粒 4 | 骨料 | −2.033 0 | −3.731 8 | 5.601 1 | 0.081 3 | 0.201 7 | 1.369 1 |
| | 沥青 | −2.022 5 | −0.020 9 | 0.025 2 | 0.046 6 | −0.000 6 | 0.005 8 |

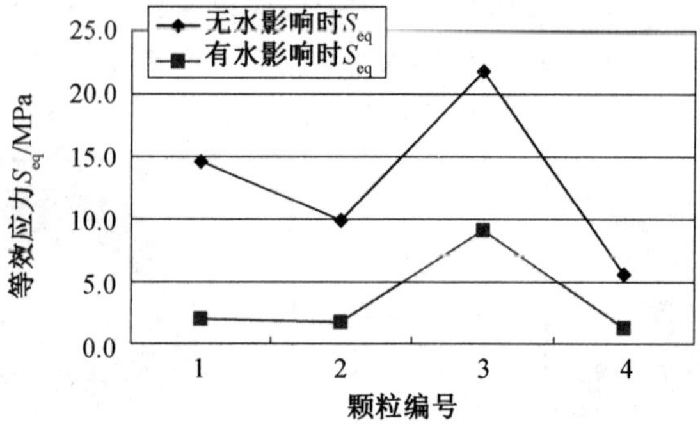


图 10.19　骨料平均等效应力在有水和无水影响时的对比

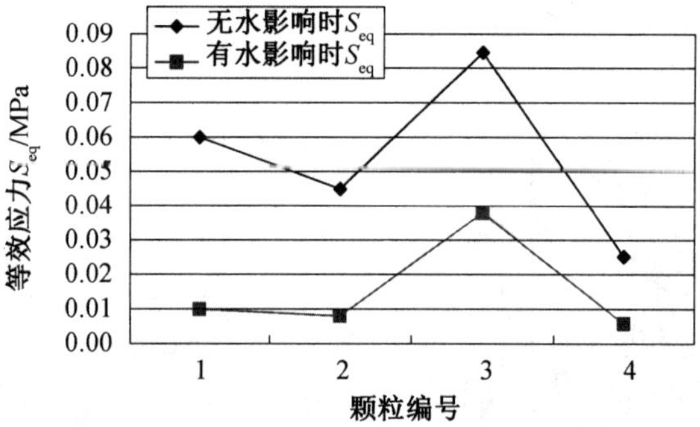


图 10.20　沥青平均等效应力在有水和无水影响时的对比

对比图 10.16 和图 10.18 可以明显地看到，有水作用时沥青混合料的等效应力总体上较无水作用时要小很多，而且前者的位移相比后者的位移也有很大程度的减少，表 10.3 也给出了同样的结论。这说明水就像附加在沥青混合料上的额外的质量，对瞬间的冲击作用产生了阻碍作用，以至于固体的结点位移比无水作用时有相当程度的减少。位移和应变的减少必然在一定程度上削弱固体承受应力的能力，使得一部分应力保存在了液体中，这同式(10.3) 中的有效应力原理是一致的，所以，可以说沥青混合料受到的应力在这种意义下就是有效应力。

为了比较水对沥青混合料内部应力分布造成的差异，将表 10.3 中的每一个颗粒的骨料平均位移和平均应力分别除以沥青的平均位移和平均应力，得到的结果列在表 10.4 中。从中可以看出，考虑水的作用时，虽然骨料和沥青结点的应力均有了不同程度的减少，但颗粒内骨料的应力与沥青的应力的比率没有太大区别，即水的作用只按比例地增加了颗粒中不同材料的应力值，而没有加剧骨料的应力集中程度，因此，水压力与外力荷载对应力分布的影响是不同的。

**表 10.4　骨料与沥青的平均位移和平均应力的比值**

| | 无水影响时 | | | 有水影响时 | | |
|---|---|---|---|---|---|---|
| | $U_{zs}/U_{za}$ | $S_{zs}/S_{za}$ | $S_{eqs}/S_{eqa}$ | $U_{zs}/U_{za}$ | $S_{zs}/S_{za}$ | $S_{eqs}/S_{eqa}$ |
| 颗粒 1 | 1.03 | 227.35 | 244.20 | 1.15 | 228.73 | 206.50 |

续表10.4

| | 无水影响时 | | | 有水影响时 | | |
|---|---|---|---|---|---|---|
| | $U_{zs}/U_{za}$ | $S_{zs}/S_{za}$ | $S_{eqs}/S_{eqa}$ | $U_{zs}/U_{za}$ | $S_{zs}/S_{za}$ | $S_{eqs}/S_{eqa}$ |
| 颗粒 2 | 1.04 | 208.15 | 220.86 | 0.95 | 80.10 | 229.12 |
| 颗粒 3 | 1.05 | 260.16 | 258.34 | 1.29 | 418.58 | 241.64 |
| 颗粒 4 | 1.01 | 178.58 | 221.86 | 1.74 | −356.95 | 235.61 |

## 10.4　连续－非连续方法的耦合计算

道路材料大部分都属于颗粒－胶黏体系，其中的骨料与胶结料的材料属性与力学行为往往差别巨大。如果采用单一的计算方法进行模拟分析，势必会导致不同材料组分之间应力、应变的严重歧义。为了克服这种不足，有时要求将两者不同的计算方法耦合起来求解。比如针对沥青混合料，骨料可以采用非连续方法（离散单元、DDA 等），而沥青胶浆采用连续介质计算方法（有限元、无网格法等），两者的耦合结果代表了沥青混合料的综合力学行为。本节将基于第 8 章介绍的数值流形法框架，给出连续－非连续耦合计算的方法。

考虑图 10.21 所示的一般多质混合材料计算体系，此处将材料中分散的硬质材料称之为颗粒（如骨料），而连接颗粒的介质称之为胶结料（如沥青胶浆、水泥胶浆）。该混合料中还包括孔隙和裂缝等非连续构造。在边界条件和力的作用下，材料可以发生大变形，也允许颗粒间发生接触、碰撞及力的传递。

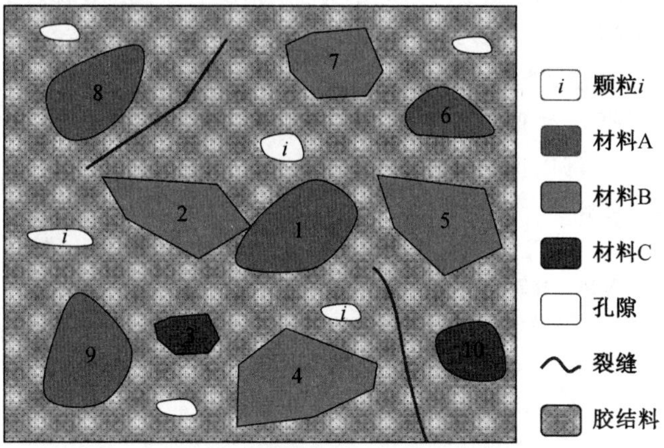


图 10.21　一般多质混合材料计算体系（2D）

根据数值流形法的定义，不同的材料需要由不同的物理覆盖来模拟，覆盖的形状可以选取任意形状，而覆盖的原点亦可任意选取。为了方便计算和叙述，本书统一选取圆形（二维时）或球形（三维时）覆盖系统，同时约定满足以下两个条件：(1) 所有的颗粒上面均定义一个数学覆盖；(2) 所有的数学覆盖均选取颗粒的形心作为原点。假设选取图 10.21 中的 1 号、2 号和 7 号三个颗粒作为研究对象，按照以上思路可以建立如图 10.22 所示的数学覆盖系统。由于物理覆盖是由数学覆盖通过不同材料的交界面和材料缺陷分割形成的，显然此处定义的物理覆盖也满足上述约定的两个条件。

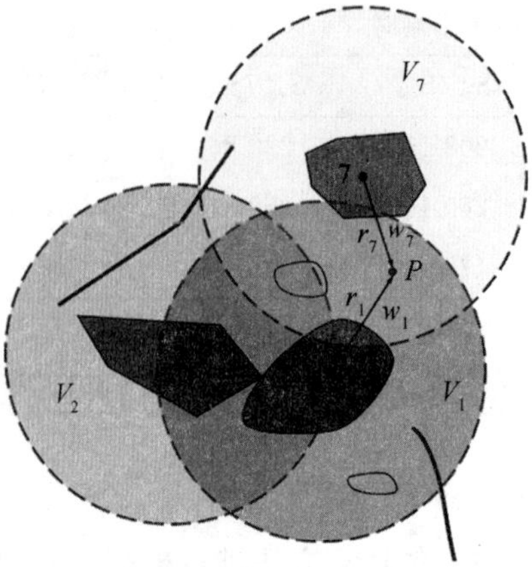


图 10.22　多质混合材料的覆盖系统（同图 10.21）

对图 10.22 中的某一个颗粒来讲，比如颗粒 1，它上面定义的物理覆盖共有两个：一个是 $V_1$ 标识的圆形物埋覆盖，另一个是 $V_1$ 与颗粒 1 重叠的公共区域组成的物理覆盖，其形状与该颗粒完全相同。第一个覆盖主要用来定义胶结料的性质，而第二个覆盖主要定义颗粒的性质。显然，这种双覆盖的计算系统并不方便，一则颗粒上的位移必须由两个覆盖联合求解，二则颗粒边缘的位移在两个覆盖上可能并不一致，无法满足两种材料交界面上位移连续的条件。

针对该问题，本书提出采用单一覆盖代替双覆盖的思想，其做法是将两个覆盖统一成一个覆盖，采用分段函数（一维）或分片函数（二维以上）重新定义其物理覆盖上的近似格式。图 10.23 给出了二维时的覆盖函数的示意图，可以看出，该函数共由三段组成，分别是骨料形心的平移位移、骨料自身旋转和形变导致的位移以及胶结料产生的形变位移。平移位移会导致骨料和胶结料同时产生平移，而两者保持相对位置不变；胶结料上任一点与形心的相对位移是骨料变形与胶结料变形产生的位移之和。在骨料与胶结料的界面处，位移始终保持连续，可以证明这种单一覆盖系统同双覆盖系统在数值结果上是一致的，受篇幅限制，证明从略。

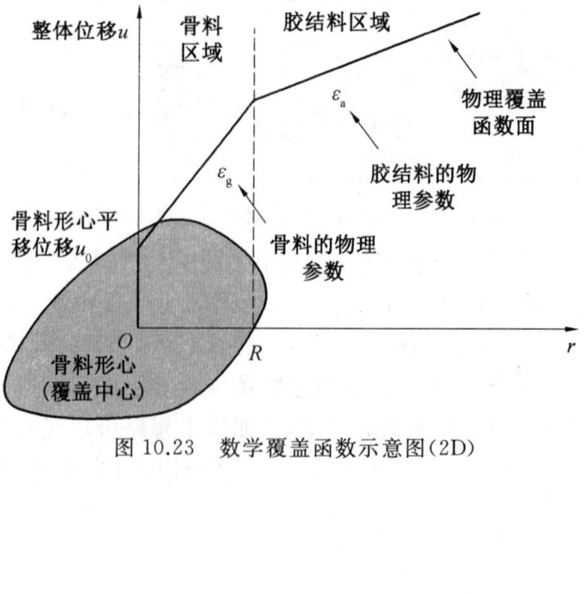


图 10.23　数学覆盖函数示意图（2D）

由于骨料是单一材料的孤立体，它只受该单一覆盖函数的作用，而与其他骨料上定义的覆盖函数无关。胶结料由于在空间上是连续的，它上面的任意一点都会受到多个覆盖的影响，它的位移是支撑域内所有覆盖函数(即近似函数)的插值。比如，图 10.22 中 $P$ 点的位移将是 $V_1$ 覆盖函数与 $V_7$ 覆盖函数的加权平均值，其加权系数 $w_1$ 和 $w_7$ 由各自数学覆盖上的数学函数定义，且两者之和为 1。显然，该做法意味着胶结料的各分项变量均被保存在了对它有影响的周围颗粒(支撑颗粒)的附属变量上。

### 10.4.1　模型的总体思想

为了满足单一覆盖函数的需要，必须重新定义一个综合的颗粒变量系统。由上一节所述可知，该综合颗粒变量系统必须同时包含颗粒和胶结料两种材料的变量。借鉴 DDA 方法，假定整个颗粒系统：(1) 每个时间步内满足小位移及小变形条件；(2) 颗粒内部处处具有常应变。如果令颗粒中任意一点的位移为其平移、转动以及变形引起的位移之和，则可以建立如下变量体系：

$$(u_0, v_0, w_0, \alpha_0, \beta_0, \gamma_0, \varepsilon_{gx}, \varepsilon_{gy}, \varepsilon_{gz}, \gamma_{gx}, \gamma_{gy}, \gamma_{gz}, \varepsilon_{ax}, \varepsilon_{ay}, \varepsilon_{az}, \gamma_{ax}, \gamma_{ay}, \gamma_{az})$$

即材料任意一点的位移可通过以上 18 个独立的变量得到。

其中，$(u_0, v_0, w_0)$ 指颗粒质心 $(x_0, y_0, z_0)$ 的刚体平移；$(\alpha_0, \beta_0, \gamma_0)$ 指颗粒绕 $x$、$y$、$z$ 轴的转角；$(\varepsilon_{gx}, \varepsilon_{gy}, \varepsilon_{gz}, \gamma_{gx}, \gamma_{gy}, \gamma_{gz})$ 指颗粒的三个方向的正应变和剪应变；$(\varepsilon_{ax}, \varepsilon_{ay}, \varepsilon_{az}, \gamma_{ax}, \gamma_{ay}, \gamma_{az})$ 指胶结料流形单元的三个方向的正应变和剪应变。

为了后面书写方便，书中对六个剪应变的下标做了简化，下标 g 标识颗粒，下标 a 标识胶结料；而下标 $x$、$y$、$z$ 分别对应着力学理论中的 $xy$、$yz$、$zx$ 三个剪应变方向。

以下将基于此变量体系，依次给出颗粒位移函数、胶结料局部位移函数、位移函数的统一表达、整体位移函数及总体平衡方程的具体格式。

### 10.4.2　颗粒位移函数的构造

假设 $(u_i \quad v_i \quad w_i)^{\mathrm{T}}$ 为颗粒 $i$ 上任意一点的位移矢量，由于混合料中颗粒的运动满足 DDA 的计算条件，同时 DDA 方法也是数值流形法的一种特例，为简化计算，此处选择同 DDA 类似的位移近似方案，并通过扩展得到颗粒的总体位移向量：

$$\begin{Bmatrix} u_i \\ v_i \\ w_i \end{Bmatrix} = \boldsymbol{T}_i \boldsymbol{D}_i \tag{10.48}$$

其中，

$$\boldsymbol{T}_i = \begin{bmatrix} 1 & 0 & 0 & 0 & z-z_0 & y_0-y & x_0-x & 0 & 0 & \dfrac{y-y_0}{2} & 0 & \dfrac{z-z_0}{2} & 0 & 0 & 0 & 0 & 0 & 0 \\ 0 & 1 & 0 & z_0-z & 0 & x-x_0 & 0 & y-y_0 & 0 & \dfrac{x-x_0}{2} & \dfrac{z-z_0}{2} & 0 & 0 & 0 & 0 & 0 & 0 & 0 \\ 0 & 0 & 1 & y-y_0 & x_0-x & 0 & 0 & 0 & z-z_0 & 0 & \dfrac{y-y_0}{2} & \dfrac{x-x_0}{2} & 0 & 0 & 0 & 0 & 0 & 0 \end{bmatrix}$$

$$\boldsymbol{D}_i = [u_0 \; v_0 \; w_0 \; \alpha_0 \; \beta_0 \; \gamma_0 \; \varepsilon_{gx} \; \varepsilon_{gy} \; \varepsilon_{gz} \; \gamma_{gx} \; \gamma_{gy} \; \gamma_{gz} \; \varepsilon_{ax} \; \varepsilon_{ay} \; \varepsilon_{az} \; \gamma_{ax} \; \gamma_{ay} \; \gamma_{az}]_i^{\mathrm{T}}$$

式中，$\boldsymbol{T}_i$ 为颗粒 $i$ 的变量矩阵；$\boldsymbol{D}_i$ 为覆盖 $i$ 的自由度向量。

### 10.4.3 胶结料局部位移函数的构造

假设颗粒 $k$ 是覆盖 $U_k$ 的中心颗粒，形心为$(x_0,y_0,z_0)$，半径为 $R_k$。记覆盖 $U_k$ 在胶结料空间中任一点 $P$ 处产生的局部位移为$(u_k,v_k,w_k)^{\mathrm{T}}$，点 $P$ 与颗粒$k$ 形心连线，该线与颗粒 $k$ 边界交点的坐标为$(x',y',z')$。

按照图 10.23 所示的求解方法，在颗粒边缘位移值的基础上加上胶结料本身产生的位移增量，即可以得到覆盖 $U_k$ 的局部位移为

$$\begin{Bmatrix} u_k \\ v_k \\ w_k \end{Bmatrix} = \boldsymbol{T}_k \boldsymbol{D}_k \tag{10.49}$$

其中，

$$\boldsymbol{T}_k = \begin{bmatrix} 1 & 0 & 0 & 0 & z-z_0 & y_0-y & x'-x_0 & 0 & 0 & \frac{y'-z_0}{2} & 0 & \frac{z'-z_0}{2} & x-x' & 0 & 0 & \frac{y-y'}{2} & 0 & \frac{z-z'}{2} \\ 0 & 1 & 0 & z_0-z & 0 & x-x_0 & 0 & y'-y_0 & 0 & \frac{x'-x_0}{2} & \frac{z'-z_0}{2} & 0 & 0 & y-y' & 0 & \frac{x-x'}{2} & \frac{z-z'}{2} & 0 \\ 0 & 0 & 1 & y-y_0 & x_0-x & 0 & 0 & 0 & z'-z_0 & 0 & \frac{y'-y_0}{2} & 0 & 0 & 0 & z-z' & 0 & \frac{y-y'}{2} & \frac{x-x'}{2} \end{bmatrix}$$

$$\boldsymbol{D}_k = [u_0 \quad v_0 \quad w_0 \quad \alpha_0 \quad \beta_0 \quad \gamma_0 \quad \varepsilon_{gx} \quad \varepsilon_{gy} \quad \varepsilon_{gz} \quad \gamma_{gx} \quad \gamma_{gy} \quad \gamma_{gz} \quad \varepsilon_{ax} \quad \varepsilon_{ay} \quad \varepsilon_{az} \quad \gamma_{ax} \quad \gamma_{ay} \quad \gamma_{az}]_k^{\mathrm{T}}$$

式中，$\boldsymbol{T}_k$ 为覆盖 $U_k$ 的变量矩阵；$\boldsymbol{D}_k$ 为覆盖 $U_k$ 的自由度向量。

### 10.4.4 位移函数的统一

对比式(10.48)和式(10.49)不难发现，颗粒和胶结料上的变量矩阵具有相同的形式，完全可以组合成一个矩阵进行统一表达。现定义

$$\begin{Bmatrix} \tilde{x} \\ \tilde{y} \\ \tilde{z} \end{Bmatrix} = \alpha \begin{Bmatrix} x \\ y \\ z \end{Bmatrix} + (1-\alpha) \begin{Bmatrix} x' \\ y' \\ z' \end{Bmatrix} \tag{10.50}$$

其中，$\alpha$ 称为颗粒因子，其具有如下属性：

$$\alpha = \begin{cases} 1 & (\text{当在颗粒上时}) \\ 0 & (\text{当不在颗粒上时}) \end{cases} \tag{10.51}$$

则有

$$T(\tilde{x},\tilde{y},\tilde{z}) = \begin{bmatrix} 1 & 0 & 0 & 0 & z-z_0 & y_0-y & \tilde{x}-x_0 & 0 & 0 & \frac{\tilde{y}-y_0}{2} & 0 & \frac{\tilde{z}-z_0}{2} & x-\tilde{x} & 0 & 0 & \frac{y-\tilde{y}}{2} & 0 & \frac{z-\tilde{z}}{2} \\ 0 & 1 & 0 & z_0-z & 0 & x-x_0 & 0 & \tilde{y}-y_0 & 0 & \frac{\tilde{x}-x_0}{2} & \frac{\tilde{z}-z_0}{2} & 0 & 0 & y-\tilde{y} & 0 & \frac{x-\tilde{x}}{2} & \frac{z-\tilde{z}}{2} & 0 \\ 1 & 0 & 1 & y-y_0 & x_0-x & 0 & 0 & 0 & \tilde{z}-z_0 & 0 & \frac{\tilde{y}-y_0}{2} & \frac{\tilde{x}-x_0}{2} & 0 & 0 & z-\tilde{z} & 0 & \frac{y-\tilde{y}}{2} & \frac{x-\tilde{x}}{2} \end{bmatrix} \tag{10.52}$$

当 $\alpha=1$ 时，取得式(10.48)；当 $\alpha=0$ 时，取得式(10.49)。

### 10.4.5 整体位移函数

设 $U_i$ 为胶结料求解域 $U$ 的一组 $n$ 个相互重叠的物理覆盖，$w_i$ 为覆盖 $U_i$ 的权系数，$[u_i(x,y,z)\quad v_i(x,y,z)\quad w_i(x,y,z)]^{\mathrm{T}}$ 为 $U_i$ 的覆盖函数，则胶结料任一点总体位移函数为

$$\begin{bmatrix} u(x,y,z) \\ v(x,y,z) \\ w(x,y,z) \end{bmatrix} = \sum_{i=1}^{n} w_i(x,y,z) \begin{bmatrix} u_i(x,y,z) \\ v_i(x,y,z) \\ w_i(x,y,z) \end{bmatrix} \quad ((x,y,z) \in U) \tag{10.53}$$

覆盖权系数应满足单位分解性质，即

$$\begin{cases} w_i(x,y,z) \geqslant 0 & (x,y,z \in U_i) \\ w_i(x,y,z) = 0 & (x,y,z \notin U_i) \end{cases} \tag{10.54}$$

并且

$$\sum_{i=1}^{n} w_i(x,y,z) = 1 \tag{10.55}$$

覆盖权系数可以按照本书 8.3.1 节无网格法权系数选择。

### 10.4.6 总体平衡方程

设整个求解空间共有 $n$ 个物理覆盖，总势能可表示为

$$\Pi = \sum_{j=1}^{n} \Pi_j = \sum_{j=1}^{n} (\Pi_e + \Pi_\sigma + \Pi_p + \Pi_w + \Pi_i + \Pi_f) \tag{10.56}$$

式中，$\Pi_e$ 为流形单元应变能；$\Pi_\sigma$ 为流形单元初始应力势能；$\Pi_p$ 为流形单元点荷载势能；$\Pi_w$ 为流形单元体荷载势能；$\Pi_i$ 为流形单元惯性力势能；$\Pi_f$ 为流形单元的边界产生的势能。根据变分原理即泛函的“变分”等于零，即

$$\delta \Pi = 0 \tag{10.57}$$

可以得到系统的总体控制方程。

假设求解系统有 $n$ 个颗粒，基于颗粒形心形成 $n$ 个圆形覆盖，每个覆盖有 18 个位移变量，即 18 个未知数：

$$\boldsymbol{D}_i = [u_{0i}\quad v_{0i}\quad w_{0i}\quad \alpha_{0i}\quad \beta_{0i}\quad \gamma_{0i}\quad \varepsilon_{\mathrm{g}xi}\quad \varepsilon_{\mathrm{g}yi}\quad \varepsilon_{\mathrm{g}zi}\quad \gamma_{\mathrm{g}xi}\quad \gamma_{\mathrm{g}yi}\quad \gamma_{\mathrm{g}zi}\quad \varepsilon_{\mathrm{a}xi}\quad \varepsilon_{\mathrm{a}yi}\quad \varepsilon_{\mathrm{a}zi}\quad \gamma_{\mathrm{a}xi}\quad \gamma_{\mathrm{a}yi}\quad \gamma_{\mathrm{a}zi}]^{\mathrm{T}} \quad (i=1,2,\cdots,n)$$

则总体平衡方程有以下形式：

$$\begin{bmatrix} \boldsymbol{K}_{11} & \boldsymbol{K}_{12} & \boldsymbol{K}_{13} & \cdots & \boldsymbol{K}_{1n} \\ \boldsymbol{K}_{21} & \boldsymbol{K}_{22} & \boldsymbol{K}_{23} & \cdots & \boldsymbol{K}_{2n} \\ \boldsymbol{K}_{31} & \boldsymbol{K}_{32} & \boldsymbol{K}_{33} & \cdots & \boldsymbol{K}_{3n} \\ \vdots & \vdots & \vdots & & \vdots \\ \boldsymbol{K}_{n1} & \boldsymbol{K}_{n2} & \boldsymbol{K}_{n3} & \cdots & \boldsymbol{K}_{nn} \end{bmatrix} \begin{Bmatrix} \boldsymbol{D}_1 \\ \boldsymbol{D}_2 \\ \boldsymbol{D}_3 \\ \vdots \\ \boldsymbol{D}_n \end{Bmatrix} = \begin{Bmatrix} \boldsymbol{F}_1 \\ \boldsymbol{F}_2 \\ \boldsymbol{F}_3 \\ \vdots \\ \boldsymbol{F}_n \end{Bmatrix} \tag{10.58}$$

式中，$\boldsymbol{D}_i$ 代表覆盖 $U_i$ 的位移变量；$\boldsymbol{F}_i$ 是覆盖 $U_i$ 上的荷载向量。

因为每个 $\boldsymbol{D}_i$ 有 18 个自由度，所以方程式(10.58) 给出的系数矩阵中每个 $\boldsymbol{K}_{ij}$ 都是一

个 18 × 18 阶子矩阵：

$$\boldsymbol{K}_{ij} = \frac{\partial^2 \Pi}{\partial d_i \partial d_j} \tag{10.59}$$

子矩阵 $\boldsymbol{K}_{ij}$ 只与覆盖 $U_i$ 的材料特性有关，$\boldsymbol{K}_{ij}$ 则反映颗粒 $i$ 与颗粒 $j$ 之间的接触及覆盖 $U_i$ 和 $U_j$ 的重叠情况。

$$\boldsymbol{F}_i = -\frac{\partial \Pi(0)}{\partial d_i} \tag{10.60}$$

是方程的荷载子矩阵，为一个 18 × 1 阶子矩阵。

### 10.4.7 颗粒子矩阵

根据第 8 章 8.2.2 节内容，当 $\boldsymbol{T}$ 和 $\boldsymbol{D}_i$ 按式(8.6) 和式(8.7) 选取时，数值流形法将退化为 DDA 法，该方法是一种特殊的多面体隐式求解的离散单元法。为了方便应用，本节给出 8.4 节流形单元子矩阵退化后形成的颗粒单元的各矩阵表达式。

(1) 弹性子矩阵。

颗粒 $i$ 的弹性应变能为

$$\Pi = \iiint_{V_i} \frac{1}{2}(\sigma_{gx}\varepsilon_{gx} + \sigma_{gy}\varepsilon_{gy} + \sigma_{gz}\varepsilon_{gz} + \tau_{gx}\gamma_{gx} + \tau_{gy}\gamma_{gy} + \tau_{gz}\gamma_{gz})\,\mathrm{d}x\,\mathrm{d}y\,\mathrm{d}z \tag{10.61}$$

此处积分在颗粒 $i$ 的空间区域 $V_i$ 上进行。

设颗粒 $i$ 为各向同性线弹性体，则其本构方程写成矩阵形式为

$$\begin{Bmatrix} \sigma_{gx}^0 \\ \sigma_{gy}^0 \\ \sigma_{gz}^0 \\ \tau_{gx}^0 \\ \tau_{gy}^0 \\ \tau_{gz}^0 \end{Bmatrix} = \frac{E}{2(1+v)(1-2v)} \begin{bmatrix} 2(1-v) & 2v & 2v & 0 & 0 & 0 \\ 2v & 2(1-v) & 2v & 0 & 0 & 0 \\ 2v & 2v & 2(1-v) & 0 & 0 & 0 \\ 0 & 0 & 0 & (1-2v) & 0 & 0 \\ 0 & 0 & 0 & 0 & (1-2v) & 0 \\ 0 & 0 & 0 & 0 & 0 & (1-2v) \end{bmatrix} \begin{Bmatrix} \varepsilon_{gx}^0 \\ \varepsilon_{gy}^0 \\ \varepsilon_{gz}^0 \\ \gamma_{gx}^0 \\ \gamma_{gy}^0 \\ \gamma_{gz}^0 \end{Bmatrix}$$

$$= \overline{\boldsymbol{E}} \begin{Bmatrix} \varepsilon_{gx}^0 \\ \varepsilon_{gy}^0 \\ \varepsilon_{gz}^0 \\ \gamma_{gx}^0 \\ \gamma_{gy}^0 \\ \gamma_{gz}^0 \end{Bmatrix} \tag{10.62}$$

对颗粒 $i$ 可把矩阵 $\overline{\boldsymbol{E}}$ 扩充为 18 × 18 阶矩阵，没有数值的元素用 0 填充。

$$\overline{\boldsymbol{E}_i}=\frac{E}{2(1+v)(1-2v)}\begin{bmatrix}
0&0&0&0&0&0&0&0&0&0&0&0&0&0&0&0&0&0\\
0&0&0&0&0&0&0&0&0&0&0&0&0&0&0&0&0&0\\
0&0&0&0&0&0&0&0&0&0&0&0&0&0&0&0&0&0\\
0&0&0&0&0&0&0&0&0&0&0&0&0&0&0&0&0&0\\
0&0&0&0&0&0&0&0&0&0&0&0&0&0&0&0&0&0\\
0&0&0&0&0&0&0&0&0&0&0&0&0&0&0&0&0&0\\
0&0&0&0&0&0&2(1-v)&2v&2v&0&0&0&0&0&0&0&0&0\\
0&0&0&0&0&0&2v&2(1-v)&2v&0&0&0&0&0&0&0&0&0\\
0&0&0&0&0&0&2v&2v&2(1-v)&0&0&0&0&0&0&0&0&0\\
0&0&0&0&0&0&0&0&0&2(1-v)&0&0&0&0&0&0&0&0\\
0&0&0&0&0&0&0&0&0&0&2(1-v)&0&0&0&0&0&0&0\\
0&0&0&0&0&0&0&0&0&0&0&2(1-v)&0&0&0&0&0&0\\
0&0&0&0&0&0&0&0&0&0&0&0&0&0&0&0&0&0\\
0&0&0&0&0&0&0&0&0&0&0&0&0&0&0&0&0&0\\
0&0&0&0&0&0&0&0&0&0&0&0&0&0&0&0&0&0\\
0&0&0&0&0&0&0&0&0&0&0&0&0&0&0&0&0&0\\
0&0&0&0&0&0&0&0&0&0&0&0&0&0&0&0&0&0\\
0&0&0&0&0&0&0&0&0&0&0&0&0&0&0&0&0&0
\end{bmatrix} \tag{10.63}$$

将式(10.63) 代入式(10.61)，颗粒应变能可表示为

$$\begin{aligned}\Pi&=\frac{1}{2}\iiint_{V_i}\{\varepsilon_{gx}\quad\varepsilon_{gy}\quad\varepsilon_{gz}\quad\gamma_{gx}\quad\gamma_{gy}\quad\gamma_{gz}\}\begin{Bmatrix}\sigma_{gx}^0\\\sigma_{gy}^0\\\sigma_{gz}^0\\\tau_{gx}^0\\\tau_{gy}^0\\\tau_{gz}^0\end{Bmatrix}\mathrm{d}x\,\mathrm{d}y\,\mathrm{d}z\\
&=\iiint_{V_i}\frac{1}{2}\boldsymbol{D}_i^{\mathrm{T}}\,\overline{\boldsymbol{E}_i}\boldsymbol{D}_i\,\mathrm{d}x\,\mathrm{d}y\,\mathrm{d}z=\frac{V_i}{2}\boldsymbol{D}_i^{\mathrm{T}}\,\overline{\boldsymbol{E}_i}\boldsymbol{D}_i\end{aligned} \tag{10.64}$$

式中，$V_i$ 为颗粒 $i$ 的体积。

为使应变能最小，进行如下求导：

$$\boldsymbol{K}_{rs}=\frac{\partial^2\boldsymbol{\Pi}_e}{\partial d_{ri}\partial d_{si}}=\frac{V_i}{2}(\boldsymbol{D}_i^{\mathrm{T}}\,\overline{\boldsymbol{E}_i}\boldsymbol{D}_i)\rightarrow V_i\boldsymbol{E}_i\quad(r,s=1,2,\cdots,18) \tag{10.65}$$

$\boldsymbol{K}_{rs}$ 形成一个 18 × 18 阶子矩阵：

$$V_i\boldsymbol{E}_i\rightarrow\boldsymbol{K}_{ii}$$

上式表示将矩阵 $V_i\boldsymbol{E}_i$ 加到总体方程子矩阵 $\boldsymbol{K}_{ii}$ 上。

(2) 初始应力子矩阵。

对于第 $i$ 个颗粒，初始应力($\sigma_{gx}^0\ \sigma_{gy}^0\ \sigma_{gz}^0\ \tau_{gx}^0\ \tau_{gy}^0\ \tau_{gz}^0$) 的势能为

$$\Pi_\sigma=\iiint_{V_i}(\sigma_{gx}^0\varepsilon_{gx}+\sigma_{gy}^0\varepsilon_{gy}+\sigma_{gz}^0\varepsilon_{gz}+\tau_{gx}^0\gamma_{gx}+\tau_{gy}^0\gamma_{gy}+\tau_{gz}^0\gamma_{gz})\,dx\,dy\,dz \tag{10.66}$$

$$\Pi_\sigma=\iiint_{V_i}\{\varepsilon_{gx}\quad\varepsilon_{gy}\quad\varepsilon_{gz}\quad\gamma_{gx}\quad\gamma_{gy}\quad\gamma_{gz}\}\begin{Bmatrix}\sigma_{gx}^0\\ \sigma_{gy}^0\\ \sigma_{gz}^0\\ \tau_{gx}^0\\ \tau_{gy}^0\\ \tau_{gz}^0\end{Bmatrix}$$

$$=\iiint_{V_i}\boldsymbol{D}_i^{\mathrm{T}}\boldsymbol{\sigma}_0\,dx\,dy\,dz=V_i\boldsymbol{D}_i^{\mathrm{T}}\boldsymbol{\sigma}_0 \tag{10.67}$$

式中，$\boldsymbol{\sigma}_0=\{0\quad 0\quad 0\quad 0\quad 0\quad 0\quad \sigma_{gx}^0\quad \sigma_{gy}^0\quad \sigma_{gz}^0\quad \tau_{gx}^0\quad \tau_{gy}^0\quad \tau_{gz}^0\quad 0\quad 0\quad 0\quad 0\quad 0\quad 0\}$。

为使势能最小，进行如下求导：

$$\boldsymbol{f}_r=-\frac{\partial \Pi_\sigma}{\partial d_{ri}}=-V_i\boldsymbol{\sigma}_0\rightarrow \boldsymbol{F}_i\quad (r=1,2,\cdots,18) \tag{10.68}$$

$\boldsymbol{f}_r$ 形成一个 18×1 阶子矩阵，将其加到总体方程子矩阵 $\boldsymbol{F}_i$ 上。

(3) 点荷载子矩阵。

设点荷载($F_x,F_y,F_z$)作用于颗粒 $i$ 的任意一点 $M(x_1,y_1,z_1)$ 上（与有限元不同，点 $M$ 可以位于颗粒内部或颗粒表面）。由式(8.4)可知点 $M$ 的位移($u,v,w$)为

$$\begin{Bmatrix}u\\ v\\ w\end{Bmatrix}=\boldsymbol{T}_i\boldsymbol{D}_i$$

点荷载($F_x,F_y,F_z$)的势能为

$$\Pi_p=-(F_xu+F_yv+F_zw)=\boldsymbol{D}_i^{\mathrm{T}}\ \{\boldsymbol{T}_i(x_1,y_1,z_1)\}^{\mathrm{T}}\begin{Bmatrix}F_x\\ F_y\\ F_z\end{Bmatrix} \tag{10.69}$$

为使 $\Pi_p$ 为最小，求导数：

$$\boldsymbol{f}_r=-\frac{\partial \Pi_p}{\partial d_{ri}}=\{\boldsymbol{T}_i(x_1,y_1,z_1)\}^{\mathrm{T}}\begin{Bmatrix}F_x\\ F_y\\ F_z\end{Bmatrix}\rightarrow \boldsymbol{F}_i\quad (r=1,2,\cdots,18) \tag{10.70}$$

$\boldsymbol{f}_r$ 形成一个 18×1 阶子矩阵，将其加到总体方程子矩阵 $\boldsymbol{F}_i$ 上。

(4) 体荷载子矩阵。

设($f_x,f_y,f_z$)是作用于颗粒 $i$ 上的体荷载，($x_0,y_0,z_0$)为颗粒 $i$ 的质心，则有

$$\begin{cases}S_x=\iiint x\,dV_i=x_0V_i\\ S_y=\iiint y\,dV_i=y_0V_i\\ S_z=\iiint z\,dV_i=z_0V_i\end{cases} \tag{10.71}$$

体荷载($f_x,f_y,f_z$)的势能为

$$\Pi_w = -\iiint_{V_i}(F_x u + F_y v + F_z w)\,\mathrm{d}x\,\mathrm{d}y\,\mathrm{d}z = -\iiint_{V_i}\boldsymbol{D}_i^{\mathrm{T}}\boldsymbol{T}_i^{\mathrm{T}}\begin{Bmatrix} f_x \\ f_y \\ f_z \end{Bmatrix}\mathrm{d}x\,\mathrm{d}y\,\mathrm{d}z \tag{10.72}$$

为使势能为最小，求导数：

$$f_r = -\frac{\partial \Pi_w}{\partial d_{ri}} = \iiint_{V_i}\boldsymbol{T}_i^{\mathrm{T}}\mathrm{d}x\,\mathrm{d}y\,\mathrm{d}z\begin{Bmatrix} f_x \\ f_y \\ f_y \end{Bmatrix}\quad (r=1,2,\cdots,18) \tag{10.73}$$

由于

$$\iiint_{V_i}\boldsymbol{T}_i\,\mathrm{d}x\,\mathrm{d}y\,\mathrm{d}z = \begin{bmatrix} V_i & 0 & 0 & 0 & 0 & 0 & 0 & 0 & 0 & 0 & 0 & 0 & 0 & 0 & 0 & 0 & 0 & 0 \\ 0 & V_i & 0 & 0 & 0 & 0 & 0 & 0 & 0 & 0 & 0 & 0 & 0 & 0 & 0 & 0 & 0 & 0 \\ 0 & 0 & V_i & 0 & 0 & 0 & 0 & 0 & 0 & 0 & 0 & 0 & 0 & 0 & 0 & 0 & 0 & 0 \end{bmatrix} \tag{10.74}$$

因此，

$$\boldsymbol{f}_r = F\iiint_{V_i}\boldsymbol{T}_i^{\mathrm{T}}\mathrm{d}x\,\mathrm{d}y\,\mathrm{d}z = (V_i f_x\ V_i f_y\ V_i f_y\ 0\,0\,0\,0\,0\,0\,0\,0\,0\,0\,0\,0\,0\,0\,0) \rightarrow \boldsymbol{F}_i \quad (r=1,2,\cdots,18) \tag{10.75}$$

$\boldsymbol{f}_r$ 形成一个 $18\times 1$ 阶子矩阵，将其加到总体方程子矩阵 $\boldsymbol{F}_i$。

(5) 惯性力子矩阵。

设$(u(t),v(t),w(t))$为颗粒 $i$ 任一点$(x,y,z)$处与时间有关的位移，$M$ 为密度，单位体积的惯性力为

$$\boldsymbol{F} = \begin{Bmatrix} f_x \\ f_y \\ f_z \end{Bmatrix} = -M\begin{Bmatrix} \dfrac{\partial^2 u(t)}{\partial t^2} \\ \dfrac{\partial^2 v(t)}{\partial t^2} \\ \dfrac{\partial^2 w(t)}{\partial t^2} \end{Bmatrix} = -M\boldsymbol{T}_i\frac{\partial^2 \boldsymbol{D}_i(t)}{\partial t^2} \tag{10.76}$$

则颗粒 $i$ 的惯性势能为

$$\Pi_i = -\iiint_{V_i}(u(t),v(t),w(t))\begin{Bmatrix} f_x \\ f_y \\ f_z \end{Bmatrix}\mathrm{d}x\,\mathrm{d}y\,\mathrm{d}z = \iiint_{V_i}M(u(t),v(t),w(t))\,\boldsymbol{T}_i\frac{\partial^2 \boldsymbol{D}_i(t)}{\partial t^2}\mathrm{d}x\,\mathrm{d}y\,\mathrm{d}z \tag{10.77}$$

此处

$$\begin{aligned}\frac{\partial^2 \boldsymbol{D}_i(0)}{\partial t^2} = \Big\{ & \frac{\partial^2 u_0(t)}{\partial t^2}\quad \frac{\partial^2 v_0(t)}{\partial t^2}\quad \frac{\partial^2 w_0(t)}{\partial t^2}\quad \frac{\partial^2 \alpha_0(t)}{\partial t^2}\quad \frac{\partial^2 \beta_0(t)}{\partial t^2}\quad \frac{\partial^2 \gamma_0(t)}{\partial t^2} \\ & \frac{\partial^2 \varepsilon_{gx}(t)}{\partial t^2}\quad \frac{\partial^2 \varepsilon_{gy}(t)}{\partial t^2}\quad \frac{\partial^2 \varepsilon_{gz}(t)}{\partial t^2}\quad \frac{\partial^2 \gamma_{gx}(t)}{\partial t^2}\quad \frac{\partial^2 \gamma_{gy}(t)}{\partial t^2}\quad \frac{\partial^2 \gamma_{gz}(t)}{\partial t^2} \\ & \frac{\partial^2 \varepsilon_{ax}(t)}{\partial t^2}\quad \frac{\partial^2 \varepsilon_{ay}(t)}{\partial t^2}\quad \frac{\partial^2 \varepsilon_{az}(t)}{\partial t^2}\quad \frac{\partial^2 \varepsilon_{ax}(t)}{\partial t^2}\quad \frac{\partial^2 \gamma_{ay}(t)}{\partial t^2}\quad \frac{\partial^2 \gamma_{az}(t)}{\partial t^2}\Big\}^{\mathrm{T}}\end{aligned} \tag{10.78}$$

假设 $\boldsymbol{D}_i(0)=\boldsymbol{0}$ 为时间步开始时的颗粒位移，$\Delta$ 为该时间步步长及 $\boldsymbol{D}_i=\boldsymbol{D}_i(\Delta)$ 为颗粒在时间步结束时的颗粒位移。用时间积分，有

$$\boldsymbol{D}_i=\boldsymbol{D}_i(\Delta)=\boldsymbol{D}_i(0)+\Delta\frac{\partial\boldsymbol{D}_i(0)}{\partial t}+\frac{\Delta^2}{2}\cdot\frac{\partial^2\boldsymbol{D}_i(0)}{\partial t^2}\tag{10.79}$$

假定每时间步内的加速度为常数，

$$\frac{\partial^2\boldsymbol{D}_i(\Delta)}{\partial t^2}=\frac{\partial^2\boldsymbol{D}_i(0)}{\partial t^2}=\frac{2}{\Delta^2}\boldsymbol{D}_i-\frac{2}{\Delta}\frac{\partial\boldsymbol{D}_i(0)}{\partial t}\tag{10.80}$$

因此，在时间末有

$$\boldsymbol{\Pi}_i=\iiint_{V_i}M\boldsymbol{D}_i^{\mathrm T}\boldsymbol{T}_i^{\mathrm T}\boldsymbol{T}_i\boldsymbol{D}_i\left(\frac{2}{\Delta^2}\boldsymbol{D}_i-\frac{2}{\Delta}\cdot\frac{\partial\boldsymbol{D}_i(0)}{\partial t}\right)\mathrm dx\,\mathrm dy\,\mathrm dz\tag{10.81}$$

为达到平衡，求导可得

$$\boldsymbol{f}_r=-\frac{\partial\boldsymbol{\Pi}_i}{\partial d_{ri}}=\frac{2M}{\Delta}\iiint_{V_i}\boldsymbol{T}_i^{\mathrm T}\boldsymbol{T}_i\,\mathrm dx\,\mathrm dy\,\mathrm dz\,\frac{\partial\boldsymbol{D}_i(0)}{\partial t}\rightarrow\boldsymbol{F}_i\quad(r=1,2,\cdots,18)\tag{10.82}$$

形成一个 $18\times1$ 阶子矩阵，将其加到总体方程子矩阵 $\boldsymbol{F}_i$ 上。

$$\boldsymbol{K}_{rs}=\frac{\partial^2\boldsymbol{\Pi}_i}{\partial d_{ri}\partial d_{si}}=\frac{2M}{\Delta^2}\iiint_{V_i}\boldsymbol{T}_i^{\mathrm T}\boldsymbol{T}_i\,\mathrm dx\,\mathrm dy\,\mathrm dz\rightarrow\boldsymbol{K}_{ii}\quad(r,s=1,2,\cdots,18)\tag{10.83}$$

形成一个 $18\times18$ 阶子矩阵，将其加到总体方程子矩阵 $\boldsymbol{K}_{ii}$ 上。

下一时间步的起始位移速度按照该时间步末的速度进行计算：

$$\frac{\partial\boldsymbol{D}_i(\Delta)}{\partial t}=\frac{\partial\boldsymbol{D}_i(0)}{\partial t}+\Delta\frac{\partial^2\boldsymbol{D}_i(0)}{\partial t^2}=\frac{2}{\Delta}\boldsymbol{D}_i-\frac{\partial\boldsymbol{D}_i(0)}{\partial t}\tag{10.84}$$

（6）黏性力子矩阵。

黏性力正比颗粒的体积及运动速度，设 $u(t)$、$v(t)$、$w(t)$ 为颗粒 $i$ 任一点 $(x,y,z)$ 处与时间有关的位移，$\mu$ 为黏性系数，其黏性力为

$$\boldsymbol{F}=-\frac{\mu}{\Delta}(u,v,w)^{\mathrm T}\tag{10.85}$$

黏性力势能为

$$\begin{aligned}\boldsymbol{\Pi}_v&=\iiint_{V_i}F(u,v,w)\,\mathrm dx\,\mathrm dy\,\mathrm dz=\iiint_{V_i}\frac{\mu}{\Delta}(u,v,w)\begin{Bmatrix}u\\v\\w\end{Bmatrix}\mathrm dx\,\mathrm dy\,\mathrm dz\\&=\iiint_{V_i}\frac{\mu}{\Delta}\mathrm dx\,\mathrm dy\,\mathrm dz\boldsymbol{D}_i^{\mathrm T}\boldsymbol{T}_i^{\mathrm T}\boldsymbol{T}_i\boldsymbol{D}_i\,\mathrm dx\,\mathrm dy\,\mathrm dz\end{aligned}\tag{10.86}$$

对其求导，使黏性力的势能最小：

$$\boldsymbol{K}_{rs}=\frac{\partial^2\boldsymbol{\Pi}_v}{\partial d_{ri}\partial d_{si}}=\frac{2\mu}{\Delta}\iiint_{V_i}\boldsymbol{T}_i^{\mathrm T}\boldsymbol{T}_i\,\mathrm dx\,\mathrm dy\,\mathrm dz\rightarrow\boldsymbol{K}_{ii}\quad(r,s=1,2,\cdots,18)\tag{10.87}$$

形成一个 $18\times18$ 阶子矩阵，将其加到总体方程子矩阵 $\boldsymbol{K}_{ii}$ 上。

（7）固定点的位移约束。

作为边界条件，通过在三个方向施加刚硬弹簧可以把某些颗粒固定在一些指定点。假设 $(x,y,z)$ 为颗粒 $i$ 的固定点，此点位移 $(u_0,v_0,w_0)=(0,0,0)$。在 $x$、$y$、$z$ 三个方向

上分别施加刚度为 $p$ 弹簧，则弹簧受力为

$$\boldsymbol{F} = -\{pu \quad pv \quad pw\}^{\mathrm{T}} \tag{10.88}$$

弹簧的应变能为

$$\Pi_f = \frac{p}{2}(u^2 + v^2 + w^2) = \frac{p}{2}\{u \quad v \quad w\}\begin{Bmatrix} u \\ v \\ w \end{Bmatrix} = \frac{p}{2}\boldsymbol{D}_i^{\mathrm{T}}\boldsymbol{T}_i^{\mathrm{T}}\boldsymbol{T}_i\boldsymbol{D}_i \tag{10.89}$$

对其求导，使弹簧的应变能最小：

$$\boldsymbol{K}_{rs} = \frac{\partial^2 \Pi_{\mathrm{f}}}{\partial d_{ri}\partial d_{si}} = p\boldsymbol{T}_i^{\mathrm{T}}\boldsymbol{T}_i \rightarrow \boldsymbol{K}_{ii} \quad (r, s = 1, 2, \cdots, 18) \tag{10.90}$$

形成一个 18 × 18 阶子矩阵，将其加到总体方程子矩阵 $\boldsymbol{K}_{ii}$ 上。

(8) 在一个方向上的位移固定。

作为边界条件，可把一些颗粒沿任意一点的某个方向输入已知位移 $\delta$，等效为施加具有预张距离的极硬弹簧，弹簧刚度为 $p$。记位移 $\delta$ 的方向为 $(x, y, z)$，$(l_x, l_y, l_z)$ 为 $\delta$ 的方向余弦，$(l_x^2 + l_y^2 + l_z^2 = 1)$，则弹簧的位移是 $d = \delta - (l_x u + l_y v + l_z w)$，弹簧受力为 $f = -pd = -p[\delta - (l_x u + l_y v + l_z w)]$。$p$ 是一个很大的数，一般取 $100E \sim 1\,000E$（$E$ 为颗粒的弹性模量），以保证弹簧位移是总位移的 $10^{-2}$ 到 $10^{-3}$ 倍。只要 $p$ 足够大，计算结果将不再受所取 $p$ 值的影响。

弹簧的应变能为

$$\begin{aligned}
\Pi_f &= \frac{p}{2}d^2 = \frac{p}{2}\left[\{u \quad v \quad w\}\begin{Bmatrix} l_x \\ l_y \\ l_z \end{Bmatrix} - \delta\right]^2 \\
&= \frac{p}{2}\{u \quad v \quad w\}\begin{Bmatrix} l_x \\ l_y \\ l_z \end{Bmatrix}\{l_x \quad l_y \quad l_z\}\begin{Bmatrix} u \\ v \\ w \end{Bmatrix} - p\delta\{u \quad v \quad w\}\begin{Bmatrix} l_x \\ l_y \\ l_z \end{Bmatrix} + \frac{p}{2}\delta^2 \\
&= \frac{p}{2}\boldsymbol{D}_i^{\mathrm{T}}\boldsymbol{T}_i^{\mathrm{T}}\begin{Bmatrix} l_x \\ l_y \\ l_z \end{Bmatrix}\{l_x \quad l_y \quad l_z\}\boldsymbol{D}_i\boldsymbol{T}_i - p\delta\boldsymbol{D}_i^{\mathrm{T}}\boldsymbol{T}_i^{\mathrm{T}}\begin{Bmatrix} l_x \\ l_y \\ l_z \end{Bmatrix} + \frac{p}{2}\delta^2
\end{aligned} \tag{10.91}$$

对其求导，使弹簧的应变能最小：

$$\boldsymbol{K}_{rs} = \frac{\partial^2 \boldsymbol{\Pi}_f}{\partial d_{ri}\partial d_{si}} = p\boldsymbol{T}_i^{\mathrm{T}}\begin{Bmatrix} l_x \\ l_y \\ l_z \end{Bmatrix}\{l_x \quad l_y \quad l_z\}\boldsymbol{T}_i - pg_r e_s \rightarrow \boldsymbol{K}_{ii} \quad (r, s = 1, 2, \cdots, 18) \tag{10.92}$$

形成一个 18 × 18 阶子矩阵，将其加到总体方程子矩阵 $\boldsymbol{K}_{ii}$ 上。

$$\boldsymbol{f}_r = -\frac{\partial \Pi_f}{\partial d_{ri}} = p\delta\boldsymbol{T}_i^{\mathrm{T}}\begin{Bmatrix} l_x \\ l_y \\ l_z \end{Bmatrix}_r \rightarrow \boldsymbol{F}_i \quad (r = 1, 2, \cdots, 18) \tag{10.93}$$

形成一个 18 × 1 阶子矩阵，将其加到总体方程子矩阵 $\boldsymbol{F}_i$ 上。

### 10.4.8　颗粒接触子矩阵

前一节只涉及单个颗粒的问题，建立了单个颗粒在各种荷载和约束作用下产生的子矩阵，为从整体上求解颗粒的变形移动提供了基本保证。但各个颗粒之间并不是独立的，而是相互接触的。为了计算系统中各个接触面上储存在联结弹簧的变形能，必须判断各颗粒间的接触关系，计算接触产生时的侵入距离。

（1）法向弹簧子矩阵。

颗粒间接触示意图如图 10.24 所示，假设颗粒 $i$、$j$ 即将发生接触，点 $P_1$ 是颗粒 $i$ 相对于颗粒 $j$ 的预计接触点，点 $P_0$ 是位于颗粒 $j$ 上的点 $P_1$ 的假定接触点，点 $P_A$、$P_B$ 分别是颗粒 $i$、$j$ 的质心。

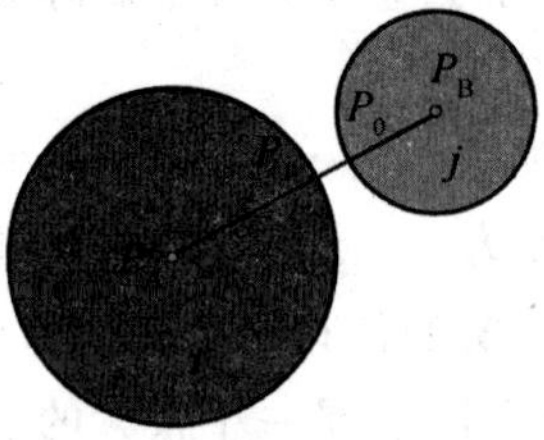


图 10.24　颗粒间接触示意图

颗粒 $j$ 的法向矢量为

$$\boldsymbol{of}=\boldsymbol{P}_A\boldsymbol{P}_B=((x_A+u_A)-(x_B+u_B),(y_A+v_A)-(y_B+v_B),(z_A+w_A)-(z_B+w_B)) \tag{10.94}$$

点 $P_1$ 与 $P_0$ 的法向距离为

$$d_n=\frac{\boldsymbol{of}}{|\boldsymbol{of}|}|\boldsymbol{P}_0\boldsymbol{P}_1|=\frac{1}{l}\begin{bmatrix}(x_A+u_A)-(x_B+u_B)\\(y_A+v_A)-(y_B+v_B)\\(z_A+w_A)-(z_B+w_B)\end{bmatrix}^{\mathrm{T}}\begin{bmatrix}(x_1+u_1)-(x_0+u_0)\\(y_1+v_1)-(y_0+v_0)\\(z_1+w_1)-(z_0+w_0)\end{bmatrix} \tag{10.95}$$

如点 $P_1$ 越过 $P_0$，则 $d$ 应当是负的。

$$d_n=\frac{\boldsymbol{of}}{l}\begin{bmatrix}x_1-x_0\\y_1-y_0\\y_1-y_0\end{bmatrix}+\frac{\boldsymbol{of}}{l}\boldsymbol{T}_i\boldsymbol{D}_i-\frac{\boldsymbol{of}}{l}\boldsymbol{T}_j\boldsymbol{D}_j \tag{10.96}$$

上式也可以写为

$$d_n=\frac{S_0}{l}+\{e_1\quad e_2\quad\cdots\quad e_{18}\}\begin{Bmatrix}d_{1i}\\d_{2i}\\\vdots\\d_{18i}\end{Bmatrix}+\{g_1\quad g_2\quad\cdots\quad g_{18}\}\begin{Bmatrix}d_{1j}\\d_{2j}\\\vdots\\d_{18j}\end{Bmatrix} \tag{10.97}$$

其中，

$$S_0=\boldsymbol{of}\begin{bmatrix}x_1-x_0\\y_1-y_0\\z_1-z_0\end{bmatrix}$$

$$e_r=\left[(x_A+u_A-x_B-u_B)t_{1r}^i+(y_A+v_A-y_B-v_B)t_{2r}^i+(z_A+w_A-z_B-w_B)t_{3r}^i\right]/l$$

$$g_r=\left[(x_A+u_A-x_B-u_B)t_{1r}^j+(y_A+v_A-y_B-v_B)t_{2r}^j+(z_A+w_A-z_B-w_B)t_{3r}^j\right]/l$$

$$(r=1,2,\cdots,18)$$

假定点 $P_1$ 和进入点 $P_0$ 间侵入距离为 $d_n$，并存在一根刚度很大的弹簧，则接触弹簧的应变能为

$$\Pi_k=\frac{p}{2}d_n^2=\frac{p}{2}\left(\frac{S_0}{l}+\sum_{r=1}^{18}e_r d_{ri}+\sum_{r=1}^{18}g_r d_{ri}\right)^2 \tag{10.98}$$

式中，$p$ 为弹簧刚度，$p$ 值通常是 $10E \sim 1\ 000E$，以保证弹簧位移小于颗粒变形的 $10^{-1} \sim 10^{-3}$ 倍，如 $p$ 足够大，计算结果将与 $p$ 的大小无关。

对 $\Pi_k$ 使其极小化，可得到四个 $18\times18$ 阶子矩阵和两个 $18\times1$ 阶子矩阵，分别加到总体平衡方程子矩阵 $\boldsymbol{K}_{ii}$、$\boldsymbol{K}_{ij}$、$\boldsymbol{K}_{jj}$、$\boldsymbol{K}_{ji}$、$\boldsymbol{F}_i$、$\boldsymbol{F}_j$ 上。

$$\boldsymbol{K}_{rs}=\frac{p}{2}\frac{\partial^2\left[\sum_{r=1}^{18}e_r d_{ri}\right]^2}{\partial d_{ri}\partial d_{si}}=pe_r e_s \rightarrow \boldsymbol{K}_{ii}\quad (r,s=1,2,\cdots,18) \tag{10.99}$$

形成 $18\times18$ 阶子矩阵，将其加到总体方程子矩阵 $\boldsymbol{K}_{ii}$ 上。

$$\boldsymbol{K}_{rs}=\frac{p}{2}\frac{\partial^2\left[\sum_{r=1}^{18}e_r d_{ri}\sum_{r=1}^{18}g_r d_{rj}\right]}{\partial d_{ri}\partial d_{sj}}=pe_r g_s \rightarrow \boldsymbol{K}_{ij}\quad (r,s=1,2,\cdots,18) \tag{10.100}$$

形成 $18\times18$ 阶子矩阵，将其加到总体方程子矩阵 $\boldsymbol{K}_{ij}$ 上。

$$\boldsymbol{K}_{rs}=\frac{p}{2}\frac{\partial^2\left[\sum_{r=1}^{18}g_r d_{rj}\right]^2}{\partial d_{rj}\partial d_{sj}}=pg_r g_s \rightarrow \boldsymbol{K}_{jj}\quad (r,s=1,2,\cdots,18) \tag{10.101}$$

形成 $18\times18$ 阶子矩阵，将其加到总体方程子矩阵 $\boldsymbol{K}_{jj}$ 上。

$$\boldsymbol{K}_{rs}=\frac{p}{2}\frac{\partial^2\left[\sum_{r=1}^{18}e_r d_{ri}\sum_{r=1}^{18}g_r d_{rj}\right]}{\partial d_{rj}\partial d_{si}}=pg_r e_s \rightarrow \boldsymbol{K}_{ji}\quad (r,s=1,2,\cdots,18) \tag{10.102}$$

形成 $18\times18$ 阶子矩阵，将其加到总体方程子矩阵 $\boldsymbol{K}_{ji}$ 上。

$$\boldsymbol{f}_r=-\frac{\partial \Pi_k}{\partial d_{ri}}=-p\frac{S_0}{l}e_r \rightarrow \boldsymbol{F}_i\quad (r=1,2,\cdots,18) \tag{10.103}$$

形成 $18\times1$ 阶子矩阵，将其加到总体方程的荷载矩阵 $\boldsymbol{F}_i$ 上。

$$\boldsymbol{f}_r=-\frac{\partial \Pi_k}{\partial d_{rj}}=-p\frac{S_0}{l}g_r \rightarrow \boldsymbol{F}_j\quad (r=1,2,\cdots,18) \tag{10.104}$$

形成 $18\times1$ 阶子矩阵，将其加到总体方程的荷载矩阵 $\boldsymbol{F}_j$ 上。

(2) 切向弹簧子矩阵。

假设变形后 $P_1$ 移动到 $P'_1$，$P_0$ 点移动到 $P'_0$，$P'_0P'_1$ 在进入面上的投影为 $L$ 方向，剪切弹簧在 $L$ 方向与 $P_1$ 和 $P_0$ 连接。

$$d_\tau^2=|\boldsymbol{P}_0\boldsymbol{P}_1|-d_n^2=\frac{1}{l}\begin{Bmatrix}(x_1+u_1)-(x_0+u_0)\\(y_1+v_1)-(y_0+v_0)\\(z_1+w_1)-(z_0+w_0)\end{Bmatrix}^{\mathrm T}\begin{Bmatrix}(x_1+u_1)-(x_0+u_0)\\(y_1+v_1)-(y_0+v_0)\\(z_1+w_1)-(z_0+w_0)\end{Bmatrix}-d_n^2 \tag{10.105}$$

式中，$d_n$ 为法向嵌入距离。

将弹簧刚度表示为 $p$，则剪切弹簧应变能为

$$\Pi_k = \frac{p}{2}d_\tau^2 = \frac{p}{2}\left\{\begin{Bmatrix} x_1 - x_0 \\ y_1 - y_0 \\ z_1 - z_0 \end{Bmatrix}^{\mathrm{T}}\left\{\begin{Bmatrix} x_1 - x_0 \\ y_1 - y_0 \\ z_1 - z_0 \end{Bmatrix} + 2\begin{Bmatrix} u_1 - u_0 \\ v_1 - v_0 \\ w_1 - w_0 \end{Bmatrix}\right\} + \begin{Bmatrix} u_1 - u_0 \\ v_1 - v_0 \\ w_1 - w_0 \end{Bmatrix}^{\mathrm{T}}\begin{Bmatrix} u_1 - u_0 \\ v_1 - v_0 \\ w_1 - w_0 \end{Bmatrix}\right\} - \frac{p}{2}d_n^2 \tag{10.106}$$

对 $\Pi_k$ 使其极小化，可得到四个 18×18 阶子矩阵和两个 18×1 阶子矩阵，分别加到总体平衡方程子矩阵 $\boldsymbol{K}_{ii}$、$\boldsymbol{K}_{ij}$、$\boldsymbol{K}_{jj}$、$\boldsymbol{K}_{ji}$、$\boldsymbol{F}_i$、$\boldsymbol{F}_j$ 上。

$$\boldsymbol{K}_{rs} = \frac{p}{2}\frac{\partial^2 \Pi_k}{\partial d_{ri}\partial d_{si}} = p\boldsymbol{T}_i^{\mathrm{T}}\boldsymbol{T} - pe_r e_s \rightarrow \boldsymbol{K}_{ii} \quad (r, s = 1, 2, \cdots, 18) \tag{10.107}$$

形成 18×18 阶子矩阵，将其加到总体方程子矩阵 $\boldsymbol{K}_{ii}$ 上。

$$\boldsymbol{K}_{rs} = \frac{p}{2}\frac{\partial^2 \Pi_k}{\partial d_{ri}\partial d_{sj}} = -p\boldsymbol{T}_i^{\mathrm{T}}\boldsymbol{T}_j - pe_r g_s \rightarrow \boldsymbol{K}_{ij} \quad (r, s = 1, 2, \cdots, 18) \tag{10.108}$$

形成 18×18 阶子矩阵，将其加到总体方程子矩阵 $\boldsymbol{K}_{ij}$ 上。

$$\boldsymbol{K}_{rs} = \frac{p}{2}\frac{\partial^2 \Pi_k}{\partial d_{rj}\partial d_{sj}} = p\boldsymbol{T}_j^{\mathrm{T}}\boldsymbol{T}_j - pg_r g_s \rightarrow \boldsymbol{K}_{jj} \quad (r, s = 1, 2, \cdots, 18) \tag{10.109}$$

形成 18×18 阶子矩阵，将其加到总体方程子矩阵 $\boldsymbol{K}_{jj}$ 上。

$$\boldsymbol{K}_{rs} = \frac{p}{2}\frac{\partial^2 \Pi_k}{\partial d_{rj}\partial d_{si}} = -p\boldsymbol{T}_j^{\mathrm{T}}\boldsymbol{T}_i - pg_r e_s \rightarrow \boldsymbol{K}_{ji} \quad (r, s = 1, 2, \cdots, 18) \tag{10.110}$$

形成 18×18 阶子矩阵，将其加到总体方程子矩阵 $\boldsymbol{K}_{ji}$ 上。

$$\boldsymbol{f}_r = -\frac{\partial \Pi_k}{\partial d_{ri}} = -p\boldsymbol{T}_i^{\mathrm{T}}\begin{Bmatrix} x_1 - x_0 \\ y_1 - y_0 \\ z_1 - z_0 \end{Bmatrix} + p\frac{S_0}{l}e_r \rightarrow \boldsymbol{F}_i \quad (r = 1, 2, \cdots, 18) \tag{10.111}$$

形成 18×1 阶子矩阵，将其加到总体方程的荷载矩阵 $\boldsymbol{F}_i$ 上。

$$\boldsymbol{f}_r = -\frac{\partial \Pi_k}{\partial d_{rj}} = p\boldsymbol{T}_j^{\mathrm{T}}\begin{Bmatrix} x_1 - x_0 \\ y_1 - y_0 \\ z_1 - z_0 \end{Bmatrix} + p\frac{S_0}{l}g_r \rightarrow \boldsymbol{F}_j \quad (r = 1, 2, \cdots, 18) \tag{10.112}$$

形成 18×1 阶子矩阵，将其加到总体方程的荷载矩阵 $\boldsymbol{F}_j$ 上。

(3) 摩擦力子矩阵。

摩擦力方向为 $L$ 方向，令 $p$ 为法向接触弹簧的刚度，根据法向接触压力计算得到的摩擦力为 $F = p|d_n|\tan\phi$，$d_n$ 表示法向嵌入距离，$\tan\phi$ 表示摩擦系数。

$$|\boldsymbol{L}| = \boldsymbol{P}_0\boldsymbol{P}_1 - |d_n|\frac{\boldsymbol{of}}{|\boldsymbol{of}|} = (a, b, c) \tag{10.113}$$

其中，

$$|\boldsymbol{L}| = d_\tau$$

$$a = (x_1 + u_1) - (x_0 + u_1) - \frac{|d_n|}{|\boldsymbol{of}|}(x_A - x_B)$$

$$b=(y_1+v_1)-(y_0+v_1)-\frac{|d_n|}{|\boldsymbol{of}|}(y_A-y_B)$$

$$c=(z_1+w_1)-(z_0+w_1)-\frac{|d_n|}{|\boldsymbol{of}|}(z_A-z_B)$$

$$|\boldsymbol{of}|^2=(x_A-x_B)^2+(y_A-y_B)^2+(z_A-z_B)^2$$

在 $P_1$ 边摩擦力 $F$ 的势能为

$$\Pi_f=\frac{\boldsymbol{F}\cdot\boldsymbol{L}}{|\boldsymbol{L}|}(u_1,v_1,w_1)^{\mathrm{T}}=\frac{F}{d_\tau}(a,b,c)[\boldsymbol{T}_i(x_1,y_1,z_1)]\boldsymbol{D}_i \tag{10.114}$$

$$\boldsymbol{f}_r=-\frac{\partial \Pi_f}{\partial d_{ri}}=-\frac{F}{d_\tau}\boldsymbol{T}_i^{\mathrm{T}}\begin{Bmatrix}a\\b\\c\end{Bmatrix}\rightarrow \boldsymbol{F}_i\quad(r=1,2,\cdots,18) \tag{10.115}$$

形成 18×1 阶子矩阵，将其加到总体方程的荷载矩阵 $\boldsymbol{F}_i$ 上。

在 $P_0$ 边摩擦力 $F$ 的势能为

$$\Pi_f=-\frac{\boldsymbol{F}\cdot\boldsymbol{L}}{|\boldsymbol{L}|}(u_0,v_0,w_0)^{\mathrm{T}}=-\frac{F}{d_\tau}(a,b,c)[\boldsymbol{T}_j(x_0,y_0,z_0)]\boldsymbol{D}_j \tag{10.116}$$

$$\boldsymbol{f}_r=-\frac{\partial \Pi_f}{\partial d_{rj}}=\frac{F}{d_\tau}[\boldsymbol{T}_j]^{\mathrm{T}}\begin{Bmatrix}a\\b\\c\end{Bmatrix}\rightarrow \boldsymbol{F}_j\quad(r=1,2,\cdots,18) \tag{10.117}$$

形成 18×1 阶子矩阵，将其加到总体方程子矩阵 $\boldsymbol{F}_j$ 上。

### 10.4.9　算例分析

本节以一个颗粒规则排列的混合料为例，计算其动态力学反应。颗粒规则排列的混合料算例如图 10.25 所示，建立长宽高为 40 mm×40 mm×80 mm 的长方体模型，内部包含规则排列的 3×3×6＝54 个互相接触的球形颗粒（半径为 5 mm），模型的剩余空间由

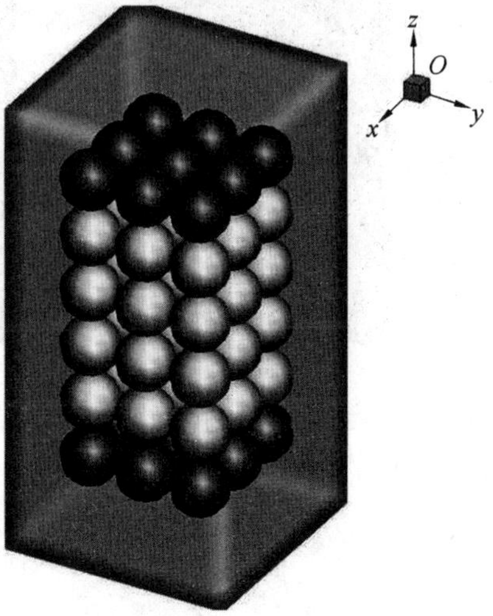


图 10.25　颗粒规则排列的混合料算例

胶结介质填充。假设荷载和约束直接施加在上下表面的颗粒上:模型底层颗粒(棕色)的约束条件为$(u,v,w)=(0,0,0)$,顶层颗粒(绿色)施加$-1$ cm/s的位移荷载,忽略重力。颗粒材料常数:弹性模量$E_a=1\times10^8$ Pa,泊松比$v=0.1$;胶结介质材料常数:弹性模量$E_a=1\times10^4$ Pa,泊松比$v=0.3$。时间步长取$1\times10^{-8}$ s。

利用自主开发的MIA计算程序,求解上述问题。当总时间步$l=100$时,可得到下列结果。

颗粒主要发生向下的竖向位移,且随着$z$坐标的增加,颗粒的竖向位移逐渐增大;同一$z$坐标的颗粒的竖向位移几乎相同。由于位移荷载直接施加在顶层颗粒上,而颗粒又是规则排列,因此$z$坐标相同的颗粒的竖向位移基本相等。对于没有直接作用荷载的颗粒,则通过上层颗粒的接触来传递荷载作用,因此颗粒的竖向位移随着$z$坐标的减小而减小。

图10.26～10.28是球形颗粒的位移和应变云图。因为模型受到竖向荷载,$z$方向的位移和正应变要大于$x$、$y$方向,且随着$z$坐标的增加,颗粒$z$方向的位移和应变逐渐增大。$x$与$y$方向的位移和应变基本保持对称。从图中还可以看出,由于顶层颗粒受到$z$方向的荷载,底层受约束颗粒的剪应变$R_{xy}$较大,且$R_{xy}$随着$x$、$y$坐标的增大而增大;剪应变$R_{yz}$在$x$方向上变化不大,随着$y$、$z$坐标的增大而增大;剪应变$R_{xz}$在$y$方向上变化不大,随着$x$、$z$坐标的增大而增大。

图10.29和图10.30是长方体模型$x=20$ mm处的切片图,主要用来对比颗粒与介质在$z$方向位移和应变的不同。图10.29(a)和图10.30(a)为颗粒的位移应变图,图10.29(b)和图10.30(b)为颗粒与介质的位移和应变在同一图例下的简单叠加,图10.29(c)和图10.30(c)为介质的位移应变图。可以看出,图10.29(b)和图10.30(b)与图10.29(c)和图10.30(c)差别较小,表明对动力学问题,颗粒和介质在交界面上变形依然是协调的,介质作为胶结料,充分实现了对不同颗粒的连接作用。

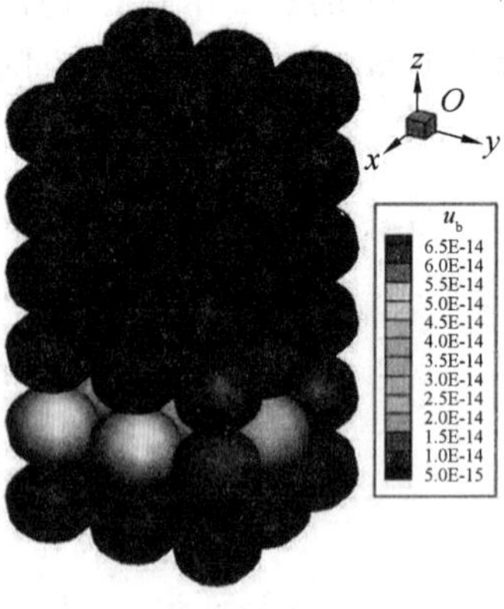


(a) $x$方向

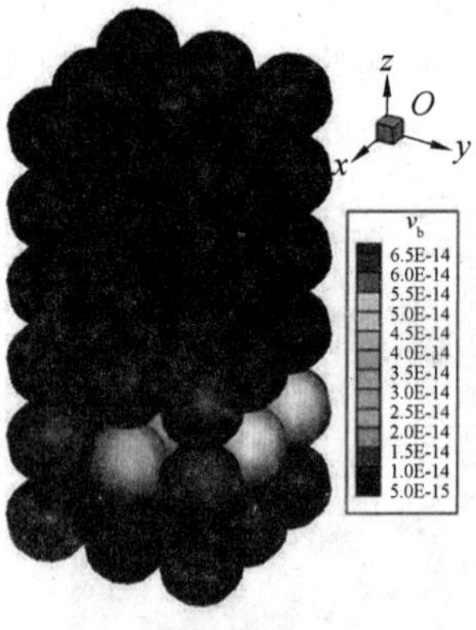


(b) $y$方向

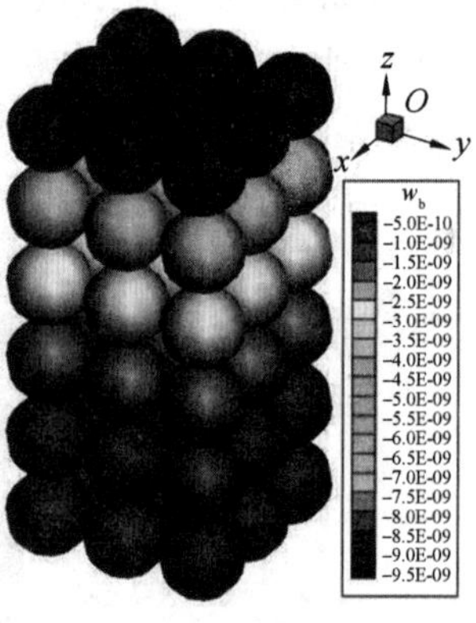


(c) $z$方向

图10.26　球形颗粒位移云图

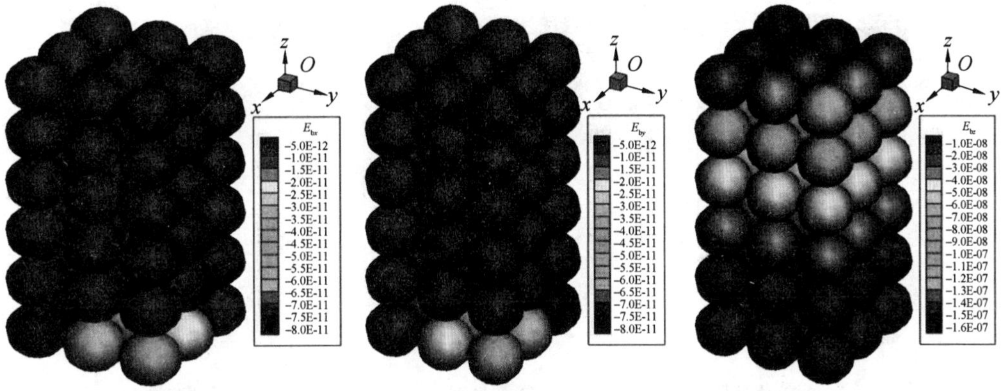


(a) *x*方向　　(b) *y*方向　　(c) *z*方向

图 10.27　球形颗粒正应变云图

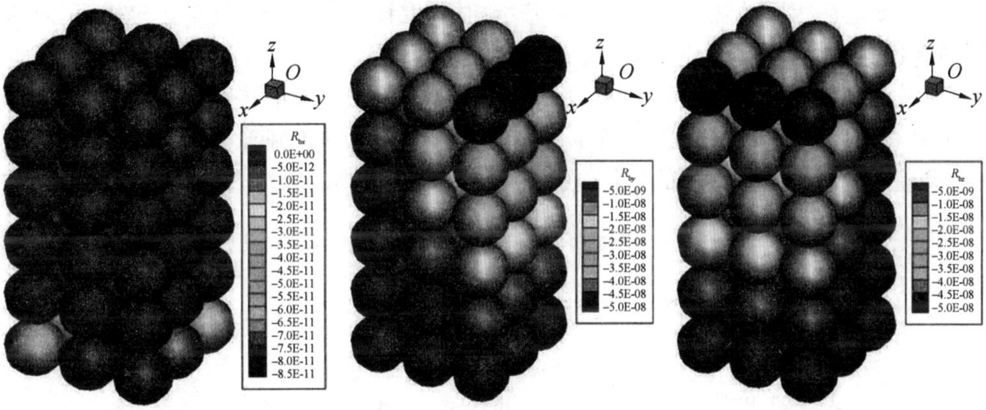


(a) *xy*方向　　(b) *yz*方向　　(c) *xz*方向

图 10.28　球形颗粒剪应变云图

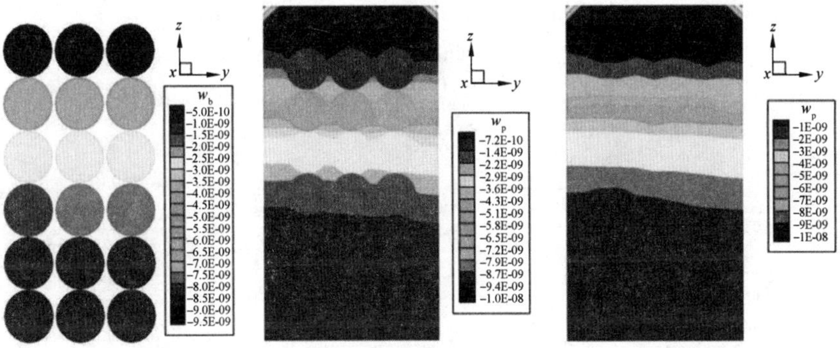


(a) 颗粒位移图　　(b) 叠加图　　(c) 介质位移图

图 10.29　$x$ = 20 mm 截面处颗粒与介质 $z$ 方向位移图

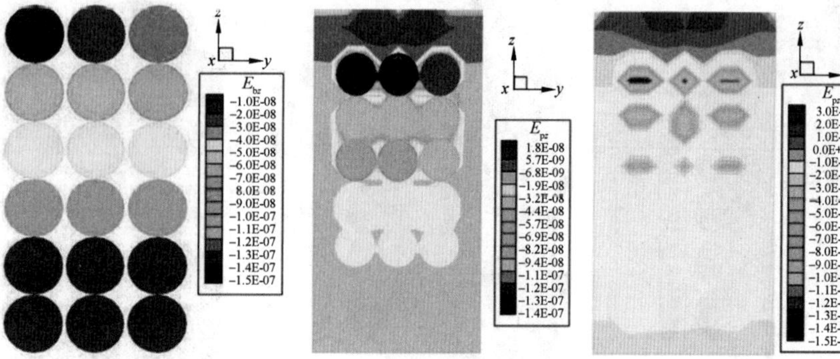


(a) 颗粒位移图　　(b) 叠加图　　(c) 介质位移图

图 10.30　$x = 20$ mm 截面处颗粒与介质 $z$ 方向应变图

由于 $z$ 坐标相同的颗粒的竖向位移基本相同，取该模型中轴线处 6 个 $z$ 坐标不同的颗粒作随时间变化的位移和应变，如图 10.31 所示。可以看出，随着时间步的增加，竖向位移逐渐增大，竖向应变也逐渐增大。直接作用 $-1$ cm/s 的位移荷载的顶层颗粒（$z = 65$ mm）的位移随时间线性增大，在 $t = 10^{-6}$ s 时刻，其位移正好等于 $10^{-8}$ m，说明位移加载模式是正确的。对于不同的颗粒，在同一时刻，$z$ 坐标小的颗粒，$z$ 向位移和 $z$ 向应变都会小，反之亦然。

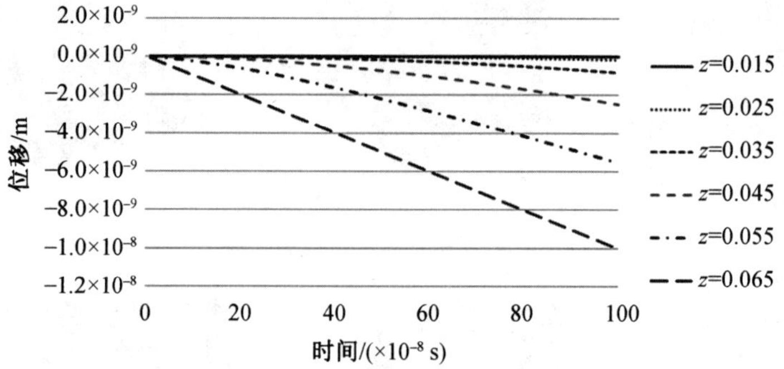


(a) 位移

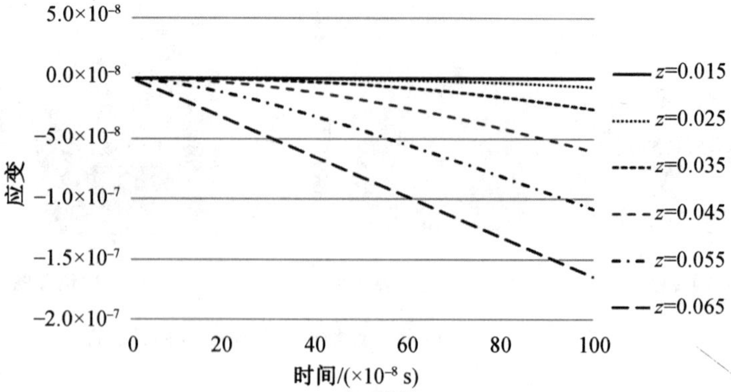


(b) 应变

图 10.31　不同 $z$ 坐标颗粒的位移和应变

计算结果表明，在多质材料中，颗粒和胶结料是一对协调受力和变形的联合体。连续－非连续统一计算的数值模型(MIA)能够很好地模拟复杂混合材料的受力特点，具有有限元、离散单元、DDA 或无网格法等其他方法不可比拟的优势。该方法是一种通用的计算方法，适合一切多质的混合材料，而不局限于沥青混合料、水泥混凝土以及各种颗粒加强复合材料。

## 本章小结

针对道路处于多种物理场的事实，本章给出了两种利用有限元法进行耦合计算的方法：一种是基于渗流理论的流固耦合计算格式，另一种是基于欧拉方程的微观流固耦合计算格式。通过两个算例分别讨论了双圆荷载模型下沥青路面内水压力波动特点、渗透系数和荷载作用时间对动水压力峰值的影响规律，以及水对沥青混合料微观结构应力分布的影响。

本章还在数值流形法的框架下，给出了适合颗粒混合材料微观仿真的连续模型(数值流形法和无网格法)与非连续模型(DDA 法)耦合计算的方法，并通过算例探讨了该方法的效果。

# 参考文献


[1] WITCZAK M W, FONSECA O A. Revisedpredictive model for dynamic (complex) modulus of asphalt mixtures[J]. Transportation Research Record Journal of the Transportation Research Board, 1996, 1540(1):15-23.

[2] WITCZAK M W. Simple performance test for superpave mix design[M]. Washington D C: Transportation Research Board,2002.

[3] JR D W C, PELLINEN T, BONAQUIST R F. Hirsch model for estimating the modulus of asphalt concrete [J]. Asphalt Paving Technology: Association of Asphalt Paving Technologists-Proceedings of the Technical Sessions, 2003, 72: 97-121.

[4] 裴建中. 沥青路面细观结构特性与衰变行为[M]. 北京：科学出版社，2010.

[5] SIMAP TEAM. Simulationimaging and mechanics of asphalt pavements [R]. U.S.: FHWA, 1998.

[6] BONAQUIST R F, CHRISTENSEN D W, STUMP W. Simple performance tester for superpave mix design: first-article development and evaluation[M]. Washington D C:Transportation Research Board, 2003.

[7] MASAD E, JANDHYALA V K, DASGUPTA N. Characterization of air void distribution in asphalt mixes using X-ray computed tomography[J]. Journal of Materials in Civil Engineering, 2002, 14(2):122-129.

[8] 张肖宁，段跃华，李智. 基于 X-ray CT 的沥青混合料材质分类方法[J]. 华南理工大学学报(自然科学版)，2011(3):124-128,138.

[9] GOPALAKRISHNAN K, SHASHIDHAR N, ZHONG X. Attempt atquantifying the degree of compaction in HMA using image analysis[C]. Austin: Geo-frontiers Congress, 2005.

[10] RICHARD A K. Quantitative analysis of 3-D images of asphalt concrete[C].Washington: Transportation Research Board 80th Annual Meeting, 2001.

[11] WANG L B. Mechanics of asphalt: microstructure and micromechanics[M]. New York: McGarw-Hill Education, 2011.

[12] WANG L B, PAUL H S, HARMAN T. Characterization of aggregates and asphalt concrete using X-Ray tomography[J].AAPT, 2004, 73: 467-500.

[13] WANG L B, FROST J, SHASHIDHAR N. Microstructure study of wes track mixes from X-ray tomography images[J]. Transportation Research Record Journal of the Transportation Research Board, 2001, 1767:85-94.

[14] WANG L B, PARK J Y, FU Y. Representation of real particles for DEM simula-

tion using X-ray tomography[J]. Construction and Building Materials，2007，21(2)：338-346.

[15] WANG L B，FROST J D，VOYIADJIS G Z. Quantification of damage parameters using X-ray tomography images[J]. Mechanics of materials，2003，35(8)：777-790.

[16] WANG L B，FROST J D，LAI J S. Internal structure characterization of asphalt concrete using image analysis[J]. Journal of Computing in Engineering，2004(1)：28-35.

[17] AL OMARI A A M. Analysis of HMA permeability through microstructure characterization and simulation of fluid flow in X-ray CT images[M]. Texas：Texas A&M University，2004.

[18] 汪海年，郝培文，庞立果. 基于数字图像处理技术的粗集料级配特征[J]. 华南理工大学学报(自然科学版)，2007，35(11)：54-58.

[19] 汪海年，郝培文. 粗集料二维形状特征的图像描述[J]. 建筑材料学报，2009，12(6)：747-751.

[20] 徐科. 用于沥青混合料的数字图像处理技术及应用研究[D]. 广州：华南理工大学，2006.

[21] MASAD E，MUHUNTHAN B，SHASHIDHAR N. Internal structure characterization of asphalt concrete using image analysis[J]. Journal of Computing in Civil Engineering，1999，13(2)：88-95.

[22] GOPALAKRISHNAN K，SHASHIDHAR N，ZHONG X. Attempt at quantifying the degree of compaction in HMA using image analysis[C]. Austin：Geo-frontiers Congress，2005.

[23] 张婧娜. 基于数字图像处理技术的沥青混合料微观结构分析方法研究[D]. 上海：同济大学，2000.

[24] 李智.数字图像技术在混合料设计中的应用[D]. 哈尔滨：哈尔滨工业大学，2002.

[25] 彭勇，孙立军，杨宇亮，等. 一种基于数字图像处理技术的沥青混合料均匀性研究新方法[J]. 公路交通科技，2004，21(11)：10-12.

[26] 彭勇，孙立军，王元清，等. 数字图像处理在沥青混合料均匀性评价中的应用[J]. 吉林大学学报(工学版)，2007，130(2)：334-337.

[27] 彭勇，孙立军. 沥青混合料均匀性与性能变异性的关系[J]. 中国公路学报，2006(6)：30-35.

[28] 吴文亮，李智，张肖宁. 用数字图像处理技术评价沥青混合料均匀性[J]. 吉林大学学报(工学版)，2009，144(4)：921-925.

[29] 杨新华，王习武，陈传尧，等. 用图像处理技术实现沥青混合料有限元建模[J]. 公路工程，2005，30(3)：5-7.

[30] 陈佩林，虞将苗，李晓军，等. 基于数字图像处理技术的沥青混合料微观结构有限元分析(英文)[J]. 安徽工业大学学报(自然科学版)，2006(3)：86-89.

[31] HU R L，YUE Z Q，THAM L G. Digital image analysis of dynamic compaction

effects on clay fills [J]. Journal of Geotechnical and Geoenvironmental Engineering, 2005, 131(11):1411-1422.

[32] YANG E H, PING W C, VIRGIL, et al. Simplified predictive model of dynamic modulus for characterizing florida hot-mix asphalt mixtures [C]. Washington: Transportation Research Board Meeting, 2011.

[33] HAO Y. Using X-ray computed tomography to quantify damage of hot-mix asphalt in the dynamic complex modulus and flow number tests[D]. Louisiana: Louisiana State University, 2010.

[34] YOU Z P, ADHIKARI S, KUTAY M E. Dynamic modulus simulation of the asphalt concrete using the X-ray computed tomography images [J]. Materials & Structures, 2009, 42(5):617-630.

[35] WANG H N, HAO P. Numerical simulation of indirect tensile test based on the microstructure of asphalt mixture[J]. Journal of Materials in Civil Engineering, 2011, 23(1):21-29.

[36] 李晓军，张肖宁，武建民. 沥青混合料单轴重复加卸载破损 CT 识别[J]. 哈尔滨工业大学学报，2005，37(9):1228-1230.

[37] 谢涛. 基于 CT 实时观测的沥青混合料裂纹扩展行为研究[D]. 成都：西南交通大学，2006.

[38] YOU Z P, LIU Y, DAI Q. Three-dimensional microstructural-based discrete element viscoelastic modeling of creep compliance tests for asphalt mixtures[J]. Journal of Materials in Civil Engineering, 2011, 23(1):79-87.

[39] 吴旷怀. 大样本条件下沥青混合料疲劳试验研究[D]. 广州：华南理工大学，2006.

[40] 王勖成，邵敏. 有限元法基本原理和数值方法[M]. 2 版. 北京：清华大学出版社，1997.

[41] COURANT R L. Variational method for solutions of problems of equilibrium and vibration[J]. Bulletin of the American Mathematical Society, 1943, 49:1-23.

[42] TURNER J M, CLOUGH R W, MARTIN H C. Stiffness and deflection analysis of complex structures[J]. Journal of Aerosolence, 1956, 23(9):805-823.

[43] CLOUGH R W. The finite element method in plane stress analysis [C]. Pittsburgh: ASCE Conference on Electronic Computation, 1960.

[44] CLOUGH R W. Early history of the finite element method from the view point of a pioneer[J]. International Journal for Numerical Methods in Engineering, 2004, 60(1):283-287.

[45] WILSON E L. Automation of the finite element method—a personal historical view[J]. Finite Elements in Analysis & Design, 1993, 13(2-3):91-104.

[46] ZIENKIEWICZ O C, CHEUNG Y K. The finite element method in structural and continuum mechanics[M]. New York: McGraw-Hill, 1967.

[47] ZIENKIEWICZ O C, TAYLOR R L, ZHU J Z. The finite element method: its

basis and fundamentals[M]. Amsterdam: Elsevier, 2005.

[48] BESSELING J F. The complete analogy between the matrix equations and the continuous field equations of structural analysis[C]. Liege: International Symposium on Analogue and Digital Techniques Applied to Aeronautics, 1963.

[49] MELOSH R J. Basis for the derivation of matrics for the direct stiffness method [J]. Aiaa Journal, 1963, 1(7):1631-1637.

[50] JONES R E. A generalization of the direct-stiffness method of structural analysis [J]. Aiaa Journal, 1964, 2(5):821-826.

[51] 朱伯芳. 有限元法原理与应用[M]. 北京：中国水利水电出版社，1998.

[52] SYSTÈMES D. Abaqus/CAE user's manual[M]. Paris: Dassault, 2011.

[53] TRUESDELL C, NOLL W. The non-linear field theories of mechanics[M]. Berlin: Springer, 1992.

[54] 廖公云，黄晓明. Abaqus有限元软件在道路工程中的应用[M]. 2版. 南京:东南大学出版社，2014.

[55] CAO L T. Research of evaluation indexes for asphalt mixtures' wheel tracking test [J]. Journal of Wuhan University of Technology, 2007, 11: 6.

[56] YAN X U, SUN L J, LIU L P. Research on asphalt mixture permanent deformation by single penetration repeated shear test[J]. Journal of Tongji University (Natural Science), 2013,41(8): 1203-1207.

[57] COMINSKY R J. The superpave mix design manual for new construction and overlays[C]. Washington DC: National Research Council, Report Number (SHRP-A-407, Strategic Highway Research Program), 1994.

[58] YAO H, YOU Z, LI L. Rheological properties and chemical analysis of nanoclay and carbon microfiber modified asphalt with Fourier transform infrared spectroscopy[J]. Construction and Building Materials, 2013, 38:327-337.

[59] DOBRJANSKYJ L,FREUDENSTEIN F. Some applications of graph theory to the structural analysis of mechanisms[J]. Journal of Engineering for Industry-Transactions of the ASME,1967,66:153-158.

[60] FREUDENSTEIN F. The basis concepts of polya's theory of enumeration with application to the structural classification of mechanisms[J]. Journal of Mechanisms, 1967, 2(3): 275-290.

[61] CROSSLEY F R E. The permutations of kinematic chains of eight members or less from the graph theoretic point of view[M]. New York: Developments in Theoretical and Applied Mechanics, Pergamon Press, 1965.

[62] MRUTHYUNJAYA T S. Kinematic structure of mechanisms revisited[J]. Mechanism and Machine Theory,2003,38(4):279-320.

[63] YAO H, YOU Z, LI L, et al. Rheological properties and chemical analysis of nanoclay and carbon microfiber modified asphalt with fourier transform infrared

spectroscopy[J]. Construction and Building Materials, 2013, 38: 327-337.

[64] YAO H, YOU Z, LI L. Rheological properties and chemical bonding of asphalt modified with nanosilica[J]. Journal of Materials in Civil Engineering, 2013, 25 (11):1619-1630.

[65] YAO H, YOU Z, LI L. Performance of asphalt binder blended with non-modified and polymer-modified nanoclay[J]. Construction and Building Materials, 2012, 35:159-170.

[66] ZANIEWKI J P, PUMPHREY M E. Evaluation of performance graded asphalt binder equipment and testing protocol[J]. Asphalt Technology Program, 2004, 107:376-384.

[67] BAZLAMIT S M, REZA F. Changes in asphalt pavement friction components and adjustment of skid number for temperature[J]. Journal of Transportation Engineering, 2005, 131(6):470-476.

[68] FISCHER H, CERNESCU A. Relation of chemical composition to asphalt microstructure-details and properties of micro-structures in bitumen as seen by thermal and friction force microscopy and by scanning near-field optical microscopy[J]. Fuel, 2015, 153: 628-633.

[69] ALRUB R, DARABI M, LITTLE D. A micro-damage healing model that improves prediction of fatigue life in asphalt mixes[J]. International Journal of Engineering Science, 2010, 48: 966-990.

[70] KANAFI M, KUOSMANEN A, PELLINEN T. Macro and micro texture evolution of road pavements and correlation with friction[J]. International Journal of Pavement Engineering, 2015, 16(2): 168-179.

[71] LOEBER L, SUTTON O, MOREL J V J M. New direct observations of asphalts and asphalt binders by scanning electron microscopy and atomic force microscopy [J]. Journal of Microscopy, 1996, 18(1): 32-39.

[72] PAULI A T, BRANTHAVER J F, ROBERTSON R E. Atomic force microscopy investigation of SHRP asphalts: heavy oil and resid compatibility and stability[C]. Preprints:American Chemical Society, Division of Petroleum Chemistry, 2001.

[73] ANDREAS J, LACKNER R, EISENMENGER S C. Identification of microstructural components of bitumen by means of Atomic Force Microscopy (AFM)[J]. Pamm, 2004, 4(1):400-401.

[74] MANSON J F, LEBLOND V, MARGESON J. Bitumen morphologies by phase-detection atomic force microscopy[J]. Journal of Microscopy, 2006, 221(1): 17-29.

[75] ALLEN R G, LITTLE D N, BHASIN A. Structural characterization of micromechanical properties in asphalt using Atomic Force Microscopy[J]. Journal of Materials in Civil Engineering, 2012, 24(10): 1317-1327.

[76] MCCARRON B, YU X, TAO M, et al. The investigation of "Bee-Structures" in asphalt binders[R]. Worcester: Major Qualifying Project, 2011.

[77] MASSON J F, LEBLOND V, MARGESON J, et al. Low-temperature bitumen stiffness and viscous paraffinic nano and micro-domains by cryogenic AFM and PDM[J]. Journal of Microscopy, 2007, 227: 191-202.

[78] DE MORES M B, PEREIRA R B, SIMAO R A, et al. High temperature AFM study of CAP 30/45 Pen grade bitumen[J]. Journal of Microscopy, 2010, 239: 46-53.

[79] PAULI A T, GRIMES R W, BEEMER A G, et al. Morphology of asphalts, asphalt fractions and model wax-doped asphalts studied by Atomic Force Microscopy [J]. International Journal of Pavement Engineering, 2011, 12:291-309.

[80] DOURADO E R, SIMAO R A, LEITE L F M. Mechanical properties of asphalt binders evaluated by Atomic Force Microscopy[J]. Journal of Microscopy, 2012, 245(2): 119-128.

[81] ZHANG L, GREENFIELD M L. Analyzing properties of model asphalts using molecular simulation[J]. Energy Fuels, 2007, 21:1712-1716.

[82] ZHANG L, GREENFIELD M L. Relaxation time, diffusion, and viscosity analysis of model asphalt systems using molecular simulation[J]. The Journal of Chemical Physics, 2007,127: 1-13.

[83] ZHANG L, GREENFIELD M L. Molecular orientation in model asphalts using molecular simulation[J]. Energy Fuels, 2007, 21: 1102-1111.

[84] ARTOK L, SU Y, HIROSE Y, et al. Structure and reactivity of petroleum-derived asphaltene[J]. Energy Fuels, 1999, 13:287-296.

[85] GROENZIN H, MULLINS O C. Molecular size and structure of asphaltenes from various sources[J]. Energy Fuels, 2000, 14:677-684.

[86] HOU Y, WANG L, WANG D, et al. Characterization of bitumen micro-mechanical behaviors using AFM, phase dynamics theory and MD simulation [J]. Materials, 2017, 10: 208.

[87] YAO H, DAI Q, YOU Z. Molecular dynamics simulation of physicochemical properties of the asphalt model[J]. Fuel, 2016, 164: 83-93.

[88] QU X, LIU Q, WANG C, et al. Effect ofco-production of renewable biomaterials on the performance of asphalt binder in macro and micro perspectives[J]. Materials, 2018, 11(2): 244.

[89] FISCHER H, STADLER H, ERINA N. Quantitative temperature-depending mapping of mechanical properties of bitumen at the nanoscale using the AFM operated with Peak Force Tapping TM mode[J]. Journal of Microscopy, 2013, 250 (3): 210-217.

[90] YU X, ZAUMANIS M, DOS SANTOS S, et al. Rheological, microscopic and

chemical characterization of the rejuvenating effect on asphalt binders[J]. Fuel, 2014, 135: 162-171.
[91] SCHMETS A, KRINGOS N, PAULI T, et al. On the existence of wax-induced phase separation in bitumen[J]. International Journal of Pavement Engineering, 2010, 11(6): 555-563.
[92] DAS P, KRINGOS N, WALLQVIST V, et al. Micro-mechanical investigation of phase separation in bitumen by combining atomic force microscopy with differential scanning calorimetry results[J]. Road Materials and Pavement Design, 2013, 14(1): 25-37.
[93] JAHANGIR R, LITTLE D, BHASIN A. Evolution of asphalt binder microstructure due to tensile loading determined using AFM and image analysis techniques [J]. International Journal of Pavement Engineering, 2014, 16(4): 337-349.
[94] BANDYOPADHYAY A. Molecular modeling of EPON 862-DETDA polymer[D]. Michigan: Michigan Technological University, 2012.
[95] LI D D, GREENFIELD M L. Chemical compositions of improved model asphalt systems for molecular simulations[J]. Fuel, 2014, 115:347-356.
[96] GREENFIELD M L, ZHANG L. Final report-developing model asphalt systems using molecular simulation [R]. Kingston: University of Rhode Island Transportation Center, University of Rhode Island, 2009.
[97] 许勐. 基于分子动力学模拟的沥青再生剂扩散机理分析[D]. 哈尔滨：哈尔滨工业大学,2015.
[98] LENNARD-JONES J E. On the determination of molecular fields[J]. Proceedings of The Royal Society A-Mathematical Physical and Engineering Sciences, 1924, 106 (738): 463-477.
[99] SUN H, REN P, FRIED J R. The COMPASS force field: parameterization and validation for phosphazenes[J]. Computational and Theoretical Polymer Science, 1998,8(1-2): 229-246.
[100] AL-OSTAZ A, PAL G, MANTENA P R, et al. Molecular dynamics simulation of SWCNT-polymer nanocomposite and its constituents[J]. Journal of Materials Science, 2008, 43: 164-173.
[101] WANG J, WOLF R M, CALDWELL J W, et al. Development and testing of a general amber force field[J]. Journal of Computational Chemistry, 2004, 25: 1157-1174.
[102] CORNELL W D, CIEPLAK P, BAYLY C I, et al. A second generation force field for the simulation of proteins, nucleic acids, and organic molecules[J]. Journal of the American Chemical Society, 1995, 117:5179-5197.
[103] TERSOFF J. Modeling solid-state chemistry: interatomic potentials for multicomponent systems[J]. Physical Review B., 1989, 39:5566-5568.

[104] EFTEKHARI M, ARDAKNAI S, MOHAMMADI S. An XFEM multiscale approach for fracture analysis of carbon nanotube reinforced concrete [J]. Theoretical and Applied Fracture Mechanics, 2014, 72: 64-75.

[105] SHI G H. Manifold method of material analysis[C]. Minnesota: Transactions of the 9th Army Conference on Applied Mathematics and Computing, U. S. Army Research Office, 1991.

[106] 周长红. 沥青混合料非连续力学计算模型的研究[D]. 大连:大连理工大学, 2008.

[107] ZHOU C, ZHAO Y, WANG Z. A discontinuous numerical method for asphalt mixture[C]. Harbin: Ninth International Conference of Chinese Transportation Professionals, 2009.

[108] LIN J S. Continuous and discontinuous analysis using the manifold method[C]. Taipei: Proceedings of the 1st International Conference on Analysis of Discontinuous Deformation, 1995.

[109] 骆少明, 温伟斌, 成思源,等. 基于三角网格多结点覆盖的数值流形方法[J]. 塑性工程学报, 2010, 17(6): 131-135.

[110] 武杰, 蔡永昌. 基于四边形网格的流形方法覆盖系统生成算法[J]. 同济大学学报, 2013, 41(5): 641-645.

[111] 张慧华, 祝晶晶. 复杂裂纹问题的多边形数值流形方法求解[J]. 固体力学学报, 2013, 34(1): 38-46.

[112] 骆少明, 蔡永昌, 张湘伟. 数值流形方法中的网格重分技术及其应用[J]. 重庆大学学报, 2001, 24(4): 34-37.

[113] 林绍忠. 单纯形积分的递推公式[J]. 长江科学院院报, 2005, 22(3): 32-34.

[114] 田荣, UGAI K. 高阶流形方法及其应用[J]. 工程力学, 2001, 18(2): 21-26.

[115] LU M. High-order manifold method with simplex integration[C]. Israel-China: Proceedings of the 5th International Conference on Analysis of Discontinuous Deformation, 2002.

[116] 邓安福, 朱爱军, 曾祥勇. 高低阶覆盖函数混合的数值流形方法[J]. 土木工程学报, 2006, 39(1): 75-78.

[117] 姜清辉, 邓书申, 周创兵. 三维高阶数值流形方法研究[J]. 岩石力学, 2006, 27(9): 1471-1474.

[118] 周小义, 邓安福. 六面体有限覆盖的三维数值流形方法的非线性分析[J]. 岩土力学, 2010, 31(7): 2276-2282.

[119] 陈泽宇. 裂尖塑性区方向应变能裂纹扩展准则及数值模拟[J]. 河北理工大学学报, 2011, 33(1): 100-109.

[120] SU H D, XIE X L. Preliminary research on solving large displacement problems by numerical manifold method with fixed mathematical meshes[C]. Washington D C: Proceedings of the 7th International Conference on Analysis of Discontinuous Deformation, 2005.

[121] 林绍忠，明峥嵘，祁勇峰. 用数值流形法分析温度场及温度应力[J]. 长江科学院院报，2007，24(5)：72-75.

[122] 姜清辉，邓书申，周创兵. 有自由面渗流分析的三维数值流形方法[J]. 岩土力学，2011，32(3)：879-884.

[123] 傅闻远，卓家寿. 无网格的崛起与发展——一种新兴的数值方法评述[J]. 河海大学学报，1999，27：51-58.

[124] 张雄，刘岩. 无网格法[M]. 北京：清华大学出版社，2004.

[125] 董劲男. 基于面向对象技术的离散单元法分析设计软件开发研究[D].吉林：吉林大学，2005.

[126] VEMURI B C, CHEN L, VU-QUOU L, et al. Efficient and accurate collision detection for granular flow simulation[J]. Graphical Models and Image Processing, 1998, 60: 403-422.

[127] 王泳嘉，邢纪波. 离散单元法及其在岩土力学中的应用[M]. 沈阳：东北工学院出版社，1991.

[128] 陈俊,黄晓明. 沥青路面多尺度结构的荷载响应分析[J]. 建筑材料学报,2012,15(1):116-121.

[129] 周益春,郑学军. 材料的宏微观力学性能[M].北京:高等教育出版社，2009.

[130] LACKNER R, BLAB R, EBERHARDSTEINER J, et al. Characterization and multiscale modeling of asphalt-recent developments in upscaling of viscous and strength properties[C]. Dordrecht: III European Conference on Computational Mechanics, Springer, 2006.

[131] BABUSKA I, OSBORN E.Generalized finite element methods:their performance and their relation to mixed methods[J].SIAM Journal on Numerical Analysis, 1983, 20:510-536.

[132] BABUSKA I, CALOZ G, OSBORN E.Special finite element methods for a class of second Order elliptic problems with rough coefficients[J].SIAM Journal on Numerical Analysis, 1994, 31:945-981.

[133] HOU T Y, WU X H. A multiscale finite element method for elliptic problems in composite materials and porous media[J]. Journal of Computational Physics, 1997, 134: 169-189.

[134] HOU T Y, WU X H, CAI Z Q.Convergence of a multiscale finite element method for elliptic problems with rapidly oscillating coefflcients[J]. Mathematics of Computation, 1999, 68: 913-943.

[135] WILSON E L, TAYLOR R L, DOHERTY W P, et al. Incompatible displacement models[M]. New York: Academic Press, 1973.

[136] GEERS M G D, KOUZNETSOVA V G, BREKELMANS W A M. Multi-scale computational homogenization: trends and challenges [J]. Journal of Computational and Applied Mathematics, 2010, 234(7): 2175-2182.

[137] GUO N, ZHAO J. A coupled FEM/DEM approach for hierarchical multiscale modelling of granular media[J]. International Journal for Numerical Methods in Engineering, 2014, 99(11): 789-818.

[138] LUDING S. Micro-macro transition for anisotropic, frictional granular packings [J]. International Journal of Solids and Structures, 2004, 41(21): 5821-5836.

[139] 周长红，陈静云，王哲人，等.沥青路面动水压力计算及其影响因素分析[J]. 中南大学学报(自然科学版), 2008(5):1100-1104.

[140] 周长红. 沥青混合料非连续力学计算模型的研究[D]. 大连：大连理工大学，2008.

[141] 陈静云，周长红，王哲人. 沥青混合料蠕变试验数据处理与粘弹性计算[J]. 东南大学学报(自然科学版), 2007(6): 1091-1095.

[142] 张义同. 热粘弹性理论[M]. 天津：天津大学出版社，2002.

[143] BIOT M A. Theory of propagation of elastic waves in a fluid saturated porous solid[J]. The Journal of the Acoustical Society of America, 1956, 28(2): 166-191.

[144] 王勖成. 有限元法[M]. 北京：清华大学出版社，2003.

[145] 石根华. 数值流形方法与非连续变形分析[M]. 裴觉民，译. 北京：清华大学出版社，1997.

[146] 张苗苗. 多质混合材料连续-非连续统一计算模型研究[D].大连:大连理工大学，2018.

[147] 姜清辉. 三维非连续变形分析方法的研究[D]. 武汉：中国科学院武汉岩土力学研究所，2000.

[148] 张肖宁. 沥青与沥青混合料的粘弹力学原理及应用[M]. 北京:人民交通出版社,2006.

[149] 顾国芳,浦鸿汀. 聚合物流变学基础[M]. 上海:同济大学出版社,2002.

# 名词索引